知识产权管理研究丛书

中细软知识产权管理研究出版基金资助

国家自然科学基金面上项目"专利维持机理及维持规律实证研究"(项目编号:71373221)
　　的研究成果

专利维持理论及实证研究

乔永忠　著

科学出版社

北　京

内 容 简 介

本书主要从专利维持基本理论、专利维持年费制度、专利维持时间和专利维持信息四个层面研究专利维持机制和制度的理论与现实问题。专利维持基本理论研究主要包括专利维持制度在专利制度中的地位和作用、专利维持制度促进创新的作用、专利维持与专利数量、专利维持与专利质量的关系等；专利维持年费制度研究主要包括专利维持年费制度的作用机制、我国专利维持年费制度的问题和对策、不同国家专利维持年费制度比较等；专利维持时间研究主要包括专利维持时间的影响因素、中国授权的不同技术领域和不同类型创新主体拥有的专利维持时间比较、不同国家授权的不同技术领域专利的维持时间比较等；专利维持信息研究主要包括中国授权的国内外权利人拥有专利、不同类型创新主体拥有的专利和不同技术领域的专利的维持信息等。

本书适合政府工作人员（尤其是知识产权行政管理部门的政策制定者和研究人员）、企业管理人员、高等院校、科研机构知识产权管理者或决策者以及技术开发和管理人员、相关专业高等院校教师和学生阅读参考。

图书在版编目(CIP)数据

专利维持理论及实证研究 / 乔永忠著. — 北京：科学出版社，2019.7
（知识产权管理研究丛书）
ISBN 978-7-03-061222-9

Ⅰ.①专… Ⅱ.①乔… Ⅲ.①专利制度-研究 Ⅳ.①G306.3

中国版本图书馆 CIP 数据核字（2019）第 092628 号

责任编辑：张　展　莫永国 / 责任校对：彭　映
责任印制：罗　科 / 封面设计：墨创文化

科学出版社出版

北京东黄城根北街16号
邮政编码：100717
http://www.sciencep.com

四川煤田地质制图印刷厂印刷
科学出版社发行　各地新华书店经销

*

2019 年 7 月第 一 版　　开本：787×1092 1/16
2019 年 7 月第一次印刷　　印张：18 1/4
字数：400 000

定价：160.00 元
（如有印装质量问题，我社负责调换）

乔永忠，管理学博士，厦门大学法学院/知识产权研究院副教授、硕导。入选全国知识产权领军人才、国家知识产权专家库专家、国家知识产权局"百千万知识产权人才工程"百名高层次人才。在《管理世界》、《科研管理》和《科学学研究》等期刊或国际会议发表中英文学术论文 70 余篇，出版中英文专（合）著或教材 12 部；获得省部级科研奖 4 项；主持国家自然科学基金面上项目 2 项，省部级科研项目 5 项，主研国家社会科学基金重大项目、国家自然科学基金重点项目等各 1 项。学术方向为知识产权管理。

丛书编委会

名誉主任：刘春田教授(中国人民大学知识产权学院)

主　　任：朱雪忠教授(同济大学法学院/知识产权学院)

副 主 任：肖延高副教授(电子科技大学经济与管理学院)

委　　员：(按姓氏拼音排序)

陈向东教授(北京航空航天大学经济管理学院)

范晓波教授(北京化工大学文法学院)

冯薇副教授(电子科技大学经济与管理学院)

顾新教授(四川大学商学院)

黄灿教授(浙江大学管理学院)

孔军民先生(北京中细软网络科技有限公司)

李雨峰教授(西南政法大学民商法学院)

童文锋教授(美国普渡大学克兰纳特管理学院)

万小丽副教授(华南理工大学法学院/知识产权学院)

王岩教授(华南理工大学法学院/知识产权学院)

银路教授(电子科技大学经济与管理学院)

曾磊研究员(电子科技大学科学技术发展研究院)

张米尔教授(大连理工大学工商管理学院)

朱谢群教授(深圳大学法学院)

"知识产权管理研究丛书"序一

创新驱动发展战略需要知识产权"双轮"驱动

人类的经济增长的源泉均来自知识的重大突破,包括技术革命和制度创新。这些突破被人类称为划时代的里程碑,如石器、青铜、铁、蒸汽机、计算机,以及封建、资本、企业、跨国公司等。现代社会并存着各种经济发展模式,如不同密集程度的资源型、资金型、技术型、劳动力型等。其中,数字技术所主导的信息与远程通信技术极大地提高了新知识在世界范围的传播和扩散速度,人类社会作为一个整体,其生活方式的更新速度大大加快,周期大大缩短。这促进了经济全球化、规则一体化的进程。在统一市场的调配下,以创新型国家引领的全球化产业链,以及按照知识、技术含量为标准的产业上下游分工模式,已成为当代占统治地位的国际经济发展模式。主要依靠技术与制度创新作为经济增长手段的"创新驱动发展"模式,已经成为人类迄今为止最高层级的经济发展形态。

在中国,"创新驱动发展战略"是十一届三中全会确立的以经济建设为中心的正确路线的继续。其不仅意味着中国经济增长方式的转型,而且表明中国正朝着高阶经济发展形态努力,事关中华民族的伟大复兴。据统计,目前世界上大约有 20 多个创新型国家。中国要建成创新型国家,并非循规蹈矩依赖西方国家的现有路径,复制已有的模式可以奏效。"创新驱动发展战略"的设计本身就是一个创新,需要经过考察、学习、比较、判断、选择、综合、设计、修正、试错、纠错等手段,量体裁衣,开拓新路,才可实现。

创新是人的本能。制度是孕育、涵养一切技术、艺术,决定人的创新与劳动激情能否有效发挥以及发挥程度的土壤和温床。一个国家创造财富的能力既取决于它的技术水平,也取决于借助于创新体系将技术转化为财富的能力。国家创新体系是一个包括技术、各种制度、机制等要素的复杂系统,其整合、匹配所形成的创造财富的能力是由其短板决定的。中国的短板是知识产权法治相对落后,没有发挥市场对资源配置的决定作用,对科技成果运用不当,保护不力,就可能不能完全适应技术的高速进步和与时俱进的经济发展,拖了经济发展的后腿。中国的短板还在于创新主体的知识产权管理行为"异化"和知识产权管理能力"弱化"。前者如部分企业的专利申请行为与其市场竞争需要脱节,商标"驰名"曾出现的乱象等;后者如企业知识产权积累与发展战略的错位,知识产权运营和保护能力还无法保障企业经营安全等。知识产权法治和知识产权管理的双重短板,使得中国企业在全球竞争中抢滩涉水时难以获得知识产权"炮火"的有力支持。从这个意义上说,中国的知识产权法治建设和知识产权管理能力提升,是漫漫"长征",还有很长的路要走。

"创新驱动发展战略"的实施,需要"知识产权强国"的有力支撑,需要知识产权法治建设和知识产权管理实践"双轮"驱动。当前,中国知识产权法治建设和管理实践领域存在一系列问题,急待从不同角度开展理论研究,厘清关系。比如创新与守成的关系、知识产权与民法的关系、知识产权领域政府和市场的关系、成文法与判例法的关系、全球化与本土化的关系、知识产权司法保护与行政执法的关系、知识产权司法体制改革问题、转型时期的知识产权教育问题、知识产权与技术及经济的关系以及社会利益的多元化与知识产权学者立场问题。既然知识产权法学的兴起是人们思考和研究知识产权制度发展诉求的理论产物，那么，对知识产权管理实践提出的理论问题的积极回应，是否也可以视为知识产权管理成为工商管理新兴学科发展方向的契机？只要顺应时代发展的需求，并付诸持续的努力，涓滴意念也是有可能汇成奔涌江河的。

由电子科技大学中细软知识产权管理研究中心学术委员会和科学出版社共同策划的"知识产权管理研究丛书"，正是对实施"创新驱动发展战略"和建设"知识产权强国"的积极回应。期待该丛书著作的出版，有助于推动中国的知识产权管理理论探索和实践总结。

是为序。

刘春田
中国人民大学知识产权学院教授、院长
2016 年秋

"知识产权管理研究丛书"序二

抓住与世界同步"机会窗"，推动中国
知识产权管理实践与理论发展

近四十年来，如果说是改革开放和加入世界贸易组织的需要，使得知识产权制度这个舶来品在中国生根发芽，那么，"创新驱动发展战略"的实施和"大众创业、万众创新"局面的形成，正促使知识产权制度在中华大地上开花结果，持续推动着中国特色知识产权制度的内生和知识产权管理实践的发展。中国知识产权管理实践和理论探索迎来了前所未有的、与世界同步发展的"机会窗"。

世界银行统计数据表明，近年来二十国集团主要国家和地区研究与开发(research and development，R&D)占 GDP 比重总体呈明显增加趋势。其中，中国的 R&D 费用占 GDP 的比重先后超过意大利、英国和加拿大，已经达到欧盟的整体水平。与此相一致，中国的知识产权创造能力也得到持续提升。世界知识产权组织(WIPO)统计数据显示，加入世界贸易组织以后，中国国家知识产权局受理的发明专利申请量十二年间增幅达到十三倍，年均增长近四分之一，先后超过韩国、欧盟、日本和美国，自 2011 年起连续五年居世界第一。同时，来自中国的《专利合作条约》(PCT)专利申请也先后超过英国、法国、韩国和德国，仅次于美国和日本，位居全球 PCT 专利申请第三位。此外，中国国家工商行政管理总局商标局受理的商标申请更是连续十四年全球排名第一。由此可见，随着 R&D 占 GDP 比重的增加和社会主义市场经济的发展，特别是企业技术创新和市场拓展的全球化，中国专利和商标等知识产权创造活动已经位列世界主要国家之一。

当知识产权积累到一定量级之后，如何有效萃取知识产权资源的商业价值，有力支撑企业或组织赢得创新所得和持续竞争优势，就成为创新主体的紧迫任务。在这一实际背景下，中国关于知识产权创造、运营、保护和治理等知识产权管理系统的实践探讨和理论研究也就明显活跃起来，而且正在吸引着世界知识产权界的目光和国际国内其他专业领域的关注。比如，中国专利信息年会、中美知识产权高峰论坛、中欧知识产权论坛、金砖国家知识产权论坛、上海知识产权国际论坛、亚太知识产权峰会，等等，业已成为中外政府、企业界、学术界广泛交流与沟通的平台；同时，诸多创新、战略、金融等管理经济领域的重要国际国内学术会议，也将知识产权的相关议题纳入，显现出知识产权在其他专业领域的渗透能力和重要程度的提升。中国知识产权管理实践和理论探索的活跃，既表现出知识产权制度具有很强的时代性，比如，面对互联网技术和商业模式的变革，面对基因和蛋白质等现代生物技术带来的管理经济和社会伦理挑战，等等，需要世界各国知识产权界共同面对；同时也表明，相对于物力资源、财务资源、人力资源等企业资源的管理理论而言，有关知识产权资源的管理理论方兴未艾，除专利许可等特定领域外，欧美知识产权管理理

论也还处于建构和发展时期。随着中国在世界技术进步和经济发展中地位的提高，特别是中国融入全球经济的步伐加快和程度加深，中国的知识产权事业已经成为世界知识产权的重要组成部分，中国政府、企业界和学术界急需也有机会通过共同努力，抓住与世界同步的"机会窗"，推动中国知识产权管理实践和理论发展。

正是基于上述认知和考量，经与科学出版社协商，拟出版"知识产权管理研究丛书"，以期为建设"知识产权强国"事业尽绵薄之力。丛书选题不仅涉及知识产权管理基础理论的探索，而且关注中国知识产权管理实践的总结；不仅涉及知识产权管理理论框架的建构，而且面向创新创业给出知识产权管理的"工具箱"；不仅涉及知识产权管理一般理论分析，而且关注战略性新兴产业技术领域的知识产权管理专题研究。丛书著作作者的共同特点是，既有知识产权法基础，也有理工或经济管理背景。感谢丛书编委会各位委员，在百忙之中抽出时间审阅书稿，提出中肯的建设性意见；感谢中细软知识产权管理研究出版基金共襄盛举，使"知识产权管理研究丛书"的著作得以陆续与读者见面。

是为序。

朱雪忠
同济大学知识产权学院教授、院长
2016 年初夏

"知识产权管理研究丛书"序三

支持知识产权管理理论探索是中细软的重要社会责任

变者，法之至也。《孟子·公孙丑下》曰："彼一时，此一时也。"《孙子兵法》曰："兵无常势，水无常形，能因敌变化而取胜者，谓之神！"商业竞争亦复如是。

与农业社会和工业社会相异，自从人类社会迈入信息时代，以知识产权为代表的无形资产在企业资产结构中的比重就与日俱增，知识产权业已成为企业、产业乃至国家的战略性资源和竞争"利器"。美国 Ocean Tomo 对标准普尔 500 指数里的上市公司资产结构统计结果显示，上述公司的资产结构越来越"轻量"化。比如，1975 年上述公司无形资产占企业总资产的比重仅为 17%，1995 年即已上升至 68%，2015 年更是上升至 84%。可见，以知识产权为代表的无形资产价值潜力已然超过厂房、土地等有形资产，"知本"概念逐渐深入人心。环环相扣的知识产权布局，不仅是国际商业"大鳄"在竞争对手面前树立起的一道道屏障，而且也在社会公众心中埋下了知识产权文化种子。无论是传统产业代表，如通用、IBM、丰田、飞利浦，还是新经济产业代表，如谷歌、甲骨文、苹果等，都深谙"知本"运作之道，攻防兼备，在一次次知识产权竞争和交易中获取高额利润。诸多商业实践表明，谁在全球竞争中拥有领先于对手的专利技术和品牌商标等知识产权，谁就有可能掌握商业竞争主动话语权和规则制定权。

在过去三十余年里，作为"后来者"的中国制造企业如华为、中兴通讯、TCL、联想等，一次次在外国领先企业的知识产权"围追阻截"中突围，以"奋斗者"的姿态践行着他们的商业使命，并在"跟跑"欧美和日韩企业的追赶过程中逐渐积累起相应的知识产权能力和竞争优势。当前，全球新一轮科技革命和产业变革蓄势待发，互联网、云计算、人工智能、石墨烯新材料等为代表的新兴技术蓬勃发展，中国企业迎来了与欧美和日韩企业"并跑"甚至"领跑机会窗"。面对新的发展"机会窗"，如何顺应党中央和国务院实施"创新驱动发展战略"和建设"知识产权强国"的时代要求，切实有效地积累知识产权数量、提升知识产权质量和萃取知识产权价值，通过构建知识产权优势参与甚至引领全球新兴商业生态发展，并在这一过程中获得可持续竞争优势，是中国已有的"在位"企业和"新生代"企业需要共同面对的课题。中国企业在世界商业舞台上的角色转换，向知识产权制度和知识产权管理提出了诸多新的理论诉求，急需学界积极回应并展开正面的研究。

受惠于近年来中国企业的创新和商业实践，中国知识产权服务行业迎来了前所未有的发展机遇。就中细软而言，以 2002 年创立的中华商标超市网为起点，中细软现已发展成为中国领先的大型综合性知识产权科技服务云平台，致力于为中国创新提供系统解决方案和信息服务，即借助互联网技术、云计算技术、人工智能技术等手段，为企业、科研机构、大学、个人的知识产权创造、运用、保护提供高质量的系统解决方案。截至 2015 年 12 月 31 日,中细软拥有专业知识产权服务人员 1200 余人,全年营业收入超过 3 亿元人民币。公司总部位于北京市房山区中细软科技产业园,在圣地亚哥、成都、洛阳、天津和深圳等地拥有子公司。反躬自思,中细软的成长和发展,离不开国内外优秀学者的鼎力相助。早在 2004 年,中华商标超市网的优化设计和改版就得到电子科技大学老师们的大力支持;2006 年,中华商标超市网第三次改版上线,业务量大幅提升。2010 年 1 月,中细软开发的知识产权管理软件正式面世;同年 6 月,中华专利超市网正式上线。2013 年,中细软闲置商标盘活量已经连续十年居全国第一。

在公司持续发展的同时,管理层一直在思考如何以实际行动回馈中国知识产权管理理论研究和人才培养。机缘巧合,2014 年 12 月,电子科技大学中细软知识产权管理研究中心成立。今年年初,研究中心学术委员会与科学出版社共同策划"知识产权管理研究丛书",得到了知识产权法学界和经济管理学界诸位前辈和老师的大力支持,刘春田教授、朱雪忠教授、陈向东教授、范晓波教授、顾新教授、黄灿教授、李雨峰教授、童文锋教授、王岩教授、银路教授、曾磊研究员、张米尔教授、朱谢群教授等欣然应允出任丛书编委会委员,从著作选题到审稿都作出积极的卓越贡献。借此机会谨向电子科技大学中细软知识产权管理研究中心学术委员会和丛书编委会各位学者表达深深的谢意!

立身以立学为先,立学以读书为本。衷心希望科学出版社陆续出版的"知识产权管理研究丛书"能够有助于各行业人士加深对知识产权管理的理解,为中国富强崛起、企业辉煌超越共谋前程!

孔军民

北京中细软网络科技有限公司创始人、董事长

2016 年秋日

前　言

专利权是法律赋予权利人一定时期内，阻止他人未经允许，以生产经营目的制造、使用、销售、许诺销售、进口其专利产品；或者使用其专利方法以及使用、许诺销售、销售、进口依照该专利方法直接获得产品的独占权利。从这种独占权利额外获得货币收益的时间长短或者专利维持时间已成为评估专利价值和质量以及专利收益的重要方法之一。专利制度是激励创新的基本保障，也是国家发展的战略性资源和影响竞争力的关键要素。该制度作为政策工具为研发提供激励动力（Wright，1983）。它是利用垄断权利（发明）补偿创新风险，推动研发投资接近社会最优水平的驱动创新的重要工具之一。

近年来，中国专利授权量大幅提升，有效专利数量也明显增加。但是跟美国和日本相比，中国有效专利数量仍然处于劣势。根据世界知识产权组织（World Intellectual Property Organization，WIPO）发布的《2016年知识产权指标》显示：全球有效专利数量从2008年的约720万件增长到2015年的约1060万件。其中，美国专利商标局授权的有效专利数量最多（约264万件），占全球有效专利的24.9%；其次是日本专利局（195万件），占全球有效专利的18.4%。中国知识产权局授权的有效专利数量从2008年的34万件增长到2015年的147万件。全球授权专利中有效专利数量排名前20名的专利局或者知识产权局分布在15个高收入国家和5个中高收入国家（即中国、俄罗斯、墨西哥、南非和土耳其）。排名最高的中低收入国家（排名第21位）授权专利中只有4.7万件有效专利。全球70个专利局的报告显示，自申请日起的6～12年，其授权的有效专利比例在40%～43%，只有1/6的专利可以维持到20年法定保护时间届满①。全世界绝大多数国家或者地区专利制度均规定，专利法定保护时间为自申请日起20年，但是为了维持专利继续有效，专利权人必须按照规定缴纳专利维持年费，否则专利就会在法定保护时间届满前被终止。事实上，有效专利才是国家发展的战略性资源和影响竞争力的关键要素，所以有效专利数量对国家发展非常重要。截至2016年12月，中国国家知识产权局累计授权发明专利总数为2315411件。其中，国内居民获得授权发明专利数为1464115件，占授权发明专利总数的63.2%；国外居民获得授权发明专利数为851296件，占授权发明专利总数的36.8%。其中，2016年中国国家知识产权局授权发明专利累计数为404208件，国内居民获得发明专利数量302136件，占授权发明专利累计数的74.7%；国外居民获得授权发明数量为102072件，占授权发明专利累计数的25.3%②。截至2016年12月，中国知识产权局累计授权且继续有效的发明专利总数为1772203件，其中国内居民拥有有效发明专利数为1158203件，占有效发明专利总数的65.4%；国外居民拥有有效发明专利数为614000件，占有效发明专利总数的34.6%。

---

① World Intellectual Property Indicators 2016. http://www.wipo.int/edocs/pubdocs/en/wipo_pub_941_2016.pdf. [2016-11-28].
② 中华人民共和国国家知识产权局:专利统计年报 2016[EB/OL]. http://www.sipo.gov.cn/docs/20180226104343714200.pdf.
　　[2019-05-17].

可见，本国居民已经在我国有效发明专利持有者中占有大多数，这种优势对中国知识产权强国建设具有重要价值。

随着我国知识产权强国建设和创新驱动发展战略的不断推进，越来越多的学者和决策者开始关注专利维持年费制度，主要涉及如何通过调整专利维持年费、优化专利成本改变专利维持时间和有效专利数量，增加专利收益视角的问题。但是目前关于这个问题实质性的研究成果还比较少。

随着知识经济的不断发展和全球化程度的逐渐加深，知识产权特别是高质量的专利，已经成为国家发展的重要战略资源和创新主体核心竞争力的关键要素。专利维持状况是衡量专利质量、专利运用和管理能力以及技术创新能力的重要指标。借鉴国外关于专利维持问题的研究成果有助于提高我国创新主体专利的运用和管理能力，提升专利制度运行绩效。专利维持制度是专利制度促进创新的重要机制之一，对现代专利制度的正常运行发挥着不可替代的作用。它与专利授权标准、侵权认定及其赔偿方式等制度共同协调和影响着专利制度作用的正常发挥。但是因为专利制度的法律属性，所以关于发明创造保护的研究，主要集中在专利授权标准、侵权认定和赔偿制度等领域。其实专利维持制度也是构成保护发明创造的重要制度，但该研究领域却没有引起国内学者的重视，而国外学者对此已经有了较为深入的研究。不过，我国现有政策已对专利维持问题研究提出要求，如我国在 2009 年已将有效专利作为新指标首次列入我国国民经济和社会发展统计公报，这标志着有效专利已经正式成为社会经济发展综合评价体系的重要指标。这一举动也反映了专利维持问题研究的重要性和迫切性。本书通过对国外关于专利维持理论模型、专利维持时间与专利价值和专利质量、专利维持年费制度和专利维持状况等专利维持问题研究成果的分析，探讨其对我国在专利维持理论和实践方面的启示，以期对提升我国创新主体的专利运用和管理能力和提高专利制度运行绩效有所裨益。

首先，本书重视并强化专利维持基本理论研究，为完善专利维持制度奠定理论基础。专利维持问题研究有利于完善专利制度，提高专利制度运行绩效。专利维持制度是指通过调整专利收益和成本，尤其是专利维持年费的数额和结构，即调整专利维持成本、改变专利维持时间，进而影响专利权人的个人收益和社会收益的平衡、影响专利制度运行绩效的相关制度体系。因为专利维持制度直接影响专利权人的个体收益和社会收益的平衡问题，所以专利维持制度成为专利制度不可或缺的重要组成部分。我国现有专利维持制度问题研究较为欠缺，借鉴国外关于专利维持理论模型和专利维持年费制度等问题的研究成果，有利于完善我国专利维持制度。

其次，本书通过研究专利维持实际状况，准确把握我国现有专利质量，为进一步提高专利质量、提升技术创新能力提供依据。目前，我国授权专利数量已经非常可观，但这并不能说明我国授权专利的质量高低。近年来，尽管我国专利质量问题受到国内外相关机构及专家学者的重视，质量也已有所提高，但是仍然存在较多问题。借鉴国外关于专利维持与专利价值和专利质量的研究成果，深入研究我国专利维持问题，对于厘清我国现有专利质量，寻找提高专利质量的途径，提高创新主体的技术创新能力非常重要。

再次，本书客观地研究我国专利维持现状，把握我国专利管理和运用的实际能力，为更好地实施国家知识产权战略，加强知识产权强国建设，促进创新驱动发展战略的实施提供参考。准确掌握我国创新主体的专利创造、运用、保护和管理的实际能力是全面高效建设知识产权强国的基础。专利维持状况主要在两方面反映专利的创造、运用、保护和管理能力。一是专利维持数量反映专利的总体拥有量，从整体上表现专利的创造、运用、保护和管理能力。二是特定创新主体拥有专利的维持时间反映其个体专利的运用、保护和管理能力。专利运用、保护和管理能力的高低直接关系到专利的收益。如果专利运用、保护和管理能力高，那么在同等条件下，专利收益率就高，专利维持时间相对较长；反之，专利维持时间较短。所以，借鉴国外关于专利维持问题的研究成果对提高我国创新主体的专利创造、运用、保护和管理能力具有重要意义。

目　　录

第一篇　专利维持基本理论 ·· 1

第一章　专利维持与专利制度 ·· 3
　1.1　专利维持与专利制度绩效及其评价 ·························· 3
　　1.1.1　专利维持与专利制度运行绩效 ·························· 3
　　1.1.2　专利维持与专利制度评价指标 ·························· 4
　1.2　专利维持与专利保护期 ·································· 5
　　1.2.1　基于专利法发展视角的专利保护期 ···················· 5
　　1.2.2　基于专利法理论学说的专利保护期 ···················· 6
　1.3　专利维持与专利维持制度 ································ 8
　　1.3.1　专利维持趋势的相关研究 ···························· 8
　　1.3.2　专利维持制度的发展及其重要性 ······················ 8
　1.4　专利维持与专利制度的其他制度 ·························· 9
　　1.4.1　专利维持与专利保护范围 ··························· 10
　　1.4.2　专利维持与专利创造性标准 ························· 10
　　1.4.3　专利维持与专利侵权认定及其赔偿方式 ················· 11
　1.5　专利维持与专利维持数据 ······························ 12
第二章　专利维持与专利成本 ··· 14
　2.1　专利维持与专利成本结构 ······························ 14
　　2.1.1　专利费与专利成本 ······························· 14
　　2.1.2　美日欧专利成本比较 ······························ 15
　2.2　专利维持与专利收费 ································· 16
　　2.2.1　专利收费与专利申请 ······························ 16
　　2.2.2　专利申请费与专利申请行为 ························· 17
　　2.2.3　专利收费与专利维持时间 ··························· 18
　　2.2.4　专利收费的弹性 ································· 19
　2.3　专利维持与专利维持年费 ······························ 19
　　2.3.1　专利维持年费制度 ······························· 19
　　2.3.2　专利维持年费变化对专利价值的影响 ··················· 20
　2.4　专利维持与专利局财政制度 ···························· 20
　2.5　专利维持与外部资金资助和政府财政资助 ··················· 22

2.5.1 专利维持与外部资金资助 ·· 22

2.5.2 专利维持与政府财政资助 ·· 22

2.6 专利维持与内部后续创新 ·· 23

第三章 专利维持与专利收益 ·· 25

3.1 专利收益的特征 ·· 25

3.1.1 专利收益的内涵、随机性和动态性 ······································ 25

3.1.2 专利授权初期收益的难以确定性 ·· 26

3.1.3 防御专利经济价值的不确定性 ·· 26

3.1.4 专利外部制度环境的复杂性 ·· 26

3.2 专利维持与专利转让 ·· 27

3.3 专利维持与专利商业化 ·· 28

3.4 专利维持与专利价值 ·· 29

3.5 专利维持与专利质量 ·· 30

3.6 专利维持与专利权人国籍、技术领域 ·· 31

3.7 专利维持与发明人 ·· 31

3.8 专利维持与引证指数 ·· 32

第四章 专利维持制度理论模型 ·· 33

4.1 基于创新主体的专利维持理论模型 ·· 33

4.2 专利维持概率模型 ·· 34

4.3 专利维持条件模型 ·· 35

4.4 基于公共政策维度的专利维持理论模型 ······································ 36

4.5 专利维持制度的理论架构 ·· 38

第二篇 专利维持年费制度 ·· 41

第五章 完善我国专利维持年费制度的政策背景 ······························ 43

5.1 完善专利维持年费制度与创新驱动发展战略 ·································· 45

5.1.1 创新驱动发展战略的内涵及特征 ·· 45

5.1.2 专利维持年费制度在创新驱动发展战略中的作用 ························ 46

5.2 完善专利维持年费制度与知识产权强国建设 ·································· 47

5.2.1 知识产权强国建设 ·· 47

5.2.2 专利维持年费制度在知识产权强国建设中的作用 ························ 47

5.3 专利维持年费制度与专利数量和质量 ·· 49

5.4 有效专利数量增加带来的专利维持年费负担 ·································· 50

第六章 国外主要国家专利维持年费制度的实施经验 ························ 52

6.1 英国专利维持年费制度的实施经验 ·· 52

6.1.1 英国专利制度中的审查制度 ·· 52

6.1.2 英国专利审查制度与专利成本 ·· 52

6.1.3 英国专利维持年费制度及其评价 ··· 53

6.2 法国专利维持年费制度的演变 ··· 54

6.3 美国专利维持年费制度的发展 ··· 55

第七章 专利收费制度对专利行为的影响程度研究 ··························· 57

7.1 专利收费制度的结构、其影响专利行为的机理及理论模型 ·········· 58

7.1.1 专利收费制度的结构 ·· 58

7.1.2 专利收费制度影响专利行为的机理及其表现 ·························· 58

7.1.3 专利收费制度影响专利行为的理论模型 ································· 59

7.2 专利申请费制度对专利行为的影响及其影响程度 ······················ 60

7.2.1 专利申请费制度对专利行为的影响 ······································ 60

7.2.2 专利申请费制度对专利行为的影响程度 ································· 61

7.3 专利维持年费制度对专利行为的影响及其程度 ························· 62

7.3.1 专利维持年费制度对专利行为的影响 ··································· 62

7.3.2 专利维持年费制度对专利行为的影响程度 ···························· 63

7.4 欧洲专利特殊收费对专利行为的影响 ······································ 64

7.5 本章研究结论及启示 ·· 64

第八章 专利维持年费机制研究 ··· 66

8.1 专利维持年费机制的内涵及发展 ··· 66

8.2 专利维持年费机制与现代专利制度 ·· 67

8.3 专利维持年费机制的运行机理 ·· 68

8.4 专利维持年费机制的作用 ·· 70

8.5 完善我国专利维持年费机制的建议 ·· 71

第九章 促进我国创新可持续发展的专利维持年费相关制度实证研究 ····· 73

9.1 引言 ··· 73

9.2 有效专利数量增加背景下创新主体面临的新困难：专利维持年费负担 ··· 74

9.3 有效专利数量增加背景下创新可持续发展的制度保障：专利维持年费制度 ··· 74

9.4 参与调查创新主体的类型及其拥有专利数和申请专利国家数 ········· 76

9.5 创新主体对专利维持年费及其经济负担的态度和感受 ················· 77

9.6 创新主体对专利维持年费制度相关制度的态度和感受 ················· 79

9.7 本章研究结论及建议 ·· 82

第十章 专利维持年费制度理论及其结构要素研究 ··························· 85

10.1 引言 ·· 85

10.2 专利维持年费的理论基础及理论模型 ····································· 86

10.2.1 专利维持年费的理论基础 ·· 87

  10.2.2 最优专利维持年费制度的理论模型 ·············· 88

 10.3 被调查创新主体的地域分布、主体类型和收益区间 ·············· 89

 10.4 专利维持年费制度的目的及创新主体的经济负担 ·············· 90

 10.5 创新主体对不同时间段的专利维持年费数额和幅度的调整建议 ·············· 94

 10.6 本章研究结论及建议 ·············· 97

第十一章 美日欧与中国专利维持年费制度比较研究 ·············· 99

 11.1 专利维持年费制度及其法律意义 ·············· 99

 11.2 美国专利维持年费制度及特点 ·············· 99

 11.3 欧洲专利维持年费制度及特点 ·············· 101

 11.4 日本专利维持年费制度及特点 ·············· 102

 11.5 中国专利维持年费制度及特点 ·············· 103

 11.6 美日欧与中国专利维持年费制度的区别 ·············· 105

 11.7 完善中国专利维持年费制度的建议 ·············· 105

第十二章 不同国家或者地区专利维持年费收费标准比较研究 ·············· 106

 12.1 引言 ·············· 106

 12.2 数据来源 ·············· 107

 12.3 54个国家或者地区自申请日起前5年专利维持年费总额比较 ·············· 107

 12.4 54个国家或者地区自申请日起前10年内专利维持年费总额比较 ·············· 109

 12.5 54个国家或者地区自申请日起前15年专利维持年费总额比较 ·············· 110

 12.6 54个国家或者地区自申请日起20年内专利维持年费总额分布比较 ·············· 112

 12.7 本章研究结论 ·············· 113

第十三章 亚洲国家或地区专利维持年费制度比较研究 ·············· 114

 13.1 引言 ·············· 114

 13.2 数据来源 ·············· 115

 13.3 亚洲国家或地区专利维持年费收费标准比较 ·············· 115

  13.3.1 亚洲国家或地区专利维持年费收费标准的总体比较 ·············· 115

  13.3.2 阶梯式增长模式的专利维持年费收费标准比较 ·············· 116

  13.3.3 逐年增长模式的专利维持年费收费标准比较 ·············· 117

  13.3.4 不完全逐年增长模式的专利维持年费收费标准 ·············· 118

  13.3.5 特殊阶梯式增长模式的专利维持年费标准 ·············· 119

 13.4 本章研究结论 ·············· 120

第十四章 欧洲国家的专利维持年费收费标准比较研究 ·············· 121

 14.1 引言 ·············· 121

 14.2 数据来源 ·············· 122

 14.3 欧洲二十五个高收入国家的专利维持年费制度比较分析 ·············· 122

  14.3.1 欧洲二十五个高收入国家的专利维持年费收费标准的总体比较 ·············· 122

　　14.3.2　阶梯式增长模式的专利维持年费收费标准比较 ················ 123

　　14.3.3　逐年增长模式的专利维持年费收费标准比较 ·················· 124

　　14.3.4　不完全逐年增长模式的专利维持年费收费标准比较 ········ 125

　　14.3.5　特殊逐年增长模式的专利维持年费收费标准比较 ············ 126

　14.4　中国与欧洲国家专利维持年费收费标准比较分析 ················ 127

　14.5　本章研究结论 ·· 129

第三篇　专利维持时间 ··· 131

第十五章　专利维持时间的影响因素研究 ·································· 133

　15.1　引言 ··· 133

　15.2　专利技术信息及商业化程度对专利维持时间的影响 ············ 134

　15.3　专利制度及授权机构对专利维持时间的影响 ··················· 137

　15.4　专利管理制度及专利战略对专利维持时间的影响 ··············· 138

　15.5　本章研究结论 ·· 140

第十六章　基于权利要求数的专利维持时间影响因素研究 ··············· 142

　16.1　引言 ··· 142

　16.2　文献综述与研究假设 ·· 143

　　16.2.1　文献综述 ··· 143

　　16.2.2　研究假设 ··· 144

　16.3　研究设计 ·· 144

　16.4　结果分析与讨论 ·· 145

　　16.4.1　样本描述性分析 ··· 145

　　16.4.2　实证研究结果分析 ··· 146

　16.5　本章研究结论与启示 ·· 147

　　16.5.1　研究结论 ··· 147

　　16.5.2　研究启示 ··· 148

第十七章　基于维持时间的发明专利质量实证研究 ····················· 150

　17.1　引言 ··· 150

　17.2　数据收集、统计方法和变量设计 ································ 151

　17.3　数据处理与结果分析 ·· 152

　17.4　不同时间段因未缴年费而被终止的发明专利相关定距变量比较 ···· 155

　17.5　不同主体类型在不同时间段因未缴年费而被终止的发明专利情况比较 ···· 159

　17.6　不同技术主题的发明专利在不同时间段因未缴年费而被终止的情况比较 ···· 160

　17.7　国家知识产权局授权的国内外发明专利维持情况比较 ··········· 161

　17.8　本章研究结论和建议 ·· 163

第十八章 不同国家授权的化学冶金技术领域专利维持时间实证研究················164

18.1 引言··164

18.2 数据库建立及其来源··165

18.3 六国授权的化学冶金技术领域中专利维持时间分析····················166

　18.3.1 六国授权的化学冶金技术领域中专利维持时间均值比较··········166

　18.3.2 六国授权的化学冶金技术领域中专利的法律状态分析·············167

　18.3.3 六国授权的化学冶金技术领域中专利在不同维持时间段内的分布·······169

18.4 本章研究结论与启示···170

第十九章 不同国家授权的电学技术领域国内外专利维持时间研究·········172

19.1 引言··172

19.2 数据收集及变量设计···173

19.3 五国授权的电学技术领域中国内外专利维持时间的均值比较··········173

　19.3.1 五国授权的电学技术领域中国内专利维持时间的均值比较·········173

　19.3.2 五国授权的电学技术领域中国外专利维持时间的均值比较·········174

　19.3.3 五国授权的电学技术领域中国内外专利维持时间均值的综合比较·······175

19.4 五国授权的电学技术领域中国内外专利不同时间段维持趋势的比较·······176

19.5 五国授权的电学技术领域中国内外专利维持状况差异原因分析·········180

19.6 本章研究结论···181

第二十章 中国授权的美日德专利维持时间比较研究·························183

20.1 引言··183

20.2 数据来源··184

20.3 中国授权的外国专利整体维持的趋势·····································184

20.4 中国授权的外国专利维持时间的均值·····································186

20.5 中国授权的外国专利的法律状态··187

20.6 中国授权的外国不同性质专利在不同时间段维持的趋势···············188

20.7 本章研究结论与启示···189

第二十一章 外国优先权对专利维持时间影响研究··························191

21.1 引言··191

21.2 文献综述··192

21.3 数据来源··193

21.4 外国优先权与专利维持时间的关系··193

　21.4.1 有无外国优先权对专利维持时间的影响·····························194

　21.4.2 外国优先权数量对专利维持时间的影响·····························196

21.5 本章研究结论及启示···198

第二十二章 专利权利要求数与维持时间关系研究··························200

22.1 引言··200

22.2 专利权利要求数与维持时间关系的机理分析 ·········· 201

22.2.1 权利要求数对专利相关指标的影响 ········· 201

22.2.2 权利要求数通过相关指标影响专利维持时间的机理 ·········· 203

22.3 数据来源及研究方法 ·········· 203

22.4 中国和日本授权专利权利要求数与维持时间关系实证分析 ·········· 204

22.4.1 不同维持时间段中国和日本授权专利权利要求数的均值分布 ·········· 204

22.4.2 中国和日本授权的不同权利要求数的专利维持时间的均值比较 ·········· 205

22.4.3 中国和日本授权专利的权利要求数与维持时间的相关性 ·········· 206

22.5 本章研究结论及不足 ·········· 208

第二十三章 体育用品制造产业专利维持时间实证研究 ·········· 210

23.1 引言 ·········· 210

23.2 数据来源和变量设计 ·········· 212

23.3 体育用品制造产业及所属产业专利数量分布 ·········· 212

23.4 体育用品制造产业及所属产业专利维持时间分析 ·········· 214

23.4.1 体育用品制造产业及其所属产业专利维持时间均值比较 ·········· 214

23.4.2 体育用品制造产业及所属产业终止和有效专利维持数量 ·········· 215

23.5 本章研究结论与建议 ·········· 219

23.5.1 研究结论 ·········· 219

23.5.2 本章建议 ·········· 220

第二十四章 体育用品制造产业专利维持时间影响因素实证研究 ·········· 221

24.1 引言 ·········· 221

24.2 文献综述 ·········· 222

24.3 数据来源及变量设计 ·········· 223

24.4 体育用品制造产业发明专利的维持时间分析 ·········· 224

24.5 体育用品制造产业终止专利维持时间影响因素回归分析 ·········· 225

24.5.1 回归结果 ·········· 225

24.5.2 回归结果分析 ·········· 226

24.6 本章研究结论及启示 ·········· 227

第四篇 专利维持信息 ·········· 229

第二十五章 不同类型创新主体发明专利维持信息实证研究 ·········· 231

25.1 引言 ·········· 231

25.2 数据收集及数据库建立 ·········· 232

25.3 不同类型创新主体拥有发明专利相关信息分析 ·········· 232

25.4 不同类型创新主体发明专利的法律状态及被终止情况 ·········· 235

25.5 本章研究结论和启示 ································· 237
第二十六章 国内外发明专利维持状况比较研究 ············ 238
26.1 引言 ··· 238
26.2 数据收集和变量设计 ···························· 239
26.3 数据分析 ······································ 239
26.4 本章研究结论 ·································· 242
第二十七章 不同技术领域专利维持信息实证研究 ·········· 244
27.1 引言 ··· 244
27.2 文献综述 ······································ 244
27.3 数据收集方法及特征 ···························· 245
27.4 不同技术领域专利维持时间和法律状态分析 ········ 245
27.5 不同技术领域在不同时间段专利维持趋势分析 ······ 247
27.6 本章研究结论与启示 ···························· 248
参考文献 ··· 250
后记 ··· 265

第一篇

专利维持基本理论

20 世纪 90 年代中期以来，全球主要知识产权局或者专利局受理专利申请数量猛增，其主要存在以下原因。首先，由于《与贸易有关的知识产权协议》(Agreement on Trade-related Aspects of Intellectual Property Rights，TRIPS) 的刺激，新兴国家如中国、巴西和印度逐渐引入世界专利制度。即使当初它们对国际专利申请的贡献与更多发达国家相比不是很多，但这种趋势发展迅速，尤其是中国专利申请量近年来已经稳居全球首位。其次是创新主体在创新过程中逐渐开始重视专利战略。越来越多的专利运用从保护自己技术的传统运用方式转向新型的依靠专利运营获得更多专利收益的运用方式。如美国 1980 年的《拜杜法案》加速了学术 (academic) 专利的申请，后来"创新爆发"现象使得美国专利商标局受理了大量的专利申请 (Kortum、Lerner，1999)。近年来，专利战略已经引起经济学和管理学相关学者的大量关注，并且认为企业通过拓宽市场范围措施，从依靠专利技术或者威慑专利阻止竞争对手到"标准制定"或者专利池/专利联盟的方式，保护其专利市场，而且大幅度增加了企业对专利制度的偏好 (Rivette、Kline，2000；Hall、Ziedonis，2001；Guellec et al.，2007)。这些新型行为不仅导致目前专利申请数量大幅增加，而且降低了未来专利申请的质量，例如一项发明周围布满了权利要求数较少、保护范围很小的多件专利等现象大量增加。再次，专利授权标准的降低或者不适当的专利收费资助政策的现象出现。Encaoua 等 (2006) 认为，专利申请的大幅增加是因为一定司法实践中专利授权标准降低的原因导致。Sanyal 和 Jaffe (2006) 认为，美国专利申请数量爆炸现象部分原因是因为美国专利商标局降低了专利审查标准。不适当的专利资助政策也可能推动了这种趋势的出现：专利申请的费用降低导致专利需求增加。专利收费政策导致目前专利申请猛增的问题是一个很重要的问题，尤其在目前专利局专利申请积压情况日益严重的情况下，这种战略性的专利申请量增加可能会带来专利制度的风险。最后，中小企业的知识产权意识提升和新技术研究领域如纳米技术和生物技术等专利密集型产业的迅速发展也是专利申请快速增长的原因。

专利数量和质量问题早已作为衡量公共政策中自主创新产出和商业价值的重要指标 (Griliches，1989)。有学者认为，尽管不同专利的质量千差万别，但专利数量早已经被认为与企业价值、利润和规模的增长相关 (Griliches，1990；Balkin et al.，2000)。也有学者认为，尽管简单的专利数量统计很容易做到，但是授予专利权的发明千差万别，所以运用简单的专利统计衡量专利价值明显不够准确 (Griliches，1990)。关于如何确定专利质量，存在很多有趣的观点 (Lanjouw，1998)。不少学者的研究结论认为，专利质量是评价创新产品的重要指标之一 (Acs、Audretsch，1988；Holthausen et al.，1995)。Schankerman 和 Pakes (1986) 则认为，高质量的专利能够直接带来商业利益，但专利的"质量"并不仅仅指其商业价值，有些专利也可能因为其对后续创新的影响而具有较高的质量。

第一章 专利维持与专利制度[①]

专利维持趋势反映影响专利权人维持还是放弃专利决定变量的复杂关系。这些变量可能包括维持专利的预期经济收益、企业维持专利的策略、维持专利的成本、经济环境的变化或者专利技术的替代可能性等。这些变量如何影响有效专利维持活动趋势无法从专利数据中获得，但是专利数据可以揭示大量的关于维持或放弃专利的特征信息(Brown, 1995)。

有效维持一定数量的专利是专利制度正常运行的前提。如果专利不被维持，或被终止，或被无效，那么专利制度对其就没有约束力，所以只有维持一定数量的专利，才有可能考察专利制度的运行绩效。研究关于专利维持理论、专利维持年费制度、专利维持时间、专利维持状况等专利维持问题与专利制度以及专利价值和专利质量的关系等问题对提升创新主体运用和管理专利能力、提高专利制度运行绩效和国家知识产权战略实施效果以及创新驱动发展战略实施和知识产权强国建设具有重要的现实意义。

为了对专利维持问题进行较为深入的理解，本章主要从专利维持与专利制度绩效及其评价、专利维持与专利保护期、专利维持与专利维持制度、专利维持与专利制度的其他制度、专利维持与专利维持数据等方面研究专利维持制度的理论问题。

1.1 专利维持与专利制度绩效及其评价

1.1.1 专利维持与专利制度运行绩效

根据与知识产权相关的国际公约以及绝大多数国家的专利法规定，专利[②]的法定保护期限一般为自申请日起 20 年。也就是说，授权专利超过 20 年的法定保护期后，法律将不再保护其独占权，其他人可以无偿使用该专利技术。同时几乎所有国家的专利法及其法规都规定，为了维持授权专利在法定保护期限之内继续有效，专利权人必须缴纳一定数量的专利维持年费[③]。如果没有按照程序在规定时间内缴纳相应数量的专利维持年费，相关专利权将因为未缴纳专利维持年费而被终止。如中国《专利法》第四十二条~四十四条规定，发明专利权的期限为 20 年，实用新型专利权和外观设计专利权的期限为 10 年，均自申请日起计算。专利权人应当自被授予专利权的当年开始缴纳年费。有下列情形之一的，专利权在期限届满前终止：①没有按照规定缴纳年费；②专利权人以书面声明放弃其专利权。因此，不管是哪个国家专利局授权的专利，真正维持到法定保护期届满的数量都比较少。当然，这些能够维持到法定保护期届满的专利占授权专利总数的比例在不同国家或者地

---

① 本章部分内容参见：乔永忠. 2011. 专利维持制度及实证研究[M]. 北京: 知识产权出版社.
② 未特别指出时，本书"专利"特指"发明专利"。
③ 中国原《专利审查指南》规定，申请专利在第三年未授权的，需要缴纳专利申请维持费。2010 年 2 月 1 日起施行的《专利审查指南》已经删除了缴纳专利申请维持费的规定。本书所述专利维持年费主要是指专利授权后，为了维持专利继续有效，需要缴纳的专利维持年费。

区、不同行业、不同类型的专利权主体中，又有所不同。

一件专利维持时间的长短是专利权人基于当时的专利维持机制，依据成本收益理论做出的经济行为所致。从专利权人角度来看，单件专利的维持时间长短是专利权人根据专利的收益和成本差异情况做出的个人行为。如果专利权人能从专利中获得收益，则继续缴纳专利维持年费(patent maintenance fee or patent renewal fee)，保持专利继续有效。反之，如果专利权人不能从专利中获得收益，或者成本大于收益，便不再缴纳专利维持年费或者以其他方式放弃专利，使其专利权失效。可见，专利是否得到维持，关键在于能否最大限度地增加专利权人收益，尽可能地降低其维持成本。专利维持时间的长短取决于专利权人就专利技术增加收益，降低成本的能力。

专利维持制度是现代专利制度运行的必要条件，完善的专利维持制度有利于提升专利制度的运行绩效。专利制度的实现必须依靠有效的专利维持制度作为依托，因为没有有效的专利维持制度，或者说专利维持状况不合理，整个专利制度的绩效将受到限制，甚至难以实现。专利维持情况反映专利权人基于专利是否获得收益、获得收益的多少的状况。根据收益与成本平衡理论，如果专利权人对专利维持的时间长，说明其从中获得的收益较多；反之亦然。而专利维持制度能否有效运行，不仅需要考虑专利权人的收益问题，还必须考虑社会福利和社会成本等问题。专利维持情况在一定程度上量化了专利的价值，反映了专利权人决定是否维持专利、维持多长时间以及缴纳专利维持年费的情况。所以，专利维持情况不仅反映专利权人、专利受让人或者被许可人衡量维持专利的成本和收益问题，也在一定程度上体现了专利制度的运行绩效。

1.1.2 专利维持与专利制度评价指标

法律效益主要体现在法律制度运行的绩效上，衡量法律效益的主要因素是法律规范实施的效果是否符合立法目的，法律作用的结果是否客观上保障并促进了生产力的进步和社会发展(李晓安，1994)。考核法律制度运行的绩效，最直观的方法是评价制度设计时所确立的目的的实现效果。

专利制度就是通过授予专利权人的独占权，鼓励其技术创新，促进社会经济发展，增加社会福利的一种制度安排。专利制度的目的是鼓励技术创新、促进知识传播和推动技术商业化。有学者认为，评价专利制度运行绩效应该从以下两个方面着手：①专利制度的设立能否全面有效地保护专利权人的利益，使得在这种制度环境下专利权人的聪明才智得到回报，从而激励创新；②专利制度是否对科技进步和创新的传播及应用提供一个畅通的管道，使之能提高一个国家的生产率，促进产品总量和人均值的增长。即专利制度是否对创新技术的利用提供一种机制，从而能促进一个国家的经济增长(刘华、戚昌文，2002)。严格地说，个体利益和公共利益是一致的。通过专利权人利益的适度保护，最终保护公共利益，推动社会福利的增加。但是如何体现个体利益和公共利益的增加及其幅度，是一个难以回答的问题。

有学者认为，专利制度对于社会福利水平具有正、负两方面的效应：正效应是指专利制度使专利权人获得知识创新的垄断利润，从而促进发明创造的产出，推动科技进步、经济发展和社会福利水平的提高；负效应是指专利制度赋予专利权人的市场垄断权力，可能会扭曲资源配置，从而导致社会福利的降低(潘士远，2005)。当正效应超过负效应时，专利制度就实现其目的，且超过部分越多，专利制度实现得越充分；反之亦然。

综上所述，不管是专利权人个体利益的保护、公共利益或者社会福利水平的提升，还是专利制度两种效应的量化，均是难以衡量的指标，而这些指标对评价专利制度运行绩效又非常重要。专利保护期限或者专利维持时间的长短比较直观，且容易量化，在一定程度上可以作为衡量专利制度运行绩效的重要指标之一。就专利保护期限而言，专利保护期限越长，越有利于专利权人的利益，当然并不是越长越好。如果专利保护期限超过一定限度，过多地保护专利权人的利益，就会阻碍后续发明，减少社会利益，降低社会福利。从理论上讲，专利保护期存在一个最优长度，但是这一长度很难把握。专利保护期限越接近这一时间长度，专利制度就越适合当时的经济社会发展，或者说专利制度的运行绩效就越高。但是，就现行《专利法》而言，因为专利维持年费制度的约束，维持到专利法定保护期届满的专利并不多，所以上述观点仅适用于那些较少的专利。

专利维持年费制度的存在，使得很多专利不可能维持到法定保护期届满，便因为未缴纳专利维持年费而被终止。所以在法定保护期范围内，专利整体维持时间均值的大小，可以成为评价专利制度运行绩效的重要指标。比如说，在现行国际公约或者绝大多数国家专利法规定的专利保护期(20 年[①])前提下，当一国专利整体维持时间均值在 5 年左右，或者在 15 年左右，可以认为这时的专利制度运行绩效都是较低的，或者说专利制度目标没有实现，或者实现得不够充分，但是专利维持时间均值究竟为多少时，专利制度运行绩效最优，值得研究。

1.2　专利维持与专利保护期

1.2.1　基于专利法发展视角的专利保护期

从经济学角度来看，专利制度的功能主要在于引导社会经济资源投向知识产品的大小和方向。知识是促进科技进步和社会经济发展的主要动力，而专利制度的目的是通过鼓励发明创造，促进科技进步和社会经济发展，最终提高社会公共福利。各国专利制度的发展史也印证了专利制度在国家科技与经济发展中的重要作用。

一般认为，1474 年威尼斯颁布了世界上第一部最接近现代专利制度的法律(郑成思，2003)。该法规定授予发明人的专卖特权，使其能够摆脱商会管控，以奖励发明技术。该法在其序言中声明："我们当中的有些天才拥有发明或发现创新产品的天赋，如果我们给予这些发明或发现保护，使别人无法夺去发明人的荣耀，便会有更多的人贡献他们的智慧，从而发明或发现更多更好的新产品，提升我们的共同福祉。所以此法规定，任何人在此城市制造出具创造性，且过去不存在的产品，在其操作使用之际，可以申请福利委员会授权，任何其他人，除非经被授权人同意，于 10 年内禁止制造相同或相似的产品"(Mandich，1948)。"威尼斯专利法"授予发明人 10 年的独占权来鼓励创新发明，增进社会福祉，促进经济繁荣的做法，后来被欧洲主要国家所仿效。

[①] 从理论上讲，20 年的专利保护期最优的假设是不可能的，因为很多国家科技水平和技术创新能力是有差距的。

英国法院曾通过判决承认专利权的判断法则。1602年，一位代理撤销专利独占权诉讼的律师认为："任何人依靠自己的勤奋努力，发明或引进国内前所未有、且有益于社会的任何新产品到国内，或是促进其引进者，法院都应承认国王授予其合理期间的专利特权"。这一论述后来曾成为普通法中判断专利权是否有效的法则（Bochnovic，1982）。这中间隐含的理论基础，与"威尼斯专利法"序言中隐含的思想非常相似。1624年，英国颁布的《垄断法》被称为近代专利保护制度的起点（郑成思，2003）。该法第六条规定，"准许新制品的发明人，可以享有14年的专利权。但专利权人不得因此提高售价、阻碍贸易，或是妨害大众便利。垄断法将案例法所形成的原则明文化，明确指出新而有用之制品的发明人，才能享有一定期限的专利权，并且不得滥用专利权于提高售价或其他危害公共利益之事"。

美国制定专利法的依据是1787年起草的《宪法》。1787年，美国起草的《宪法》第1章第8条第8款规定："国会应享有权力……通过确保作者和发明人分别对其著作和发明在有限时间内的独占权以促进科学和实用技艺的进步"[①]。

从1474年的"威尼斯专利法"规定的"任何其他人，除非经被授权人同意，于10年内禁止制造相同或相似的产品"，到1602年英国律师提出的"法院都应承认国王授予其合理期间的专利特权"，再到1624年英国《垄断法》第六条规定的"准许新制品的发明人，可以享有14年的专利权"，再到1787年美国《宪法》第1章第8条第8款规定的"国会应享有权力……通过确保作者和发明人分别对其著作和发明在有限时间内的独占权以促进科学和实用技艺的进步"。可以看出，专利保护期是专利制度的核心内容之一，也是体现专利保护水平的重要指标。没有专利保护期限，专利制度无从谈起。专利维持只能在法定保护期范围内维持，或者说专利维持制度是以专利法定保护期限为前提。

1.2.2 基于专利法理论学说的专利保护期

关于专利制度的争议形成了许多学说与理论。支持专利制度的理论比较重要的有发展国家经济论、自然权利论、合同（契约）论、发明奖励论和公共产品论等，但没有一种学说能够完全解释专利制度。

（1）发展国家经济论认为，对发明授予专利权最终是为了发展国家经济。不管是"威尼斯专利法"和英国《垄断法》，还是后来的美国《宪法》，都可以看到这个理论的影子。在当时封建行会特权制度背景下，"威尼斯专利法"和英国《垄断法》都强调国家对发明授予专利权，打破行会垄断，其主要目的是发展各自国家的经济。保护发明人权利的目的是为了更好地保护国家利益。二者的区别是，"威尼斯专利法"保护的是在其国内完成的发明，而英国《垄断法》则同时保护从国外引进的发明。美国《宪法》的条款授权国会为了"促进科学和有用技术的进步"而对发明人授予垄断权力。可见，英国政府特别强调制定专利法要有利于引进外国的发明，并鼓励在本国实施新发明，发展国家的经济。

（2）自然权利论认为，发明人对其发明具有获得保护的"固有的"（即"自然的"）权利，专利法就是为了保护这种自然权利而制定的。发明人对其发明有取得保护的"固有的"

---

① 姜晖. 美国专利法的历史沿革[EB/OL]. https://wenku.baidu.com/view/d897db1cc5da50e2524d7fc1.html. [2019-05-18].

权利是一种财产权利。自然权利论虽然在历史发展过程中发挥过一定的作用，但作为专利制度的理论依据受到质疑。首先，专利的保护期限与权利的"自然"属性相冲突。也就是说，自然权利论难以解释专利保护期限限制的规定。其次，专利授权不得重复的规定，这与权利的"自然"属性相冲突。依据自然权利论，当多人分别独立完成相同发明时，专利法应分别承认他们每人都有一项专利权，而不应像绝大多数国家专利法规定，只有第一个申请人或者发明人享有专利权。

(3) 合同(契约)论认为，专利是在国家和发明人之间签订的特殊合同(契约)。根据该合同(契约)，发明人公开其发明内容，国家则对发明人授予在一定期限内利用其发明的排他权利。如果不对发明人授予专利权，保护其发明，发明人就可能不愿将其花费时间、精力和费用完成的发明公开。如果发明人能得到利用发明的排他权利，他就会将发明公开，这有利于促进国家科技的发展。同时，发明人通过制造、销售其专利产品获得的收益是对发明人的奖励。

(4) 发明奖励论认为，运用对发明创造授予专利权的方式保护发明人的利益，是针对其付出的一种奖励形式。一般而言，一项发明的完成必须以创造性的劳动、时间和费用等为代价，同时还存在失败的风险。如果其他发明人完成的发明可以无偿使用，肯定会挫伤发明人完成发明创造的积极性，对企业乃至整个国家技术创新都会产生影响。专利制度就是对发明人授予利用其发明的独占权，作为对其发明的奖励，从而鼓励更多的人投身发明创造，促进科技进步和社会发展。

(5) 公共产品论认为，发明具有很强的公共产品特性，即不可分性、无法占有性和不确定性；其生产成本高，但传播和模仿成本低，一旦进入市场，不会因使用而消耗，同时也不会妨碍他人使用；因其无形，无从得知他人是否正在使用，所以很难收取使用代价。生产者决定资源投入时无法预测其产出，因风险过大可能不愿投入生产，对社会整体而言，会有供给过少的损害。为了解决供给过少的市场失灵问题，才由政府出面干涉，给予发明人独占权，排除他人制造、销售、使用，使投资者能取得消费者赋予知识的价值，得以回收其投资报酬。然而，一旦要求利用者付费，则依经济学上的价格法则，一般使用者对该产品的需求将因而减少，如此反而妨害技术传播。因此，从经济学观点看，知识产品的生产和传播将陷于两难的困境。如何维持生产者的投资利益与普遍使用而增加的社会公益，永远是专利制度难以解决的问题，也是所有冲突包括国际争执的源头(郑中人，2003)。

另外，我国《专利法》起草过程中曾提出一种代表性观点认为，发明是发明人智力劳动创造的成果，是有价值和使用价值的，所以同商品一样，应当作为财产加以保护(汤宗舜，2003)。

上述观点从不同角度为专利制度奠定了理论基础，同时也为专利维持理论提供了理论依据。不管是发展国家经济论、自然权利论，还是合同(契约)论、发明奖励论和公共产品论，都涉及授予发明人权利的时间问题，即给发明人(专利权人)授予多长时间的专利保护期限，才有利于激励发明人(专利权人)完成更多的发明创造，保护权利人利益，但不会阻碍公共利益，并能促进科技进步和发展国家经济。总之，关于专利制度的各种理论学说，都会涉及保护权利人利益的期限问题。这个期限问题与专利维持问题关系密切。

1.3　专利维持与专利维持制度

专利制度是为研发和创新提供激励动力的重要政策工具之一(Wright，1983)。专利维持制度是专利制度的重要组成部分。尽管专利维持制度存在被学者或决策者明显忽视的现象，但是关于专利维持制度的合理性在一些经济学文献中得到了论证。例如，Scotchmer(1999)、Cornelli 和 Schankerman(1999)认为，在专利申请具有关于发明的不公开的信息(这种信息专利局无法获得)时，专利维持制度就具有从专利维持时间长短，或者专利权人获得专利收益大小角度揭示专利技术相关信息的功能。不过，至今仍然很少有人能说出专利局应该收缴多少维持费的准确依据。其理由是，理论研究往往是集中在发明的差异性，即专利申请的差异性，但是维持费缴纳日之后的专利收益的随机性却被忽视。Gans 等(2004a)认为，专利收益的随机性和动态性在实践中发挥着关键性作用，但是它却被简单化地处理了。

1.3.1　专利维持趋势的相关研究

尽管专利权人可以通过缴纳维持年费将专利维持到最高法定期限,但有不少研究结果显示,很多国家的授权专利维持时间较短。Mansfied(1984)通过调查证明,美国一些行业约 60%专利在授权后 4 年之内被终止，这个维持时间远小于当时规定的法定时间 17 年。该研究成果被 Levin 等(1987)进一步证实。Schankerman 和 Pakes(1986)从专利维持数据反映的专利有效寿命证明了同一观点：欧洲专利价值以每年 20%的速率在丧失。Pakes 和 Schankerman(1984)的研究显示只有 7%的法国专利和 11%的德国专利维持到法定届满(Pakes，1986a)。Lanjouw(1993)通过对德国专利进行更多分类模式的研究表明，只有不到 50%的专利维持时间超过 10 年。Lanjouw 等(1996)的调查显示，不同技术领域和不同国家的专利维持在 10 年以上的数量不超过 50%。Lanjouw(1998)对德国专利维持状况的研究以及 Schankerman(1998)对法国专利维持状况的研究结论，也证实了这一点。

自从 Griliches(1979)的开拓性研究开始，学者在专利被终止率方面进行了不少的研究。其主要成果反映在以下方面。①用专利被终止率评估专利价值。Schankerman(1998)曾经用专利被终止率评估专利的价值。他认为，在专利诉讼、企业市场价值(包括专利的市场价值)评估过程中，通过专利和研发关系的经济分析对评估专利价值非常有意义。②专利终止率的评估。Pakes 和 Schankerman(1984)评估了专利的被终止率，其研究方法主要依据是运用专利价值和专利维持成本的关系对专利维持可能性进行评估。Goto 等(1986)基于 Bosworth 在 1978 年提出的方法对专利被终止率评估进行了研究，该研究的不足是没有考虑专利维持的成本。Nakajima 和 Shinpo(1998)运用 Parkes 和 Schankerman(1984)提出的方法对日本的相关专利被终止数据进行了评估，但是该研究所使用的数据存在较大的缺陷，即数据量小，且过于集中，而且其评估结论意义不大(Nakanishi、Yamada，2008)。

1.3.2　专利维持制度的发展及其重要性

国外现有的关于专利维持问题的研究多数是基于德、法等一些欧洲国家专利局授权专利的数据，其原因是这些专利局设立专利维持年费制度已经 60 多年，而美国专利商标局使用专利维持年费制度仅 30 多年。另外，欧洲绝大多数国家授权专利要求每年缴纳专利维持年费，所以有很多的专利维持记录。而美国专利维持年费制度直到 1980 年底才开始生效，所以美国专利维持的相关数据相对欧洲一些国家来说较少。不过，近年来，美国有关这方面的研究也在不断深入。这方面存在的问题是研究的专利授权时间过早，大都集中在 20 世纪 70～80 年代。

近年来，随着知识产权制度在全球的迅速发展，专利维持问题的重要性也日益突出。所以，对最近几年来的专利维持情况，特别是中国这样专利申请量和授权量都大幅提升的国家的专利维持情况进行较为深入的研究，不仅是中国实施国家知识产权战略发展的需要，也是世界知识产权事业发展的需要。

专利维持制度①是现代专利制度得以有效运行的关键机制之一。首先，专利维持状况反映专利权人平衡其成本和收益的结果。专利制度的直接目的是奖励发明人，但这种奖励是基于发明的经济效益做出的，并且会带来一定的社会福利损失。所以，关于专利制度的很多争议都集中在基于发明获得的动态收益和专利独占权静态成本之间的平衡问题。这种争议也曾被归结为专利最优维持状况的问题上（Nordhaus，1969，1972）。其次，专利维持状况反映技术创新强度和专利保护程度。专利维持状况不仅被用作评价发明或者创新强度的信息资源，而且被作为反映专利保护程度的信息指标。所以，专利维持状况为探讨专利权人或者专利受让人衡量维持专利的成本和收益问题提供了一个重要维度；同时也为研究企业、国家或者地区的专利质量、技术创新机制等问题提供了独特的视角。对公共政策而言，整体专利维持状况将直接影响专利制度促进技术创新的程度；对企业而言，单件专利维持状况将直接影响企业的收益。再次，专利维持状况反映专利权人的价值判断。专利权人对专利维持状况的确定，其实质是其在国家法律法规或者国际公约（条约）允许的范围内，根据其价值判断标准②，确定专利维持时间，从而实现其利益最大化的过程。最后，政府可以通过完善法律或法规，从制度方面对专利维持的整体情况进行适度优化，调整创新主体的相关专利行为，从而平衡创新主体的个体利益与社会公共利益，使得专利制度运行绩效最大化。因此，从某种意义上讲，专利制度主要是一种维持制度。

1.4　专利维持与专利制度的其他制度

专利制度中的其他制度对专利维持制度的影响主要是系统影响，其特征是稳定性高、不易改变。因为专利制度，特别是专利法的稳定性决定了其相关规定不会轻易修改，所以可作为系统误差。在专利法没有修改的前提下，研究一国专利维持情况时，这种误差可以忽略。专利制度中影响专利维持状况的因素较多，本部分仅从专利授权标准，即专利保护范围，或者说判断新颖性的现有保护范围、创造性标准、侵权认定及其赔偿方式等方面论述其对专利维持制度的影响。

---

① 从专利制度的发展来看，专利维持年费制度只是最近几十年才产生的。德国和法国在 20 世纪 50 年代建立专利维持年费制度，美国 20 世纪 80 年代建立专利维持年费制度。专利维持年费制度建立前后的专利维持状况应存在很大差别。本书主要研究专利维持年费制度建立后的专利维持问题。

② 有时这种价值判断的标准并不以单纯的成本收益理论为依据。

1.4.1 专利维持与专利保护范围

专利维持时间(专利长度)和专利保护范围(专利宽度)的关系非常密切。关于专利保护范围,学者已经从优化专利制度的视角进行了研究。有关研究结论认为,专利保护范围扩大时对创新者有利,但是会伤害社会福利(Klemperer,1990;Gilbert、Shapiro,1990)。Dijk(1996)通过专利保护范围的二阶段模型(the two-stage models),不同程度地研究了专利维持时间和专利保护范围之间的关系。该二阶段模型主要研究专利保护宽度的调整如何通过专利侵权和许可手段将专利申请人的利益转移到发明人手中的问题。Lerner(1994)研究发现,专利保护范围与企业价值呈正相关关系,但专利保护范围的扩大是否直接提高专利的价值没有被证明。Louvain(1998)提出了关于调整专利维持时间和专利保护范围的两种专利政策:一种政策是专利保护期很短,但是保护范围较宽,以便专利有效的维持时间与专利法定保护期一致;另一种政策是专利保护期足够长,但是保护范围较窄,以便在更好的专利技术替代原有技术时,终止对原有专利的保护。前者可以促进新技术的扩散,后者则有利于降低研发成本。如果一件专利保护范围宽度到了可以使其后续发明无法超越的程度,这种发明就不应该授权。如果一件专利的维持时间很长,但是其保护范围很窄,以至于其维持到有新的替代产品出现时,才达到其内在的届满时间。或者说,如果一件专利保护范围较宽,但是其维持时间很短,以至于少于法定保护期限。即使这两种政策可以针对创新率达到相同的效果,但是其社会效果是有区别的。因此,专利的保护范围对专利维持时间具有直接的影响,但是专利权范围法定理论告诉我们,在既定的专利法条件下,专利的保护范围一般不会随意变化。

专利保护范围在专利法中主要表现为对现有技术的范围确定①。如果现有技术的范围较小,则容易满足新颖性要求;反之亦然。现有技术是审查专利授权标准的新颖性的关键点。其范围大小决定了申请专利的技术是否符合新颖性要求。我国《专利法》第二十二条规定,"新颖性,是指该发明或者实用新型不属于现有技术;也没有任何单位或者个人就同样的发明或者实用新型在申请日以前向国务院专利行政部门提出过申请,并记载在申请日以后公布的专利申请文件或者公告的专利文件中"。现有技术应当在申请日之前处于能够为公众获得的状态,并包含能够使公众得知实质性技术知识的内容。现有技术的范围越宽,新颖性程度就越高,专利维持时间就有可能越长。所以我国新修订的《专利法》将"相对新颖性标准"修改为"绝对新颖性标准",即不仅申请日(有优先权的,指优先权日)前在国内外出版物上公开发表的现有技术可以破坏该专利申请的新颖性,而且在国内外公开使用或者以其他方式为公众所知的技术也可以破坏该专利申请的新颖性。这一修订扩大了判断新颖性时审查的现有技术的范围,提高了新颖性的门槛,在一定程度上增加了延长专利维持时间的可能性。

1.4.2 专利维持与专利创造性标准

专利创造性标准是专利法的核心概念之一,是专利授权制度的"最后守门员"和可专利性的终极要件,也是可专利性的试金石,体现专利制度的有限保护与专利权人公开和解

---

① 有些论著将专利保护范围界定为专利保护客体的范围大小,也有一定道理。

释新发明的平衡（Wagner、Strandburg，2007）。在特定时间，发明对本领域一般技术人员是否显而易见是发明可专利性的基础，也是每件专利讨价还价的核心。较高水平的创造性标准是保护创新和竞争的底线，而竞争和专利制度则是技术创新的首要引擎。专利创造性的判断过程和程序有助于妥善解决权利人利益与社会公共利益的平衡。依据中国《专利法》第二十二条规定，"创造性，是指与现有技术相比，该发明具有突出的实质性特点和显著的进步，该实用新型具有实质性特点和进步"。突出的实质性特点是指对所属技术领域的技术人员来说，发明相对于现有技术是非显而易见的；显著性进步是指发明与现有技术相比能够产生有益的技术效果。可见，实质性的突出程度和进步的显著程度，即创造性高度决定了专利创新程度，所以专利维持时间在很大程度上受创造性高度的制约。从理论上讲，在特定条件下，专利创造性标准存在一个能使创新活动绩效最大化的最优高度。或者说，创造性标准的高低直接影响了授予专利的发明的创新程度的高低；而创新程度的高低又在很大程度上影响了专利权人基于专利获得利益的多少，从而影响相关专利的维持时间。例如，创造性标准的提高，一定会在专利授权时过滤掉一部分创新程度较低，达不到授权标准的发明；或者说，依据创造性较高标准授权的专利的创新程度相对较高，在其他条件不变的情况下，一般会给专利权人带来相对较多的收益，这种专利的维持时间也就相对较长。反之，创造性标准的降低，将会使一些创新程度不高的专利获得授权，而这些专利因为创新程度较低的原因，一般给专利权人带来的利益相对较少，所以这些专利的维持时间相对较短。为了提高专利质量，我国现有专利审查制度中创造性高度判断标准和判断方式均应该做适当调整。美国为提高专利质量，其最高法院于 2007 年 4 月 30 日对 KSR 诉 Teleflex 案做出判决，调整了美国的创造性标准及其判断方式。随后，欧洲和日本的专利法创造性标准方面取得进一步协调。而且，KSR 案判决做出后，KSR 在 2007 年英国上诉法院、荷兰和澳大利亚高等法院都分别做出了令人关注的有关创造性标准的判例。这一系列专利创造性标准的调整和判例为提高专利质量会发挥一定的作用，也会在一定程度上影响专利维持制度的运行。

1.4.3　专利维持与专利侵权认定及其赔偿方式

专利技术的无形性、专利侵权的隐蔽性、专利侵权认定的不确定性和专利侵权损害赔偿数额的难以确定性，增加了维持专利的成本和风险，直接影响了专利权人的收益，进而影响专利维持时间的长短。这主要表现在以下几方面。①侵权认定的不确定性，影响专利权人的预期收益，增加专利收益的风险，进而影响专利维持时间。如果说授权专利的权利要求书是申请人和专利局共同划定的专利权保护范围，那么专利侵权认定就是法官对这一范围的解释，甚至是重新认定。因为这种认定包含了创造性等授权条件的重新判断，加之创造性标准的主观性和判断标准的客观化要求，导致维持专利有效的风险性较高，一定程度上增加了权利人维持专利的成本，从而影响相关专利的维持时间。②赔偿数额或者说侵权成本与侵权收益的差额直接影响侵权行为发生的可能性，也直接影响权利人收益，从而影响专利权人对专利继续维持的意愿。因为司法实践中侵权认定和赔偿数额不利于有效保护专利权，导致侵权可能性增加，无形中减少了专利权人的市场份额，降低其市场收益，从而增加了专利权人放弃专利的可能性，这种情况一定会影响专利的维持时间。

1.5 专利维持与专利维持数据

(1)专利维持数据反映专利维持状态。专利数据已经被用于表示创新程度和专利权价值的重要信息资源之一。专利维持数据作为一种数据信息资源非常重要，是因为它们可以被用于通过不同维度反映专利保护的私人价值。例如，分析医药产业的专利维持数据可以发现专利保护强度与其他制度密切相关，尤其是价格规定和竞争政策。这些制度影响了专利权人从其专利技术中获得专利收益的能力。这是因为专利制度激励机制取决于各种相关制度安排产生的约束。研发合作、专利许可、专利长度和宽度在很大程度上影响投资积极性(Scotchmer，1991；Scotchmer，1996)，所以运用可测度变量评估专利保护价值的经济和制度因素非常重要。如果能够构建专利许可政策、价格决定机制、市场规模和其他变量限制性的制度，就可以运用专利维持数据验证这些因素是否系统性地影响了专利保护的价值(Schankerman，1998)。另外，有必要对适用于不同国家或者地区专利制度中专利的技术领域、权利人国籍以及其他可能因素的专利维持数据进行比较研究，通过这种方法更加准确地确认和评估关于专利保护效果和研发激励的制度因素。

(2)专利维持数据可以用来评估专利制度的经济影响。经济学家对专利维持数据的兴趣至少要追溯到 Nordhaus(1969)发表的论文。Pakes 和 Schankerman(1984)通过运用专利维持数据反映专利保护价值特征拓宽了专利维持数据模式的研究范围；并且认为：权利人已经提交的专利申请被赋予专利保护初期阶段的收益，且其以特定年递减率下降；专利初期收益分布函数分布的参数以及年递减率可以通过"尽可能接近"实际观察数据的理论预期被终止专利比例发现参数值进行评估，获得的评估值可以用于表述整个过程专利保护价值及其发展分布的特征；专利权人为了维持其专利有效，必须缴纳维持年费，该费用随维持时间的延长而增加；专利权人寻求维持其专利到一定数值时，专利保护(净)收益预期折扣值的最大化。Schankerman 和 Pake(1986)运用集合数据验证了相关模型。Pakes 和 Simpson(1989)构建了不严重依赖函数形式假设的评估和验证技术，提出了一组专利的保护收益大于另外一组专利的保护收益假设的非参数验证；并且认为：在足够大的样本量和足够类型的维持费结构情况下，专利维持数据可以是丰富到足够辨别在随机模型中决定专利价值的条件分布函数的整个顺序。Lanjouw 等(1998)将专利申请数据运用到专利保护价值的分析中，通过吸收申请人考虑是否在提供专利保护的每个国家申请专利决定的方式，延伸了 Pakes 和 Schankerman(1984)提出的(申请条件)分析框架，并考虑了在不同国家得到保护的专利技术获得的收益因为专利类型和国家特征不同而不同的特征。但是为了分析方便，Putnam 在研究中假设，特定国家中获得的收益不取决于专利是否在其他国家中有效。其研究结果是，申请人在专利预期净收益(专利收益减去申请费和维持费成本)大于零的每个国家都申请专利。Putnam 延伸了专利数据的运用方式：①评估发明获得专利保护的全球价值分布方式；②研究专利保护的国际收益流(从一个国家获得的专利收益负担从其他国家专利费保护其创新的成本)；③评估发明不同来源国和申请国的专利申请成本差异；④所有与发明的专利族大小相关的信息都可以在首次申请的最近几年的信息中获得，所以基于申请数据的专利权重方案比基于唯一维持的数据更有选择性；⑤结合申请和维持数据可以推导出对专利数量的权重方案，将比单独用维持数据表示的信息更为准确。这种模型的不足之处是其过于依赖假设函数形式，大量低价值专利和高价值"肥胖"结尾(基本上在所有国家申请，并在这些国家维持到法定保护期届满)专利是最好的证明，但是这些数据无法区分结尾部分专利可能的实际价值的差异。Harhoff 等(2009b)考察了结尾部分决定创新价值及其分布的数据变化，研究了德国在 1995 年将专利维持到法定时间届满的专利权人获得关于内在创新的收益性和其他特征的详细信息以及专利保护制度在帮助他们从这些创新中获得收益中发挥的作用。该研究结果在一定程度上具有普遍意义，它反映的专利价值分布的结尾形状的细节部分可能是为了从专利维持和申请数据增加创新测度准确性所需要的一种基本信息类型。如果获得专利价值分布结尾形状的外部性信息，将能够更为有效地运用专利维持和申请数据。

(3)专利维持数据一般只反映有关专利私人价值的外部信息。这种信息是评估专利制度经济影响的重要因素，但是它需要来自专利活动的其他社会收益信息来补充。如专利引证数据可以跟踪专利技术的社会收益和社会溢出(Trajtenberg，1990；Jaffe et al.，1993)，因此引证数据应该被当作通过专利维持数据反映专利收益信息的补充。因此，专利维持数据作为一项研究资源非常重要，可以用于评估专利价值，但是应该考虑其他因素，因为它可以用来从不同维度(包括但不限于技术领域、权利人国籍、维持时间)评估专利经济价值。专利制度保护效果应该与创新主体所处环境及其要素有关，尤其是限制专利权人从其专利中获得专利收益能力的规则和竞争政策有关。

当然，虽然运用专利维持数据可以作为评估创新活动水平和专利价值的可靠性工具，但是当遇到对专利维持数据的价值和目的存在怀疑时，可能会掩盖发明人的历史经验和当时专利制度的运行特征。当专利制度所处的社会经济和文化条件差异很大时，应该提醒我们运用专利维持数据评估专利价值或者收益时的准确度问题。

第二章 专利维持与专利成本

2.1 专利维持与专利成本结构

扣除研发成本后，专利成本大致可以分为申请成本和维持成本。专利申请成本非常复杂。申请专利时至少要考虑权利要求数、申请文件页数、申请路线、外部服务质量、预期速度、专利保护的地理范围等因素带来的成本。权利要求数较多或申请文件页数较多的专利以及希望在多个国家或者地区获得保护的专利需要经历更为复杂的申请程序和花费更多的外部成本。同时，专利申请成本还与相关程序及其所需时间延误(尤其是如果专利律师与专利局审查员之间产生大量的书面沟通时)以及预期授权速度有关。行政和程序费用(官费)容易量化，而外部服务和翻译成本只能是估计，因为它们更多取决于律师提供的服务质量。还有些因素不易量化，因为它有时更多地取决于申请人申请专利的策略。

以欧洲专利为例，从专利申请到授权过程中所需成本主要分为四个类型。①程序成本：申请费、检索费、审查费、国家指定费等。②翻译成本：翻译费通常是由专利律师或者专门翻译人员提供的翻译服务产生的费用。如果获得专利授权，这些成本取决于专利大小(专利申请长短/申请书的页数)以及受保护地理范围等的策略选择。指定国家数量越多，由翻译产生的成本就越高。现实中，往往无法直接确定这些成本，因为它们包括翻译和交易(通过专利律师协调)的成本。③外部费用：专利申请文件撰写和向专利局提交产生的服务费用。规模较大的企业可能拥有自己的知识产权部，配置了正式的、可信任的专利律师，但是小企业往往依靠法律顾问和可信任的专利律师提供服务。这些服务的成本包括与申请专利相关的所有行为的费用：申请服务、缴费服务、翻译和程序监督(与专利局书面或者口头进行交流)的费用。④维持费：在法定保护期限 20 年之内维持专利有效的费用。多数国家的知识产权局或者专利局要求每年缴纳维持费，但是美国专利商标局要求授权后每隔 4 年时间缴纳一次，而且专利维持年费会每年或者每隔几年增加一定的费用。另外，如果在欧洲专利局获得专利授权，必须在欧盟成员国中希望获得保护的国家专利局确认有效，并进行维持，各个国家的维持费加在一起可能是一笔很大的费用。

2.1.1 专利费与专利成本

最优的专利费收费标准至少应该具有如下两点作用：①申请费足够高可以阻止质量较低的发明申请专利，尤其是在专利局专利大量积压的情况下；②为了确保商业价值而维持专利有效，维持费增加的幅度高于专利维持时间延长的程度。在专利质量明显下降和因专利申请大幅增加导致专利局申请积压的背景下，决策者通过政策工具完善专利制度具有重要意义。这种政策工具之一就是专利费政策。近年来，越来越多的学者关注政府的专利费政策。专利费价格弹性表示专利的需求弹性，证明了专利对商业的必要性和对专利局财政预算的重要意义。专利费应该与审查服务质量相关，需要用微观经济学方法评估专利申请中各种类型费用的敏感性。企业最大限度地运用不同于通过防止模仿保护技术的传统方式的"战略"专利。非弹性需求并不意味着专利费不是一项有效的政策工具，但是意味着专利费的变化必须达到足够可以观察的效果。因为专利费增加对降低专利需求的幅度较小，但是专利费的增加将实际上增加专利局的财政收入。现有制度的限制在于法律成本的系统性规避，尽管它们占总成本的比例很大。研究专利局收取费用与律师收取费用对专利申请行为的协同影响也非常重要(Potterie，2011)。

专利费实际上是影响专利偏好的主要因素之一，决策者可以将其作为一件有效的政策工具。欧洲专利局从绝对费用和相对费用两个角度"精心安排了"专利费的大幅下降。过去两百多年来，美国专利商标局的相对专利费用已经下降，专利成本越来越低。专利申请年费大幅低于年度维持费，维持费增加速度比维持时间增加速度要快。尽管美国专利商标局专利费非常低，但是其专利政策比较稳定，结合专利需求负的较大的价格弹性，一定对现有的专利申请猛增具有促进作用。因此，对目前专利申请积压可行的解决方法是采用更为严格的专利费政策(Rassenfosse、Potterie，2012)。当然，人们不应该忘记专利收费制度是政府专利政策中的杠杆之一，审查过程质量、专利权保护范围等也会影响专利制度功能的正常发挥(Potterie、Rassenfosse，2010)。

2.1.2　美日欧专利成本比较

制度内涵和政治目标在很大程度上影响了专利局采用的专利收费结构，但与真正的最优维持费结构没有多大联系。例如，维持费必须随专利维持时间大幅提升的观点实际上取决于专利技术潜力的评估。技术和经济效果不确定的专利在一些年份应采用相对较低的维持费被证明是正确的。如果申请专利时无法评估发明的商业价值，一般认为设置较低的申请费较好；如果专利制度与其他知识产权制度交叉保护度较高，那么设置较高的申请费可能更有益。专利申请积压严重和企业的专利滥用行为对设置专利收费结构具有重要影响。其他信息如专利制度覆盖的市场大小也应该考虑到，因为在较大的市场中专利保护价值较高。一般而言，专利费结构必须平衡对研发投资的激励与由垄断权引起的社会成本。

专利成本主要取决于专利保护范围大小、技术复杂性、申请程序选择、预期保护的时间、机构服务质量、专利服务地理范围等，对其进行评估比较复杂，尤其是针对不同国家或地区的专利制度。专利成本评估由"程序"成本和外部服务成本构成，"程序"成本包括直至专利授权的所有官费和在指定国确认保护的确定费，外部服务成本与翻译费相关。对欧洲专利局而言，如果专利被授权，为了使其在指定国有效，必须进行申请文件的翻译，所以很难评估其外部服务成本，它与执业服务者、律师等的外部服务质量有关；在每个指定国维持专利有效，必须缴纳相应的专利维持年费。

欧洲专利制度成本远高于美国和日本专利制度的成本。一件在欧洲指定3个国家的专利维持20年的欧洲专利成本不少于40000欧元，在美国专利商标局和日本专利局则分别需要16000欧元和21000欧元。对维持20年的专利而言，日本专利制度的程序成本是最低的，美国专利制度是最廉价的，因为日本专利的平均权利要求数(7条)低于欧洲专利局专利(18条)和美国专利商标局专利(23条)，所以分析每条权利要求的成本比较适中。例如，指定国为 3 个(13 个)的欧洲专利局授权专利的权利要求的程序和翻译成本为 400 欧元(1100 欧元)。相比之下，美国专利和日本专利的每条权利要求成本为 130 欧元和 220 欧元。如果考虑程序和翻译费，指定国为 13 个国家时，欧洲专利的成本是美国专利成本的近 7 倍。对维持 20 年专利的总成本而言，欧洲专利成本是美国专利成本的近 8 倍。在程序开始时替补专利的成本没有美国专利高，但是随着程序的推进，日本专利的成本逐渐高于美国专利的成本。如果将分析重点放在权利要求方面，这些成本的差异程度会更高。如果考虑成本的类型，欧洲专利(指定国为 13 个)的每条权利要求的成本是美国专利权利要求的成本的 8~10 倍。

因为没有考虑市场规模的大小，所以这些成本差异无法对相对成本进行说明。本书认为，相对成本应该用人均每条权利要求数成本测度。如果重点放在程序和翻译成本方面，美国拥有最低的每百万人每条权利要求的成本(0.5 欧元)，这恰好说明了其对专利申请人具有最强的吸引力。日本的程序和翻译成本为每百万人每条权利 1.7 欧元，指定国为 1 个和 13 个时，欧洲专利指定国的程序和翻译成本分别为每百万人每条权利 2.2 欧元和 3.0 欧元。对于人均每条权利要求数成本指标而言，专利的相对成本与专利申请数量之间呈现明显的负向线性相关关系。指定 13 个国家保护的欧洲专利的成本比美国专利的成本高 6 倍以上，比日本专利的成本高近 2 倍。包括 25 个高收入成员国的欧洲市场拥有的居民数是美国市场的两倍多。如果考虑人均每条权利要求数指标，欧洲专利局较高的审查费将得到较为合理的解释，它为一个巨大的经济市场确保一个严格的授权程序。欧洲专利局现有的高质量审查是放在一个复杂的框架下的，即欧洲知识产权市场的高成本和零散性。这些成本并没有反映专利制度的效率，但是反映了一个基于专利权人经济资源的强度机制选择(Potterie、Francois，2009)。

Jaffe 和 Lerner(2004)认为专利质量和审查严格程度会影响专利成本。美国专利商标局比欧洲专利局专利授权数量多，授权速度快，证明其实质审查速度较快、授权率明显较高。如果欧洲专利局授权专利的质量确实较高，那么毫无疑问将有较高的预期成本。但是真正使得欧洲专利成本较高的原因不在于其审查程序的高质量，而在于专利授权需要翻译费和向每个指定国专利局确认专利有效并进行维持的复杂性。

2.2 专利维持与专利收费

2.2.1 专利收费与专利申请

专利被认为是一种激励创新的重要工具，它利用垄断权力补偿创新活动收益的风险，推动研发活动的私人投资更加接近社会最优水平。然而，近年来，专利制度受到很大压力，甚至其功能也受到了质疑。专利申请数量猛增，导致严重的积压，尤其是美国专利商标局。与此相关的另一个担忧是未来专利申请质量的大幅下降。当前有学者提出了"破裂的"(broken)专利制度的观点(Jaffe、Lerner，2004)。在这种情况下，理解专利局的政策工具及其如何遵循专利制度，就显得特别重要。这种政策工具之一就是专利费政策。

世界各国专利费结构存在差异，再加上近年来专利费越来越高，专利制度中专利费的作用问题研究显得越来越重要。迄今为止，关于专利收费问题的讨论大多局限于专利局职员和专利律师的范围。Watson(1953)认为，后者的范围不仅与各种当事人密切相关，而且与专利制度和美国专利商标局的福利以及工作利益关系紧密。然而，专利费如何改变合适的专利政策问题将是所有专利制度决策者关注的问题。Jaffe 和 Lerner(2004)认为，专利政策太重要以至于不能离开专利律师。另外，从决策者的角度来看，理解专利费的作用也与经常运用专利数据却忽视专利费用研究的学者越来越多有关。尽管燃气、酒精和香烟的税收对这些产品的需求具有重要影响，但是专利费往往被认为对专利需求不发挥或者很少发挥作用。换句话说，二者的需求弹性不同。专利收费研究只是在近年来才出现的，该问题主要研究专利收费对申请行为的影响和最优维持费问题(Potterie、Rassenfosse，2010)。

专利收费标准的下调对专利申请的大幅增加的影响是很明显的。因为美国早期实施的是专利注册制度，而不是专利审查制度，所以很少有专利申请被拒绝。专利收费增加时，专利权人决定放弃专利申请是自愿的。在 1852 年之前，只有大约 5.4%的专利没有被授权，其中大多数是因为在授权后 6 个月内没有提交说明。1852 年法案要求提交专利申请(授权专利保护)的说明。说明书可能是完整的或者是临时的，如果是临时的，要求在 6 个月内提交完整的说明。没有说明的专利申请永远不会被授权，使得这个数据在 1853~1876 年迅速上升到 34%。而美国现代专利审查员积极拒绝专利的比例，从 1884 年的 41%上升到 1887 年的 47%。在 1890 年该比例超过了 50%。专利申请放弃数量增加的趋势与专利初期维持费下降呈现负相关(Andrew et al.，2001)。

2.2.2 专利申请费与专利申请行为

专利申请费中专利申请文件撰写阶段的相关费用，特别是基于权利要求或申请文件页数的费用，对权利要求的撰写质量以及与审查员沟通质量具有重要影响。2004 年 12 月由美国专利商标局实施的专利政策修改措施对专利收费政策的变革产生了重要影响。Archontopoulos 等(2007)研究发现，美国专利商标局基于权利要求费用的大幅提升对专利申请文件的权利要求数量具有重要影响。专利申请费增加之前，每件专利的权利要求数大约为 28 项；专利申请费增加后，每件专利的权利要求数降低到 23 项，使得专利需求的价格弹性降低为约-0.20。Lazaridis 和 Potterie(2007)发现，每件专利平均有 11 项权利要求数，两项额外权利要求造成欧洲专利局与申请人之间的沟通成本的增加，一次额外的沟通可以导致专利授权被拖延一年。换句话说，基于权利要求的专利申请费通过两种途径加快专利审查的速度：一是减少审查员获得的信息量，二是降低审查员与申请人之间的沟通次数。在目前专利申请大量积压和专利授权严重拖延的情况下，这种研究结果具有重要意义。

绝大多数现有研究成果只关注了专利申请成本，而没有评估专利申请费的弹性问题。例如，Sanyal(2003)发现，尽管专利申请成本影响专利申请活动，但是并没有涉及影响大小及影响需求弹性的问题；Eaton 和 Kortum(1996)发现，包括代理费和翻译费在内的专利申请成本对专利申请活动具有负面影响，但是其评估参数不能用于测量专利申请费的弹性，因为它没有考虑其他货币成本；Eaton 等(2004)发现，过去 100 年来，欧洲专利增长量的 60%归因于在欧洲专利局申请专利总成本的降低。

2.2.3　专利收费与专利维持时间

专利权人是否维持专利,取决于其权衡维持专利成本和收益的结果。专利获得授权后,维持成本主要是缴纳年费。所以年费的多少和不同档次之间增加数额幅度的大小会对专利权人是否维持专利产生重要影响。实践中,很多专利权人特别是科研院所放弃一些有价值的专利的主要原因是其资金所限,无法缴纳专利维持年费。

为了维持专利保护到法定保护期限,绝大多数专利制度要求缴纳一系列的维持费。不过,大约 1/2 以上的专利在专利申请日起的 10 年内,不缴纳维持年费,导致这些专利被终止。因此,纵使所有的国家都规定了统一的法定保护时间,专利仍然具有不同的寿命。经济学研究结果已经验证:专利维持年费影响了专利权人是否维持专利的决定,越有价值的专利维持时间越长(Schankerman,1998;Lanjouw,1998)。不过,实践中,专利维持年费往往是专利局的经费来源之一,所以很难判断专利维持年费制度导致的专利寿命变化是否能够提高社会福利。专利维持年费可以作为用于调整不同专利的最优寿命(专利保护的最优期限)的政策工具。就社会福利而言,专利维持年费制度的潜在好处在于证明专利的不同寿命比统一的专利法定保护时间更优越(Cornelli et al.,1999)。

Pakes(1984)构建的专利维持模型考虑了专利权人运用专利技术包含的思想获得更多收益以及对专利授权过程的影响;并且发现,在专利维持早期,这些过程非常重要,但是在法国和英国维持 4 年、德国维持 3 年后,其复合性的影响可以忽略。Schankerman 和 Pakes(1986)运用专利维持决定的简单经济模型,在可选择维持时间和具体维持费结构条件下,通过分析专利权人为其专利缴纳维持费的行为,研究了 20 世纪 50 年代后英国、法国和德国专利权价值、专利权价值分布变化与专利数量变化的关系、专利价值分布的不平衡、基于专利收益的终止率等问题。Schankerman 等发现,维持费以较低水平开始,德国在维持时间 6 年后大幅增加。英国和法国在维持时间 5 年后,专利维持时间非常相似,这两个国家在该时间点有 1/5 的专利因未缴专利维持年费被终止。大约 1/2 以上的专利在维持时间为 8 年时被终止,只有 25%的专利维持到第 13 年。德国所有阶段的维持比例都高于其他国家,但是在维持时间为 6 年时下降的速度非常快。这是因为德国维持数据是基于授权专利的,如果德国专利局在淘汰价值较低专利方面是成功的,在该国专利维持年费与其他国家相比仍然相对较低的情况下,专利终止率会更小。但维持时间达到 6 年后,德国专利维持年费增长速度明显快于英国和法国。在其他条件相同的前提下,维持行为模型意味着,德国专利维持比例下降速度更快。如法国专利维持行为在最初几年维持时间内的终止率是非常没有规律的;英国专利维持时间为 5 年时没有观察到任何规律;即使在维持成本相同的情况下,德国专利维持时间是 3 年时的被终止率远小于后来的维持时间的终止率。Harhoff 等(2009b)依托重力模型解释欧洲专利制度下发明人和目标国家的专利流动情况,评估专利确认有效、维持费和翻译成本对申请人确认专利有效行为的影响程度。Harhoff 等(2009b)研究结果显示,国家大小、国家财富和资本城市之间的距离是影响专利流动的重要因素;确认有效费、维持费进一步影响申请者的确认有效行为,翻译成本似乎也对此有影响;降低成本政策将使得每个欧洲国家确认有效的专利数量大幅增加。

2.2.4　专利收费的弹性

表示专利需求弹性的专利费价格弹性评估往往低于预期,专利对商业的必要性和对专利局财政预算有重要意义。因为专利费的增加降低专利需求的幅度较小,专利费的增加实际上增加了专利局的财政收入。非弹性需求并不意味着专利费不是一项有效的政策工具,但是其意味着专利费的变化必须达到足够可以观察的效果。制度内涵和政治目标在很大程度上影响了专利局采用的专利收费结构,而这种专利收费结构与真正的最优维持费结构没有多大联系。例如,维持费必须随专利维持时间大幅提升的观点实际上取决于专利技术潜力的评估。技术和经济效果不确定的专利在一些年份采用相对较低的维持费证明是正确的。如果申请专利时无法评估发明的商业价值,一般认为设置较低的申请费较好。另一方面,如果专利申请积压较高,或者知识产权重叠度较高,那么设置较高的申请费可能有益。专利申请积压严重和企业的专利滥用行为对设置专利费结构具有重要影响。其他信息如专利制度覆盖的市场大小也应该考虑到,因为在较大的市场中专利保护价值较高。一般而言,专利费结构必须平衡对研发投资的激励与由垄断权引起的社会成本。

维持授权专利继续有效,必须缴纳专利维持年费。Federico(1954)认为,专利维持年费的主要目的是通过增加收入弥补专利局管理成本。授权后的维持费低于授权前的申请费,因此鼓励专利申请。这是因为专利授权后承担的负担维持费越多,与专利申请开始时相比,专利权人此时经济负担更重。

2.3　专利维持与专利维持年费

2.3.1　专利维持年费制度

专利维持年费制度制定之后,经济学家可能会问:如何设置维持费,或者最优的维持费结构应该是什么样的?令人惊讶的是,这个问题至今很少有人讨论(Pakes、Simpson,1989)。虽然绝大多数国家或者地区都规定了统一的专利保护期限,但是专利维持年费制度形成了专利不同寿命的现实。尽管专利维持年费数额较低(不同国家或地区的维持费以及同一国家专利维持不同阶段的数额存在一定差距),但是不少专利还是因未缴专利维持年费而被终止。关于专利维持年费机制的研究主要集中在以下三方面。①专利维持年费制度对专利成本和收益的平衡。Scotchmer(1999)认为,专利维持年费潜在地平衡了相关方面的关系。在特定条件下,可以通过调整专利维持年费制度来完善专利制度,进而促进社会的技术创新。他述认为,专利维持年费结构是立法者为专利权人确立的专利保护效果选项(a menu patent protection)的选择。这种选择要求专利权人必须平衡专利维持的成本和专利维持时间之间的关系,所以调整专利维持年费结构成为改革专利维持状况的有效措施之一。Cornelli 和 Schankerman(1999)也有类似的结论。他们认为,适度提高专利维持年费,减少专利维持时间,可以增加更多的后续发明,有利于提升社会福利,鼓励更多高水平的研究者进行研究活动。②专利维持年费制度与专利维持时间的关系。专利维持时间的计量经济学研究量化了专利保护体现的产权价值,也清晰地反映了专利权人决定是否维持专利、维持多长时间以及缴纳专利维持年费的情况(Schankerman、Pakes,1986;Pakes,

1986b；Schankerman，1998；Lanjouw，1998）。③专利维持年费制度对专利届满率和专利质量的影响。Baudry 和 Dumont（2006b）认为，专利届满率的高低说明专利维持年费可以用来说明专利质量的高低，也说明在较低的社会成本条件下运用专利维持年费制度设计一项确定专利预期收益制度的可能性。另外，有学者提出了关于专利维持年费制度的修改建议。Nakanishi 和 Yamada（2008）认为，专利维持年费不是连续变量，因为在很多国家中，专利维持年费的数额在申请或授权后以三年或者五年为一个基本单元逐渐递增，所以他们提出的考虑专利维持年费不连续变量的规范模型更接近真实情况。还有学者认为，专利维持时间的不同在一定程度上是由专利维持年费结构产生的，政府可利用专利维持年费机制，并将其作为一种战略手段，促进创新，为社会增加福利。

2.3.2 专利维持年费变化对专利价值的影响

Schankerman 和 Pakes 的专利维持模型说明，降低专利维持年费将引起低价值专利数量的增加。专利被终止率的增长说明，尽管开始时专利权人是乐观的，但是很快他们就认识到，在授权到首次缴纳维持费的 30 个月期间，其专利的预期收益将会少于完成专利授权所需要付出的全部成本。这要求专利权人必须快速获得其专利技术价值更为准确的信息，明确专利权价值降低或者无价值的准确时间。大约 5%的专利申请占专利总价值的 90%，即专利局受理的专利申请的 95%都是低价值专利，这是因为在专利申请后六至十个月后专利权人很快认识到其经济误算和现实情况导致申请专利的信心大幅下跌后出现的。如果这种观点正确，就说明创新活动的浪费程度很高。1883 年，英国专利收费从每件专利 20 英镑降到每件专利 3 英镑。1883 年之后，英国专利技术在授权后 38 个月获得 3 英镑以上的收益概率高于在 1852～1883 年授权后 30 个月获得 20 英镑以上的专利收益概率。降低专利申请费导致低价值专利申请的增加幅度是否足以抵消在缴纳维持费时补贴诱因使得低价值专利维持的作用，应该根据实际情况判断。是不是有些专利权人确实没有按照严格的经济合理性做出专利维持行为，这种现象值得进一步研究。另一种解释是，专利权人具有更加长远的眼光，当他们认为 70 英镑（20 英镑授权费和 50 英镑维持费）或者 1993 年 53 英镑（3 英镑授权费加 50 英镑维持费）要求在 3 或 4 年之内缴纳，只有相当乐观或者资金非常雄厚的专利权人坚持进行专利申请。与 1852 年之前的专利维持成本相比，这些维持费已经是很少了。数额较高的首次维持费使得经过合理推算的预期收益流超过了专利权人的想象。但是申请后较高的被终止率说明由较低的申请费吸引很多专利权人对其维持成本的严重忽视。这也与降低成本与被终止率升高之间的反向关系相符合（Macleod et al.，2003）。

2.4 专利维持与专利局财政制度

专利维持年费机制是通过调节专利维持时间协调专利权人和公众之间利益分配的重要机制，也是专利制度发挥作用的关键环节。不恰当的专利局财政制度和外部财政资助制度会对专利维持年费机制乃至对专利制度的作用造成不同程度的影响。所以深入研究专利维持年费机制以及专利局财政制度等对其的影响，提出有价值的对策对完善专利制度具有重要意义。

从理论方面分析专利局是否应该自负盈亏或者应该由公共财政资助具有重要价值。专利局自负盈亏的财政制度对专利维持年费制度的影响受到越来越多学者的关注（Merges，1999）。Gans 等（2004b）认为，专利局自负盈亏的财政制度已经不合理地延长了专利维持时间。由于较低的专利维持年费导致专利维持数量的增加，提升了发明人的预期收益，而这些收益却被专利局通过较高的专利申请费所吸收。专利局自负盈亏的财政制度导致专利维持年费的降低似乎是协调的，但当专利局因为自负盈亏制度导致经费紧张时，它能够做的工作便是重新调整专利费用。

如果专利局因新的专利维持年费制度导致其收缴的维持费数额不少于其原有收缴的维持费数额，从而导致其财政困难，甚至影响了其正常的专利审查活动，那么这种专利维持制度就不是最优的专利维持年费制度，因为该制度增加了专利的预期社会成本。尽管专利维持年费制度延长或缩短专利维持时间的方式存在差异，最优维持制度应该体现为最优专利维持时间的延长或缩短。专利局没有财政困难的最优专利维持年费制度产生的专利维持时间是对具有期权性质的专利价值的准确反映。但是在专利局存在财政困境的条件下实施的专利维持年费制度淡化了其有效区分高质量专利与低质量专利的功能。专利局财政困难导致其产生通过调整专利维持年费制度来增加其财政收入的动机，而且专利局会利用其掌握的调整专利维持年费标准的权力改变整个专利维持时间过程中维持费数额的分布，从而结构性提高其财政收入。一般而言，专利局因为其收入降低而产生财政困难后调整的专利维持制度的特征是，在专利授权后的最初阶段设置较高的维持费，在专利授权后的后期阶段维持费增长幅度不大。这种专利维持年费制度会在一定程度上将专利权人的经济负担从高质量专利转移到低质量专利，并产生预期价值较高的专利维持时间更长，而预期价值较低的专利维持时间更短，进一步改变了有效专利中高质量专利和低质量专利的结构。

如果专利局没有因为其收入降低而产生的困难，如专利局实施的是经费支出与专利维持年费收入两条线，或者说专利局的运行成本支出与其收入专利维持年费数额多少不直接相关，那么实施最优的专利维持年费制度就会降低专利的社会成本，但是这种模式是否会降低专利审查的效率值得进一步研究。专利局在其财政存在困难的条件下实施的专利维持年费标准，不会对专利预期社会收益产生影响，但是对专利的预期价值和专利局财政负担会产生较为明显的影响。

专利费通常对申请人是友好的，专利维持年费机制的目的是为了平衡预算或者调整其他专利局费用的水平。例如，英国专利局自 1991 年起自负盈亏，而且必须向国库上交一定比例的收益。1995 年，美国通过的专利商标局法人法案（Corporation Act）将美国专利商标局看作是一个由政府拥有的自负盈亏的法人单位。可见，政策方面将专利局设置为自负盈亏的法人单位已经不是新鲜事。专利局是否应该自负盈亏或者应该由公共财政资助将具有重要的研究价值。需要用微观经济学方法评估专利申请各种类型费用的敏感性，尤其从小企业到大企业。企业最大限度地运用"战略"专利（即不同于通过防止模仿保护技术的传统方式）也可能有不同的反映功能，如果专利费被用来控制过多行为，其作用也必须要考虑。

2.5　专利维持与外部资金资助和政府财政资助

如果维持专利存在商业利益，理性的专利权人会维持其专利。现有关于专利维持研究的缺陷是很少分析不同策略或重要因素影响专利维持决定的机理。例如，是否因为专利商业化，导致专利技术被引进市场？对专利维持决定而言，哪个因素更重要？专利也有可能是从策略上的维持，如防御专利。这些专利威慑竞争者，使其避免运用该专利技术，或者作为影子专利，即保护其他类似专利。Duguet 和 Iung（1997）通过分析企业大小、研究与开发（research and development,R&D）强度对专利维持决定的影响后认为，专利维持决定与相关产业中产品的模仿程度呈正相关关系。影响专利维持决定的因素很多，本部分主要研究政府财政资助对专利维持决定的影响。

2.5.1　专利维持与外部资金资助

不同类型资金资助因素对专利维持决定具有一定的影响。外部资金资助对专利申请（Kortum、Lerner，2000）和专利商业化（Svensson，2007a）具有非常重要的意义。专利项目的显著特征是在研发初期高成本，无收益或收益少，且在未来收益具有高度的不确定性。在研发阶段企业除了技术问题外，资金缺乏是最大的问题之一。在商业化阶段，企业需要重视资金、市场和生产能力等资源问题。大企业拥有这些资源实力和市场的相关信息的能力较强。小企业对这些资源和信息的掌握相对较少，个人掌握的就更少。因此，大企业、小企业和个人对专利技术商业化条件差距很大。个人特别需要外部资金资助和相关商业化建议，小企业在一定程度上也是如此。因此，当小企业和个人希望将专利技术投向市场时，外部资金资助尤其重要。

因为与潜在的外部资金资助者相比，发明人和专利权人了解更多的专利技术信息，所以存在一些不利选择和道德风险问题。大量的外部资金资助者寻找有前景的项目，并评估其商业潜在价值时，就会产生检索和交易成本。在项目研发阶段，项目前景不确定性非常高时，做出这种评估非常困难，所以投资创新项目时极有可能存在市场瑕疵问题（Kaplan、Stromberg，2001）。

2.5.2　专利维持与政府财政资助

为了促进经济发展和产生就业机会,政府对技术型中小企业和个人等专利权人提供资金资助和贷款具有一定的经济价值。如果政府在研发阶段提供短期资助和软性贷款，当专利一直没有商业化或者商业化失败，资助或者贷款将有可能被撤销。但是这将会产生风险问题，因为这种资金资助方式将减弱专利权人继续商业化或者维持专利的动力。为了避免市场失灵、专利权人和外部投资者的信息不对称，不同国家已经采取不同的策略（Bottazzi et al.，2009），如美国采用私人市场方法和企业私人风险资本增长的方法（Gompers、Lerner，2001）。不过，在商业化阶段政府贷款具有较高的市场导向性，从而促进专利权人将其专利商业化。

社会从商业研发中获得的收益远高于私人从商业研发中获得的收益。Guellec 和

Potterie（2004）评估了商业研发产生的溢出效应和企业吸收外部技术能力的增长后认为，很多国家政府提供的专门支持研发项目、专门支持创业活动、孵化企业产生和发展的专项项目等创造了就业机会和刺激了经济增长。Kirzner（1985）认为，支持商业研发项目可以划分为两类：一是降低企业研发和创新活动的私人成本的项目；二是通过教导和鼓励激励人们成为企业家的项目。尽管这些政府支持项目很普通，但是这些项目很少进行评估，所以其效率也很少有人知道。不过，Lichtenberg（1993）研究发现，企业受政府资助研发活动比商业资助研发活动的效率要低。但 Guellec 和 Potterie（2003）研究显示，政府运用直接投资和税收刺激方式对企业研发活动的资助对商业研发具有正向影响。Maggioni 等（1999）考察了意大利政府资助技术型孵化企业的效率，其结论为该项目使得技术型孵化企业数量增加，但是这些企业的效率并不高。受到资助的企业具有较高的金融风险，而且比未受资助的企业发展慢。两个原因解释了这种无效率：一是没有解决新风险带来的高度不确定性；二是降低了企业家的技能，因为这种资助对企业家技能的发展不利。

政府财政资助并不要求其收益最大化，所以管理者没有足够动力去搜寻确实好的、可以贷款的专利项目。而个人风险资本公司和商业精英要求其收益最大化。在选择投资专利项目时，个人风险公司和商业精英比政府机构更加投入，而且在研发阶段能够发挥更加积极的作用。个人风险资本公司不仅提供金融资本，而且提供销售网络，以及市场条件、销售和司法协助等竞争力相关方面的协助（Hellmann、Puri，2002）。在研发阶段已经与个人风险公司和商业精英签订合同并接受资助的专利权人或者企业在商业化阶段更容易得到资助和商业建议。因此，受政府资助项目的不良绩效可能取决于政府管理者，而不在于选择资助项目的能力。

与没有资助的专利相比，在研发阶段受到过外部资金资助的专利有很低的维持率。当将外部资金资助分成不同来源时，研究发现政府资助的专利维持率非常低。在其他外部资金资助中，资助资金可能来源于政府机构或私人资金。但是这种资助的目的不是资助应用型项目，而是一般资助研究型项目。专利权人经常使用没有资助者的专利资源，所以这种资助被看作是被动的。相反，当资助者支持或者投资具体专利时，政府或个人资助才表现为积极的资助作用。政府资助的专利项目的风险高于一般专利的风险。这或许可以解释政府资助的专利项目的专利维持率低的原因。

维持专利的产品被商业化率远高于被终止专利的产品商业化率。不过，被商业化的专利中也有一些可能在随后被终止。这要么是因为产品寿命较短，要么是商业化失败。未商业化的专利一直维持有效，这些专利中多数可能是防御专利，是为了保护其他专利而存在，商业化专利当中的专利权人至少拥有一件或者更多的类似专利。如果专利没有被商业化，专利权人也会被问及专利没有被商业化的理由（Svensson，2013）。

2.6 专利维持与内部后续创新

专利维持背景下的内部后续创新研究对促进创新具有重要贡献。首先，引用同一技术轨迹中完成的不同创新成果的积累性质及其紧密联系有利于提出内部后续创新的观点。通过考察专利之间的内部联系，有助于内部后续创新产生的专利价值的增加。因为后续专利拓宽了保护范围,增加了权利要求,创新主体可以运用联系紧密的专利加强对其专利权的保护,从而提高这些专利中单件专利的价值和集体专利的价值。其次,内部后续创新对专利维持研究尤其有用。现有专利维持研究等同对待单独创新专利和单件专利不符合实际情况。因为当专利相关联时,每件专利的维持决定就不是独立的,而是相关联的。相互联系的每件专利维持概率与这些专利中前期专利维持情况相关。如果前期专利被维持,后续专利维持的概率就高。先是确定相互联系专利的维持决定,然后再做出单件专利和单独创新专利的维持决定。再次,运用专利维持数据对相互联系的专利维持状态进行实证研究。尽管一些学者和实践者已经承认专利之间的关系(Graham、Mowery,2005;Moore,2005a),但是这些实证研究处理专利时是按照相互独立情况来开展的(Fleming、Sorensen,2004;Rosenkopf、Nerkar,2001)。当从创新主体层面研究时,将专利看作是相互独立是没有问题的。但是当在专利层面分析时,研究者应该考察样本当中是否存在专利序列。内部后续创新的构建有多个维度去探讨,包括专利序列大小的影响、内部分化程度、专利序列与创新主体专利组成中其他专利的关系。另外,创新序列之间存在多样性。专利可以分成不同的技术领域并覆盖同一技术轨迹下的不同方面。专利序列之间的多样性可能与资源进入不同机会的资源宽带有关。专利序列的多样性如何影响成员专利的价值呢?当企业专利由序列专利和单独专利构成时,序列专利比单独专利在变成企业核心专利时具有优势吗?这些有趣的问题需要通过内部后续创新去探讨(Liua et al.,2008)。

第三章 专利维持与专利收益

3.1 专利收益的特征

3.1.1 专利收益的内涵、随机性和动态性

(1)专利收益的内涵。专利收益是指专利权人及相关利益主体基于专利获得的收益总和，即专利之"利"。它不仅是专利创造、运用、保护、管理和服务等环节的核心，也是与专利数量、专利质量、专利价值等相关的关键指标，更是专利制度及专利政策调节的基本内容，所以研究专利收益相关理论以及我国有效专利收益问题对促进我国经济发展非常重要。每组专利权的大部分总价值都集中在专利价值分布的结尾部分。因为这个结尾部分的专利都维持到法定保护期届满，只能从专利行为假设得出的专利价值中获得非参数信息。该假设是，除非专利现有收益大于专利维持成本，否则专利权人不会将专利维持到法定保护期届满。所有国家的专利维持年费均随维持时间而单调增加，维持比例随维持时间而单调下降。维持初期大量专利被终止假设不合理的原因是，该阶段专利未来收益非常不确定，专利权人可以维持专利直至获得更多的专利累计价值的信息出现。

(2)贝叶斯理论、马可尼科夫标准过程与专利收益的随机性和动态性。①经济学理论通常用贝叶斯理论来处理这种动态的不确定性。Pakes(1986b)分析了专利权人从维持专利获得收益及其顺序的不确定性后认为：专利收益随机模型的转变是考虑到申请人往往是在创新初期阶段申请专利，此时专利权人仍然处于为开发专利技术信息获得收益的探索机会阶段，尤其是专利保护收益可能随着权利人对创新和市场特征的不断熟悉获得更多的收益；因为存在专利收益增加的可能性，所以专利权人可能发现，即使目前收益小于维持费，为了保留未来专利保护的机会(如果专利被终止，将永远得不到保护)，也值得维持专利的情况。所以重视单一收益递减率，同时考虑存在一个维持时间顺序的专利收益条件分布。尽管 Pakes 等早就提出了这种学习效应对专利收益动态分析的重要性(Baudry、Dumont，2009)。②马可尼科夫标准过程是否可以反映专利收益的随机性和动态性问题？在实物期权模型中运用的马可尼科夫标准过程是否与受未来市场动态性而产生的不确定性相关，或者说马可尼科夫标准过程是否可以用于解释贝叶斯学习效应？实物期权模型中，马可尼科夫标准过程适用的一些重要假设需要一些经济学背景，或者说实物期权理论中马可尼科夫过程的运用是受金融期权实践所启发。金融期权是可以演化的，在足够长的时间里，市场内在的价值不会变化。因此，从理论上讲，在足够长的时间里，可以取得评价影响财产内在价值的动态性的相同的、偶然的随意变化的客观概率分布的数据。因为专利涉及新的发明，专利收益具有动态性或者说专利的价值具有不确定性，专利收益情况似乎不适合这种情况。但是可以通过专利预期价值的主观概率解释专利收益动态性控制参数的不确定性，专利收益短期动态性引起的混乱信息有助于修正未知参数的主观概率分布。这种学习过程

影响了专利未来收益价值的预期。

3.1.2　专利授权初期收益的难以确定性

专利权人每年都要做出维持决定，除非专利权人放弃专利，否则直至法定保护期届满，专利权人必须比较基于是否维持成本与同期维持专利收益决策是否继续维持专利。考虑专利维持的实际时间路径和维持费时必须考虑专利初期收益的确定性问题。专利收益价值分布具有三个特征：①专利权价值分布非常不平衡，具有很少经济价值的专利非常集中，但是专利维持时间结尾部分的专利包含很高的价值；②专利收益递减率非常高；③专利权集合价值绝对值很大（Schankerman、Pakes，1986）。专利授权初期收益的难以确定性为专利权人判断是否维持专利带来困难。依据专利制度，专利权人为了维持专利有效，必须缴纳专利维持年费。但专利权人往往在创新活动初期申请专利，而这一阶段，专利权人仍然处在通过专利技术信息获得收益的过程寻找机会的阶段。专利收益可能随专利权人对专利技术和市场的了解程度的加深而不断增加，此时的专利权人很难准确确定其在专利维持过程中获得收益的大小。因为存在收益增加的可能性，所以专利权人即使当时专利收益小于专利维持年费的数额，为了保住该专利的预期收益，会继续维持专利。因为一旦专利因未缴专利维持年费被终止，且在法定时间内未补缴专利维持年费及其滞纳金，将不得恢复。

3.1.3　防御专利经济价值的不确定性

防御专利经济价值的不确定性使得专利权人很难判断是否维持专利。随着专利战略越来越被重视，很多企业都拥有一定数量的防御专利。所谓防御专利是指专利的目的不是自己实施相关技术，更不是转让或者许可给别人实施，而是为防御竞争对手而申请并维持的有效专利。也就是说，这些专利不是直接为企业带来收益，而是通过威慑竞争对手，间接为企业带来收益，而这样的间接收益比较难以量化。因此，这给专利权人判断是否维持专利带来困难，同时也为设计专利维持理论模型增加了难度。

3.1.4　专利外部制度环境的复杂性

适当的外部制度环境是激励研发活动和优化专利维持机制的重要因素。这些因素中有些是与企业特征相关联的，有些则与企业运作的体制环境相关，其中最重要的是反垄断法规定和竞争政策。这些因素直接影响专利权人从专利中获得收益的可能性，从而间接影响专利最优维持时间（Cornelli、Schankerman，1996）。其会增加完善专利维持理论模型过程中的不确定因素。

从专利权人角度来看，单件专利的维持或终止是专利权人根据专利的收益和成本差异情况做出的个人行为；从专利制度平衡个体利益与社会利益的角度来看，专利维持制度是一种促进技术创新和社会公共利益发展的政策，所以设计专利维持理论模型时，不仅要考虑对专利权人利益的保护程度，而且还要关注对社会公共利益的保障水平。鉴于专利维持模型对完善专利维持理论，乃至专利制度运行的重要性，进一步优化专利制度环境将是一个复杂的过程。

3.2　专利维持与专利转让

专利维持和专利转让模型的理论主要是基于 Pakes 和 Schankerman（1984）、Schankerman 和 Pakes（1986）提出的观点：专利权人根据专利经济价值的差异性在每个阶段决定是否缴纳维持费，进而延长专利寿命。本章也是基于 Serrano（2010）关于专利维持与专利转让的研究。专利实证研究文献的主要贡献之一是运用专利数据研究专利所有权的转让。知识产权局登记了该辖区范围内专利转让和受让信息，如专利权转让方、受让方、专利名称、专利或专利组合等信息。运用转让专利名称并联系基本专利数据信息（如专利维持、专利引证、普遍性、技术领域和专利权人等信息）有助于研究专利维持状态。专利转让和维持率依赖于专利特征如专利的维持时间、收益和保护宽度。通过不同年份测度这些因素的影响，是因为专利授权日、给定时间的专利引证总数和专利的普遍性存在一定差异。

（1）专利转让涉及的技术适应成本。专利权人根据专利经济价值的差异性在每个阶段决定是否缴纳维持费，进而延长专利的维持时间，以便获得更多的专利收益。专利商业化程度、专利市场水平和技术适应成本等是影响专利收益的重要因素。为了增加转让专利获得更多收益的概率，权利人可以选择更有潜力的受让人以便获得更多的专利收益，但是专利向新的权利人转让会涉及受让者的技术适应成本。专利收益和技术适应成本在一定程度上决定了专利转让的可能性。例如，专利商业化可能性随专利转让收益的增加而提高，而专利收益随技术适应成本的增加而减少，随专利维持时间的增加而降低。

专利转让市场是很大的，如美国授权专利的 13.5%在其维持有效期间至少有一次转让经历；当专利被其他专利引证较多时，这个比例会更高（Serrano，2006）。通过专利转让可以使得潜在权利人比现有权利人获得更多的专利价值，但是专利向新权利人的转让涉及购买者产生的技术适应成本。商业收益和技术适应成本不仅决定了商业专利的比例，而且决定了其特征是否不同于商业专利的性质。例如，专利商业化概率随商业收益增加而提高，而专利收益随技术适应成本和专利维持时间的增加而降低。曾经被商业化的专利可能比一般专利商业化或维持的可能性更高。

（2）专利维持与不同技术领域的专利转让。不同技术领域的技术适应成本和增加转让剩余机会存在差异。不同技术领域转让率存在差异，其中药品与医疗技术领域的转让率最高。这些差异可能是因为技术领域之间专业化收益区别所致。考察不同技术领域、不同专利权人类型的专利转让率差异发现，不同技术领域小企业和大企业的专利转让率存在明显差异。另外，最大差异的技术领域不一定是专利转让率最高的。例如，小企业和大企业在计算机与通信技术领域的专利转让率分别为 23.9%和 7.9%；而在化学技术领域的转让率小企业和大企业分别为 17.2%和 12.5%。但是化学技术领域专利商业化比例为 14.9%；而计算机和通信技术领域专利转让率仅为 12.9%。不同技术领域通过转让专利获得专利收益的概率差异在一定程度上导致不同技术领域专利维持状态的不同。

（3）不同类型权利人的专利转让与专利维持率。专利转让和专利维持率随专利权人的类型所改变。小型企业和个体私人发明专利权人的专利转让活动最频繁，而政府机构和大企业专利转让活动最少。不仅不同技术领域专利转让和专利维持率存在差异，而且不同技术领域中小型专利权人和大型专利权人的相对重要性也存在差异。不同技术领域专利总体转让和维持率存在一定差异，当考虑不同大小类型专利权人的相对重要性时，这种差异更大。

(4)不同技术领域和专利权人类型通过专利转让影响专利维持。不同技术领域和专利权人类型的专利转让率存在较大差异。首先，不同技术领域的专利转让率存在一些差异，其中药品与医疗技术领域的转让率最高。可以通过技术领域区分技术适应成本和专利转让率增加转让获得专利收益。这些转让率差异可能是因为技术领域之间专业化收益区别所致，所以考察不同技术领域、同专利权人类型专利转让率差异具有重要意义。其次，不同技术领域小企业和大企业专利转让率存在明显差异。差异最大的技术领域不一定是专利转让率最高的。再次，不同类型专利权人专利转让率存在很大差异：小型企业和个体发明人的专利转让活动最频繁，而政府机构和大企业专利转让活动最少；不同技术领域专利转让存在差异，不同技术领域中小型专利权人和大型专利权人的相对重要性存在差异。不同技术领域专利总体转让率存在一定差异，但是考虑不同大小类型专利权人的相对重要性时，这种差异更大；个体私人发明专利权人和小型专利权人专利转让率最高。

3.3 专利维持与专利商业化

分析专利特征对专利转让率和专利维持率的影响后发现，专利商业化概率和维持到保护期届满的概率取决于专利维持时间、给定时间专利引证数量、专利普遍性和是否有商业化经历等很多因素。专利转让率受其商业收益、技术适应成本、专利授权日、特定时间的专利引证总数、维持时间、收益和保护宽度、专利实用性、是否有商业化经历以及最后一次商业化的时间等因素影响。商业收益和技术适应成本决定专利商业化的概率，专利商业化概率随商业收益增加而提高，而专利收益随技术适应成本和专利维持时间的增加而降低。曾经被商业化的专利可能比一般专利商业化或维持的可能性更高。当专利被其他专利引证较多时，这个比例会更高。运用增加商业化收益和技术适应成本机会的理论可以解释上述现象。因此，比较商业化专利与未商业化专利，研究商业化专利的重要性与专利技术的生命周期具有重要意义。

首先，专利维持数据对理解不同类型的专利商业化收益及其过程非常重要。根据技术商业化和商业化收益能力区分不同专利时，必须考虑不同专利权人的专利转让比例差异。个体私人发明专利权人、小型专利权人、中等专利权人、大型专利权人、政府机构等专利权人具有不同的专利商业化概率及其商业收益，其中个体私人发明专利权人和小型专利权人专利商业化率相对较高。

其次，区分技术适应成本和增加商业机会分析不同技术领域的专利商业化率和商业收益具有重要价值。不同技术领域专利商业化率存在差异，其中药品与医疗技术领域的商业化率相对较高。这些差异的存在可能是因为技术领域之间商业化收益区别所致，需要考察不同技术领域不同专利权人类型专利转让率的差异。

不同技术领域中不同类型专利权人的专利商业化和专利维持情况具有如下三个特征：①专利商业化和专利维持率随专利权人类型改变，小型企业和个体私人发明专利权人的专利转让活动最频繁，而政府机构和大企业专利转让活动最少；②不同技术领域专利商业化和专利维持率存在差异，不同技术领域中小型专利权人和大型专利权人的相对重要性存在差异；③不同技术领域专利总体商业化率和维持率存在一定差异，当考虑不同大小类型专利权人的相对重要性时，这种差异更大。

专利运用和维持数据为研究专利商业化问题打开了新通道：①从商业化、专利市场、技术适应成本角度评估专利收益；②分析专利权保护水平提高程度、专利商业化措施；③对专利转让者和受让者名称的标准化，并将其与企业特征相关联将有助于研究是否专利权在当地被商业化，探讨专利是否提供企业创新途径，考察小企业是否应该在技术创造方面专业化，然后将其专利转让给大企业（Serrano，2010）。

另外，基于专利转让和维持率依赖专利的维持时间、收益和保护宽度等特征，分析不同年份的数据可以测度这些因素的影响。一般而言，专利维持时间越短、引证率越高、实用性更强、有近期商业化经历的专利更有可能被商业化和被维持。

3.4　专利维持与专利价值

专利制度保护技术在不同技术领域中因为政策原因其保护效果存在差异。产业政策，尤其是产业价格政策可能会影响专利价值的实现。例如，法国医药产业曾经遭到严格的价格限制，从而严重影响了持有该产业专利的价值。法国医药产业非常严格的价格规则导致医药产业专利保护几乎没有什么意义（Schankerman，1998）。

Espina（2003）认为，专利价值反映专利的预期收益，包括技术转让费和后续独立发明的代价、未来不确定性的折现率、预期专利维持成本（专利维持年费）以及防御专利产生的费用（法律费用）的成本总和。学者对专利价值评估的研究成果可以概括为以下三个方面：一是通过直接调查评估专利价值（Scherer、Harhoff，2000；Harhoff et al.，2003b）；二是通过评价企业的市场价值或利润评估专利价值（Hall et al.，2005；Hall、MacGarvie，2006）；三是运用专利维持年费和维持率评估专利价值（Pakes、Schankerman，1979；Schankerman、Pakes，1986；Pakes，1986b）。从最后一方面可以看出学者对专利维持时间与专利价值关系的观点。同时，下列研究成果也反映了专利维持时间与专利价值的关系。①专利维持时间与专利价值成正比。Schankerman 和 Pakes（1986）通过评估专利价值分布和专利价值跌价率（the rate of depreciation）后，得出结论认为：专利价值越大，维持时间越长。②通过专利维持年费评估专利的总体价值。Schankerman 和 Pakes（1986）依据专利权人缴纳专利维持年费的行为评价了专利数量变化、专利价值的不规则分布、专利的无效率及专利的总体价值等问题。③专利维持时间与专利经济价值紧密相关。Griliches（1990）指出，专利权人只有觉得在经济上有利可图时，才能继续维持其专利。需要维持的专利价值反映了将来特定维持时间内基于该专利的经济价值的大小。不过，大多数专利的价值较低，且贬值速度较快，只有很少的专利具有较高的经济价值。这些研究都基于这样一个假设，即价值较高的专利要比价值较低的专利的维持时间长，专利权人只会维持能为其带来更多经济效益的专利。所以，本书认为，专利维持时间只是在一定程度上反映不同时间段专利整体经济价值的大小，而不是必然反映其整体经济价值。

专利私人价值在专利申请阶段和授权后阶段存在重要差异。Horstmann 等(1985)强调,专利申请揭示的是发明自身的私人信息,这种信息公开后,如果没有专利保护制度,很难得到相应的收益。因此,相比申请专利决定做出之前,人们更加愿意在专利申请公开后为获得专利保护缴纳相关费用。Judd(1989)指出,专利制度可以通过在发明阶段获得专利的可能性来阻碍竞争,从而产生私人收益,即使获胜者实际没有获得专利授权。所以,专利维持数据可能不能完全衡量由于专利战略获得的私人收益,由此低估了专利制度的事前私人价值。

3.5　专利维持与专利质量

基于专利权人的经济理性,只有针对那些具有新颖性、技术性强,并且有商业利润的发明才有可能付出申请专利成本。较高的申请成本明显限制了专利申请人对价值较低发明进行专利申请的意愿,也在一定程度上提升了创新主体的自我约束能力,降低了专利申请审查的需要。所以,任何降低专利成本的建议都会涉及可选择的过滤低价值专利的机制问题,尤其在审查原则的制定和审查机构的建设方面。因为技术型高素质人才的缺乏,专利审查往往可能存在剔除价格昂贵且操作性差的专利技术,而且存在潜在不公平等现象。但是,如果没有相应的严格的专利审查机制,可能会有人通过对现有专利(或现有技术)的申请文件进行小幅度改动从而申请新的专利,形成所谓的"低质量"专利的"洼地",进而寻求市场优势,打击专利权人的积极性,或者抑制专利产品生产者的主动性。如果没有较为健全的专利审查制度控制专利质量,专利制度很难发挥应有的激励创新的作用。

1968 年以前,法国专利申请没有经过有效的审查,满足较低程序要求的所有申请都可获得授权。1968 年,法国进行的专利制度改革,增加了可专利性实质审查标准,从而导致法国专利授权率大幅下降。在缴纳维持费的国家中,法国通过考虑专利"质量"测度创新产出是可行的和重要的。专利质量提高后,专利权的总价值就会增加而不是下降。更多不同层面如从不同产业、不同专利类型角度的研究表明,专利质量维度变量会直接影响专利的维持状况。

关于专利维持时间与专利质量的关系,学者进行了较多的研究。Hall 等(2005)认为,技术领域会影响专利质量,从而影响专利的维持情况。Schankerman 和 Pakes(1986)通过模型预计专利维持比例序列和描述初始回报分布及衰减速率的参数矢量之间的关系得出专利质量的分布并描述其随时间变化特征的方法。Sullivan(1994)采用类似方法对英国和爱尔兰的 1852~1876 年专利质量进行了评价。Moore(2003b)通过对美国近 10000 余件授权专利的维持时间的特征研究发现了一些维持时间长的专利的共同特征,从而为评价专利质量提供了较为充分的证据。

专利维持时间与专利质量的关系问题需要进一步研究。首先,要准确界定专利质量的内涵问题。现有研究关于专利质量的界定比较混乱,所以准确界定专利质量的内涵是研究专利维持时间与专利质量的前提。其次,专利质量只是在一定程度上决定专利维持时间。或者说,专利维持时间有时并不必然反映专利质量。因此,专利维持时间与专利质量的关系是一个值得深入研究的重要问题。

3.6 专利维持与专利权人国籍、技术领域

不同组别、技术领域和权利人国籍的专利维持率不同。不同国籍和技术领域的专利维持时间存在很大差异，大约50%的专利维持时间不足十年。因为适用的维持费相对较低，所以聚集了一些低质量的专利。不同国籍专利中不同技术领域专利维持率存在一定差异：法国和英国的医药和化学技术领域专利维持率高于机械和电子技术领域，但是德国和美国专利未发现类似明显规律；日本电子技术领域专利维持率最高，医药技术领域专利维持率最低。在不同技术领域，法国和日本专利维持率高于其他三个国家(英国、德国和美国)的专利维持率。日本专利维持率在机械和电子技术领域尤其突出(Schankerman，1998)。

Pakes 等运用专利维持数据分析欧洲不同类型机构和经济环境的专利价值和专利制度(Schankerman、Pakes，1986；Pakes，1986b；Pakes、Simpson，1989)。Pakes 等的研究结果显示，不同国家的专利维持行为存在差异，即使控制产业变量时，这些差异也不会消失，这可能反映了不同国家专利制度本身以及实施效果差异。有一个比较普遍的现象是，与国外专利权人相比，我国专利权人对专利的维持时间较短(Brown，1995)。

不同国籍专利权人拥有专利维持率不同的结论与现有研究的结果一致。研究显示，日本专利权人维持专利在美国和英国专利维持中都占主导地位(Pakes、Simpson，1989)。同一研究发现，当控制产业变量时，这一差异消失。这说明专利维持活动中，国籍不同产生维持状况不同的原因是不同国家专利技术领域不同。

3.7 专利维持与发明人

发明人团队中是否拥有"明星发明人"对专利维持具有重要影响。"明星发明人"完成的专利似乎更容易被维持，所以企业可以依据完成发明的发明人在一定程度上区分专利的私人价值大小。这个结果回应了关于专利引证或者发表产量内容的"明星发明人"的相关研究(Hess、Rothaermel，2011；Zucker et al.，1998)。当"明星发明人"的沉积知识能够溢出或者通过合作发明人学习转移时，"明星发明人"对发明创造就会有贡献。"明星发明人"向决策者如管理者或者律师提供专利"质量"的信号，从而影响其专利维持决定。被维持专利组合的范围之内，管理者或者律师可以在有限的时间和信息中做出完全正式的决定，"明星发明人"对他们做出这样的决定提供有益的线索。首先，当"明星发明人"在比较强大的发明人团队中出现时，他们的人力资本可能会发挥更为重要的作用。这个结果回应了 Blyler 和 Coff(2003)的观点。他们认为，适度配置社会特征的发明人人力资本可能更加有用。这个发明人团队大小与发明人人力资本之间相互作用的结果确认了这种配置的重要性。企业不仅可以从它们的交互作用中直接受益，而且可以通过合作发明人进行知识溢出过程获得收益。更多的合作者有助于"明星发明人"的人力资本发挥作用(Sirmon et al.，2007；Hitt et al.，2001)。考虑"明星发明人"也容易流动或至少具有潜质流动性(Coff，1999；Campbell et al.，2012)，如果专利知识具有更高的社会融合性，企业收益将从价值获益的威胁中得到更好保护。其次，合作发明人特征的互补性效果也是重要和有益

的。来自合作发明人的互补性知识将使得价值获益更加困难。尽管个体发明人容易获得雇佣，挖走整个团队或者从多重地区雇佣发明人将更加困难（Palomeras、Melero，2010；Campbell et al.，2012）。发明人聚集其专利知识时，要么是一些发明人知识能够被准确定位时，企业保护专利价值的能力更强。发明人和地理位置造成的知识互补性强化了企业保护价值的地位（Teece，1986）。再次，从发明人人力资本角度分析专利维持问题。关于专利维持的现有研究大多集中在专利价值的技术决定因素，而忽略了基于发明人特征的专利维持研究。一些研究认为，知识产权如专利的管理可以模仿实物期权逻辑，管理者认为其价值等于专利净的现有价值加上维持或放弃专利的预期价值（McGrath、Nerkar，2004）。

本书超越了对专利价值或期权价值的技术动力的考察，从专利维持行为方面进行研究。创新地联系了专利维持研究与人力资本理论，结果显示发明人信息是专利价值的优质指标之一。人力资本是构成企业竞争优势的微观基础的关键要素。在企业专利维持具体内容范围内，发明人的人力资本和发明人团队的互补性特征共同影响专利维持决定（Kun Liu，2014）。

3.8　专利维持与引证指数

经济学家已经运用维持费制度研究了专利维持状况，也运用专利授权后的引证情况研究了专利引证指数与专利价值的相关性。对专利权人而言，维持时间长的专利一定比不维持的专利的价值更高。例如，如果专利权人不愿意缴纳 1500 美元的维持费维持其专利，那么别人就可以推测专利剩余寿命的预期净现值（net present value，NPV）小于 1500 美元。所谓"维持模型"研究是经济学家评估专利价值整体分布的基本方法之一。专利引证指数是专利维持状况的预言者，表示二者与先期专利维持决定相关。相关性的因果关系仍然被怀疑：引证指数与专利维持只是因为专利价值简单地相关吗？或者是引证指数自身显示了对技术市场的依赖性，从而使专利权人维持专利获得更多的优势（Marco，2012）？

运用专利引证和专利维持决定信息可以在一定程度上考察专利技术的市场状况。维持时间较长的专利与没有维持专利的区别在于专利权人做出的可以观察的维持决定。研究发现：①每个维持阶段的专利引证存在大幅下降，随后维持决定就会有一个反弹；②维持专利与非维持专利都存在反弹效果；③当维持专利在其整个寿命过程中引证率都更高时，维持专利的反弹效果大小比非维持专利要大。引证者延误了观察维持决定的引证情况，反弹效果说明存在两种类型的引证者：从届满专利引证收益的引证者和专利权人继续实施独占权专利引证收益的引证者。

从经济学文献讨论专利引证指数的基本作用是有益的。同等条件下，引证指数较高的专利一般比引证指数较低的专利技术价值高。引证指数可以反映引证专利持有人（引证者）从被引证专利持有人获得的知识溢出，可以反映其他企业建立在开拓发明人创新上的"后续创新（follow-on innovation）"。自我引证可以反映现有专利持有人完成的累积创新，建立其自己的创新。或者引证指数反映竞争者可以通过替代产品进入市场的企图。在所有这些情况下，区分专利技术的社会价值与专利权人的私人价值非常重要。

第四章　专利维持制度理论模型

通过授予专利权人独占权，使其获得更多的收益，以激励发明人做出更多的发明创造，促进技术创新，推动社会经济发展，是专利制度的主要目的。所以，平衡专利权人的个体利益和社会公众利益，最终推动社会发展，也是设置专利维持制度的理论前提。根据专利权人的"经济理性人"的假设，只有专利预期收益超过其维持成本时，专利权人才维持专利。专利是否得到维持，关键在于专利权人能否最大限度地增加其收益，尽可能地降低其维持成本。而专利维持时间的长短取决于专利权人就专利技术增加收益，降低成本的能力[①]。这种成本收益平衡思路构成创新主体维持专利理论模型的基础。

4.1　基于创新主体的专利维持理论模型

国外对专利维持模型问题的最早关注可以追溯到 Nordhua 等关于专利寿命的研究（Whitaker、Nordhaus，1971；Nordhaus，1972），但是影响较大的研究成果应该属于 Pakes 和 Schankerman（1984）和 Schankerman 和 Pakes（1986）分别提出的关于专利维持时间的模型，后来的研究主要是对这两个模型的扩展和完善。Pakes 和 Schankerman（1984）通过研究专利技术公开特征，拓宽专利维持模式关注点的同时，将专利族数和专利权人国别两个变量作为模型参数。该模型为专利维持理论模型研究奠定了基础。Schankerman 和 Pakes（1986）运用在特定时间专利维持比例与维持费数额相结合的简单经济模型研究了专利维持状况，比较了 1955～1975 年英、法、德三国的专利数量及其价值后，得出的结论认为，专利维持状况不仅取决于专利技术方案（the patented ideas）的内在价值，同时受专利保护水平的影响较大。

后来的研究对 Pakes 和 Schankerman（1984）、Schankerman 和 Pakes（1986）提出的两个经典模型的扩展和完善主要体现在以下方面。①模型减少了假设条件。为了更好地从专利维持数据中获得专利价值分布的详细信息，Pakes 和 Simpson（1989）构建了一种不再依赖更多假设函数评估和检验方法的模型，并根据该模型，通过运用无参数检验方法对芬兰和挪威的专利维持数据研究后，得出了与 Schankerman 和 Pakes（1986）研究结论相类似的结果。该研究同时得出了芬兰的专利数量和质量呈现逆相关的结论。②模型中将专利申请数据融入专利保护价值分析中。Putnam（1996）将专利申请数据融入专利保护价值分析，并把发明人是否在每一个国家都申请专利的想法也考虑在发明人事先的决定中，拓宽了 Pakes 和 Schankerman 在 1984 年提出的分析框架。③模型中考虑了专利权人为防止侵权而采取防御措施的因素。

与 Schankerman 和 Pakes（1986）提出的模型相比，Lanjouw（1998）提出的随机模型具有

[①] 任何专利的维持时间不得超过法定保护期限。

如下特点：①运用了比较新，但比较零散的数据；②考虑了新的要素，即专利权人为了实现专利的最大价值，愿意采取措施防御其专利被侵权。Lanjouw 还利用该模型，结合专利维持数据与研究机构实际情况评估了不同研究机构的绩效和专利政策改革效果。

国外关于专利维持理论模型的研究相对较为深入。Pakes 和 Schankerman(1984)、Schankerman 和 Pakes(1986)提出的关于专利维持的理论模型至今仍然具有一定的影响力。后来的研究主要是对这两个模型的拓展和完善。概括之，后来的学者对其有如下发展：①为了专利权人最大化其拥有专利的个人价值，如何选择维持专利年限的问题；②运用专利维持数据与研究机构的实际情况的结合来评估不同研究机构的绩效和专利政策改革的效果。同时，专利维持理论模型研究领域存在如下问题：专利维持模型假设条件过多，与现实差距较大，实用性较差，需要在保证科学性的前提下，提高其实用性。

Schankerman 和 Pakes(1986)提出单件专利价值(V)评估模型：

$$V = \sum_{t=1}^{T^*} (R_t - C_t)(1+i)^{-t} = \sum_{t=1}^{T^*} [R_0(1-\delta)^t - C_t](1+i)^{-t}$$

其中，$R_t - C_t$ 表示维持时间为 t 时，持有专利的净收益；i 表示折扣率；δ 表示占用递减率；T^* 为专利最优维持时间；R_0 的正态分布得出这些价值的分布；评估参数被用于推导 V 的量化分布和模拟价值分布的标准方差。

Schankerman 在 1998 年提出的单件专利价值评估模型为

$$V = \sum_{t=1}^{T^*} \beta^t [R_0(1-\delta)^t - C_t]$$

其中，R_0 表示从持有专利中获得的初期收益，从 R_0 的对数正态分布可得出这些专利价值的分布；C_t 表示在时间 t 时的专利维持年费；T^* 表示最优的专利维持时间；β 表示影响因子。

运用从相关数据得到的评估点得出 V 值的分布数量及其由模拟技巧得到的标准方差。对每件专利进行评估，根据维持规则，用维持费计算最优维持时间，进而计算专利权的净价值。通过这种方法构建专利价值的整体分布(Schankerman，1998)。

4.2　专利维持概率模型

早期关于专利维持状况的研究成果认为，专利收益和成本的差额决定了专利的价值及专利维持时间的长短，但这些研究没有区分专利成本和收益差额的不确定性。这些研究中，所有企业都被假设为：对技术和需求拥有相同的信息。如果其中一个企业拥有信息优势，其余的企业将无法通过观察其行为获得这些信息(Horstmann et al.，1985)。与此相反，很多现代经济学模型都假设经济主体之间具有强烈的信息不对称情况，并从战略上运用这种信息不对称，以便在竞争中取胜。因此，需要找到一个考虑专利收益不确定性，并能够优化不同专利维持时间的模型。下面根据 Nakanishi 和 Yamada(2008)的研究结果，讨论考虑专利收益不确定性的专利维持概率模型。

用 R_0 表示专利权人获得的初次收益，$C(t+1)$ 表示专利在授权之日起至 $t+1$ 期间缴纳的专利维持年费，专利维持的条件是

$$R_0(l-\delta)^{l+t} \geqslant C(t+1) \tag{4.1}$$

式中，δ 表示专利的被终止率；l 表示申请授权所需的时间。

专利权人从专利中获得的初次收益的自然对数为

$$\ln R_0 = \mu + \varepsilon \tag{4.2}$$

式中，μ 表示专利权人从专利中获得的初次收益固定部分，在分析中作为参数使用；ε 表示专利权人从专利中获得的初次收益的不确定部分。

如果 $Z(l,t)$ 表示在确定的专利维持年费情况下维持专利的概率，上述方程就可以写成

$$Z(l,t) \geqslant \frac{1}{\sigma} \big[\ln C(t+1) - (l+t)\ln(1-\delta) - \mu \big] \tag{4.3}$$

式中，$Z(l,t) = \dfrac{\ln R_0 - \mu}{\sigma}$；$\sigma$ 表示专利权人从专利中获得的初次收益的方差。

假设专利维持年费每三年增加一定幅度，则专利维持年费函数是不连续变量。可将其定义为一个分段函数：

$$C(t+1) = \begin{cases} C_1 & (t \leqslant 3) \\ C_2 & (3 < t \leqslant 6) \\ C_3 & (6 < t \leqslant 9) \\ C_4 & (9 < t \leqslant 12) \end{cases} \tag{4.4}$$

假设用 ε 表示全部样本的正常分布情况，可以得出如下专利维持概率：

$$Pr(t \leqslant 3) = \Phi\big[Z(l,3)\big],$$
$$Pr(3 < t \leqslant 6) = \Phi\big[Z(l,6)\big] - \Phi\big[Z(l,3)\big],$$
$$Pr(6 < t \leqslant 9) = \Phi\big[Z(l,9)\big] - \Phi\big[Z(l,6)\big],$$
$$Pr(9 < t \leqslant 12) = \Phi\big[Z(l,12)\big] - \Phi\big[Z(l,9)\big],$$
$$Pr(12 < t) = 1 - \Phi\big[Z(l,12)\big] \tag{4.5}$$

式中，Φ 表示累积标准正态分布。

4.3 专利维持条件模型

可以根据 Schankerman 和 Pakes（1985）的研究来构建专利维持条件模型。专利权人为了维持专利有效，必须缴纳维持年费。专利维持年费随维持时间变化而变化，不同组别的专利适用的专利费也可能不同。

用 j 表示专利的组别，t 表示维持时间，$t+j$ 代表年份；用 C_{tj} 表示不同维持时间维持费序列；R_{tj} 表示缴纳了维持费的专利权人获得下一年度不确定的专利收益，假设专利收益序列 $\{R_{tj}\}$ 在专利申请时就知道其确定值[①]。

专利权人通过选择终止缴纳维持费的时间点选择最优维持时间，获得专利净收益折扣值的最大化。一般情况下，专利权人选择专利维持时间为 T，则

[①] 考虑专利权人对 $\{R_{tj}\}$ 收益序列不确定性的、更为复杂的模型参见 Pakes（1984）提出的观点。不过，专利收益序列 $\{R_{tj}\}$ 中终止率是企业做出维持决定的外生性因素。在动态情况下，拥有创新的企业必须在增加收益和降低成本以及为了及早进入市场交付更低的技术使用费之间做出选择。这种选择是基于 Gaskins 于（1971）提出的涉及暂时垄断权的动态价格限制分析。

$$\max_{T \in [1,2,\cdots,\overline{T}]} V(T) = \sum_{t=1}^{T} (R_{tj} - C_{tj})(1+i)^{-t} \tag{4.6}$$

其中，i 是折扣率；$\overline{T}$ 是专利法定保护时间的最大值。

如果序列 $\{R_{tj} - C_{tj}\}_{t=1}^{\overline{T}}$ 在 t 时间内降低，最优专利维持时间 T^* 就是 $R_{tj} - C_{tj} < 0$ 条件下的第一个维持时间段。或者如果不存在 $T^* \in [1,2,\cdots,\overline{T}]$，那么 $T^* = \overline{T}$。也就是说，在专利净收益不增长的确定条件下，将专利维持到 t 时的条件是，年收益至少大于等于维持成本，即

$$R_{tj} \geqslant C_{tj} \tag{4.7}$$

因为维持费在专利维持过程中逐渐增加，所以净收益减少的条件是收益序列 $\{R_{tj}\}$ 不变或减少，即专利维持收益事实上是随着维持时间的延长而减弱。

收益 $\{R_{tj}\}$ 反映了初期收益 R_{0j} 及其递减率序列 $\{\delta_{tj}\}$。如果给定组别中所有专利收益序列 $\{R_{tj}\}$ 相同，那么所有专利将在相同时间内被终止。

考虑专利初期收益存在差异，假设专利收益的递减率序列 $\{\delta_{tj}\}$ 相同[①]。在这种假设条件下，$R_{tj} = R_{0j} \prod_{\tau=1}^{t} d_{\tau j}$，其中，$d_{\tau j} = 1 - \delta_{tj}$。如果，且只能是 $R_{0j} \geqslant C_{tj} \prod_{\tau=1}^{t} d_{\tau j}^{-1}$ 时，专利权人将专利维持到 t 时。

用 $f(R_{0j}; \theta_j)$ 和 $F(R_{0j}; \theta_j)$ 表示初期收益密度和分布函数，其中 θ_j 表示参数的向量，那么 j 组专利维持到 t 时的比例 P_{tj} 是

$$P_{tj} = \int_{z_{tj}}^{\infty} f(R_{0j}; \theta_j) \mathrm{d} R_{0j} = 1 - F(z_{tj}; \theta_j) \tag{4.8}$$

其中，$z_{tj} = C_{tj} \prod_{\tau=1}^{t} d_{\tau j}^{-1}$。

而评估问题是运用专利维持比例和维持成本评估终止了序列和初期收益密度函数的参数特征（Schankerman、Pakes，1986）。

4.4 基于公共政策维度的专利维持理论模型

从平衡个体利益与社会利益的角度来看，专利制度是一种促进技术创新和社会公共利益发展的公共政策。所以，衡量专利制度运行绩效时，不仅要考察对专利相关权利人利益的保护程度，而且要考察对社会公共利益的保障范围。过分保护专利相关权利人的利益，而损害社会公共利益的专利制度是不符合专利制度的宗旨的。同样，如果过多强调社会公共利益，专利相关权利人利益得不到充分保护，促进技术创新和社会经济发展也是不可能的。这里从专利维持年费制度出发，考察其对专利维持时间的影响，并试图构建基于公共政策维度的专利维持理论模型，进而研究专利权人与社会公共利益平衡的问题。

专利维持时间、专利维持年费和专利个人收益及社会收益的关系如图 2-1 所示，其

---

① 考虑不同专利终止率存在差异，评估初期收益价值共同分布的参数和终止率。创新产出相同终止率的假设经常被用于实证文献中，但终止率因为经济环境改变而变化。

中[①]，OC_1 和 OC_2 分别表示不同专利维持年费曲线[②]，即专利维持成本曲线；P_0P' 表示专利的收益曲线；A_1 和 A_2 分别表示在 OC_1 和 OC_2 两种专利维持年费（成本）情况下，专利权人维持专利（因未缴纳专利维持年费而终止专利）的时间点，即 OA_1 和 OA_2 分别表示在 OC_1 和 OC_2 两种专利维持年费（成本）条件下的专利维持时间。

在专利维持年费相对较高的条件下，即专利维持年费曲线为 OC_1 的条件下，专利维持时间为 OA_1。也就是说，专利权在 A_1 点被终止。此时，因为专利权失去效力，社会公众可以免费使用该专利技术，所以权利人因此专利获得的收益减少至 $S_{A_1B_1M}$，甚至使其获益与其他使用该技术社会公众获得的收益相近；同时因为专利权失效，社会公众对此专利技术的使用，所以该专利的社会收益存在净增加（$S_{B_1B_1'N}$）。

在专利维持年费相对较低的条件下，即专利维持年费为 OC_2 的条件下，专利维持时间为 OA_2，即专利权在 A_2 点被终止。此时，因为专利权已失去效力，社会公众可以免费使用该专利技术，权利人因此专利获得的收益减少至 $S_{A_2D_1U}$，甚至使其获益与其他使用该技术社会公众获得的收益相近；同时因为专利权失效，社会公众对此专利技术的使用，该专利的社会收益存在净增加（$S_{D_1D_1'V}$）。从图 2-1 及上述分析中，可得出如下三点结论。

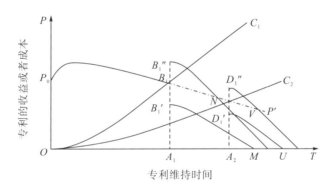

图 2-1　专利维持时间、专利维持年费和专利个人收益及社会收益的关系

(1) 在其他条件不变的前提下，专利维持年费与专利维持时间呈现反向关系。如果 $OC_1 > OC_2$，则 $OA_1 < OA_2$。这一结论也符合专利维持中"理性经济人"假设。因为专利维持年费增加，意味着专利维持成本增加，此时如果专利收益不变，那么当专利权人维持专利至专利成本等于收益时，就会以不缴纳专利维持年费的方式放弃专利。相反，如果专利维持年费减少，即专利维持成本降低，此时如果专利收益不变，那么专利权人会继续维持专利，直至专利收益与成本相同。

(2) 专利维持时间直接影响专利技术的个体价值和社会价值的平衡。根据前面分析，在其他条件不变的前提下，如果专利维持年费增加，或者其他原因使得专利维持时间缩短，那么专利权人因为失去专利的独占权，所以专利获得的收益将提前丧失，即专利权人的个

---

① 依据《专利法》规定，如果专利保护期届满，即专利失效，专利权人便不得再缴纳专利维持年费，维持专利垄断权，所以此图假设专利维持时间在法定保护期内。

② 不少国家的专利维持年费曲线是分段曲线（如中国和日本），但为了研究方便，这里将专利维持曲线假设为连续函数。

体收益减少。同时因社会公众可以免费使用相关专利技术，从而增加该专利技术的社会净收益，即 $S_{B_1B_1\cdot N}$ 与 $S_{D_1D_1\cdot V}$ 的差额。

（3）专利维持年费制度可以成为优化专利制度运行绩效的重要工具。在其他条件不变的前提下，通过调整专利维持年费，可以改变专利维持成本，如果专利收益相同，则可以改变专利维持时间，进而改变专利权人的个体收益和相关专利的社会收益。此时，有以下两种情况值得说明。①专利维持年费并不是越高越好。专利维持年费增加，专利维持成本增加，专利维持时间缩短，专利权人个体收益减少，专利技术社会收益增加。这似乎有利于社会发展，其实不然。因为专利权人收益的减少，不能有效激励发明人完成更多的发明创造，从而降低了专利制度的绩效。②专利维持年费也不是越低越好。因为专利维持年费降低，专利维持成本减少，专利维持时间延长，专利权人的个体收益增加，由此可以激励专利权人完成更多的发明创造。但同时，因为专利维持时间的延长，不但使得社会公众免费使用相关专利技术需要等待的时间增加，而且在一定程度上阻碍了后续发明创造的完成，从而降低了相关专利的社会收益。那么什么样的专利维持年费制度是最好的呢？本书认为，这需要首先确定评价专利制度绩效的标准，即专利权人的个体收益和社会收益的平衡点如何确定。只有确定了专利权人的个体收益和社会收益的平衡点，才可以此为依据调整专利维持年费的数额和结构，来维持这个平衡点，从而实现专利制度的最终目的。当然，调整专利维持年费的数额和结构时，需要考虑当时社会的经济发展状况，并且应该随着经济的发展，不断调整专利维持年费制度。

总之，专利制度的主要目的是通过授予专利权人独占权，使其获得更多的收益，以激励发明人做出更多的发明创造，促进技术创新，推动社会经济发展，所以平衡专利权人的个体利益和社会公众利益，最终推动社会发展，应该是基于公共政策视角设计专利维持理论模型的基础。

4.5　专利维持制度的理论架构

专利活动及其数据在很大程度上反映影响技术发展的宏观经济信息。专利信息分析已经成为确认国家经济的技术强弱程度，反映国家之间技术流向，展示企业和专利权人的全球网络，强调科学研究的重要资源的重要工具。

整个过程中专利年度申请量、专利权价值均值都有很大变化。不同组别专利数量的变化与其专利价值均值变化呈现负相关关系，这说明仅仅依靠专利数量作为创新产出指标具有很强的误导性。因为专利权很少能在市场上交易，所以不能直接获得其价值；相反，可以从专利权人的经济行为中获得专利权的价值。在大多数国家，专利权人为了维持其专利有效必须缴纳维持年费。

从某种意义上讲，专利制度主要是一种维持制度。因为没有较为完善的专利维持制度，就很难优化有效专利的数量及其维持时间，没有一定数量的有效专利及其适度的维持时间，就可能出现两种限制专利制度运行的可能。①专利维持数量过多。这不但浪费大量的资源，而且在一定程度上阻碍技术创新。②专利维持数量太少。这将导致一些应该保护的发明创造得不到保护，同时也会阻碍技术进步。

　　企业维持其专利的决定在很大程度上被认为是其认真平衡专利预期收益与维持费的结果。代表专利价值的经典变量(专利族、权利要求数、IPC 分类和前引指数)构成了专利权的整个维持时间段，甚至包括授权前的重要预示指标。专利申请时间的长度，即使没有得到授权，也能预示该专利对企业的私人价值。通过专利池或者专利族保护其发明的企业知识产权管理战略使得它们在专利维持决定方面没有选择。未授权专利申请的时间长度(即审查时间)受到其范围、重要性相关因素和企业专利战略的重要影响，一定程度上控制了专利申请，尤其是 PCT 专利申请和其他地区申请的途径。因此，本书认为，专利维持制度也是调整和衡量专利保护水平的重要制度之一。

　　首先，完善专利维持制度可以提升专利制度的运行绩效。专利制度目的的实现必须依靠有效的专利维持制度作为依托。专利维持情况反映创新主体基于专利是否获得收益、获得收益的多少的状况。根据成本收益理论，创新主体对专利维持时间越长，说明其从中获得的收益越多；反之亦然。评价专利维持制度优劣时，不仅需要考虑专利权人的收益，还必须考虑社会福利和社会成本等。专利维持情况在一定程度上量化了专利的价值，反映了专利权人在决定是否维持专利、维持多长时间以及缴纳专利维持年费情况。所以，专利维持情况不仅反映专利权人、专利受让人或者被许可人衡量维持专利的成本和收益问题，也在一定程度上体现了专利制度的运行绩效。

　　其次，专利维持时间在很大程度上反映专利维持制度的优劣。尽管不同国家都规定了基本统一的专利法定保护期限，但是专利维持年费制度形成了不同的专利维持时间的现实。专利维持数量和时间是反映专利维持状况的重要指标，专利维持状况是体现专利维持制度的核心指标，达到最优维持时间的专利数占所有授权专利数的比例是衡量专利制度绩效高低的关键指标。专利维持时间在很大程度上反映专利的质量，用专利维持时间评价专利质量是一个相对较好的方法。

　　再次，专利维持年费制度是现代专利维持制度正常运行的核心机制。专利维持年费制度是在专利制度产生很长时间后才设置的，它的设置标志着专利制度宗旨从保护专利权人个体利益到保护专利权人利益和社会公众利益并重的过渡，它对专利维持制度的重要作用使之成为现代专利制度的标志之一。专利维持年费制度通过要求专利权人为了继续维持专利有效，必须在规定的时间内缴纳相应的专利维持年费的制度，适度增加专利维持成本，影响专利维持数量和时间，平衡专利权人和社会公众的利益，从而完善专利维持制度，以实现专利制度的目的。

　　专利保护期是专利制度的核心内容之一，也是体现专利保护水平的重要指标。不论从专利制度的发展史，还是从专利制度相关理论来看，给专利权人授予多长时间的专利保护期限，才有利于激励专利权人完成更多的发明创造，同时保护权利人利益，促进科技进步和发展国家经济，是一个值得深入研究的问题，特别在专利维持年费制度建立之前。专利制度目的的实现必须依靠有效的专利维持制度作为依托，因为没有有效的专利维持制度，或者说专利维持状况不合理，整个专利制度的绩效将受到限制，甚至难以实现。在法定保护范围内，专利整体维持时间均值的大小，是评价专利制度运行绩效的重要指标。

　　专利制度中其他制度对专利维持制度的影响主要是系统影响，其特征是稳定性高，不易改变。因为专利制度，特别是专利法的稳定性决定了其相关规定不会轻易修改，所以该稳定性可作为系统误差,在专利法没有修改的前提下,可以忽略处理。专利制度中影响专利维持时间的因素主要有专利授权标准,即判断新颖性的现有技术的范围、创造性标准高度、侵权认定及其赔偿方式等。

从专利制度平衡个体利益与社会利益的角度来看,专利维持制度是一种促进技术创新和社会利益发展的公共政策。所以,衡量专利制度运行绩效时,不仅要考察对专利相关权利人利益的保护程度,而且要考察对社会公共利益的保障。从专利权人角度来看,单件专利的维持时间长短是专利权人根据专利的收益和成本差异情况做出的个人行为。如果专利权人能从专利中获得收益,则继续缴纳专利维持年费,保持专利继续有效。反之,如果专利权人不能从专利中获得收益,或者成本大于收益,便不再缴纳专利维持年费或者以其他方式放弃专利,使其专利权失效。

第二篇

专利维持年费制度

第五章　完善我国专利维持年费制度的政策背景

我国已经拥有较高的知识产权创造水平，专利产出已经实现了重大突破，专利申请量和授权量、《专利合作条约》（patent cooperation treaty，PCT）国际专利申请量、每万人口有效发明专利拥有量等指标增长较快，如 2014 年我国每万名研究人员的发明专利授权数居世界第三位，每亿美元经济产出的发明专利申请数居世界第二位。专利制度是配置创新资源、促进创新资源持续涌现的重要制度。运用专利制度促进和评价创新驱动发展。将专利授权量纳入国民经济和社会发展规划评价指标，将专利产品纳入国民经济核算体系，完善知识产权评价指标体系，注重鼓励发明创造、保护知识产权、加强转化运用、营造良好环境等。我国著名学者吴汉东教授认为，《国务院关于新形势下加快知识产权强国建设的若干意见》中提出的完善发展评价体系的相关工作，核心是要建立以知识产权为重要内容的创新驱动发展评价制度，为实施创新驱动发展战略提供更加有力的支撑。知识产权强国是以知识产权制度支撑并保障创新发展的先进国家。知识产权强国彰显了物质文明建设、精神文明建设、生态文明建设和制度文明建设的现代化特性。衡量一个国家是不是知识产权强国，应该包括与知识产权有关的制度建设、产业发展、环境治理、文化养成等一系列的指标，在此基础上，可以形成科学的评价体系（赵建国，2016）。创新驱动发展战略和知识产权强国建设为改革和完善中国专利维持年费制度提出了新的要求。

专利维持年费是专利权人为了继续从专利保护中获得收益而维持专利有效，必须向专利局缴纳的费用。根据专利维持年费制度，《专利法》向专利权人提供维持其授权专利达到最长法定保护期限的权力。专利维持时间与专利维持年费关系非常密切。同等条件下，如果专利维持年费较高，专利维持时间就会相应缩短，所以在没有确定专利维持年费这个变量的前提下，用专利维持时间衡量专利质量或许是不够准确的。而且可以通过专利维持年费制度调整专利维持时间，影响有效专利数量。或者说通过调整专利权人的成本改变专利收益，影响有效专利数量，从而调整专利制度的实施绩效，驱动技术创新。为此，从调整专利维持年费、优化专利成本改变专利维持时间和有效专利数量，增加专利收益视角研究专利维持年费制度驱动技术创新具有非常重要的理论和现实意义。

缴纳专利维持年费是大多数国家专利制度的普遍和重要的特征。通过缴纳专利维持年费，专利局向专利权人提供选择维持其授权专利到最长法定保护期限的权力。不过，政策制定者却在这方面缺少兴趣，一种错误但比较普遍的观点认为，专利维持年费制度对专利制度运行效果发挥的作用有限。这种观点表现在不少专利局实施的专利维持年费缴纳频率和缴纳模式的多样性，甚至是专利维持年费制度的构建缺乏透明性和权威性。例如，法国在 2001～2008 年实施的四阶段为特征的专利维持年费制度后，专利局决定重新实施先前更加先进的维持费模式，但是针对这一改变，当局没有给予任何司法解释。同样，在 2006 年意大利宣布取消专利维持年费制度后，2007 年没有任何解释又重新运用原来的维持费制度。就专利维持年费的结构而言，不同国家存在差异。例如，日本专利维持年费制度规定，专利维持年费由基本费用和每条权利要求费用两部分构成，而绝大多数国家的专利维持年费结构单一，即只有基本费用。专利权人缴纳维持费维持专利有效，却不需要专利局提供额外的服务，只要能够证明专利是有效的即可，所以有学者认为专利维持年费制度是一种调节专利维持时间长短的税收或者经济杠杆。最后，不同国家或地区，专利维持年费缴纳频率也不相同。尽管大多数欧洲国家是每年缴纳维持费，但是在另一些国家中维持费缴纳的频率要低一些。例如，美国是在专利授权后的第 3.5 年、第 7.5 年和第 11.5 年缴纳维持费。尽管这些机制会实质上改变专利局的运行成本，而且对中小企业具有一定的补贴，但是维持费数额的不一致可能会影响专利制度的运行绩效(Baudry、Dumont，2009)。

专利维持时间通过调整专利收益时间方式改变社会福利。具有研发能力的创新主体选择专利维持更长的时间，可以使这些企业具有更多投资研发的动力。统一的专利寿命将为研发生产效率较低的创新主体提供足够的激励，但是对研发生产效率较高的企业提供的激励不足。这两种情况都会产生研发分布和水平的次优状态。当技术发明价值事后存在差异，且政府之前无法观察时，通过专利维持年费制度调节不同的专利维持时间能够提高社会福利。最优专利维持年费制度的设计是政府为企业提供专利维持时间和专利维持年费总值之比最优的激励性选择。每个企业都可以根据自己的实际情况选择有利于自己的专利维持时间。如果企业在专利授权后没有学习效应，专利维持时间的选择等同于政府提供的维持年费的结构。但是，如果在专利授权后，进一步掌握了该发明的价值，其维持计划将高于社会福利。不同专利的最优维持方案存在如下四个特征：①即使很小的发明，也可能存在一个最长的专利维持时间；②对绝大多数发明而言，最优专利维持时间范围很窄；③对特别有价值的发明而言，最优专利维持时间很长(很多专利的最优维持时间比现有法定保护期限还长)；④专利维持年费应该随着专利维持时间的延长大幅度增加(Cornelli、Schankerman,1999)。

多数传统专利制度设计相关文献将研究重点放在统一的专利寿命上，而且一些专利研究的角度放在了专利宽度上(Gilbert、Shapiro，1990；Green、Scotchmer，1995；Scotchmer，1996；O'Donoghue et al.，1998)。不过，也有学者研究在不同专利制度框架下进行不同时间的专利保护的问题。Scotchmer(1999)分析了关于发明价值和成本的私人信息的静态模型，但没有研究道德风险问题(企业选择什么样的发展思路，而不是进行多少的 R&D 投资)。Scotchmer 发现，信息不对称原理证明专利制度能够激励 R&D 投入，且运用专利维持机制来实现专利制度。De Laat(1997)分析了假冒延误(imitation delay)是私人信息的专利竞赛，并研究了专利长度和宽度的最优程度(Cornelli、Schankerman，1999)。关于专利最优维持费制度，通常存在两种不同观点。一种观点认为，专利维持年费制度是一种专利信息揭示机制，最优的专利维持年费制度有助于区分不同质量的专利，所以可以通过专利维持决定的期权模型评价专利价值。另一种观点认为，最优专利维持年费制度是一种状态，它可以使得专利局某些功能的最大化或者最小化，也有助于技术创新社会收益的最大化(Baudry、Dumont，2009)。例如，专利权人为了控制关键技术，威慑竞争对手复制其发明而申请专利，并继续维持该专利有效，构成威慑专利。这种威慑专利就是专利权人最大化其专利收益的表现。

5.1　完善专利维持年费制度与创新驱动发展战略

5.1.1　创新驱动发展战略的内涵及特征

(1)创新驱动的内涵。迈克尔·波特把国家竞争优势发展划分为要素驱动、投资驱动、创新驱动和财富驱动四个发展阶段。创新驱动阶段是要素驱动、投资驱动之后的高级阶段。该阶段以企业创新主导、生产效率高和技术先进为特征,国家竞争优势从主要依靠天然资源、自然环境、劳动力等要素以及资本投资转化为主要依靠技术创新,具有竞争优势的产业从资源密集型、资本密集型产业演变为技术密集型产业。

(2)创新驱动的主要特征。创新驱动主要特征有以下四点:①创新驱动以要素互动为基础。创新驱动过程中,企业是技术创新的主体,科研院所是知识创新的主体,政府是制度创新的主体,中介服务机构是服务支持的主体。②创新驱动以技术创新为核心。创新驱动发展主要是依靠技术创新及其产业化提升劳动生产率,进而促进经济大幅度增长。③创新驱动以人力资源为前提。经济增长要实现创新驱动需要拥有大量高素质的人力资源,特别是具有创造性和创新性的复合型人才和各类专业技术人才。④创新驱动以文化根植性为根基。创新驱动活动需要培育独特的区域创新文化,营造开放和包容的创新氛围。

(3)创新驱动发展战略。2015年3月13日,中共中央、国务院颁布的《中共中央、国务院关于深化体制机制改革加快实施创新驱动发展战略的若干意见》指出:加快实施创新驱动发展战略,就是要使市场在资源配置中起决定性作用和更好发挥政府作用,破除一切制约创新的思想障碍和制度藩篱,激发全社会创新活力和创造潜能,提升劳动、信息、知识、技术、管理、资本的效率和效益,强化科技同经济对接、创新成果同产业对接、创新项目同现实生产力对接、研发人员创新劳动同其利益收入对接,增强科技进步对经济发展的贡献度,营造大众创业、万众创新的政策环境和制度环境。创新驱动发展战略提出以下措施。①营造激励创新驱动的环境。即,发挥市场竞争激励创新的根本性作用,营造公平、开放、透明的市场环境,强化竞争政策和产业政策对创新的引导,促进优胜劣汰,增强市场主体创新动力。②建立创新驱动导向机制。即,发挥市场对技术研发方向、路线选择和创新资源配置的导向作用,调整创新决策和组织模式,强化普惠性政策支持,促进企业真正成为技术创新决策、研发投入、科研组织和成果转化的主体。③完善企业技术创新机制。市场导向明确的科技项目由企业牵头、政府引导,联合高等学校和科研院所实施。政府更多运用财政后补助、间接投入等方式,支持企业自主决策、先行投入,开展重大产业关键共性技术、装备和标准的研发攻关。④加大财税政策支持力度。即,坚持结构性减税方向,逐步将国家对企业技术创新的投入方式转变为以普惠性财税政策为主。⑤完善成果转化激励制度,加快下放科技成果使用、处置和收益权。结合事业单位分类改革要求,尽快将财政资金支持形成的,不涉及国防、国家安全、国家利益、重大社会公共利益的科技成果的使用权、处置权和收益权,全部下放给符合条件的项目承担单位。⑥加强创新政策统筹协调。加强创新政策统筹协调需要发挥政府推进创新的作用;加强创新政策的统筹;完善创新驱动导向评价体系。

5.1.2 专利维持年费制度在创新驱动发展战略中的作用

(1)专利维持年费制度通过创新驱动发展促进经济发展。创新驱动发展关系到创新源动力和创新成果转化问题。技术创新主要由政府驱动和市场驱动。这两种驱动都与专利制度密切相关。从一定程度上讲,专利制度是创新的源动力,专利制度支撑和保障创新驱动发展。专利连接创新和市场,是创新和市场之间联系的桥梁和纽带,是实现从科技强到产业强再到经济强的重要中间环节。专利维持年费制度是新型产权安排的主要机制之一,赋予发明创造等创新成果的财产权从而形成了创新主体通过缴纳一定维持年费获得对创新成果的使用权和支配权,以及通过成果的转移转化获得收益的权利。科技创新激励机制,通过保护创新者的合法权益,进而激发人们创新的热情。专利维持年费制度还是一种有效的市场机制,通过增加专利权人的成本来平衡个人利益和社会利益,促进技术创新。在这种市场规则下,在市场经济环境下创新科技成果顺利实现产业化,实现转移转化,产生效益,推动发展[①]。

(2)完善专利维持年费制度成为实施创新驱动战略的政策需求。随着我国国家知识产权战略纲要实施的深入,创新主体创新,尤其是大众创新、万众创业政策的实施,我国知识产权大国地位的建立,建设知识产权强国战略的实施,优化专利制度,提高专利质量,充分发挥专利制度对技术创新的促进作用成为实施创新驱动战略的政策需要。创新驱动发展战略既强调了技术变革,又突出了知识产权的制度性因素和商业化应用。创新驱动发展过程中应该从国家制度运行、市场规律运行和政策有效性三个方面寻找最优的专利制度路径,寻求建立以专利为核心要素的创新驱动战略,实现由独立专利政策向协同创新政策转变,酝酿与创新驱动相适应的知识产权体制机制(毛昊,2016)。2015 年,中共中央、国务院颁布的《中共中央、国务院关于深化体制机制改革加快实施创新驱动发展战略的若干意见》提出"让知识产权制度成为激励创新的基本保障"。从科技驱动、知识产权驱动发展到创新驱动,实际上就是科技与知识产权向社会经济全面转化的进程。专利维持年费制度及其相关制度政策成为驱动创新的重要手段之一。

(3)专利维持年费制度是实施创新驱动发展战略的重要机制之一。创新驱动主要类型包括金融创新驱动、科技创新驱动、管理创新驱动、人才创新驱动、商业模式创新驱动、组织创新驱动和文化创新驱动等,加强知识产权及其制度的开发和利用,提升社会知识产权能力,提升产品知识产权附加值,促进各种模式创新驱动的效果,提升产业经济发展水平,推动经济社会健康发展。专利维持年费制度是通过要求专利权人就授权专利按照一定标准在特定的时间(段)缴纳专利维持年费,以便维持专利继续有效。如果专利权人因为专利收益不高,或者没有收益,或者说专利没有收益前景,就会以不缴纳专利维持年费的方式放弃专利。如果专利权人认为维持专利为其带来的收益大于维持成本,就会按时缴纳专利维持年费,防止专利的独占权被终止。从专利权人角度来看,缴纳专利维持年费的多少,在一定程度上决定了专利维持有效时间的长短,从而决定专利权人从其技术创新中获得收益的大小。从社会公众来看,如果专利权人因为专利维持年费问题终止专利,让其拥有专

---

① 申长雨: 知识产权驱动创新发展 支持经济发展新常[EB/OL]. http://finance.cnr.cn/zt/jjnh/ycbd/20141221/t20141221_517170332.shtml.[2019-05-18].

利的发明创造进入共有领域，从而使得更多的发明人做出其他的后续发明，进而促进技术创新。因此，专利维持年费制度对我国创新驱动战略的实施非常重要。

5.2　完善专利维持年费制度与知识产权强国建设

5.2.1　知识产权强国建设

2015 年 12 月 18 日，国务院印发《国务院关于新形势下加快知识产权强国建设的若干意见》（国发〔2015〕71 号）。该意见提出："……深入实施国家知识产权战略，深化知识产权重点领域改革，有效促进知识产权创造运用，实行更加严格的知识产权保护，优化知识产权公共服务，促进新技术、新产业、新业态蓬勃发展，提升产业国际化发展水平，保障和激励大众创业、万众创新，为实施创新驱动发展战略提供有力支撑，……"。"……推动提升知识产权创造、运用、保护、管理和服务能力，深化知识产权战略实施，提升知识产权质量，实现从大向强、从多向优的转变，实施新一轮高水平对外开放，促进经济持续健康发展"。"到 2020 年，在知识产权重要领域和关键环节改革上取得决定性成果，……"。

（1）知识产权强国的内涵。知识产权强国是指具备足够数量的、高质量的知识产权，知识产权综合能力强、知识产权制度优越、文化环境良好、市场环境完善、技术创新水平高、经济绩效显著，基于高质量知识产权形成的制度规则、知识产权文化以及国际话语权和影响力，对国际知识产权制度变革具有重要话语权或决定性的影响力的国家形态。

（2）知识产权强国的特征。知识产权强国的主要特征包括：①具有足够的知识产权综合能力，主要体现在较强的知识产权的运用能力、知识产权促进创新和经济效益显著、知识产权制度实施环境完善等方面；②知识产权成为科技经济发展的核心引擎，真正成为促进国家发展的重要资源，成为竞争力的核心要素；③知识产权的重要国际影响力。

（3）知识产权强国的建设重点。知识产权强国的建设重点包括：①从创造引导向高水平运用引导转变，以知识产权的市场化运用为核心和驱动力，引导知识产权创造、保护与管理，提升知识产权综合能力；②建立知识产权保护的长效治理体系，营造公平的市场竞争环境，形成尊重知识、鼓励创新、宽容失败的知识产权文化，构建有效的国际知识产权规则体系，完善知识产权环境；③要推动知识产权制度与经济、科技的紧密融合，实现知识产权、科技创新双轮驱动的创新发展模式，提升知识产权制度运行绩效；④运用知识产权促进产业发展，以知识产权构筑制造业核心竞争力，促进贸易升级，防范货物贸易知识产权风险，提高知识产权密集型商品和服务出口比重，鼓励对外知识产权许可[①]。

5.2.2　专利维持年费制度在知识产权强国建设中的作用

（1）建设知识产权强国以来政府对专利维持年费制度的重视。2015 年 12 月 18 日，国务院印发的《国务院关于新形势下加快知识产权强国建设的若干意见（国发〔2015〕71 号）》指出："国家知识产权战略实施以来，我国知识产权创造运用水平大幅提高，保护

---

① 国家知识产权局"知识产权强国课题研究"总体组．"知识产权强国建设——战略环境、目标路径与任务举措"报告摘编 [EB/OL]. http://www.shzgh.org/zscq/mtjj/n2513/u1ai14927.html.[2019-05-17].

状况明显改善，全社会知识产权意识普遍增强，知识产权工作取得长足进步，对经济社会发展发挥了重要作用。同时，仍面临知识产权大而不强、多而不优、保护不够严格、侵权易发多发、影响创新创业热情等问题，亟待研究解决。当前，全球新一轮科技革命和产业变革蓄势待发，我国经济发展方式加快转变，创新引领发展的趋势更加明显，知识产权制度激励创新的基本保障作用更加突出。"同时在《意见》第七部分"(三十)加强组织实施和政策保障"中强调"加大财税和金融支持力度"，并具体指出："制定专利收费减缴办法，合理降低专利申请和维持费用"。

《国务院办公厅印发<国务院关于新形势下加快知识产权强国建设的若干意见>重点任务分工方案的通知(国办函〔2016〕66号)》第六部分"加强政策保障"中强调"加大财税和金融支持力度"，并明确要求财政部、发展改革委、知识产权局负责："制定专利收费减缴办法，合理降低专利申请和维持费用"。

《关于专利维持年费减缴期限延长至授予专利权当年起前六年的通知》指出："根据《国家发展改革委、财政部关于降低住房转让手续费受理商标注册费等部分行政事业性收费标准的通知》(发改价格〔2015〕2136号)，自2016年1月1日起，延长专利维持年费减缴时限，对符合《专利费用减缓办法》规定且经专利局批准减缓专利维持年费的，由现行的授予专利权当年起前三年延长为前六年"。

为贯彻落实国务院《关于新形势下加快知识产权强国建设的若干意见》(国发〔2015〕71号)要求，根据《中华人民共和国专利法实施细则》有关规定，财政部和国家发展和改革委员会共同制定并颁布《专利收费减缴办法》。该办法第二条规定，"专利申请人或者专利权人可以请求减缴下列专利收费：(一)申请费(不包括公布印刷费、申请附加费)；(二)发明专利申请实质审查费；(三)年费(自授予专利权当年起六年内的年费)；(四)复审费。"该办法第三条规定，"专利申请人或者专利权人符合下列条件之一的，可以向国家知识产权局请求减缴上述收费：(一)上年度月均收入低于3500元(年4.2万元)的个人；(二)上年度企业应纳税所得额低于30万元的企业；(三)事业单位、社会团体、非营利性科研机构①。两个或者两个以上的个人或者单位为共同专利申请人或者共有专利权人的，应当分别符合前款规定。"该办法第四条规定，具体减缴专利收费的幅度为："专利申请人或者专利权人为个人或者单位的，减缴第二条规定收费的85%②。"

国务院相关政策中就专利维持年费制度的相关问题专门提出，并明确相关责任单位，证明了在知识产权强国建设中国家对专利维持年费制度的重视程度。

(2)专利维持年费制度在知识产权强国建设中的重要作用。专利维持年费制度问题在知识产权的创造、运用、保护、管理和服务等方面均发挥着不同的作用，对创新驱动战略的实施和知识产权强国的建设产生举足轻重的影响。专利维持年费问题从专利维持时间方面影响有效专利量，进而影响专利的有效创造指标；从专利维持成本方面影响专利收益，进而影响专利运用行为；从专利保护时间方面影响强化专利权人的利益，进而影响专利保护的强度；从专利管理效率方面影响专利维持决定的有效性，进而影响专利价

---

① 两个或者两个以上的个人或者单位为共同专利申请人或者共有专利权人的，应当分别符合规定。
② 两个或者两个以上的个人或者单位为共同专利申请人或者共有专利权人的，减缴专利收费的70%。

值的实现水平。

5.3 专利维持年费制度与专利数量和质量

《国家知识产权战略纲要》实施以来，中国专利数量和质量，尤其是有效专利数量都有了较大幅度的提高。截至 2016 年 12 月 31 日，中国授权的有效专利数为 1772203 件，其中国内创新主体拥有有效 1158203 件，占有效专利总量的 65.4%；国外创新主体拥有 614000 件，占有效专利总量的 34.6%[①]；中国国内每万人口专利拥有量达到 8.0 件[②]。全球有效专利数量从 2008 年的约 720 万件增长到 2015 年的约 1060 万件，其中中国授权的有效专利数量从 2008 年 34 万件增长到 2015 年的 147 万件[③]。根据这些数据可以发现，中国授权的有效专利，尤其是国内创新主体拥有的有效专利数量大幅增加。同时，国务院发布的《"十三五"国家知识产权保护和运用规划》提出，到 2020 年，中国国内每万人口发明专利拥有量将达到 12 件[④]。这说明未来一段时间内中国有效专利数量仍将较大幅度增长。有效专利数量和专利维持时间对创新主体的经济绩效非常重要(Maresch et al.，2016)。同时，宋河发等(2014)研究显示，2011～2012 年，中国专利质量呈提升趋势，撰写质量、经济质量均有提高。专利质量的提升可能会使得专利维持时间段延长。张古鹏和陈向东(2013)研究认为，中外专利申请人在中国获得授权的专利质量存在较大差距。Philipp 和 Elisabeth(2016)认为，中国专利数量的扩张以专利质量的下降为代价，中美技术创新能力依然较大。可见，虽然学者对中国专利质量是否提升还存在不同观点，但是中国有效专利数大幅增加，技术创新能力显著提高确实是事实。但是现实中，作为中国创新主体的中坚力量、拥有大量有效专利的创新型企业却因为专利维持年费负担问题，对现行专利维持年费制度有更多期待。在中国创新主体专利收益率不高、专利运用能力较低、专利维持年费较高、有效专利数量增加和专利维持时间延长的背景下，如何使得有效专利数量继续增加，技术创新能力可持续发展，成为一个迫在眉睫的问题。

专利维持年费是指专利权人为维持专利有效而依据规定向相关机构缴纳的费用。专利维持年费制度是规范专利维持年费相关行为的规定，是专利制度的核心制度之一。专利权人向专利局缴纳维持年费维持专利继续有效，专利局除了证明专利有效外，不需要或者很少为专利权人提供额外的服务，所以专利维持年费可以看作是一种能够发挥类似于税收杠杆作用的政策工具。但是该制度的作用经常被学者忽视，可能是因为专利维持年费制度通常被认为对促进创新，乃至提高专利制度运行绩效没有作用或者很少发挥作用。政策制定者对专利维持年费制度促进创新的作用认识不够，一种错误但比较普遍的观点认为，专利维持年费制度对专利制度运行效果发挥的作用很有限。这具体表现在，专利维持年费

---

① 中华人民共和国国家知识产权局:专利统计年报 2016[EB/OL]. http://www.sipo.gov.cn/docs/20180226104343714200. pdf. [2019-05-17].

② 国家知识产权局. 2016 年我国国内发明专利拥有量突破 100 万件[EB/OL]. http://www.xinhuanet.com//politics/2017-01/19/c_1120347802.htm.[2019-05-17].

③ World Intellectual Property Indicators 2016[EB/OL]. http://www.wipo.int/edocs/pubdocs/en/wipo_pub_941_2016.pdf. [2017-02-03].

④ 国务院. "十三五"国家知识产权保护和运用规划[EB/OL]. http://www.gov.cn/zhengce/content/2017/01/13/content_5159483.htm. [2019-05-17].

制度修改和完善程序缺乏透明性，不少国家适用的专利维持年费起算时间点、增长模式、缴纳频率和缴纳模式等方面存在多样性。现有研究对专利维持年费制度理论和实践缺乏系统深入的研究，但是随着经济社会和科学技术的发展，专利维持年费制度对专利制度运行绩效的影响越来越明显。专利维持年费制度在专利的创造、运用、保护、管理等方面均发挥着不可替代的重要作用。该制度从专利维持时间和专利维持率等方面影响有效专利数量，进而影响专利的有效创造指标；从专利维持成本方面影响专利净收益，进而影响专利运用行为；从专利维持时间方面影响专利收益的时间长度，进而影响专利保护的时间强度；从专利管理效率方面影响专利维持决定的有效性，进而影响专利价值的实现水平。

根据世界知识产权组织(World Intellectual Property Organization，WIPO)发布的《2016年知识产权指标》显示：全球有效专利数量从 2008 年的约 720 万件增长到 2015 年的约 1060 万件，其中中国授权的有效专利数量从 2008 年的 34 万件增长到 2015 年的 147 万件[①]。截至 2016 年底，中国授权的有效专利数为 1772203 件，其中国内创新主体拥有 1158203 件，占有效专利总量的 65.4%；国外创新主体拥有 614000 件，占有效专利总量的 34.6%[②]。有效专利数量、专利竞争力和专利维持时间对创新主体的经济绩效非常重要(Maresch et al.，2016)。有效专利数量的增加反映了中国专利大国的形成和创新能力的提升；同时也说明创新主体，尤其是国内创新主体，因为专利维持年费而产生的经济负担的增加。

5.4 有效专利数量增加带来的专利维持年费负担

在中国有效专利数量大幅增加，创新能力迅速提升的同时，拥有大量有效专利的创新主体却因为有效专利数量增加和专利维持时间延长导致的专利维持年费大幅增长而产生了较为严重经济负担问题。有数据显示，2011~2015 年，华为技术有限公司在中国的专利维持年费从两千多万元上升至六七千万元，各年增长率分别为 40.4%、35.3%、21.1%和 20.3%；中兴通讯股份有限公司专利维持年费占当年专利费用支出的 60%以上；2011~2015 年，TCL 公司专利维持年费负担增长率分别为各年 34.0%、42.9%、34.7% 和 40.2%；2011~2015 年，国内某知名公司专利维持年费增长率分别为 600%、433.3%、325.4%和 360.3%(李雪，2016)。国内创新主体拥有有效专利的数量和专利维持年费经济负担成正比例，其比例系数就是专利维持年费的数量。如果专利维持年费制度问题解决不好，中国技术创新能力很难得到可持续发展。反之，如果改革和优化现有专利维持年费制度将对中国技术创新能力的提升从源头上增加动力。

事实上，自中国建设知识产权强国以来，国务院等相关机构已经开始重视创新主体的经济负担问题，并出台了一系列措施减轻创新主体的专利收费负担。如国务院于 2015 年 12 月 18 日发布的《国务院关于新形势下加快知识产权强国建设的若干意见(国发〔2015〕71 号)》和国务院办公厅于 2016 年 7 月 8 日发布的《国务院办公厅印发<国务院关于新形势下加快知识产权强国建设的若干意见>重点任务分工方案的通知(国办函〔2016〕66 号)》

① World Intellectual Property Indicators 2016.[EB/OL]. http://www.wipo.int/edocs/pubdocs/en/wipo_pub_941_2016.pdf. [2017-02-03].
② 中华人民共和国国家知识产权局:专利统计年报 2016[EB/OL]. http://www.sipo.gov.cn/docs/20180226104343714200. pdf. [2019-05-17].

中均指出："制定专利收费减缴办法，合理降低专利申请和维持年费用"。2015 年 12 月 23 日，国家知识产权局发布的《关于专利维持年费减缴期限延长至授予专利权当年起前六年的通知》指出："自 2016 年 1 月 1 日起，延长专利维持年费减缴时限，对符合《专利费用减缓办法》规定且经专利局批准减缓专利维持年费的，由现行的授予专利权当年起前三年延长为前六年"。同时，财政部和国家发展和改革委员会共同颁布的、自 2016 年 9 月 1 日实施的《专利收费减缴办法》对我国专利收费减缴办法进行了进一步规范。上述四个文件都涉及了专利收费问题，但是这些文件仅涉及对专利收费，尤其是专利维持年费制度中特殊类型主体的费用减缓问题，对专利维持年费的基本制度并没有实质性的触及，支撑中国经济社会发展的、拥有大量有效专利的主要创新主体的经济负担问题并没有得到关注。要解决中国创新主体的中坚力量因为有效专利数量增长和质量提高而引起的创新主体的经济负担问题，就必须系统深入研究专利维持年费制度基本理论，较为准确地掌握专利权人对中国专利维持年费负担的真实情况及其对专利维持年费制度的感受，促进创新驱动发展战略和知识产权强国战略的实施。

第六章　国外主要国家专利维持年费制度的实施经验

在专利质量下降和因专利申请大幅增加导致专利局专利申请积压的背景下，研究决策者通过专利收费政策工具完善专利制度具有重要意义。专利维持年费制度制定过程中会面临的是：如何制定专利维持收费标准？什么是专利最优维持费结构？但是这个问题至今很少有人讨论(Pakes、Simpson，1989)。过去200年来，美国专利商标局的相对专利费用已经下降，专利成本越来越低。通过对大多数专利局专利费的比较发现，专利申请年费大幅低于年度维持费，维持费增加速度比维持时间增加速度要快。近年来，专利收费越来越高，专利制度中专利收费作用问题也逐渐引起少数学者的关注。

6.1　英国专利维持年费制度的实施经验

6.1.1　英国专利制度中的审查制度

19世纪，专利制度没有进行正式(实质)审查的要求，这为很多专利权人节约了雇佣专利代理人进行全面检索的成本，并承担因为缺乏新颖性(或者说明书撰写不规范)而被法院判定其专利无效的风险(Lamparski et al.，1941)。尽管官方专利文献免费并广泛传播，但是一些专利技术还是被重复授权了。20世纪和19世纪的英国专利制度的主要制度性区别是后者没有实质审查制度。1883年，英国颁布的《专利、设计和商业标记法案》引进了有限审查制度，审查发明至少有一个以上的权利要求，并对其进行适当说明(Blackman，2000)，但是直到1902年专利申请人才要求对"现有技术"进行正式审查。从此英国专利制度不再是一个登记注册制度，但是这为专利申请人及其代理人提交的申请文件增加了被审查的负担(Macleod et al.，2010)。为了排斥违反自然规律的或者"创造性不高的"专利，1907年，英国颁布的《专利与设计法案》延伸了审查范围，首次允许专利审查员根据缺乏新颖性拒绝授予专利权(Macleod et al.，2010)。1901年，英国Fry Committee对900份专利申请文件进行详细审查后发现，42%的专利部分或全部被之前的专利所预言。该委员会举例确认了过去20年已经重复授权的情况(Board of Trade，1901)。1946年，英国皇室委员会进行了类似的工作后，发现大约1/4的专利可以根据缺乏新颖性而被无效(Blackman，2000)。

6.1.2　英国专利审查制度与专利成本

英国增加正式审查程序加大了专利申请的成本。尽管申请人抱怨很多，但是较高的专利收费明显限制了对价值较低的发明进行专利申请的意愿。该制度加强了专利权人的自我监管，减少了审查需要(Macleod，1988)。基于专利权人的经济合理性，通常会认为，只有那些具有新颖性、技术性强，并有商业利润的发明才会为申请专利付出代价。因此，任何降低其成本的建议都会涉及可选择的过滤机制问题，尤其在审查原则和进行审查机构建设方面的机制问题。因为技术型高素质人才的缺乏，正式审查往往会剔除昂贵且操作性差的专利技术，而且存在潜在不公平(Lamparski et al.，1941)。但是如果没有相应的审查机制，很多人会担心，这种制度会造就所谓"低质量"专利的"洼地"，会有人通过对现有专利进行稍微改动就申请新的专利，寻求市场优势；或者更为糟糕的是，成为骚扰为侵权保护缴纳过费用的生产者(Macleod，1988)。1851 年，英国工程师伊萨姆巴德•金德姆•布鲁内尔认为，后者的问题已经严重到足以证明可以彻底废除专利制度的地步(Macleod，1999)。为降低专利费需要提出的反补贴担忧是，很多有价值的发明被终止，因为专利权人不能支付维持年费，保持专利继续有效。大量的维持成本产生了一系列支付维持费的障碍，以至于专利权人放弃了很多有价值(包括私人价值和社会价值)的专利。

6.1.3　英国专利维持年费制度及其评价

英国专利维持成本过高不是偶然的，其根源在于斯图亚特王朝早期开始对反垄断规则的滥用。英国专利制度是依据对皇室技术许可和垄断整体禁止赦免的斯图亚特垄断法(the Statute of Monopolies)条款正式确立的(Macleod，1988)。专利的初期成本是专利申请过程的维持以及围绕皇室官僚过程产生的付出，越来越多的专利权人对专利的威慑效应进行判断，但是很多专利只是名义上维持(Dutton，1984)。直到 1852 年，英联邦国家的专利制度才获得积极的法律基础，当时英格兰和威尔士的平均每件专利的成本大约为 110 英镑，英格兰、苏格兰和爱尔兰三个独立专利的总成本在 300 英镑以上。这是一笔很大的开支，当时技术工人每周工资只有 1～2 英镑，极个别的领班或经理工资在 3 英镑以上。1852 年建立的英国专利局的专利申请程序，发明人必须在整个错综复杂的过程〔1850 年，英国专利局的专利申请程序估计是 28 个环节，也有一说是 35 环节(Macleod，1988)，这两个估计似乎过于夸张，但是毫无疑问，专利申请过程是漫长而复杂的〕中掌握其专利申请情况。当然，雇佣专利代理人的成本也很高。在 1852 年 11 月英国举行的新法案庆祝会上，专利律师和其他人祝贺"解放专利权人"，同时也表达了进一步改革专利法的愿望，特别是降低专利成本的愿望，而且他们担忧重新开放的问题可能会伤及其新获得的成功(Macleod et al.，2010)。他们的直觉是正确的，接下来的 30 多年的事实证明，"专利制度在危险中进行了艰苦的斗争。"在自由贸易发展的高潮，废除专利制度的支持者怀疑授权专利会从禁止垄断权中获得更长时间的赦免，认为没有必要为发明提供激励，尽管这阻碍了其商业活动过程中的创新产业者(Macleod，1988)。皇家委员会和议会选择专门委员会调查专利制度的运作和效果，议会进行了一系列的改革法案讨论(Dutton，1984；Batzel，1980)。只有在 1883 年进一步立法制定并保证其未来，并改变专利制度的发展方向(Macleod et al.，2003)。另外，Nicholas(2010)研究发现，英国在 1883 年的专利法改革中经历了专利收费的国际中断情况。

6.2　法国专利维持年费制度的演变

　　法国专利维持年费在开始时很低，随着维持时间的延长维持费增加幅度会增大。法国专利维持时间达到 19 年时，每件专利的维持费达到约 400 美元(1980 年)[①]。

　　如图 6-1 所示，是不同时间段法国专利维持年费变化趋势。法国专利维持年费收费标准在其官方公开，并在采样期间多次发生变化，但是最近的维持费收费标准适用于所有专利。维持费开始时适用较低水平，然后随着专利维持时间的增加而不断提升收费水平。自从 2008 年以来，法国专利局一直适用的是更为进步的维持费收费标准。为了论证方便，这些从国内名义货币获得名义维持费需要通过该国的 GDP 换算成为实际成本，然后换算成欧洲货币。

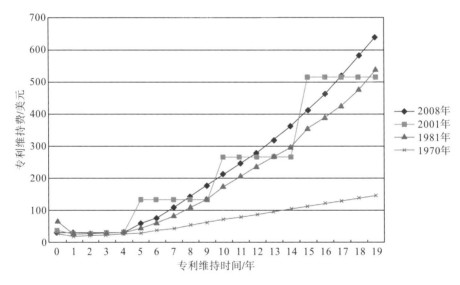

图 6-1　不同时间段法国专利维持年费变化趋势

　　观察法国现在的专利维持年费收费标准会发现，与预期相反的情况，即使在较低的维持费收费标准时，不少专利也会被终止。50%以上的由法国专利局授权的专利在授权后 8 年内被终止，只有 25%的专利维持到授权后的第 13 年。如果适用较低的维持费收费标准，这就清楚地表示对低质量专利的关注。首先，是技术性问题。专利申请不会提升专利授权率，因为专利局会拒绝授予不完全符合专利授权标准的技术的专利权。其次，是经济学性质问题。不缴纳维持费会导致专利自动失效。

　　图 6-2 反映了随维持时间变化专利被终止数量变化趋势(从第一阶段约 8%到维持届满前的 2%)。最终的价值反映了专利维持到法定保护时间届满的百分率，即对一些组的专利平均维持率约从 8%下降到 6%~7%。在这个阶段，考虑两个方面比较重要：①专利申请后 24~48 个月多数专利获得授权。这意味着前四年的专利维持数量包含一个因素，其独

[①] 维持费结构几乎每年都在变化，名义维持费被通过法国 GDP 膨胀系数换算成实际维持费。不同组别专利的(实际)维持费是相似的。组别变化只占总实际维持费变化的大约 20%，80%的仍然在不同组别的变化中。

立于专利权人的意志，而且也可以解释这个阶段被终止专利数量较高的问题；②根据不同组考虑专利维持比例问题，值得注意。

这种趋势决定于可以观察到的维持费的多少，且以无法观察到的最初市场大小为条件，所以概率分布必须依据最初市场大小来界定：①因为与连续概率分布相比，计算可观察撤销专利可能性的模拟方法不需要花费太多的时间，可以用精确计算取代；②因为对最初市场大小的具体概率分布表示可选择专利类型的有限数量，简化最优揭示机制的评估。如何构建专利维持年费制度值得思考。不考虑申请日，针对所有授权专利的维持费数值持续性变化，被专利权人依据当前维持费而不是预期维持费来调整其维持决定（Schankerman，1998）。

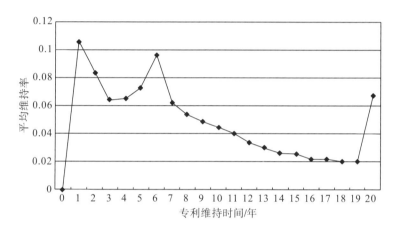

图 6-2　随维持时间变化专利被终止数量变化趋势

6.3　美国专利维持年费制度的发展

随着专利制度的不断完善，专利费问题越来越受到重视。Watson 在 1953 年 10 月 13 日对美国专利法律事务成员 Fisher（1954）的答复中说道："专利局应该根据其各种服务收缴多少专利费的问题已经是过去 100 多年人们关注的问题。"

（1）美国专利维持制度是在 1980 年开始实施的。所以，与其他实施专利维持制度较早国家相比，关于美国专利维持年费问题的比较研究较少。专利维持年费制度在日本和西欧一些国家的实施时间是在 1950 年之前，而且自那以后，亚洲、非洲、中美洲和南美洲也开始实施。在 1980 年，美国国会授权专利局实施的专利维持年费制度，与世界上其他国家专利局已经实施的专利维持年费制度相似。1980 年，美国一系列的立法法案的产生，形成了美国今天实施的专利维持要求和专利维持年费结构。1980 年，《美国公法》96-517 要求 1980 年 12 月 12 日之后申请并获得授权的美国实用专利缴纳专利维持年费；要求由专利权人在授权日之后的 4 年、8 年和 12 年缴纳维持费；维持 17 年后法定保护期届满[①]。

---

① 专利维持年费实际上是从专利授权后第 3.5 年、7.5 年和 11.5 年开始缴纳，向美国专利商标局缴纳维持费的时间段为 6 个月。专利维持年费，包括追加罚款，可以在到期日后的 6 个月进行缴纳，如果资格专利(an eligible patent)的维持费在延长后的 6 个月还没有缴纳，该专利将被终止，授予专利权的技术将进入共有技术领域。

专利维持年费可以为专利局补偿专利申请过程产生的一定比例的成本。

(2) 1982 年《美国公法》97-247 提高了 1982 年 8 月 27 日之后申请专利的维持费，但更为重要的是，这个立法规定区分了小型创新主体和大型创新主体缴纳维持费的结构。美国国会承认，有必要鼓励独立发明人进行创新活动，因此规定小型创新主体的专利维持年费是其他创新主体(即大型创新主体)数额的 50%。小型创新主体包括独立发明人、雇员不超过 500 人的小企业(包括分公司)和非营利组织。

(3) 1990 年,《美国公法》101-508 通过的综合预算协调法使得专利维持年费大幅增加。为了抵消一般纳税人收入下降产生的后果，所有费用(包括申请、授权和维持费)都提高 69%。1990 年 11 月 5 日生效的专利费用提高制度的实施，实质上意味着美国专利局已经变成完全由使用者缴费维持运转的组织。自 1990 年以后，美国专利维持年费的变化已经根据消费者价格指数，进行温和型增长(Brown，1995)。

第七章　专利收费制度对专利
行为的影响程度研究

自《国家知识产权战略纲要》实施以来，中国不仅在专利数量方面取得了很大成绩（截至 2016 年 11 月，中国累计授权发明专利总数为 2281710 件，其中国内居民获得授权发明专利数为 1435886 件，占授权发明专利总数的 62.9%，国外居民获得授权发明专利数为 845824 件，占 37.1%[①]），而且专利质量方面也有所提升（宋河发等，2014）。不过，有效专利才应该是国家发展的战略性资源和提高竞争力的关键要素。根据中国国家知识产权局规划发展司于 2015 年 11 月发布的《2014 年中国有效专利年度报告》显示：中国授权发明专利的维持年限平均为 6.0 年，维持年限 5 年以上的占 49.2%，超过 10 年的只占 7.6%；其中国内居民拥有的失效专利占失效总量的 94.6%，未缴年费终止的占 51.7%，届满终止的仅占 1.3%。除了专利质量本身问题外，专利收费制度也是造成这种结果的重要原因之一。所以，研究专利收费制度对专利行为的影响及其程度，对中国实施创新驱动发展战略和知识产权强国建设具有重要意义。

专利收费制度对促进技术创新发挥的作用到底有多大？这个问题值得研究。从专利申请到专利授权，再到专利维持，专利权人必须在不同的时间点上缴纳各种费用。不同国家专利局专利收费的结构、种类、数额和缴费时间的较大差异给比较研究不同国家专利局专利收费制度带来一定困难。我国专利收费种类[②]较多，为研究方便，本书将专利收费种类划分为专利申请费（授权前需要缴纳的费用）和专利维持年费（授权后需要缴纳的费用）。专利申请费是指专利申请人为了获得专利授权而依据专利法规定向专利行政机构缴纳的费用；专利维持年费是指专利权人为了维持专利继续有效而依据专利法规定每年向专利行政机构定期缴纳的费用（乔永忠，2011c）。

直到近年来，专利制度的决策者才意识到，专利收费制度能够作为一种政策工具促进技术创新。欧洲专利局相关官员的观点也说明了这种转变。2000 年，欧洲专利局国际法律事务部主任 Gert 指出：“欧洲专利局面临的主要挑战是应付专利申请的快速增长和寻找降低专利成本的有效手段。”但是在 2007 年，欧洲专利局局长 Alison 认为：“在专利局已经承担了大量的申请积压的前提下，专利权人应该承担更多的专利制度运行成本。”Ciaran 认为，欧洲专利局的决策者暗示性地承认因其在 20 世纪 90 年代不适当的专利收费政策，应为抑制全球变暖技术的专利不足承担部分责任（McGinley，2008）。在创新政策不

---

① 中华人民共和国国家知识产权局:专利统计年报 2016[EB/OL]. http://www.sipo.gov.cn/docs/20180226104343714200.pdf. [2019-05-17].

② 中国国家知识产权局专利收费主要包括专利申请费（发明专利申请含文印费）、专利申请附加费（说明书附加费、权利要求附加费）、发明专利请求实质审查费、专利登记费（含印花税）、专利维持年费、专利维持年费的滞纳金、专利恢复权利请求费、发明专利请求实质审查费等。

断优化,创新成果不断增加,尤其是专利数量呈现大幅度增加的背景下,完善专利收费制度对优化专利申请量、专利审查效率、专利授权率、有效专利数量、专利维持时间,降低创新主体经济负担,提升专利制度实施绩效等非常重要。但是关于专利收费制度及其影响的研究成果相对较少,说明学者以及专利政策决策者对此问题缺乏足够重视。

7.1　专利收费制度的结构、其影响专利行为的机理及理论模型

7.1.1　专利收费制度的结构

专利维持制度一般都包括复杂的费用结构,根据专利审查阶段或者专利特征,必须缴纳以下具体费用:①申请费:在申请时缴纳,缴纳后一般可以进行检索报告的服务(总结现有技术的状态,并可以得到发明可专利性的初步判断);②审查费:在申请人要求对其发明进行审查时缴纳,一般在检索报告公开之后,平均时间为首次申请后大约 18 个月;③授权费:专利授权时必须缴纳,包括授权专利的公开成本;④维持费:专利授权后缴纳,一般是每年缴纳。缴纳维持费可以保持专利继续有效,不缴纳维持费将导致专利被终止而进入共有领域。专利费实际上比这更复杂:专利费还包括基于权利要求的费用、基于申请文件页数的费用、基于制图的费用,还有其他因为多种因素导致申请延误需要缴纳的费用。为了详细了解专利结构的复杂性,读者可以直接浏览美国专利商标局网址了解相关信息。

专利权是法律赋予权利人一定时期内,阻止他人未经允许,制造、销售专利技术的独占权利,所以通过评估这种独占权利额外获得的货币收益评估专利价值成为一种常用方法。分析权利人为维持专利有效必须缴纳维持费的行为有助于测量相应的专利收益价值。维持专利有效的充分条件就是专利年度收益大于专利维持年费,所以权利人缴纳还是不缴纳维持费的决定反映了专利收益价值大小的信息。当专利收益价值的时间路径是完全确定的时候,这个充分条件也就变成了必要条件。一般认为,只有少数专利是有价值的,绝大多数专利没有价值或者价值很低。有经济学家试图用授权日时专利技术获得最初收益的差异评估专利的价值。这种办法只能区分授权之后的专利价值,但是不能区分授权之前的专利申请的价值。所有专利在授权日都面临同样的维持费选择,这种选择取决于授权专利技术未来是好的还是差的评价。专利权人早期或多或少的放弃专利,以至于缴纳的专利维持年费总量补贴了不同专利的维持费用。最优维持费制度可以宽泛地界定为平衡专利社会成本和激励创新的维持费的固定序列。

7.1.2　专利收费制度影响专利行为的机理及其表现

专利收费制度影响专利行为的机理通常包括专利收费政策对专利行为的影响和最优专利收费制度分析。前者研究专利收费政策影响专利申请和维持行为的程度,说明专利是一种弹性或者非弹性产品;后者研究确定专利申请费和专利维持年费高低的依据及其结构和政策目标。

专利收费制度影响专利行为的机理可以在一定程度上解释不同国家发明创造的专利申请率和授权专利的维持时间长短的差异。首先,专利收费标准对专利申请数量、研发投入的专利产出以及专利服务职业规模都有不同程度的影响。如果专利收费高于专利申请人

或专利权人的负担能力，专利收费制度就会降低专利制度的实施绩效；反之亦然。Cohen等（2000）研究发现，研究样本中，40%的美国制造业企业因为专利申请成本太高而不去申请专利。Graham等（2009）研究发现，专利成本是美国孵化企业决定放弃专利申请的重要原因之一，申请专利的高成本是专利权人不愿意对技术进行专利保护的常见理由。Thumm（2004）在瑞士生物技术企业的调研中发现，专利申请的高成本是企业不愿申请专利的首要动力。Peeters等（2006）调研专利收费制度后发现，比利时大企业类型的专利权人因为专利收费太高而影响其申请和维持专利的动机。其次，专利收费制度通过调整专利申请人或者专利权人的专利行为在一定程度上影响整个国家的专利偏好程度。Arundel和Kabla（1998）认为，欧洲专利的授权率与美国专利的授权率差异，与其专利收费制度紧密相关。Rassenfosse和Potterie（2010）认为，不同国家专利收费数额差异的负向趋势与专利偏好差异的正向趋势相关，专利收费标准越高的国家，其专利偏好程度越低。不过，Duguet和Kabla（1998）对法国制造业企业的授权专利技术的影响因素研究中发现，专利成本和法律活动都不是影响专利偏好的重要因素。由此可见，专利收费制度是专利制度正常运行的核心制度之一，专利收费标准的高低会对专利行为造成一系列影响，乃至影响专利制度运行的效果，但是其影响程度可能存在差异。

7.1.3　专利收费制度影响专利行为的理论模型

在传统专利制度下，R&D 投入和专利收费作为主要专利成本影响权利人的专利行为。根据 R&D 投入和专利收费的作用原理，可以将专利产出函数表示为

$$P^* = \delta \times R^{\beta_1} \times F^{\beta_2} \tag{7.1}$$

其中，P^* 表示专利产出与需求平衡时的专利产出数量；δ 表示专利偏好；R 表示 R&D 投入，代表创新主体创新能力及其市场竞争力；F 表示创新主体承担的专利费用数额；β_1 表示关于 R&D 支出对专利产出的影响系数；β_2 表示专利收费多少对专利产出的影响系数。

研究显示：控制 R&D 投入变量，专利产出与专利收费水平之间存在一种长期均衡关系（Im et al.，2003；Maddala、Wu，1999）。为了更好地分析专利收费制度对专利行为的影响程度，需要构建关于专利收费的"部分调整模型"和"误差校正模型"。前者反映专利产出与专利收费及 R&D 投入之间长期和短期影响系数之间的差异，后者显示专利收费与 R&D 投入之间共线性优势。

（1）部分调整模型。专利收费和 R&D 投入对专利产出具有长期影响和短期影响。为了精确影响系数，将专利产出函数（7.1）通过对数转换后得出下列新的模型：

$$\ln P_{it}^* = \delta_i + \beta_1 \ln R_{it} + \beta_2 \ln F_{it} + \varepsilon_{it} \tag{7.2}$$

式中，R_{it} 和 F_{it} 是指特定年份的货币购买力的 R&D 投入和专利收费数额；δ_i 表示 t 时国家 i 对专利常数偏好；ε_{it} 为误差项。

式（7.2）中反映了专利需求与其长期平衡水平 P^*。专利申请是一个学习过程：新技术的现有水平可能影响下一年的专利申请。研发项目一定年限的持续和累计意味着新技术水平可能被提升，可以申请改进型专利。R&D 过程实际上是发明创造活动，在原型和市场检验下获得新的技术，将产生更多的专利申请。发明创造的动态特性要求考虑 R&D 支出的"延后"效应。如果引入动态局部校正过程，可从式（7.2）中得到动态模型（Nerlove、

Marc，1958）：

$$\frac{P_{it}}{P_{i,t-1}} = \left(\frac{P_{it}^*}{P_{i,t-1}}\right)^{\lambda},0 < \lambda < 1 \tag{7.3}$$

其中，λ 表示校正率（λ 越大，调整越快）。

将式（7.3）用 $\ln P^*$ 代入式（7.2）中，可以获得局部校正方程：

$$\ln P_{it} = \delta_i^s + (1-\lambda)\ln P_{i,t-1} + \beta_1^s \ln R_{it} + \beta_2^s \ln F_{it} + \nu_{it} \tag{7.4}$$

其中，β^s / λ 等于方程（7.2）中的 β，代表长期影响系数；$\lambda\beta$ 代表短期影响系数。

模型中的滞后自变量可能导致估计偏差。

（2）误差校正模型。考虑到 R&D 投入与专利收费共线性，误差校正模型将长期共线性联系与短期影响效果相结合。误差校正模型反映长期影响关系中专利需求的评估值和观察值之间的差异：

$$e_{it} = \ln P_{it}^* - \hat{\delta}_i - \hat{\beta}_1 \ln R_{it} - \hat{\beta}_2 \ln F_{it} \tag{7.5}$$

校正方法可以表示长期动态的校正过程。校正范围从没有校正（0）到全部校正（-1）。长期效应的专利收费通过校正系数校正（Alogoskoufis、Smith，1991）。可以运用不同经济模型的评估参数对专利收费制度对专利行为的影响程度进行评估（Rassenfosse、Potterie，2010）。

在发明创造过程开始时，R&D 投入是产出专利技术的前提，发明创造完成后，提交专利申请时，专利申请费成为专利产出的必要条件，进一步完善发明创造，需要的补充性 R&D 投入对专利行为的影响有限。当发明创造获得授权专利时，影响专利行为的主要是专利维持年费机制，R&D 投入和专利申请费对专利行为的影响有限。

7.2　专利申请费制度对专利行为的影响及其影响程度

7.2.1　专利申请费制度对专利行为的影响

除对专利申请行为、专利审查质量、专利质量和技术创新水平等方面可以产生不同程度的影响外，专利申请费制度对专利行为的影响主要体现在以下两个方面。

（1）降低或者提高专利申请费可以减少或者增加专利申请人的成本，对专利行为产生直接影响。Eaton 等（2004）研究发现，过去 100 多年来，欧洲专利增长量的 60%归因于在欧洲专利局申请专利总成本的降低。Marco 等运用专利授权过程积压（congestion）模型研究了最优申请费的问题后认为，应该采取较低的专利申请费制度，因为申请人很难知道专利技术的商业价值，无法解释专利申请积压的外部性（the congestion externality），从而增加了专利申请的成本；同时他们认为应该考虑提交专利申请的直接成本和排队等待的间接成本，降低专利申请费可以抵消这种排队造成的延误成本。提高专利申请费的直接影响是阻碍申请人提交专利申请；其间接影响是专利申请减少、授权预期时间减少、授权专利的现有价值相对增加。对在有效专利方面具有优势的企业来说，提高申请费的好处比降低积压成本的好处更多[1]。Hunt（2006）通过考虑激励研发投资和申请专利两个方面的模型发现，降低专利申请费，减少专利授权成本可以减少相应的研发投资，从而促进技术创新，所以降低专利申请费可以影响专利申请行为，提升创新水平。另外，Eaton 和 Kortum（1996）研究发现，包括代理人费和翻译费的专利申请成本对专利申请活动具有负面影响。一种较为极端的观点认为，如果申请专利时，基于申请专利的发明没有潜在的市场，较低专利申请费，甚至不收专利申请费，对专利申请人利益而言是最优的。当然，这种观点过于极端，显然不太合理。

（2）不同国家专利申请费标准的差异导致不同国家居民专利申请的偏好。Pavitt（1985）研究发现，日本本地居民在日本获得授权的专利数量比美国居民在美国获得授权的专利数量增加速度更快，这可能是因为日本专利申请成本较低、研发产出高。Mansfield（1986）认为，与欧洲相比，美国的实际专利申请费较低，每件专利申请的相对市场较小，所以美国专利申请成本相对较低。Potterie 和 Francois（2009）认为，美国、日本和欧洲授权专利的人均每项权利要求成本（3C-index）与这些专利申请的权利要求数呈现的负向关系说明，专利收费制度有助于理解不同国家专利申请行为的差异。

7.2.2　专利申请费制度对专利行为的影响程度

专利申请费标准对专利行为的影响程度（即弹性系数）是反映专利制度绩效的重要指标之一。关于专利申请费对专利申请行为影响程度的研究成果主要集中在两个方面。

（1）个别国家专利申请费对专利申请行为影响程度的研究。其中对美国和英国专利申请费对专利申请行为的影响程度研究相对较多。①Adams 等（1997）提出专利收费影响系数的计量依据，并通过分析美国 1959～1991 年度专利申请数和专利申请费的数据发现，专利申请费短期弹性为-0.12，但没有发现专利申请费的长期重要影响。②Landes 和 Posner（2004）在控制企业规模对专利申请费影响权重的条件下，通过美国 1960～2001 年专利申请数量和专利申请费相关数据实证分析发现，专利申请费的价格弹性非常低（-0.03）。③Wilson（2008）运用美国 1970～2006 年的专利申请和专利申请费的数据研究发现，专利申请费的价格弹性为-0.10。④Bernstein 和 Griffin（2006）以及 Dalhuisen 等（2003）研究认为，美国专利申请费对专利行为的价格弹性范围与住宅用电和天然气或者居民用水的价格弹性范围相似。换句话说，专利对于 R&D 就像能源和水是人类的基本需要一样。所以，大多数国家专利局采用的专利申请费宽松政策对自 20 世纪 90 年代中期以来出现的专利申请数量大幅增加具有重要影响（Rassenfoss、Potterie，2010）。MacLeod 等（2003）和 Nicholas（2010）分别考察了 1883 年英国专利法修改前后申请费标准变化对专利授权量的影响发现，专利申请费的价格弹性为-0.66。可见，美国和英国专利申请费的价格弹性均为负数，而且差距相对较大，而且美国不同时期专利申请费的价格弹性也存在一定差异。

（2）不同国家专利申请费对专利申请行为影响程度的比较研究。①Rassenfosse 和 Potterie（2000；2009；2007）通过传统专利生产函数控制其他因素（如专利制度的强度、研发产率或者生产商 R&D 产出等）分析主要国家专利申请费的影响程度发现，专利收费数额

---

[1] AC Marco, JE Prieger. Congestion Pricing for Patent Applications [R]. https://www.researchgate.net/publication/228172118 Congestion Pricing for Patent Applications. [2019-05-17].

对专利申请量有负向影响，其价格弹性大约为-0.50，意味着专利收费每增加 10%将导致专利申请总量减少约 5%。②Rassenfosse 和 Potterie(2010)对欧洲、日本和美国授权专利的绝对申请费用和相对申请费用的比较发现，专利需求的价格弹性约为-0.40，其上限和下限估计分别为-0.60 和-0.15。③Rassenfosse 和 Potterie(2010)运用美国、日本和欧洲三大专利局动态面板数据模型评估了专利申请的价格弹性，得到的结论是长期弹性波动约为-0.30，短期弹性为-0.12~-0.06。

可见，主要发达国家或地区专利申请费对专利行为的影响程度比较接近。不过值得一提的是，根据不同国家数据比较评估专利申请费的价格弹性很难得到比较客观的结论，因为不同国家专利收费的结构存在很大差别。每个国家专利局具有其特殊的授权要求，其专利收费标准也有所不同，费用缴纳时间的选择也存在差异。采用将申请费总额作为单一指标的计算方法，通过每个专利局代表性专利计算的结果表明，其特征是权利要求数、申请文件页数不同，则缴纳的专利申请费也不同。

7.3 专利维持年费制度对专利行为的影响及其程度

在产业标准化过程中，企业面临着先于竞争对手，还是迟于竞争对手做出战略决策以便降低产品发展不确定性的问题(Kim et al.，2016)。在专利技术越来越重要的背景下，企业需要基于成本考虑是否以不缴纳专利维持年费的方式放弃一些专利。企业因为专利申请策略，专利收费数额也会有所区别，如延迟答复，改变权利要求数、申请文件长度，或者提升申请文件撰写质量(Stevnsborg、Potterie，2007)。这些行为都会在一定程度上影响专利收费的总额(Rassenfoss、Potterie，2010)。从不同国家专利局对专利维持年费预算及其重要性的认识中可以发现，决策者很少考虑专利权人在专利维持年费方面的利益。这可能是因为他们认为专利维持年费不会对专利行为造成影响或者不会有较大影响。这种直觉被美国参议院专利专门委员会主席 McClellan 在 1964 年讨论专利局费用法案时引用(Cohen，1972)。

7.3.1 专利维持年费制度对专利行为的影响

通过分析企业是否决定更新或者继续生产专利产品的行为分析专利质量是一个比较好的方法(Wu et al.，2016)。企业是否继续申请专利或者继续缴纳专利维持年费维持专利有效是反映企业更新或者继续生产专利产品的重要指标。企业是否维持专利有效，除了受到专利收益的影响，同时也受到专利维持年费的影响。学者们对不同国家专利维持年费的研究成果相对较少，其中最早关于专利维持年费的研究是描述性研究(Helfgott，1993)。Federico(1954)研究了美国曾经作为不要求缴纳专利维持年费的国家考虑对授权专利制定在固定时间段内收取专利维持年费的制度过程，并认为专利维持年费的主要目的是通过增加收入弥补专利局管理成本；专利维持年费低于专利申请费，不利于鼓励专利申请，因为专利权人比专利申请人更有能力缴纳费用，专利授权后权利人应该负担更多专利成本。Gans 等研究发现，专利收费的最优结构是专利申请费尽可能低(理想状况为 0)，在鼓励发明的前提下，专利维持年费尽可能高，以便鼓励发明创造，使得发明人很愿意去从事创新活动。较低的专利申请费可以确保具有较高市场潜力的发明不会被放弃专利申请,寻求法律保护的可能性。从社会角度来看,较高的专利维持年费可以避免专利维持过长的时间。较低水平的专利维持年费政策一般可以被视为对创新行为的激励,较高水平的专利维持年费政策不利于激励创新行为。但是这种较低或者较高的年费政策水平必须有一个合理的变化区间,否则会导致相反的结果。因此,专利维持年费政策决策者应该意识到,通过调整专利维持年费政策可以在一定程度上促进技术创新(Potterie、Rassenfosse,2013)。

专利维持时间体现专利技术的市场价值变现能力与垄断控制力(毛昊、尹志锋,2016),它在一定程度上反映了专利的质量(朱雪忠等,2009),所以专利维持时间的长短成为评价专利质量的重要指标之一(张古鹏等,2011)。有效专利数量、专利竞争力和专利维持时间对创新主体的经济绩效非常重要(Maresch et al.,2016)。专利维持时间的研究视角因其合理的理论基础和较好的数据可得性为研究专利价值或质量提供了新的方向(宋爽、陈向东,2016)。不过,专利维持时间与专利质量存在非常密切关系的前提是必须考虑专利维持年费标准的一致。很多学者基于专利维持时间研究专利质量时忽略了专利维持年费的重要作用。专利维持年费是专利收费的重要组成部分,它是构成专利保护总成本的重要组成部分,对专利行为,尤其是专利维持时间具有重要影响。

7.3.2 专利维持年费制度对专利行为的影响程度

专利维持年费制度对专利行为具有较为重要的影响,这种观点相对容易被接受,但是这种影响的程度或者水平如何,值得进一步研究。有研究成果通过专利生产函数分析专利维持年费制度对专利维持时间的影响,但是多数研究成果只考虑专利维持成本,并没有评估专利维持年费的价格弹性系数。如 Sanyal(2003)研究发现,专利维持年费制度会对专利行为造成影响,但是该研究没有涉及影响程度。Deng(2007)也运用专利维持数据评估专利权价值,但也没有报告专利维持年费制度影响专利维持时间水平的评估结果。

只有少数研究就专利维持年费制度对专利维持时间长短、专利维持率的影响程度进行了不同程度的研究。以下研究成果反映了专利维持年费制度对专利维持行为影响程度。①Harhoff 等(2007)考察了专利维持年费制度对专利维持行为影响程度问题,并认为欧洲专利维持年费制度使得专利权人对其在相关国家确认的专利至少要维持几年的时间。②Schankerman 和 Pakes(1986)、Danguy 和 Potterie(2010)分别就专利维持年费制度对专利维持率的影响进行了深度调查研究。③Schankerman 和 Pakes(1986)运用专利维持数据获得了专利维持年费制度对专利维持有效时间长短的弹性,并认为专利维持年费增加 1%,专利维持率降低大约 0.02%。④Danguy 等对 15 个欧洲国家、美国和日本的专利维持年费制度对专利总体维持率的影响进行评估后发现,维持年费增加 1000 欧元专利被终止率增加 12%;如果在整个过程中增加维持年费,专利维持率就会降低,意味着整个过程的弹性会机制性增加;专利维持年费对专利维持率的弹性在不同维持时间段的计算结果分别为:维持时间 6 年时影响系数为-0.03,维持时间 10 年时影响系数为-0.08,维持时间 15 年时影响系数为-0.25,维持时间 20 年时影响系数为-0.80;在维持时间为 3 年时,如果专利维持年费平均为 115 欧元,平均维持率为 0.63,专利维持年费增加 100 欧元可导致专利维持率降低大约 0.012(Danguy、Potterie,2010)。由此可见,不同类型专利维持年费的弹性处于一定区间；专利是一项非弹性产品，专利维持年费对专利维持率的影响水平有限。

7.4 欧洲专利特殊收费对专利行为的影响

欧洲专利授权后，需要在相应国家缴纳有效确认费和维持年费。专利有效确认费是欧洲专利制度特有的专利收费制度。确认专利有效需要缴纳确认费和翻译费。确认专利有效费用和专利早期维持费用对申请人的专利行为造成一定程度的影响。这方面的研究成果主要体现在三个方面。首先是 Harhoff 等（2009a）运用经济学引力模型，通过国家大小（人口数量）、财富（人均 GDP）、资本市场距离、确认专利有效费、专利早期维持费（申请之日起前 6 年）、翻译成本量化信息，解释专利申请来源国与确认有效国的有效专利数量关系后发现，影响专利确认有效流量的三个重要因素：①申请国和目标国市场大小和财富多少；②资本市场距离和目标国 EPC 成员国资格时间；③确认专利有效费和专利早期维持费。其中，第三个因素对专利申请人的确认专利有效行为的影响弹性系数约为-0.30。其次是 Harhoff 等（2009b）通过构建模型考察申请者确认专利有效行为，控制专利特征（权利要求数、前引指数和申请人专利组合的大小）与其他市场特征，分析其在特定国家寻求专利保护决定的结果发现，专利有效确认费增加 1%会导致确认有效专利的概率降低 5.3%，而专利早期维持费增加 1%导致有效专利确认概率降低 13.7%。再次是翻译费大幅降低导致在司法管辖区确认有效专利的比例增加。伦敦条约旨在降低 34 个国家专利局中 14 个国家专利局确认专利有效时的翻译要求，此举可以降低专利申请成本 20%～30%，并使得这些国家的专利有效确认率增加 29%（Potterie、Mejer，2010）。

当然，除了专利收费之外的其他因素也可以解释不同国家专利偏好程度的差异。如日本专利申请倾向于申请很多保护范围窄的技术，而美国专利申请更倾向于申请保护范围宽的专利（Kotabe，1992）。另外，审查过程差异程度及其他政策工具也可都会实质性地影响专利行为的偏好（Lemley，2000；Guellec、Potterie，2007）。

7.5 本章研究结论及启示

近年来，中国专利授权量大幅提升，有效专利数量也明显增加。但是跟美国和日本相比，中国有效专利数量仍然处于劣势。根据世界知识产权组织发布的《2016 年知识产权指标》显示：全球有效专利数量从 2008 年的约 720 万件增长到 2015 年的约 1060 万件，其中美国授权的有效专利数量最多（约 264 万件），占全球有效专利的 24.9%；其次是日本（195 万件），占全球有效专利的 18.3%；中国授权的有效专利数量从 2008 年 34 万件增长到 2015 年的 147 万件，占全球有效专利的 13.9%。全球 70 个专利局的报告显示，自申请日起的 6～12 年，有效专利比例在 40%～43%，只有 1/6 的专利可以维持到 20 年法定保护时间届满[①]。专利收费制度不仅通过影响专利行为影响专利申请量和授权量，而且会通过影响专利行为影响有效专利量、专利维持时间以及专利质量或专利价值。

---

① WIPO. World Intellectual Property Indicators 2016[EB/OL]. http://www.wipo.int/edocs/pubdocs/en/wipo_pub_941_2016.pdf. 2016-11-28/[2016-12-26].

　　本章通过文献综述，就专利收费制度对专利行为的影响及其程度进行研究得出如下五点结论：①专利收费制度通过改变专利成本改变专利申请人或专利权人的专利行为，通过改变专利行为影响整个国家的整体专利行为偏好；②调整专利申请费可以通过改变专利成本影响专利申请和专利维持等行为；③专利申请费对专利申请行为形成负向影响，不同国家和同一国家不同时期专利申请费对专利申请行为的影响程度存在差异；④专利维持年费制度对专利申请行为和维持行为都形成负向影响，其影响程度也存在差异；⑤欧洲专利的有效确认费和早期维持费对确认专利有效行为和专利维持行为均产生一定程度的影响。但是从专利收费制度对专利行为的影响系数来看，这些影响是有限度的，不宜过于夸大或缩小。

　　较低的专利收费和较高的专利收费都有依据，决策者追求的专利收费结构的影响因素和社会经济目标决定了采取专利收费制度的类型，专利收费可能的结构取决于该制度的类型(Potterie、Rassenfosse，2013)。基于以上结论，就完善中国专利收费制度，本章得出三点启示：①基于专利收费制度影响专利行为的机理的研究，应该就中国专利收费制度对专利申请人或者权利人的专利行为的影响及其程度进行系统深入研究；②在基于中国专利收费制度对现有经济和科技发展的适应程度的基础上对专利收费制度进行评估和完善；③规范专利收费标准，优化专利收费结构，完善专利收费制度时特别注意专利收费制度对专利行为的影响程度。

第八章 专利维持年费机制研究[①]

尽管相关国际公约和绝大多数国家相关法律都规定了统一的专利法定保护期限,只要专利权人按照规定缴纳维持年费,就可以将专利维持到最长的法定期限。但有不少研究结果显示,大多数专利的维持时间都较短,小于其法定保护时间。Mansfield(1984)通过调查证明,美国一些产业约60%的专利在授权后4年内被终止,绝大多数专利的维持时间远远小于当时规定的法定保护期限17年。该研究成果后来被Levin等研究进一步证实。Pakes(1986a)的研究显示,只有7%的法国专利和11%的德国专利维持到法定时间届满。Lanjouw等(1998)通过对德国专利进行更多分类模式的研究表明,只有不到50%的专利维持时间超过10年。Lanjouw等(1998)的调查显示,不同技术领域和不同国家专利的维持时间在10年以上的不超过50%。Schankerman(1998)对法国专利维持状况的研究结论,也证实了这一点。国内学者朱雪忠等(2009)对我国国家知识产权局在1994年授权的3838件发明专利研究发现,截至2007年4月30日这些发明专利中继续有效的只有875件,占授权发明专利总数的22.8%。本书认为,产生这种现象的重要原因是专利维持年费机制。现有研究没有对专利维持年费机制的理论和实践给予足够的重视,致使其不够完善,从而导致专利制度促进技术创新的作用受到不同程度限制。本章拟通过研究专利维持年费机制的内涵及发展、专利维持年费机制与现代专利制度、专利维持年费机制的运行机理及其作用,提出完善专利维持年费机制的建议。

8.1 专利维持年费机制的内涵及发展

专利维持年费机制是专利维持制度的核心制度,也是各国现行专利制度中不可或缺的激励技术创新的重要机制之一。分析专利维持年费机制的内涵和发展过程,对研究专利维持年费机制的运行机理和作用,完善专利维持年费机制,提高专利制度运行绩效,促进技术创新非常重要。

(1)专利维持年费机制的内涵。专利维持年费是指为了维持专利继续有效而依据专利法规定向专利行政机构定期缴纳的费用。不同国家或者地区的专利法对缴纳费用数额和缴纳方式的规定有所不同,很多国家专利法规定专利维持年费是以年为单位缴纳的,所以通常将其称为专利维持年费或者年费。专利维持年费机制是规范专利维持年费的数额、缴纳模式、缴纳时间以及不缴纳带来的后果等行为的规则,是专利维持制度的核心机制。

(2)专利维持年费机制的发展。最早的专利维持年费机制并不是与专利制度同时形成的,而是在专利制度产生后很长时间才设置的;或者说,专利维持年费机制是现代专利制度的产物。例如,德国和法国等一些欧洲国家的专利维持年费制度是在20世纪50年代设

---

① 本章部分内容曾发表于《科学学研究》2011年第9期,作者乔永忠。

置的，而美国专利维持年费制度是在 20 世纪 80 年代才开始设置的 (Griliches, 1990)。不过，新中国专利制度建立于 20 世纪 80 年代，其专利维持年费制度与专利制度同时建立。目前，绝大多数国家都规定要维持授权专利继续有效，就必须依据规定缴纳相应的专利维持年费。这一规定不仅可以为国家增加一定的财政收入，也可以促使部分权利人在适当的时候放弃专利，使得一些技术进入公有领域，促进技术创新。另外，一些国家或者地区甚至在专利授权之前要收取一定数量的专利申请维持费。个别国家曾尝试取消这种收取专利维持年费的做法，但是不久就又恢复了收费制度①。可以想象，专利维持年费机制产生之前，专利权人持有专利垄断权的时间仅受到专利法定保护期的限制。而专利维持年费机制产生之后，专利权人持有专利垄断权的时间，首先受到是否缴纳专利维持年费的制约，其次受到专利法定保护期的限制。专利法定保护期的作用比建立专利维持年费机制的专利法定保护期的作用大得多，因为专利维持年费机制使得很多专利维持不到其法定保护期届满，即专利法定保护期的作用仅适用于很少的部分专利。

　　因此，本章认为，可以依据专利维持年费机制的有无，将专利制度发展划分为两个阶段：无专利维持年费机制的专利制度阶段和有专利维持年费机制的专利制度阶段(本书将后者称为现代专利制度阶段)。在无专利维持年费机制的专利制度阶段，专利权人不需要缴纳专利维持年费，维持专利的成本很低，绝大多数专利会维持到法定期届满，专利权人的个体利益得到很高程度的保护。在有专利维持年费机制的专利制度阶段，因为专利权人要想维持专利继续有效，就得不断地缴纳专利维持年费，而且维持费的数额随着维持时间的延长不断增加，增加了专利权人的维持成本，使得很多专利都维持不到法定保护期届满，就进入公有领域，其有利于促进技术创新，增加社会公众利益。因此，专利维持年费机制的设置标志着专利制度宗旨从保护专利权人个体利益到保护专利权人利益和社会公众利益并重的飞跃，并使得专利制度促进技术创新的作用得到质的提升。

8.2　专利维持年费机制与现代专利制度

　　(1)专利维持年费机制在现代专利制度中的重要性。专利维持年费机制的实质性目的是促使专利权人在获得合理收益条件下放弃其专利，增加公共利益，同时补偿专利制度的管理成本。所以，专利权人在运用成本收益平衡原则决定是否维持专利或维持多长时间时，考虑的最重要的成本就是专利维持年费的多少。专利维持年费机制使得相当一部分专利技术及早进入公有领域，很大程度上加速了后续的发明创造，促进了整个社会的技术创新。可见，专利维持年费机制可以通过改变专利维持成本，影响专利维持时间，协调专利权人的个体利益和社会公众利益的平衡，加快了专利制度目标的实现。专利维持年费机制对现代专利制度的正常运行发挥着不可替代的作用。

　　(2)专利维持年费机制对专利制度运行绩效的影响。专利维持年费机制在以下方面影响专利制度的运行绩效。首先，高效的专利维持年费机制是专利制度实现促进技术创新目的的重要保证。政府机构通过优化专利维持年费机制，调动专利权人积极性，适时维持或

---

① Patent renewal-patent renewal is a global principle[DB/OL]. http://www.new-inventions-success.com/Patent-Renewal.html [2010-01-24].

终止专利，从而提高研发活动的效率。创新主体利用现有的专利维持机制，选择有利于其自身利益和社会利益最大化的专利维持时间。在激励理论和个体理性的作用下，有效专利维持年费机制可以通过调整专利维持率和维持时间提高专利制度绩效。同时，该制度也成为平衡激励个体创新和因垄断引起社会净损失增加的重要政策工具。其次，专利维持年费机制通过调整授权专利的维持数量，优化资源配置，提高专利制度运行绩效。通过观察不同专利族的维持比例、参考专利维持年费结构，将会发现被维持专利的价值分布信息及其专利寿命的分布函数。参考不同阶段缴纳专利维持年费的数额，考察不同阶段专利维持的比例，将会发现包含相关专利的价值分布以及这种分布对专利寿命跨度的影响。因此，从专利维持行为和专利维持年费结构角度构建评价专利有效期间不同阶段的专利收益模型成为可能。根据专利维持年费机制，专利是否维持的可能性与专利维持年费数额呈现一定程度的负相关关系。再次，通过调整专利维持年费机制可以提高专利的整体质量，降低专利行政成本。在相同的专利维持年费的数额和结构条件下，专利维持届满率与专利的整体质量成正比。在特定情况下，调整专利维持年费机制，如专利维持年费（前端收费）数额的增加可以在一定程度上过滤掉一些质量过低的专利，而且专利维持年费的增加可以通过终结低质量专利寿命的方式促进创新技术的传播，增加相应的公众利益。最后，专利维持年费机制可以在一定程度上促进专利的实施。专利维持年费机制实质上是增加了专利维持成本，依据成本收益平衡原理，为了使专利继续得到维持，且不会使专利权人利益受损，专利权人就会设法增加专利收益，从而强化了专利权人实施专利的动机。也就是说，专利维持年费机制通过增加专利维持成本，在一定程度上促进专利实施，从而提高专利制度运行绩效。总之，专利维持年费的数额及其结构将直接影响专利维持率和维持时间，从而影响专利制度的运行绩效。

8.3 专利维持年费机制的运行机理

专利制度是以专利权人公开其发明技术方案为成本，换取一定时间的垄断权，从而激励产生更多的创新成果的机制。专利维持年费机制是通过专利权人缴纳一定数额的专利维持年费，换取授权专利继续有效，从而获得更多收益的机制。如果专利权人对其研发产出及专利成本和收益拥有较为完整的信息，则可根据专利维持年费的数额和结构确定将专利继续维持，还是不再缴纳专利维持年费而将专利终止(Cornelli、Schankerman，1999)。该机制是处理一个次优平衡的机制，即平衡促进个体创新的激励作用与因专利权人垄断地位而引起社会净损失降低作用的重要政策工具。

(1)专利维持年费机制的一般运行机理。相关国际公约和绝大多数国家的专利法都规定，为了维持授权专利继续有效，专利权人必须缴纳一定数量的专利维持年费。如果没有按照要求在限定时间内缴纳规定数量的专利维持年费，相关专利将因未缴专利维持年费而被终止。假定专利权人是根据经济标准来确定专利是否维持，那么他就会在该专利收益①大于其成本时维持该专利；反之，会放弃该专利。对专利权人而言，依据规定缴纳维持年费

---

① 专利权人从其持有的专利中获得的收益只是专利收益的小部分。

至少可以获得两种好处：一是缴纳维持年费近期可从专利中获得现值收益；二是专利继续有效，为以后缴纳维持年费准备条件，从而获得更多的预期收益。专利权人缴纳专利费的理想条件是，专利现值收益和预期收益之和大于维持专利的成本(主要指专利维持年费)。在维持年费数额不变的情况下，专利权人评估预期净收益价值取决于现值收益和从现有信息获知的未来预期收益两个因素。对专利权人来说，最优的后续政策在于专利维持(或者终止)的最优规则，即决定专利权人在每个阶段是否缴纳专利维持年费维持专利的规则，或者说专利权人要最大化其是否维持专利的决定中获得净收益的规则。在现有专利制度的框架下，调整专利维持年费的数额和结构是专利局通过调整专利维持成本，协调专利保护效果的有效选择之一(Scotchmer，1999)。

(2)专利维持年费机制中专利收益与成本的特点。因为专利的收益往往是预期收益，存在较多的不确定性，所以专利权人经常会面临是否缴纳确定的专利维持年费，维持专利在下一年度中继续有效的问题。如果专利维持年费没有按照规定缴纳，专利权将可能永久性被终止[1]。如果按照规定缴纳专利维持年费，且专利的维持时间小于法定保护期限，专利权人在下一年度中继续将面临类似的问题[2]。如果专利维持时间已经等于专利法定保护期限，专利权人将不存在类似的问题。从专利中获得的收益具有不确定性的一种特殊情况需要注意，即在专利获得授权初期，专利权人会积极探索最大化其专利收益的途径。这种途径存在一种积极的可能性，即专利权人将寻找比现阶段获得更多收益。这种可能性将引导专利权人缴纳目前的专利维持年费，即使目前专利获得的收益小于专利维持成本。不过，专利权人对其拥有专利的相关收益信息很难全面掌握，尽管随机收益是一种内在的财产价值，但每年缴纳的维持费成为一种执行价格，所以专利维持实质上是类似于经营一种实物期权。可见，专利收益的不确定性与专利成本(主要是维持年费)的确定性的平衡作用是推进专利维持机制正常运行的核心。

(3)政府在专利维持年费机制中的地位。专利制度作为一种政策工具，虽然作为法律制度(如专利法)需要相关立法机构最终通过，但是像《专利法实施细则》《专利审查指南》"专利维持年费标准"等政策或规则的主导者或者制定主体多数情况下是政府机构。政府机构对授权专利的成本和收益并不是很了解，而专利权人对其研发产生的成本与收益拥有较为完整的信息，所以政府机构解决这个问题时，面临信息不对称的问题(Wright，1983)。不过，政府可以利用专利维持年费机制，促使专利权人通过缴纳专利维持年费多少的行为来显示其从单个专利中获得收益的大小，进而反映专利的相关信息。

(4)专利维持年费标准的差异性。专利维持年费机制与特定时期的法律和经济制度及其现实条件的适应程度，将直接影响专利制度对技术创新和社会经济发展的促进作用(Cornelli、Schankerman，1996；Schankerman，2008)。不同国家或地区专利局根据其法律和经济发展的实际情况，制定了不同的专利维持年费标准。对相关专利政策制定

---

[1] 多数国家的专利法或者实施细则对缴纳专利维持年费规定一定期限的宽限期，例如我国现行《专利法实施细则》规定：专利权人未缴纳或者未缴足的，国务院专利行政部门应当通知专利权人自应当缴纳年费期满之日起6个月内补缴，同时缴纳滞纳金；滞纳金的金额按照每超过规定的缴费时间1个月，加收当年全额年费的5%计算；期满未缴纳的，专利权自应当缴纳年费期满之日起终止。

[2] 美国专利维持年费制度除外，因为美国专利维持年费是每4年缴纳一次。

者和专利权人而言，这些制度都会产生不同的作用。对政策制定者而言，如何根据各国或者地区的技术创新水平和经济发展情况，制定相应的专利维持年费标准，是他们关注的主要问题；对持有不同国家或地区的专利的专利权人而言，掌握这些标准从而决定其是否维持专利、维持多长时间等，是其考虑的关键问题。如果他们发现专利的商业价值降低或者不具有商业价值，以至于低于其维持专利成本时，就可能及时通过不缴纳专利维持年费而终止其专利。总之，专利维持年费的数额和结构将在不同国家或地区，甚至同一国家或地区的不同发展阶段存在一定差异。

8.4 专利维持年费机制的作用

专利维持年费机制可以通过优化专利维持时间，影响后续发明创造的产出率，提升社会福利，鼓励更多的高水平研究者进行研发活动。从专利制度设置的目的来看，合理的专利维持年费机制是其促进技术创新的必然要求。通过设置有效的专利维持年费制度可以协调不同类型创新主体调整专利的有效维持时间，提高专利制度的运行绩效，从而增进社会福利。

(1)区分创新主体的研发效度差异。完善专利维持年费机制有利于区分创新主体研发效度和产出差异。以企业为例，优化专利维持时间的依据主要取决于企业的研发效度(研发产品质量的提高或者成本的降低)、不同企业研发产出率的差异度和专利权人利用研发产出潜在利润的能力等经济条件。这些特征在不同的行业中表现不同，即使相同行业的不同企业的研发产出也有不同。根据不同企业具有不同研发产出的特征，可以利用专利维持年费机制调整不同企业专利维持时间的长短，从而促进技术创新。其理由是，任何过度提倡增加专利维持时间的做法将为技术创新水平较低、替代技术出现周期短的发明提供过多的保护；无视专利维持时间过短的事实对技术创新水平高、替代技术出现周期长的发明的鼓励作用不足。对前者而言，社会需要付出更多的成本；而对于后者，对发明不能给予充分的保护，阻碍技术创新，减少了社会福利，降低了专利制度的运行绩效。通过优化专利维持年费机制可以在很大程度上解决这个问题。

(2)克服政府信息不对称缺陷。完善专利维持年费机制可以有效解决政府无法获得创新主体的研发信息的难题。政府可以根据创新主体的研发产出参数调节专利最佳的维持时间，从而促进技术创新。但是政府一般难以准确掌握创新主体的研发产出参数。不过，政府可以通过调整专利维持年费机制来影响专利维持时间。也就是说，政府利用专利维持年费机制调节专利申请人或者专利权人是否申请专利，申请什么类型的专利，或者是否维持专利、维持多长时间等。政府优化专利维持收费制度后，创新主体综合专利维持年费数额及其他因素做出是否维持专利、维持多长时间的决定。如果创新主体对其发明的营利性不能确定，即使在合理的专利维持年费制度下，是否维持专利的决定也很难做出。但是，如果专利技术有较为明确的预期收益，专利维持年费机制将是一个较好的调节机制。

(3)提高创新主体的专利维持效率。完善专利维持年费机制有利于提高创新主体的专利维持效率。创新主体的差异性和专利技术实施效果的不确定性在决定专利维持年费机制中非常重要。高效的专利维持效率需要透明的研发过程和完整的专利维持信息做支撑。一般情况下，政府确定专利维持年费的数额和结构在先，创新主体选择最优的专利维持时间在后。企业根据现有的专利维持年费数额和结构决定其是否维持专利、维持多长时间。合理的专利维持年费机制将引导创新主体有效地布局专利维持时间，节约成本，提高效率。

综上所述，政府能够，而且应该完善专利维持年费机制，特别是优化专利维持年费数额和结构；并将其作为一种战略手段，调整专利维持时间的合理长度，促进技术创新，促进社会福利最大化。

8.5 完善我国专利维持年费机制的建议

专利维持年费的支出潜在地平衡了专利维持成本和收益的关系。调整专利维持年费数额和结构是优化专利维持状况、完善专利维持制度、提高专利制度绩效的有效措施之一。可见，专利维持年费机制是专利维持制度有效促进技术创新的关键环节。本章建议从以下三方面完善专利维持年费机制。

(1)重视专利维持年费机制在专利维持制度中的作用。完善专利维持年费机制，调整专利维持成本，影响专利维持时间，从而平衡专利权人和社会公共利益的分配，对实现现代专利制度的目的非常重要。根据本书作者收集的资料，现有研究成果中，关于专利维持年费机制的研究，国外研究较少，且仅限于个别学者；国内研究这一问题的学者更少。关于专利维持年费机制的实践，美、日、欧专利局及我国知识产权局所采用的模式区别较大，实施效果也存在较大不同，这种情况值得关注。因此，建议相关机构要从各自职权范围内重视专利维持年费机制在专利制度中的作用，为完善专利维持年费机制奠定基础。

(2)深入研究专利维持年费机制的作用机理。根据我国技术创新程度和社会经济发展的实际，研究现有专利维持年费数额和结构的合理性，对完善专利维持年费机制非常重要。深入研究专利维持年费机制的作用机理，查清其发挥作用的条件和环境，准确利用专利维持年费机制，对提高专利制度运行绩效具有重要意义。其中，理清专利维持年费的数额和机构的改变程度对专利维持时间的影响幅度，以及专利维持时间对专利制度绩效的影响大小，是一个非常重要的课题。因此，建议学者深入研究不同国家或者地区的专利维持年费数额和结构的实施效果；并建议根据我国实际，完善其专利维持年费的数额和结构，优化其对专利制度的积极作用。

(3)完善专利维持年费机制的运行环境。专利局自负盈亏的财政制度和政府资助专利活动的制度在一定程度上影响了专利维持年费机制的正常运行。首先，专利局自负盈亏的财政制度削弱了专利维持年费机制作用。当专利局实行自负盈亏财政制度时，专利维持年费机制有可能诱导专利局利用专利维持年费机制为其谋取一定的利益。令人担忧的是，目前世界主要专利局多数采用自负盈亏的财政制度，这可能为专利维持年费机制作用的正常发挥带来障碍。换句话说，专利局自负盈亏的财政制度可能会背离专利维持年费机制本来的调整合理专利维持时间、提高专利制度绩效、促进技术创新的初衷。其次，政府资助申请和维持专利的政策在一定程度上减弱了专利维持年费机制的作用。创新主体是否维持特定专利，维持多长时间，是其在专利维持年费机制的作用下，依据成本收益平衡原则做出的市场行为，本不该是政府的管辖范围。但是各国政府在特定的时间段，出于扶持某些特殊创新主体的需要，制定一些政府资助某些专利行为的政策是可以理解的，也是比较常见的。不过，制定这种政府资助政策时，一定要考虑其对专利维持年费机制的负面影响作用。所以，建议决策者在制定专利局财政制度和政府资助专利活动时，特别注意其对专利维持年费机制的负面影响。

第九章　促进我国创新可持续发展的专利维持年费相关制度实证研究[①]

9.1　引言

《国家知识产权战略纲要》实施以来，中国专利数量和质量，尤其是有效专利数量都有了较大幅度的提高。截至 2016 年 12 月 31 日，中国授权的有效专利数为 1772203 件，其中国内创新主体拥有有效专利数 1158203 件，占有效专利总量的 65.4%；国外创新主体拥有有效专利数 614000 件，占有效专利总量的 34.6%[②]；中国国内每万人口专利拥有量达到 8.0 件[③]。全球有效专利数量从 2008 年的约 720 万件增长到 2015 年的约 1060 万件，其中中国授权的有效专利数量从 2008 年 34 万件增长到 2015 年的 147 万件[④]。根据这些数据可以发现，中国授权的有效专利，尤其是国内创新主体拥有的有效专利数量大幅增加。同时，国务院发布的《"十三五"国家知识产权保护和运用规划》提出，到 2020 年，中国国内每万人口发明专利拥有量达到 12 件[⑤]。这说明未来一段时间内中国有效专利数量将仍然较大幅度增长。有效专利数量和专利维持时间对创新主体的经济绩效非常重要（Maresch et al.，2016）。同时，宋河发等（2014）研究显示，2011～2012 年，中国专利质量呈提升趋势，撰写质量、经济质量均有提高。专利质量的提升可能会使得专利维持时间段延长。张古鹏和陈向东（2013）研究认为，中外专利申请人在中国获得授权的专利质量存在较大差距。Philipp 和 Elisabeth（2016）认为，中国专利数量的扩张以专利质量的下降为代价，中美技术创新能力依然较大。可见，虽然学者对中国专利质量是否提升还存在不同观点，但是中国有效专利数大幅增加，技术创新能力显著提高确实是事实。但是现实中，作为中国创新主体的中坚力量、拥有大量有效专利的创新型企业却因为专利维持年费负担问题，对现行专利维持年费制度提出了意见。在中国创新主体专利收益率不高、专利运用能力较低、专利维持年费较高、有效专利数量增加和专利维持时间延长的背景下，如何使得有效专利数量继续增加，技术创新能力可持续发展，成为一个迫在眉睫的问题。为此，本章拟在分析专利维持年费制度理论基础上，根据对国内 204 个创新主体就专利维持年费相关制度问题的调查结果分析，提出改革中国专利维持年费制度的建议。

[①] 本章部分内容曾发表于《科学学研究》2018 年第 2 期，作者乔永忠。
[②] 中华人民共和国国家知识产权局:专利统计年报 2016[EB/OL]. http://www.sipo.gov.cn/docs/20180226104343714200.pdf.
[2019-05-17].
[③] 国家知识产权局. 2016 年我国国内发明专利拥有量突破 100 万件[EB/OL]. http://www.xinhuanet.com//politics/2017-01/19/c_
1120347802.htm.[2019-05-17].
[④] World Intellectual Property Indicators 2016[EB/OL]. https://www.wipo.int/publications/en/details.jsp?id=4138.[2019-05-17].
[⑤] 国务院. "十三五"国家知识产权保护和运用规划[EB/OL]. http://www.gov.cn/zhengce/content/2017-01/13/content 5159483.
htm.[2019-05-17].

9.2 有效专利数量增加背景下创新主体面临的新困难：专利维持年费负担

在中国有效专利数量大幅增加，创新能力迅速提升的同时，拥有大量有效专利的创新主体却因为有效专利数量增加和专利维持时间延长导致的专利维持年费大幅增长而产生了较为严重的经济负担问题。有数据显示，2011～2015 年，华为技术有限公司在中国的专利维持年费从两千多万元上升至六七千万元，各年增长率分别为40.4%、35.3%、21.1%和20.3%；中兴通讯股份有限公司专利维持年费占当年专利费用支出的60%以上；TCL 集团股份有限公司 2011～2015 年专利维持年费负担增长率分别为 34.0%、42.9%、34.7% 和 40.2%；另有国内某知名公司2011～2015 年专利维持年费增长率分别为 600%、433.3%、325.4%和360.3%(李雪，2016)。国内创新主体拥有有效专利的数量和专利维持年费经济负担成正比例，其比例系数就是专利维持年费的数量。如果专利维持年费制度问题解决不好，中国技术创新能力很难得到可持续发展。反之，如果改革和优化现有专利维持年费制度将对中国技术创新能力的提升从源头上增加动力。

事实上，自建设知识产权强国以来，我国国务院等相关机构已经开始重视创新主体的经济负担问题，并出台了一系列措施减轻创新主体的专利收费负担。如国务院于 2015 年12 月 18 日发布的《国务院关于新形势下加快知识产权强国建设的若干意见(国发〔2015〕71 号)》和国务院办公厅于 2016 年 7 月 8 日发布的《国务院办公厅印发<国务院关于新形势下加快知识产权强国建设的若干意见>重点任务分工方案的通知(国办函〔2016〕66 号)》中均指出："制定专利收费减缴办法，合理降低专利申请和维持年费用"。国家知识产权局发布的《关于专利维持年费减缴期限延长至授予专利权当年起前六年的通知》指出："自2016 年 1 月 1 日起，延长专利维持年费减缴时限，对符合《专利费用减缓办法》规定且经专利局批准减缓专利维持年费的，由现行的授予专利权当年起前三年延长为前六年"。同时，中华人民共和国财政部和国家发展和改革委员会共同颁布的、自 2016 年 9 月 1 日实施的《专利收费减缴办法》对我国专利收费减缴办法进行了进一步规范。上述文件都涉及了专利收费问题，但是这些文件仅涉及对专利收费，尤其是专利维持年费制度中特殊类型主体的费用减缓问题，对专利维持年费的基本制度并没有实质性的触及，支撑中国社会经济发展的、拥有大量有效专利的主要创新主体的经济负担并没有得到关注。要解决中国创新主体的"中坚力量"因为有效专利数量增长和质量提高而引起的创新主体的经济负担问题，就必须系统深入研究专利维持年费制度基本理论，较为准确地掌握专利权人对中国专利维持年费负担的真实情况及其对专利维持年费制度的感受，促进创新驱动发展战略和知识产权强国战略的实施。

9.3 有效专利数量增加背景下创新可持续发展的制度保障：专利维持年费制度

专利长度和宽度是最优专利制度研究的理论起点(毛昊，2016)。专利制度理论研究曾经集中在专利保护的最优长度、最优宽度(或者是这两个维度的最优组合)。在专利保护宽度方面，典型的研究成果有：Klemperer(1990)考察了专利保护的最优范围；刘小鲁(2011)认为，专利宽度不仅能够影响后续创新对初始专利技术的侵权率，还可以改变现有专利数量；董亮等(2013)认为，最优专利宽度随市场研发效率的变化而改变。在专利长度和宽度组合研究方面，典型的研究成果有：Gilbert和Shapiro(1990)研究了专利长度和宽度的最优组合；Scotchmer(1991)重点研究了专利保护范围对集群创新的影响；江旭等(2003)认为，宽短或狭长的专利保护都可能是最优专利制度；李敏(2009)认为，专利宽度和长度都不是无限的或者是固定的。在专利最优长度方面，比较典型的研究成果有：Gallini(1992)根据模拟成本分析了专利的最优长度；潘士远对技能密集型产业专利和劳动力密集型产业专利的最优宽度及其影响因素研究后发现，两类专利的最优宽度都是有限的(潘士远，2008)，并认为有限的专利长度是最优的(潘士远，2005)；陶长琪和齐亚伟(2011)认为专利制度既可能刺激也有可能抑制创新信息的披露，设置较长时间的专利保护期限有利于创新信息的披露；董雪兵和王争(2007)认为根据产业特征尤其是创新效率高低，应该设定不同的专利保护期限。另外，王桂强(2004)认为，专利最优保护期限的确定应该充分发挥经济因素在专利技术市场中的积极作用。现实的法律规定中，虽然绝大多数国家或者地区现有专利法都规定了专利法定保护时间为20年，但是绝大多数专利未能达到法定保护期。中国国家知识产权局规划发展司发布的《中国有效专利年度报告(2014)》显示：中国授权专利的平均维持时间为6年，维持时间5年以上的占49.2%，维持时间超过10年的只有7.6%；其中，国内居民拥有的失效专利占失效总量的94.6%，未缴年费终止的占51.7%，届满终止的仅占1.3%[①]。事实上，专利权人可以依据自己现有专利维持年费制度和所属行业利用成本收益分析在法定保护范围内自行决定的专利持有期限(周英男、王雪冬，2006)。立法机构或者政府可以根据实际需要调整专利维持年费制度优化专利的实际长度。

专利维持年费制度是规范专利维持年费的数额、缴纳模式、缴纳时间以及不缴纳带来后果等行为的规则(乔永忠，2011c)。该制度是由专利局和相关机构制定的、类似于税收杠杆的促进技术创新的一种货币政策工具。它在不抑制创新激励，而且能够降低专利局经济负担的同时，还可以淘汰低价值专利(Baudry、Dumont，2006b)。因为在决策者无法观察到专利技术的社会价值时，专利维持年费制度就成为一种潜在的揭示专利价值的重要工具(Scotchmer，1999)。现有制度中专利局被认为是一个领导者，有权决定专利维持年费的数额。为此，专利局需要考虑专利权人对专利维持年费收费标准的反应程度或者价格弹性，从而判断专利权人是否维持其专利的比例和维持时间长短。当然，专利局无法根据专利权人在专利申请日面临的初期市场大小，进而合理调整专利维持年费的标准，但是专利局的目的是推行专利维持年费制度为最优的统一制度、最小化社会全部损失的专利维持年费标准。同时，专利局企图通过专利制度保持足够的货币激励创新水平。当所有可能的情况都被考虑，且没有在先的初期市场大小信息时，扣除专利维持年费后的专利预期价值反映专利制度对技术创新的货币激励水平。

① 国家知识产权局规划发展司. 中国有效专利年度报告(2014) [EB/OL]. https://www.docin.com/p-1944790297.html. [2019-05-17].

最优专利维持年费是一种可以使得专利社会福利或者社会收益最大化的状态,它可以宽泛地理解为平衡专利社会成本和激励创新的维持年费序列。对社会而言,最优专利维持年费应该产生专利维持最优时间和最优价值。专利维持的最优时间和专利期权价值不但受专利收益价值的影响,而且受系列专利维持年费的影响。专利最优维持年费制度通过影响专利权人相关专利运营行为调整专利维持时间,改变专利期权价值。Cornelli 和 Schankerman(1999)认为,最优的专利价值区分方案应该是专利局提出可供专利权人选择的不同专利维持时间及其与之相对应的维持费用的选项,进而向最优的专利维持年费制度趋近;任何统一专利维持时间的做法都将为低 R&D 生产效率企业提供过多激励,对高 R&D 生产效率的企业提供激励不足;存在专利授权后学习效应时,一揽子缴纳维持费的做法应该进一步改进,因为专利授权后,企业可以通过学习效应进一步了解专利的价值;专利最优维持费必须随着专利维持时间的延长而增加,因为专利权人从专利中获得收益增多,尤其是专利法定保护期届满前专利收益增加速度很快。Scotchmer(1996)研究发现,专利维持年费制度具有一个揭示高质量发明为什么维持时间长的机制;当 R&D 成本为项目价值的凸面函数时,专利维持年费制度是一个最优机制,即当高质量创新的 R&D 成本比低质量创新价值成比例增长时这种制度最优;当成本收益变成不相关时,专利维持年费制度无法达到最优;专利次优维持制度可能运用外在价值约束,通过限制激励创新的货币数量,增加社会成本。Baudry 和 Dumont(2006a)基于最优专利维持年费制度理论对法国、德国和英国的专利维持时间和专利维持年费比较分析发现,在这些国家实施的维持费结构可能是次优的,因为专利最优维持年费制度下产生的维持时间应该比实际观察到的维持时间可能更长。专利最优维持年费是一种理想状态,而且随着专利制度环境的改变不断变化。次优的专利维持年费可能是常态,最优的专利维持年费可能是暂时的。

运用专利维持年费制度提高专利制度促进技术创新的效率,通过变革专利维持年费收费标准确定最优的专利维持年费制度。如果保持专利制度促进技术创新的水平不变,过高的专利维持年费就可能对专利权人造成太多的直接损失,从而导致专利的预期社会成本高于专利预期期权价值或者专利预期收益。通过货币激励手段促进技术创新和传播知识所付出的成本非常大,所以应该考虑专利制度的社会成本,尤其是维持专利决定对技术创新的影响(Baudry、Dumont,2009)。在技术创新促进作用和专利制度社会成本确定的前提下,完善特定时期的专利维持年费收费标准可以更为有效地促进创新的可持续发展。

9.4 参与调查创新主体的类型及其拥有专利数和申请专利国家数

随着有效专利数量大幅增长,再加上专利质量、专利运用和管理能力形成的专利维持时间延长,创新主体,尤其是创新大户负担的专利维持年费迅速增长,其经济负担快速加大,对可持续创新造成一定的障碍。本书对应课题组在《知识产权》杂志社等多家机构的帮助下,针对专利维持年费制度相关问题,对北京市、上海市和广东省等地的华为技术有限公司、中兴通讯股份有限公司和京东方科技集团股份有限公司等二百多家创新主体进行调查,形成小型数据库。因为篇幅有限,本章仅分析部分问题调查结果。表 9-1 反映了本次参与调查创新主体的类型、拥有专利数量区间、申请专利国家或地区情况。本章以下内容分析依据表 9-1 展开。

表 9-1 参与调查创新主体的类型、拥有专利数和申请专利国家数情况

创新主体的类型	小微企业	大中型企业	高等院校	科研院所	个人	机关团体	其他
比例/%	27.9	53.4	3.4	4.4	4.5	0.5	5.9
拥有专利数量区间	100 件及以下	101～500 件		501～1000 件		1001～2000 件	2001 件及以上
比例/%	45.1	25.5		8.8		3.4	17.2
申请专利国家或地区	中国	美国	欧洲专利局	日本	韩国	英国	法国	德国	其他
数量	187	93	88	72	61	36	35	40	32

(1)参与调查创新主体的类型。创新主体的类型不同,乃至同一创新主体类型的规模不同,创新能力和创新目标不同,申请和维持专利的目的不同,对专利维持年费的负担能力存在差异,所以不同类型的创新主体对专利维持年费制度的敏感程度或者价格弹性存在一定差异是正常的。有研究显示,企业规模大小与专利被终止概率呈现负相关关系(Svensson,2008)。本次被调查创新主体的 81.3%集中在企业。其中,大中型企业占总调查对象的 53.4%,小微企业占总调查对象的 27.9%。高等院校、科研院所、个人和机关团体等创新主体比例较少。企业作为创新主力军及其以营利为目的的性质决定了其对专利维持年费制度的敏感程度高于其他类型创新主体。

(2)参与调查创新主体拥有有效专利的数量。专利类型、专利数量和专利维持时间长短是决定创新主体缴纳专利维持年费数量的关键因素,所以拥有不同数量专利的创新主体对专利维持年费的负担能力或者价格弹性必然存在一定差异。本次调查拥有 100 件及以下专利的创新主体占比最高(45.1%),拥有 101～500 件专利的创新主体占比次之(25.5%),拥有 2001 件以上专利的创新主体占比再次之(17.2%),其他区间的创新主体占比相对较少。创新主体就其负担专利维持年费的程度而言具有一定的代表性。

(3)参与调查创新主体申请专利的国家或地区数量。申请专利的国家或地区数量是指创新主体将其发明创造提交专利申请的国家或者地区数量。专利产品的市场规模、创新主体的专利战略及其专利维持年费的负担能力在很大程度上决定了创新主体将其发明创造提交专利申请的国家数量。本章调查结果显示,超过近 30%的创新主体分别向中国、美国、欧盟、日本和韩国五大专利局提交过专利申请,不足 20%的创新主体分别向英国、法国和德国及其他国家专利局提交过专利申请。这说明被调查的创新主体具有较强的专利申请能力和创新能力,它们对专利维持年费具有一定的敏感程度。

9.5 创新主体对专利维持年费及其经济负担的态度和感受

专利授权后的主要成本为专利维持年费和专利侵权调查成本。前者是专利权得到继续保护的前提,而且数量比较稳定;后者是为了防止他人侵犯专利权对专利收益造成损失的必要支出。专利维持的高成本实际上阻止了很多缺少资金的专利权人维持其有价值的专利,同时拒绝了它们做出进一步维持专利有效的选择。很多企业认为,缴纳专利维持年费

的过滤效应过于严格，导致了大量的私人和社会资源的浪费。Macleod 等(2003)认为，因技术商业化或者被后续发明所替代等方面的原因，企业在不恰当的专利维持时间点终止专利；专利维持年费对大多数专利权人而言是难以逾越的障碍。为此，本章对专利成本组成、专利维持年费来源、是否缴纳专利维持年费的意愿以及专利维持年费的经济负担等问题进行调查的结果如表 9-2 所示，且本章后文相关分析以表 9-2 为依据。

表 9-2 专利成本组成、专利维持年费来源、缴纳专利维持年费的意愿
以及专利维持年费的经济负担调查结果

专利成本的重要组成部分是?	专利维持年费	专利申请费	调查专利侵权费	购买专利费	技术研发费	其他
比例/%	29.5	27.8	10.2	7.5	22.8	2.2
专利维持年费来源	主营业务收入	专利许可收益	政府资助或补贴	研发经费		其他
比例/%	51.7	8.2	11.2	26.3		2.6
是否该缴纳专利维持年费的意愿		是		否		
比例/%		82.8		17.2		
专利维持年费的经济负担程度	非常重	几乎难以承受	重，基本可以承受	一般，压力不大		毫无压力
比例/%	19.1	46.1	30.4	3.9		0.5

(1)专利成本组成。专利成本主要是指专利权人在专利申请、维持、保护等过程中为使专利持续有效而支付的各种成本。按照权利获得和权利实施过程，专利成本主要分为专利权费获得前的成本和专利权获得后维护的成本。权利获得前的成本又可以划分为申请专利前的技术研发成本和专利申请过程的申请成本(申请费、发明专利申请审查费、复审费、发明专利申请维持费、著录事项变更手续费、优先权要求费每项、恢复权利请求费、专利登记费、印刷费、印花税等)；专利获得授权后，主要的成本是缴纳专利维持年费(一件发明专利维持到 20 年法定保护时间届满，缴纳的专利维持年费是专利申请费的十倍左右)和维护专利权不被他人侵权的成本。本次调查结果显示：29.5%的创新主体认为专利维持年费是构成专利成本的重要组成部分；27.8%和 22.8%的创新主体分别认为专利申请过程中所要支付的专利申请费和专利技术研发费是构成专利成本的重要组成部分。另外，认为调查专利侵权费和购买专利费用是构成专利成本的重要组成部分的创新主体分别为10.2%和 7.5%。这说明我国创新主体在专利维权保护过程中保护意识和经费投入不足；同时我国专利交易市场(包括专利许可)不够完善，创新主体在专利交易(包括专利许可)过程中的投入不够，因为购买专利也是专利战略的组成部分。

(2)参与调查创新主体的专利维持年费来源。专利维持年费的来源在很大程度上决定了专利维持年费负担的轻重，因为专利维持年费的来源不同，支付专利维持年费的难易程度会存在差异。专利维持年费的来源也可以在一定程度上反映创新主体对维持专利继续有效的重视程度。通过了解专利权人的专利维持年费来源可以发现专利权人通过专利收益维持专利战略的应用水平，同时可以在一定程度上了解政府对专利费用减免的程度和落实情况。本章调查结果发现，51.7%的创新主体将主营业务收入作为专利维持年费来源，说明

多数创新主体没有将专利维持年费与专利收益直接挂钩。26.3%的创新主体从研发经费中划拨专利维持年费，8.2%的专利权人通过专利许可收益缴纳专利维持年费。另外，有11.2%的专利权人依靠政府资助或补贴缴纳专利维持年费。这说明中国多数创新主体，甚至是专利实力较强的大中型企业的专利运营能力较弱，依靠专利许可或转让等方式获得的收益较少，难以支付企业拥有的其他专利维持年费。这个原因可能也是中国创新主体感觉专利维持年费负担较重的主要理由之一。

（3）是否应当缴纳专利维持年费的意愿。国家通过向专利权人就其技术授予法定保护时间的垄断权，使得专利权人获得足够的专利收益；但同时收取专利维持年费，作为专利收益的成本，促使专利权人积极实施或者转化专利技术，在维持专利达到适当的时候，放弃专利，使专利技术进入公有领域，促进技术进步，进而达到平衡专利权人利益与社会公众利益的目的。享有垄断权和缴纳维持年费是一件专利的两个面，一个都不能缺。不过这一道理并不是所有的专利权人都懂，本章调查结果显示，接受问卷调查的创新主体中，有82.8%的创新主体认为应该缴纳专利维持年费，17.2%的被调查对象认为国家不应向专利权人收取专利维持年费。可见，绝大多数专利权人能够意识到缴纳专利维持年费的必要性和现实意义，但也有少数创新主体对专利维持年费的认识不足。

（4）参与调查创新主体的专利维持年费的经济负担程度。专利维持年费随着专利数量和专利维持年限的增长而增长。对于专利权人而言，缴纳专利维持年费既是权利也是义务。专利权人对专利维持年费的负担程度是衡量专利维持年费收费标准适度与否的重要指标之一。在特定条件下，如果专利权人普遍反映专利维持年费负担过重，说明专利维持年费收费标准相对于专利权人的负担水平较高；反之亦然。专利维持年费收费标准太高或者太低均不利于专利制度促进技术创新作用的发挥。本章调查结果显示，在缴纳专利维持年费的负担上，表示毫无压力的创新主体仅为0.5%；表示"一般，压力不大"的创新主体占3.9%；19.1%的创新主体认为专利维持年费非常重；认为几乎难以承受的创新主体比例为46.1%；另有30.4%的创新主体表示缴纳专利维持年费负担重，但基本可以承受。换句话说，超过九成的受访创新主体认为专利维持年费相对于其负担能力而言过重。过重的专利维持年费负担所导致的后果是专利权的不当放弃，不利于专利权人从专利技术中获得适当的收益，同时有损于这些专利权人创新积极性的提升。

9.6　创新主体对专利维持年费制度相关制度的态度和感受

专利维持年费制度不仅可以通过揭示专利收益信息区分专利质量，而且可以通过调整专利维持年费标准优化不同价值专利的维持时间，调整专利权收益时间优化专利制度驱动创新的动力。同时因为创新主体是专利维持年费的直接承担者，专利维持年费相关制度直接影响创新主体的经济状况。为了完善中国专利维持年费相关制度，调查创新主体对专利维持年费制度及其相关制度的态度和感受非常重要。本章就专利维持年费制度对促进技术创新的作用、与专利局财政制度的关系、资助及减免(缓)政策等问题调查结果如表9-3所示。本部分相关分析也以表9-3为依据。

表 9-3　专利维持年费制度对促进技术创新的作用、
与专利局财政制度的关系、资助及减免(缓)政策等问题调查结果

维持年费制度对促进技术创新的作用	非常重要	重要	一般	不重要	没有意义
比例/%	26.5	37.3	25.0	5.4	5.9
专利局财政收入与维持年费挂钩制度对促进创新的作用	非常有利于	有利于	不利于	非常不利于	不清楚
比例/%	5.4	11.2	36.3	17.2	29.9
维持年费资助政策对促进创新的作用	非常有利于	有利于	不利于	非常不利于	不清楚
比例/%	34.3	44.1	10.3	2.9	8.3
维持年费减免(缓)制度对促进创新的作用	非常有利于	有利于	不利于	非常不利于	不清楚
比例/%	42.6	40.7	7.8	2.5	6.4
是否需要完善专利维持年费制度	非常需要	需要	不需要	其他	
比例/%	31.4	48.5	15.2	4.9	
维持年费制度调整机构	全国人民代表大会常务委员会	全国人民代表大会	国家知识产权局	国家知识产权局专利局	国家发展和改革委员会	其他
比例/%	11.3	16.9	45.5	15.6	7.8	3.0

(1)专利维持年费制度对促进技术创新的作用。专利维持年费制度通过调整专利维持时间改变专利终止率,优化有效专利数量,为驱动创新提供基础资源。有效专利数量在一定程度上反映一个国家的创新资源,通过专利维持制度可以优化这种创新资源,增强国家核心竞争力。专利维持年费制度对技术创新的促进作用如何呢?本章调查结果发现,63.8%的创新主体认为专利维持年费制度对促进技术创新具有"非常重要"或"重要"的作用;25.0%的创新主体认为专利维持年费制度对促进技术创新的作用"一般";5.4%和5.9%的创新主体认为专利维持年费制度对促进技术创新的作用"不重要"或"没有意义"。可见,创新主体对专利维持年费制度是否促进技术创新的观点,尽管存在差异,但大多数创新主体仍持肯定态度。

(2)专利局财政收入与专利维持年费挂钩制度对创新的作用。专利局财政收入与专利维持年费相联系的制度可能在一定程度上影响最优的专利费标准,从而可能影响社会福利,因为专利局有动力鼓励专利权人对对社会而言过多的专利进行维持。通过降低维持费增加维持专利的数量,从而增加专利权人的预期收益,这种收益可能被专利局通过最初的专利申请人费方式分割。有研究显示,专利局自负盈亏,导致其对专利申请"顾客"的"友好"态度,引起授权专利的质量降低或有效性问题不断增加(Lemley,2001)。当专利局遇到财政困难时,专利收费结构可能会背离社会最优结构。与社会最优专利收费结构相比,专利收费结构会变得扁平化,即申请费增加,维持费减少(Gans et al.,2004b)。我国专利

收费属于行政事业性收费,专利收费收入是国家财政预算内资金。专利局财政收入与专利维持年费挂钩制度是否促进创新,值得思考。本章调查结果显示,53.5%的创新主体认为专利局财政收入与专利维持年费挂钩制度"不利于"或"非常不利于"促进创新。另外,有29.9%的创新主体对这一问题不甚了解。被调查的创新主体认为专利局财政收入与专利维持年费挂钩制度"非常有利于"或"有利于"促进创新的创新主体比例仅为5.4%和11.2%。专利局财政收入状况与专利维持年费相关联的制度对促进技术创新的影响涉及非常复杂的因素,需要进一步深入研究。

(3)专利维持年费资助政策促进技术创新的作用。研究显示,政府财政资助对专利申请数量增加具有正向影响,尤其是对小型的科技企业(Bronzini、o Piselli, 2016)。专利维持年费资助政策是指国家或地方知识产权行政管理部门在预算中安排相关资金资助专利维持活动的相关制度。根据出资机构级别,资助可以划分为国家资助(国家知识产权局资助)和地方资助(各级地方知识产权行政管理部门资助)。因为不同地方的经济发展水平、科技水平、知识产权实力等不同,所以专利维持年费资助的幅度和模式存在较大差异。专利维持年费资助政策对专利维持活动具有较大的影响。专利权人作为专利权的所有人,是享受专利维持年费资助政策的主体,同时对专利进行开发利用;又是促进创新的主体,在专利维持年费资助政策是否有利于促进创新问题上具有发言权。本章调查结果发现,分别有34.3%和44.1%的创新主体认为专利维持年费资助政策"非常有利于"和"有利于"促进创新。其原因在于专利维持年费资助政策一方面可以减轻专利权人的经济负担,另一方面能够激发创新活力。但是也有创新主体持相反观点,10.3%的创新主体认为专利维持年费资助政策"不利于"促进创新。同时,2.9%的专利权人认为专利维持年费资助政策"非常不利于"促进创新。这部分观点之所以存在,可能是因为实践当中专利维持年费资助政策在运行过程中发生异化,造成垃圾专利和骗取专利资助等现象的产生。此外,8.3%的专利权人对这一问题"不清楚",这在一定程度上说明专利维持年费资助政策的政策效应并没有得到完全有效的发挥。专利维持年费资助政策的出发点是为了促进技术创新,但是目前在制度制定或者制度实施过程中出现的一些问题,使得资助政策的真正目的难以实现,所以专利维持年费资助政策在"精准资助"方面还有待于进一步完善。

(4)专利维持年费减免(缓)制度对促进创新的作用。专利维持年费减免(缓)制度是指针对特殊类型专利权人在专利维持年费收费标准方面进行减免(缓)缴纳的制度。自从国务院提出建设知识产权强国以来,国家对专利维持年费的相关政策非常重视,并在专利维持年费减免(缓)制度方面采取了一系列措施。但是专利维持年费减免(缓)制度对技术创新的作用如何,有待较为深入的研究。本章调查结果发现,创新主体对专利维持年费减免(缓)制度的创新促进作用的态度与其对专利维持年费资助政策的创新促进作用的态度有所不同:认为针对个人和中小企业的专利维持年费减免(缓)制度"非常有利于"和"有利于"促进创新的创新主体的比例分别为42.6%和40.7%,二者总和超过80%;认为针对个人和中小企业的专利维持年费减免(缓)制度"非常不利于"和"不利于"促进创新的创新主体的比例分别为2.5%和7.8%,二者总和为10.3%。这从另一个角度说明专利维持年费对创新主体的经济负担相对严重。可见,绝大多数创新主体认为针对特殊主体的专利维持年费减免(缓)制度对于促进创新具有积极意义。因为相对于大型企业,个人和中小企业在专利领域处于相对弱势的地位，减免专利维持年费无疑能够帮助他们更加好地进行专利维持。而持有相反观点的专利权人则可能基于"公平性"以及制度实行过程中有"异化"的可能等，对这一制度不持肯定态度。

（5）专利维持年费制度是否需要完善。专利维持年费制度是一种通过调节专利成本改变专利净收益的方式影响技术创新能力的政策工具。专利是专利维持年费制度的作用客体，专利权人是专利的持有者和所有人。在专利收益确定的条件下，专利维持年费制度在一定程度上决定专利为其权利人获得收益的时间和数量。随着创新主体拥有有效专利数量的增加和专利维持时间的延长，专利维持年费制度与专利权人的切身利益的关系越来越密切。同时专利权人对专利维持年费制度的态度可以从一定程度上反映专利维持年费制度的绩效和完善程度。本章调查结果显示：分别有 31.4%和 48.5%的创新主体认为专利维持年费制度"非常需要完善"和"需要完善"，也就是说近 80%的受访创新主体认为，中国现行专利维持年费制度"需要完善"；15.2%的创新主体认为专利维持年费制度"不需要完善"。另外有 4.9%的创新主体持其他观点，或者说不清楚是否需要完善现有专利维持年费制度。

（6）专利维持年费制度的调整机构。绝大多数国家的专利法都规定，专利法定保护时间为 20 年。但是这些国家只有少数专利维持到法定保护时间届满。Mansfied（1984）研究发现，美国绝大多数专利的维持时间远远少于其法定保护期限。Pakes（1986a）研究显示，只有 7%的法国专利和 11%的德国专利维持到法定时间届满。可见，《专利法》关于专利法定保护时间的规定只约束少数专利，而大多数专利的寿命受专利维持年费制度影响。在中国，《专利法》由全国人民代表大会通过才能生效。依据专利法及其实施细则制定的专利维持年费制度，如《专利收费（包括专利维持年费收费）标准》《专利费用减缓办法》等由国家知识产权局协同财政部、国家发展和改革委员会等相关部门制定。也就是说，约束少数专利寿命的法定保护时间是作为法律规定由国家立法机构全国人民代表大会通过，而约束多数专利维持时间的专利维持年费制度实质内容的规定由国家知识产权局等部门负责制定。况且专利维持年费收费标准与国家知识产权局财政运作方面具有复杂的联系。本章关于专利维持年费制度决策机构问题的调查结果发现：45.5%的创新主体认为应该由国家知识产权局负责调整专利维持年费制度。另有，15.6%的创新主体认为国家知识产权局专利局负责对专利维持年费收费标准进行调整。现实中，国家知识产权局作为国务院主管专利工作和统筹协调涉外知识产权事宜的直属机构，有权在不违背法律法规的前提下，依法以发布命令的方式对专利维持年费制度进行适度调整。另有 16.9%和 11.3%的创新主体认为专利维持年费制度应该由全国人民代表大会和全国人民代表大会常务委员会进行调整。还有 7.8%的创新主体认为这一机构应该是国家发展和改革委员会。本书认为，专利维持年费收费标准关系到大多数专利的寿命，甚至与专利制度的整体运行绩效密切相关，而且与国家知识产权局财政运行机制存在一定关联性，所以建议完善现行制度的决策主体。

9.7 本章研究结论及建议

国内创新主体拥有有效专利数量大幅增加，但是其专利运用水平以及专利收益能力却无法及时跟上，繁重的专利维持年费负担为国内创新主体的经济状况造成影响。为此，本章在分析有效专利数量增长背景下创新主体承担大量专利维持年费的现状以及专利维持年费制度基本原理的基础上，通过对国内创新主体就专利维持年费相关制度调查结果进行分析，得出如下结论：中国有效专利数量大幅增加的同时，创新主体也承受着较大的专利维持年费压力；专利维持年费制度是依据专利法及其实施细则由专利行政及相关机构制定的、类似于税收杠杆作用的促进技术创新的一种货币政策工具；现有专利维持年费制度及相关配套制度不能完全适应促进创新主体的可持续创新活动的现实需要，对其进行全面综合改革有利于创新驱动战略的实施和知识产权强国建设。

较低或者较高的专利收费标准都有依据，决策者追求的专利政策的社会经济目标决定了采取专利收费制度的结构或类型(Potterie、Rassenfosse，2013)。为有效发挥中国专利维持年费制度促进技术创新的作用，重新审视中国专利维持年费制度及其收费标准，并对其进行全面综合改革，本章提出完善中国专利维持年费制度的以下七项建议。

(1)充分认识专利维持年费制度在我国创新政策中的重要性。重视专利维持年费制度对促进创新的作用，强调专利维持年费制度通过促进技术创新发挥在创新驱动发展战略中的作用。重视专利维持年费资助政策促进技术创新的作用，尤其是专利维持年费减缓或减缴制度对促进创新的作用。完善建设知识产权强国以来国家发展和改革委员会、财政部和国家知识产权局颁布的《专利维持年费减缓办法》等对特殊群体的创新主体给予的财政补贴政策。重视专利维持年费制度激励所有类型创新主体进一步创新的重要作用，充分发挥专利维持年费制度在创新驱动发展战略和知识产权强国建设中的重要作用。

(2)强调专利维持年费制度在专利制度中的重要地位。专利维持年费制度可以通过改变专利维持成本，使得专利权人运用成本收益平衡决定是否维持专利或维持多长时间，协调专利权人的个体利益和社会公众利益的平衡，加快专利制度目标的实现。专利维持年费制度使得相当一部分专利技术及早进入公有领域，很大程度上加速了后续的发明创造，促进了整个社会的技术创新。专利维持年费制度对现代专利制度的正常运行发挥着不可替代的作用，但是这一制度的重要性没有得到足够的重视，使得专利制度促进技术创新的作用没有得到充分发挥。

(3)加强专利维持年费制度的理论基础研究。加强专利维持年费制度的理论基础研究，至少要做好以下两方面工作。首先是加强对专利维持年费理论的系统性研究，明确专利维持年费与专利申请费的关系；分析专利收费制度对专利行为的影响，尤其是专利申请费对专利申请行为的影响，专利维持年费对专利维持行为的影响。其次是加强专利维持年费基本理论分析，重视对专利维持年费制度理论模型的研究；运用经济学模型分析专利维持年费收费标准对专利维持行为的影响机理和程度，为制定科学的专利维持年费制度提供依据。

(4)加强对专利维持年费收费的性质和用途研究。正确认识专利维持年费的性质对专利维持年费制度更为有效地发挥促进技术创新作用非常重要。专利维持年费是属于国家税收性质，还是属于对国家知识产权局对专利服务提供的回报，或是其他性质，值得深入研究。根据专利维持年费的性质决定专利维持年费的收支程序以及最终的用途。研究一些国家将专利局或者知识产权局作为经费自负盈亏机构运行的合理性；研究我国专利维持年费收费标准制定主体与其利益相关的制度合理性。

(5)研究专利维持年费制度促进创新的机理。明确专利维持年费制度是揭示专利收益信息机制的意识。科学有效运用专利维持年费制度区分不同价值专利或不同质量专利以及淘汰低价值或者低质量专利的机制,提高专利制度的运行绩效;分析完善专利维持年费制度对专利实施、专利运营和专利战略的影响,比如专利维持年费降低或者提高对防御专利增多或者减少的影响程度等。

(6)深入研究专利维持年费制度结构要素的作用机制。科学分解专利维持年费制度,充分了解其结构要素。量化研究专利维持年费缴纳起始时间和起始数额对专利维持年费制度的影响及其程度。量化研究专利维持年费增长模式和增长幅度对专利维持年费制度的影响及其程度。研究专利维持年费缴纳次数和专利维持年费缴纳手段对专利维持年费制度促进技术创新的作用产生的影响。研究日本和韩国专利维持年费制度中除了缴纳基本专利维持年费外,根据专利权利要求数额外缴纳费用的制度,为在我国专利维持年费制度中是否采用该制度提供参考。研究专利维持年费收费标准是否随汇率进行变动以及如何变动,以便更好地发挥专利维持年费制度促进技术创新的作用。研究专利维持年费制度结构要素发挥作用时的协同性和系统性。

(7)完善政府财政资助专利活动对专利维持年费制度的影响。量化研究政府财政专利申请费和专利维持年费资助(减免或者减缓)政策对专利维持时间的影响。研究政府财政资助影响专利权人维持专利的道德风险的可能性。研究政府财政专利申请费和专利维持年费资助(减免或者减缓)政策对不同类型创新主体专利成本分担的影响程度。完善现有减缓或者减免政策,尝试建立适用于不同创新主体的专利维持年费制度,如区分科研院所、高等院校、企业、个人和机关团体制定相对合理的资助政策;尝试建立对特殊创新主体,专利维持年费总额达到一个特定数额时,可以封顶的制度。

第十章　专利维持年费制度理论及
其结构要素研究[①]

随着中国创新能力的提升、有效专利数量的增长和专利维持时间的延长，专利权人的专利维持年费负担越来越重，重新审视现有专利维持年费制度对知识产权强国建设非常重要。在分析专利维持年费制度理论及模型的基础上，本章通过分析国内 204 个创新主体关于专利维持年费制度问题的调查结果发现：专利维持年费信息是研究专利权人权衡专利维持成本与收益信息的重要视角之一；专利最优维持时间不但受专利收益影响，也受专利维持年费影响；部分创新主体认为缴纳专利维持年费的目的是促进创新或支撑专利局财务运行；大多数创新主体认为专利维持年费负担过重；多数创新主体认为应该完善专利维持年费制度。最后提出了完善中国专利维持年费制度的建议。

10.1　引言

专利维持年费是指为了维持专利继续有效而依据专利法规定向专利行政机构每年缴纳的费用。专利维持年费制度是规范专利维持年费相关行为的规定，是专利制度的核心制度之一。专利权人向专利局缴纳维持年费维持专利继续有效，专利局除了证明专利有效外，不需要或者很少为专利权人提供额外的服务，所以专利维持年费可以看作是一种能够发挥类似于税收杠杆作用的政策工具。但是该制度的作用经常被学者忽视，其原因可能是因为专利维持年费制度通常被认为对促进创新，乃至提高专利制度运行绩效没有作用或者很少发挥作用。政策制定者对专利维持年费制度促进创新的作用认识不够，一种错误但比较普遍的观点认为，专利维持年费制度对专利制度运行效果发挥的作用很有限。这具体表现在，专利维持年费制度修改和完善程序缺乏透明性，不少国家适用的专利维持年费起算时间点、增长模式、缴纳频率和缴纳模式等方面存在多样性。现有研究对专利维持年费制度理论和实践缺乏系统深入的研究，但是随着经济社会和科学技术的发展，专利维持年费制度对专利制度运行绩效的影响越来越明显。专利维持年费制度在专利的创造、运用、保护、管理等方面均发挥着不可替代的重要作用。该制度从专利维持时间和专利维持率等方面影响有效专利数量，进而影响专利的有效创造指标；从专利维持成本方面影响专利净收益，进而影响专利运用行为；从专利维持时间方面影响专利收益的时间长度，进而影响专利保护的时间强度；从专利管理效率方面影响专利维持决定的有效性，进而影响专利价值的实现水平。

根据世界知识产权组织发布的《2016 年知识产权指标》显示：全球有效专利数量从

① 本章部分内容曾发表于《科研管理》2019 年第 3 期，作者乔永忠。

2008 年的约 720 万件增长到 2015 年的约 1060 万件，其中中国授权的有效专利数量从 2008 年的 34 万件增长到 2015 年的 147 万件[①]。截至 2016 年底，中国授权的有效专利数为 1772203 件，其中国内创新主体拥有 1158203 件，占有效专利总量的 65.4%；国外创新主体拥有 614000 件，占有效专利总量的 34.6%[②]。有效专利数量、专利竞争力和专利维持时间对创新主体的经济绩效非常重要（Maresch et al.，2016）。有效专利数量的增加反映了中国专利大国的形成和创新能力的提升，同时也说明创新主体，尤其是国内创新主体，因为专利维持年费而产生的经济负担的增加。因此，本章在研究专利维持年费制度理论模型的基础上，通过调查国内创新主体对专利维持年费制度的感受和观点，然后提出对完善中国专利维持年费制度的建议，为提升中国专利制度运行绩效，促进创新驱动战略实施和知识产权强国建设提供参考。

10.2 专利维持年费的理论基础及理论模型

关于专利维持年费理论方面的研究成果主要集中在两个方面。①通过专利维持（年费）信息评估专利价值。Pakes（1986b）运用专利维持数据评估专利经济价值的成果得到了较为广泛的运用。Harhoff 等（1999）和 Thomas（1999）研究认为，专利维持年费缴纳信息通常受专利引证指数、权利要求数、专利权人国籍等专利价值指标的影响。Bessen（2008）通过大数据样本的美国授权专利维持数据研究了专利的经济价值。Hegde 等（2009）和 Serrano（2010）通过美国专利维持数据对专利私人价值的研究成果都值得关注。曹晓辉和段异兵（2012）认为专利维持信息在一定程度上反映专利权人对其专利的价值判断。Scotchmer（1996）认为，依据专利许可制度、专利交易市场规则和价格形成机制等因素，运用专利维持年费缴纳信息可以验证这些因素是否会系统性地影响专利保护的价值。尤其是 Rassenfosse 和 Potterie（2012）基于不同规模企业的专利维持年费数据评估了专利经济价值。②对专利维持年费信息的影响因素研究。Kun 等（2008）研究发现，创新主体持有有效专利数量越多，其专利维持概率越低。张古鹏和陈向东（2012）基于战略形成的专利条件寿命期选择反映企业市场战略和竞争战略特征。毛昊和尹志锋（2016）认为中国企业专利维持行为总体处于市场驱动阶段，增加利润、降低成本及利用专利形成交换资本等构成其维持专利有效的主要因素；Kyriakos 等（2016）根据美国高校和科研院所获得授权的"学术"专利维持年费信息研究了技术转让情况。另外，Scotchmer（1991）认为，作为一种信息资源，专利维持年费信息可以用于通过不同维度研究专利保护的私人价值；研发投入、专利许可、专利长度和宽度影响等因素都可能会影响创新主体的投资水平。可见，专利维持年费缴纳信息为研究专利权人权衡专利维持成本收益状态提供了一个重要视角。在同等条件下，专利维持年费制度的综合作用是决定专利维持年费缴纳信息的关键要素。完善的专利维持年费制度需要以科学的专利维持年费理论为基础，最优的专利维持数据或者有效专利数量要

① World Intellectual Property Indicators 2016[EB/OL]. http://www.wipo.int/edocs/pubdocs/en/wipo_pub_941_2016.pdf. [2016-11-28/2017-02-03].

② 中华人民共和国国家知识产权局:专利统计年报 2016[EB/OL]. http://www.sipo.gov.cn/docs/20180226104343714200.pdf. [2019-05-17].

以完善的专利维持年费制度为支撑。

10.2.1　专利维持年费的理论基础

在没有专利法保护时，拥有新技术的企业的垄断地位能够被竞争对手通过反向工程等方式抵消。当竞争对手连续进入市场时，市场结构产生纳什平衡（又称为非合作博弈均衡，是博弈论的一个重要术语，以约翰·纳什命名），企业垄断利润消失；当竞争对手进入市场的威胁不明显，但因外在的未经许可使用随时产生且得不到保护时，产品因新技术获得的垄断利润可能降低为零。在专利法保护时，专利权人获得的垄断利润应该是扣除维持年费等专利成本后的净价值。只有在专利被无效、因为未缴缴纳维持年费被终止或者法定保护期满后等情况存在时，专利权人不再对授权专利技术拥有独占权，技术可以被其他人商业利用。此时，专利的社会成本取决于专利权人何时做出不缴纳专利维持年费放弃专利的决定，或者说专利的维持时间长短。这也是专利权人考虑特定时间段专利成本收益后的最优决定。当专利因为未缴纳维持年费而被终止，且竞争者进入市场时，专利社会成本为零，市场结构变为纳什平衡。可见，专利维持年费制度是专利制度促进技术创新的关键机制之一，对专利制度的有效运行非常重要。

缴纳专利维持年费是技术得到专利制度保护的前提，也是技术获得专利收益的条件。当然专利权人不一定对其拥有的所有专利都必须缴纳专利维持年费。专利权人维持专利有效的充分条件是特定时间段内专利收益大于维持年费等专利成本[①]。权利人是否缴纳专利维持年费的数据信息反映了专利收益价值的大小，所以权利人为维持专利有效必须缴纳维持年费的状态为测量专利收益价值提供了新的视角。专利维持年费制度可以通过改变专利维持成本，影响专利维持时间，协调专利权人的个体利益和社会公众利益的平衡。其目的是促使专利权人在获得合理收益条件下放弃其专利，使得部分专利技术进入公有领域，有利于后续的发明创造，促进技术创新，同时补偿专利制度的运行成本（乔永忠，2011c）。

专利收益的时间路径完全确定时，专利收益大于专利成本就变成维持专利的必要条件。如果专利权人对其研发产出及专利成本和收益拥有较为完整的信息，可根据专利收益信息与维持年费成本确定继续维持专利，还是不再缴纳维持年费放弃专利（Cornelli、Schankerman，1999）。但是如果专利收益的时间路径至少部分随机时，专利收益大于维持年费等成本的条件就比较难以把握。如果专利收益的时间路径难以确定或者随机性很高时，是否缴纳专利维持年费的决定就很难做出，或者说风险更高。因为专利收益具有随机性和动态性，而专利维持年费相对稳定，所以特定专利维持年费制度下，专利收益时间路径的确定性不同使得缴纳专利维持年费的风险程度不同。为此，Pakes（1986b）认为，专利可以看作是一年期的期权要约，其数量是专利保护法定期限的年数；期权要约的内在价值就是专利收益，专利维持年费则是期权要约的执行价格。

[①] 这里的"特定时间段"是专利权人权衡专利收益和专利维持成本的时间周期，或许是一年，或许是几年，乃至十几年。有些专利因为技术成熟度、专利产品商业化水平等因素制约，当年的专利收益低于专利维持年费等成本，但专利权预期其未来一段时间专利收益会高于专利维持成本时，就会继续缴纳专利维持年费维持专利有效。

10.2.2 最优专利维持年费制度的理论模型

专利长度和宽度是最优专利制度研究的理论起点(毛昊，2016)。其中，专利长度增加会通过促进创新提高社会福利水平(潘士远，2005)，最优的专利长度需要以最优专利维持年费制度为基础。Schankerman 和 Pakes(1986)曾基于专利收益和成本平衡的思想构建了评估专利权价值分布模型。尽管运用期权方法评估专利维持决定已经被证明是有用的，但是这种方法并不直接适合确定专利维持年费的社会最优价值(原因是该方法无法联系专利的私人收益与社会收益)。理想的专利维持年费制度是基于最优专利维持年费理论模型形成的[①]。

假设每件专利可以使其权利人基于专利技术获得市场垄断地位，且每位专利产品的购买者服从线性逆向需求函数：

$$p = p_0 - \eta \times q$$

式中，p_0 和 η 为常量参数，p 和 q 分别表示专利产品的价格和每位消费者购买的产品数量。

假设专利产品购买者的数量服从随机过程 N_t，该随机过程受产品市场规模影响。不考虑整体损失，假设每件专利产品的边际生产成本为 0，t 时专利权人获得的垄断收益 $R(N_t)$ 为：

$$R(N_t) = \left(p_0^2 / 4\eta \right) \times N_t \tag{10.1}$$

由于垄断地位引起的社会成本为：

$$L(N_t) = \left(p_0^2 / 8\eta \right) \times N_t \tag{10.2}$$

当竞争对手进入市场的外在概率为 λ 时，如果没有专利制度，第一位竞争者进入市场的优势 $V_A(N_t)$ 表现为：

$$V_A(N_t) = R(N_t) + \frac{(1-\lambda)E_t\left[V_A(\tilde{N}_{t+1}) \right]}{1 + \rho_t} \tag{10.3}$$

其中，E_t 代表 t 时获得信息的期望条件，ρ_t 表示 t 时的利率，$\tilde{N}_{t+1}$ 表示随机性，V_A 表示 t 时专利权人决定不维持专利时其收益的最终损失。

专利权人缴纳维持年费 c_t 维持其专利一年以上的选择，与特定时刻 t 时的垄断收益 $R(N_t)$ 加上 $t+1$ 时继续维持专利的预期价值相关。只要权利人选择继续维持专利，专利的价值实现程度 V_B 由一年以上的专利维持和永久放弃专利的最优选择决定：

$$V_B(N_t, t, c_t, \cdots, c_T) = \text{Max}\left\{ R(N_t) - c_t + \frac{E_t\left[V_B(\tilde{N}_{t+1}, t+1, c_{t+1}, \cdots, c_T) \right]}{1 + \rho_t}, V_A(N_t) \right\} \tag{10.4}$$

在专利法定保护期 T 外，专利权人不再对授权专利技术拥有独占权，技术可以被其他人商业开发。这意味着专利权人在法定保护期内获得的最优净收益应该是垄断收益 $R(N_T)$ 减去系列维持年费的连续价值。

---

① Marc Baudry, Beatrice Dumont. A Bayesian Real Option Approach to Patents and Optimal Renewal Fees [EB/OL]. https://www.researchgate.net/publication/46479001_A_Bayesian_Real_Option_Approach_to_Patents_and_Optimal_Renewal_Fees.[2019-05-17].

$$V_B(N_T, T, c_T) = \text{Max} \left\{ R(N_T) - c_T + \frac{E_T\left[V_A(\tilde{N}_{T+1})\right]}{1 + \rho_T}, V_A(N_T) \right\} \quad (10.5)$$

为了探讨最优专利维持年费机制，V_B 价值函数明确表示为：如果专利维持，需要现在和未来缴纳的维持年费数列 $\{c_t, \cdots, c_T\}$，且由于法定保护期限 T 的存在，V_B 函数的价值取决于目前时间与保护期届满时的时间差。

专利的期权价值是由专利制度保护与没有专利保护所产生的额外的价值收益，所以存在如下关系：

$$OV(N_t, t, c_t \cdots, c_T) = V_B(N_t, t, c_t, \cdots, c_T) - V_A(N_t) \quad (10.6)$$

假设 t 时专利继续维持，且专利维持时间可以随时停止，则：

$$\tilde{\tau}^*(N_t, c_t, \cdots, c_T) = \inf \left\{ \tau \in \{t, \cdots, T\}; \tilde{N}_\tau \notin \Omega(\tau, c_\tau, \cdots, c_T) \right\} \quad (10.7)$$

这里 $\Omega(\tau, c_\tau, \cdots, c_T)$ 是最优等待区域（waiting region）。在每个 τ 时刻，这个区域可界定为专利收益的一系列价值，使得维持专利产生的价值高于放弃专利的损失，即：

$$\Omega(\tau, c_\tau, \cdots, c_T) = \left\{ N \in IR^+; V_B(N, \tau, c_\tau, \cdots, c_T) \rangle V_A(N) \right\} \quad (10.8)$$

可见，专利最优维持时间和期权价值不但受到其最初收益价值的影响，而且受到维持专利需要缴纳全部系列维持年费的影响。这才是界定最优专利维持年费的核心（Schankerman，1998）。

现有研究显示，最优专利维持年费制度可以产生四个结果：①即使保护范围很小的专利，也可能存在一个最长的专利维持时间；②绝大多数专利的最优专利维持时间范围很窄；③特别有价值的专利的最优专利维持时间很长（很多专利的最优维持时间比现有法定保护期限还长）；④专利维持年费应该随着专利维持时间的延长大幅度增加（Cornelli、Schankerman，1999）。

10.3　被调查创新主体的地域分布、主体类型和收益区间

为了能够更好地调查中国专利维持年费制度的实施状况，本书对应课题组在工业和信息化部电子知识产权中心等多家机构的协同下，对来自北上广等十四个省或者直辖市的华为技术有限公司、中兴通讯股份有限公司、中国移动通信集团有限公司和珠海格力电器股份有限公司等二百多家创新主体进行调查，回收有效调查问卷 204 份，并根据调查信息形成数据库。因为篇幅有限，本章仅分析部分问题的调查结果。表 10-1 反映了本次反馈调查问卷的创新主体的地域分布、类型和收益区间。

(1)创新主体的地域分布。创新主体的专利意识及其对专利维持年费的敏感程度或价格弹性与其所处地域的科技经济发展水平存在很大关系。本章调查对象的地域分布主要集中在科技和经济发达的北京市、上海市和广东省，也有科技和经济相对发达或者快速发展的重庆市和福建省，还有来自湖北省、四川省、江苏省、山东省等地的创新主体，创新主体区域分布具有一定的代表性。

(2)创新主体的类型。创新主体的类型不同，乃至同一创新主体类型的规模不同、创新能力和创新目标不同、申请和维持专利的目的不同，对专利维持年费的负担能力也会存

在差异。所以，不同类型的创新主体对专利维持年费制度的敏感程度或者价格弹性存在一定差异是正常的。不同类型创新主体的拥有专利的商业化程度和专利维持率存在差异。Griliches（1990）研究发现，美国个人拥有专利的维持率为44%，中等企业拥有专利的维持率为 76%。本次被调查创新主体的 81.3%集中在企业，其中大中型企业占总调查对象的53.5%，小微企业占总调查对象的 27.9%。高等院校、科研院所和个人等创新主体比例较少。企业作为创新主力军及其以营利为目的的性质决定了其对专利维持年费制度的敏感程度高于其他类型创新主体。

表 10-1　创新主体的地域分布、主体类型和收益区间

创新主体的地域分布	安徽省	北京市	福建省	甘肃省	广东省	河北省	河南省	湖北省	江苏省	山东省	上海市	四川省	浙江省	重庆市
比例/%	0.5	29.9	10.3	0.5	13.7	1.0	0.5	5.4	2.9	2.0	12.7	3.4	1.0	16.2

创新主体的类型	小微企业	大中型企业	高等院校	科研院所	个人	机关团体	其他
比例/%	27.9	53.5	3.4	4.4	4.4	0.5	5.9

创新主体的收益区间	500 万元以下	501 万元~2000 万元	2001 万元~5000 万元	5001 万元~1 亿元	1 亿元以上
比例/%	23.0	14.2	11.8	9.3	41.7

（3）创新主体的收益区间。专利维持年费是专利主要成本。专利维持年费制度要求拥有专利的创新主体必须依照专利法规定及时缴纳一定数量的费用，根据成本收益原理，创新主体的收益规模很大程度上影响着其专利维持年费的负担水平。Bessen（2009）根据不同国家的专利维持信息预测，专利垄断收益为研发投入比例的约 3%。Schankerman 和Pakes（1986）认为，专利权作为 R&D "补贴" 形式回报时，专利维持状况是 R&D 适度收益的粗略反映，在任何阶段专利收益增加将提高专利维持概率。本次被调查的不同收益区间的创新主体分布特征是：收益高（1 亿元人民币以上）的创新主体占比较高（41.7%），收益低（500 万元人民币以下）的创新主体占比次之（23.0%），其他区间的创新类型主体占比相对较低。

10.4　专利维持年费制度的目的及创新主体的经济负担

随着中国国内创新主体拥有有效专利数量的增长，创新主体负担的专利维持年费数量也随之增长，而且可以预计在未来几年，随着维持时间较长的有效专利数量增多，专利维持年费的经济负担将是创新主体不得不考虑的问题。为此，不少创新主体，尤其是拥有大量有效专利的创新主体开始反思专利维持年费制度，并呼吁切实降低创新主体的经济负担。创新主体就专利维持年费制度的认识及经济负担情况调查结果如表 10-2 所示。

表 10-2 创新主体就专利维持年费制度的认识及经济负担情况调查结果

维持年费制度目的	促进创新	支撑专利局的财务运行	补贴专利局的工作经费	限制专利权人的权利	增加专利权人经济负担	其他
比例/%	31.1	23.1	17.6	16.4	5.9	5.9
维持年费的经济负担	非常重	几乎难以承受	重，但基本可以承受	一般，压力不大		毫无压力
比例/%	19.1	46.1	30.4	3.9		0.5
国内外维持年费负担对比	国内年费负担更重		国外年费负担更重		其他	
比例/%	50.5		29.9		19.6	
决定是否缴纳专利维持年费所考虑的因素	收益的不确定性	收益动态性	收益随机性	对专利看法	经济负担	其他
比例/%	35.3	15.9	11.8	11.3	22.5	3.2
未缴纳专利维持年费而放弃专利权的理由	维持年费过高	专利收益太低或者没有收益	经费紧张	忘记缴纳	领导要求	其他
比例/%	28.1	37.1	16.8	9.0	3.3	5.7

(1) 专利维持年费制度的目的。与专利法的目的一致，专利维持年费制度的目的也是有效促进技术创新。但是在理论界和实务界乃至企业界，对专利维持年费制度目的的认识还不像专利法的目的那么明确，而且存在一些明显不足。本章调查结果显示如下三个特征。①有31.1%的创新主体认为缴纳专利维持年费的目的在于促进他人依托专利技术开展进一步创新，维护与提升社会利益，这说明专利维持年费制度促进技术创新的理论获得较多创新主体的认同。②有23.1%的创新主体认为"支撑专利局的财务运行"是缴纳专利维持年费的目的之一，该观点可能主要基于专利行政管理部门在专利管理过程中的财政支出，事实上专利维持年费制度客观上是为专利局实际运行提供了资金支持；另有17.6%的专利权人认为缴纳专利维持年费的目的在于"补贴专利局的工作经费"。③有16.4%和5.9%的专利权人分别认为缴纳专利维持年费的目的在于"限制专利权人的权利"和"增加专利权人经济负担"。这两种观点均属于对专利维持年费制度的错误认识。除了上述认识之外，还有5.9%的创新主体持其他观点，如激励专利转化、淘汰落后技术、提高专利质量、促进专利实施转化、享有专利权的付出、避免实用新型专利的垃圾化、对国外公司采用利益平衡的方式等。此类观点可以总结为从积极意义上对缴纳专利维持年费制度进行理解，认为其目的在于提升专利利用率，促进创新。

(2) 专利维持年费制度的经济负担。专利维持年费随着专利数量和专利维持年限的增长而增长，对于专利权人而言，缴纳专利维持年费既是权利也是义务。专利权人对专利维持年费的负担程度是衡量专利维持年费收费标准适度与否的重要指标之一。在特定条件下，如果专利权人普遍反映专利维持年费负担过重，说明专利维持年费收费标准相对于专利权人的负担水平较高；反之亦然。专利维持年费收费标准太高或者太低均不利于专利制度促进技术创新作用的发挥。本章调查结果显示，在缴纳专利维持年费的负担上，表示"毫无压力"的创新主体仅为0.5%；表示"一般，压力不大"的创新主体占3.9%；19.1%的创新主体认为专利维持年费"非常重";认为"几乎难以承受"的创新主体比例为46.1%;另有30.4%的创新主体表示缴纳专利维持年费负担重,但"基本可以承受"。换句话说,超过九成的受访创新主体认为专利维持年费相对于其负担能力而言过重。过重的专利维持年费负担所导致的后果是专利权的不当放弃,不利于专利权人从专利技术中获得适当的收益,同时有损于这些专利权人创新积极性的提升。

(3)国内外专利维持年费负担对比。不同国家或者地区,因为专利制度的地域性、专利权人的专利意识、国民收入、货币的购买力、研发投入以及专利交易市场的完善程度等因素的影响,导致不同国家或者地区的专利权人对专利维持年费经济负担的感受程度存在一定程度的差异。本章调查对象均属于我国境内的不同类型的创新主体,从创新主体的基本情况可以发现,受访的相当一部分创新主体在国外拥有一定数量的授权专利,所以这些创新主体对国内外专利维持年费负担情况的感觉会有一定程度的误差。本章调查发现,50.5%的创新主体认为"国内专利维持年费负担更重",认为"国外专利维持年费负担更重"的比例为29.9%。另有19.6%的被调查对象持"其他"观点(如有的创新主体认为无论是中国还是外国,专利维持年费负担均较重)。还有的持其他观点的专利权人认为中外专利维持的情况不同,不能对此进行比较。

(4)决定是否缴纳专利维持年费所考虑的因素。企业专利维持决定在很大程度上被认为是其认真平衡专利预期收益与维持费的结果。专利维持决定首先受专利的权利要求数、技术领域、引证指数和专利池或者同族专利数等价值指标的影响,其次受技术方案的内容范围以及 PCT 专利申请的数量等指标影响,再次受创新主体的专利战略、专利管理水平等因素的影响。同时专利权人根据专利经济价值的差异性在每个阶段决定是否缴纳维持费,延长专利寿命。专利权人在决定是否要继续缴纳专利维持年费时需要谨慎思考,是因为有很多因素使得做出该决定变得困难重重,尤其是专利收益的动态性和随机性。

本章调查结果发现是否缴纳专利维持年费需要考虑的因素呈现三个特点。①专利收益的难以确定性排在首位。有35.3%的创新主体将专利"收益的不确定性"作为决定是否缴纳专利维持年费的困难所在。专利维持年费在性质上更像是一种一年期的期权,缴纳专利维持年费后,在没有其他无效宣告程序的前提下,专利权人才能继续享有专利权,但是在缴纳专利维持年费后的一年里,专利收益多少,甚至是否获得专利收益是不完全确定的。随着专利技术本身、专利产品市场、专利权人生产条件等因素的变化,专利收益可能会在一年里随之改变。专利权人无法确保专利能够带来足够的收益,因此无法轻易决定是否继续维持专利权有效。②专利维持年费等专利成本的经济负担是专利权人在考虑是否维持专利继续有效的关键因素。有22.5%的创新主体认为维持年费等专利成本的"经济负担"是决定是否维持专利继续有效的困难所在。缴纳专利维持年费是让专利权人直接拿出现实的货币。更为重要的是,专利收益绝大多数情况是隐藏在企业经营利润当中的,专利权人,尤其是对专利技术不够重视的企业不容易看到缴纳专利维持年费的好处,这时专利权人在做出是否缴纳专利维持年费维持专利继续有效的决定就很难进行。③专利"收益的动态性和随机性"是做出决定困难所在的比例分别为15.9%和11.8%。专利收益的动态性是指授权后缴纳维持年费维持专利继续有效的过程中,随着专利维持时间的延长,专利收益可能随之变化;专利收益的随机性是指授权后缴纳维持年费维持专利继续有效的过程中,专利收益的多少随着专利自身和外界环境及专利权人情况的变化很难预料的性质。专利收益的动态性和随机性应该属于专利收益的难以确定性当中，所以合计 63.0%的创新主体认为，专利收益的特殊性使得专利权人很难做出是否维持专利继续有效的决定。另外，有 11.3%的创新主体认为，专利管理者对"专利的看法"是其决定是否缴纳专利维持年费维持专利继续有效的困难所在。总之，专利权人在决定是否缴纳专利维持年费时的困难大多与专利收益多少和自身经济能力有关。

(5) 未缴纳专利维持年费而放弃专利权的理由。因为专利技术本身或者专利权人经济负担能力等多方面的原因，各个国家都会有相当一部分专利因为没有按照规定缴纳专利维持年费而无法维持到法定保护期限届满（或许这正是专利法的精神所在）。本章针对该问题的调查结果显示以下三个特征。①专利维持年费过高超过创新主体的负担能力是专利权人停止缴纳专利维持年费放弃维持专利有效的最重要原因。28.1%的专利权人因为"专利维持年费过高"而停止缴纳；16.8%的专利权人因为专利暂时闲置，未来可能有较好收益，但单位"经费紧张"而停止缴纳。二者都属于主动停止缴纳专利维持年费的行为，但这种主动行为都含有"无奈"的因素。可见，专利维持年费负担过重导致不能按照规定缴纳专利维持年费而放弃专利权的专利权人的总体比例达到 44.8%。这一调查结果值得重视，它可能是完善我国专利维持年费制度和年费收费标准的重要依据。②专利收益太低或者没有收益不足以缴纳专利维持年费或者说缴纳专利维持年费后，专利权人无法从专利中获得收益，是导致放弃专利的重要理由之一。37.1%的专利权人停止缴纳专利维持年费的理由为"专利收益太低或者没有收益"。这一理由在所有列举理由中所占比例最高，原因在于专利权人的理性，当持有专利所获得的收益低于或不再高于支付专利维持年费时，会采取停止缴纳专利维持年费的举措。对于专利收益低于专利维持年费的专利，或者根本就没有收益的专利而言，维持其有效，显然是不合算的。但是如果对于那些短期内专利收益不高，但有长期收益的专利而言，这一举措虽然能够短期内防止专利权人的利益损失，但对于发挥专利的长期价值而言则可能是非理性的，因为专利收益具有动态性和随机性。③9.0%的专利权人停止缴纳专利维持年费的原因是创新主体专利管理制度不健全，导致"忘记缴纳年费"。此类行为的原因在于创新主体的专利制度管理缺陷，所以不断提升我国创新主体专利管理水平对专利价值的实现非常重要。在其他理由中，5.7%的专利权人因专利技术已淘汰，无需再保护；技术趋势及发展；专利产品淘汰等因素而不再缴纳专利维持年费，这种情况属于正常的专利淘汰现象，也是专利维持年费制度的目的所在。它有利于其他创新主体的后续创新。另外，有 3.3%的专利权人将单位"领导要求"作为停止缴纳专利维持年费的理由之一，这种情况也应该属于专利管理制度不够健全的问题。绝大部分专利权人停止缴纳专利维持年费的理由均是被动的，或者是主动的"无奈之举"。这种现象的后果是专利价值无法得到有效发挥，从而导致创新资源的浪费。

总之，未缴纳专利维持年费而终止专利权的理由不外乎专利收益和专利成本以及其他专利管理制度等。专利收益与专利成本此消彼长。假设专利收益确定，如果增加专利成本，创新主体获得利润就会随之减少，减少到一个临界点之后，专利权人就会放弃该专利；如果适度减少专利成本，创新主体的利润就会随之增多，增加专利权人继续维持专利有效的可能性。在专利技术的市场化水平、产品适应性和成熟度、专利技术保护水平确定的情况下，只有提升专利权人的技术转化和转移能力，才能增加专利权人的专利收益。因为专利维持年费是专利获得授权后最为重要的专利成本，而专利维持年费收费标准一般是由国家知识产权局或者专利局根据实际情况确定的。换句话说，专利维持年费制度可以作为调节专利维持时间、有效专利数量的重要政策工具。规范专利维持年费收费标准、健全专利维持年费制度、完善专利制度促进技术创新机制，应该重视专利权人停止缴纳专利维持年费而终止专利权的原因。

10.5　创新主体对不同时间段的专利维持年费数额和幅度的调整建议

专利维持年费制度是一个由若干个要素构成，且各要素相互作用的有机整体。所有这些要素都会对专利维持年费制度发挥作用，如何优化这些要素的相互作用，使得专利维持年费制度的运行绩效达到最优，是一个非常有价值的研究议题。根据专利维持年费制度促进技术创新的作用机制说明，专利法定保护期内不同时间段的专利维持年费数额的增加频率和增加幅度都会影响专利维持年费制度促进技术创新的效果。与加拿大、日本、韩国、新加坡、俄罗斯、南非和澳大利亚等国一样，中国专利维持年费缴纳和增长方式采用的模式是每年都缴纳、个别年份年费数额增加，其他年费数额不变模式。经过大量的研究，关于每年缴纳专利维持年费数额多少和特殊年份年费增加额度如何确定。其依据是否合理等问题，我们很少发现有明确理论，也没有获得官方关于这些问题的正式说明。要比较准确地回答这些问题，需要明确专利维持年费制度的作用机理，了解这些特殊年份以及这些具体年费增加额度如何影响技术创新的机理。本次关于创新主体对完善专利维持年费制度内部要素作用机制的建议的调查结果如表 10-3 所示。以缴纳专利费的"阶梯"年限为基准，对本次专利权人调整专利维持年费增长幅度的调整建议的统计结果反映了专利权人对专利维持年费数额"降低""不变""增加"三种建议。

（1）专利维持年费缴纳次数和数额增加频率。专利维持年费缴纳次数基本可以分为三种类型：①自申请日起到法定保护期限届满，每年缴纳专利维持年费；②自申请日起第 2～5 年开始到法定保护期限届满，每年缴纳专利维持年费；③自申请日起到法定保护期限届满，只需缴纳几次专利维持年费即可。专利维持年费数额的增加频率基本可以分为：每年增加一次型、3～5 年增加一次型、每年增加一次和几年增加一次混合型；缴纳一次、几年不缴、再次缴纳时比上次缴纳数量较多。关于专利维持年费每次增加幅度大小的问题，不同国家因为对专利维持年费制度的性质和定位不同，或者说对专利维持年费制度促进技术创新作用机理的认识不同，以及技术创新环境不同、研发投入技术专利收益水平存在差异，因此专利维持年费数额增加的幅度存在较大差距。

关于专利维持年费缴纳次数和数额增加频率的问题，本章调查结果发现以下三个特征。首先，48.0%的创新主体倾向于选择"隔几年缴纳"。这种选择对专利权人而言可以提高专利管理效率，但同时也带来一定的风险。为什么接近 1/2 的受访者倾向于"美国式"的每隔几年缴纳一次专利维持年费呢？针对这个问题，本章实地采访专利权人的答复是：这种方式为专利权人节约了时间和精力，避免了专利权人每年要花费时间和精力缴纳专利维持年费和较高的成本。其次，31.2%的创新主体希望"每年缴纳"。这样，一方面可以与单位决算相匹配；另一方面可以根据市场变化随时对是否继续进行专利维持进行决策，避免不必要的资源浪费。本书认为，这种观点比较符合专利维持年费制度促进创新的机理。所谓专利维持年费，每年缴纳一次，这样更加有利于专利权人根据专利收益情况做出是否缴纳专利维持年费以维持专利继续有效的决定，这种做法实质上为专利权人节约一定的专利维持年费支出。再次，17.2%的创新主体倾向于"间隔几年不变"，而 10.6%的专利权人则希望"隔几年增加"。其实这两种观点在很大程度上是一致的，每隔几年专利维持年费不变，然后再增加年费数额。这种情况下的专利维持年费增加分两种类型：一种是增长一年后，几年不增加，然后再增长一年，以此类推，这种类型比较常见；另一种是连续增长几年，这种情况比较少见。最后，仅有 1.0%的创新主体主张"每年递增"。其实这种模式已适用于多个国家。专利维持年费数额应该每年逐渐增加，因为专利收益难以确定，变化无常。随着专利维持时间的延长，专利收益应该是逐渐增加，所以逐渐增加专利维持年费数额符合专利维持规律。

表 10-3　创新主体对完善专利维持年费制度内部要素作用机制的建议

专利维持年费缴纳频率	每年缴纳	隔几年缴纳	隔几年增加	每年递增	间隔几年不变	其他
比例/%	31.2	48.0	10.6	1.0	17.2	2.0
专利维持年费增加幅度	3 年增加一次		5 年增加一次		其他	
比例/%	12.9		79.4		7.7	
专利维持年费的结构	只包括专利维持年费		包括维持年费和按照专利权利要求数加收的费用		其他	
比例/%	66.7		30		3.3	
第 1~3 年维持年费调整	较大幅度降低	小幅度降低	年费不变	较小幅度增加	较大幅度增加	
比例/%	45.6	29.9	21.5	1.5	1.5	
第 4~6 年维持年费调整	较大幅度降低	小幅度降低	年费不变	较小幅度增加	较大幅度增加	
比例/%	48.5	35.3	9.8	3.9	2.5	
第 7~9 年维持年费调整	较大幅度降低	小幅度降低	年费不变	较小幅度增加	较大幅度增加	
比例/%	52.5	24.5	12.7	6.4	3.9	
第 10~12 年维持年费调整	较大幅度降低	小幅度降低	年费不变	较小幅度增加	较大幅度增加	
比例/%	51.5	21.6	11.8	9.8	5.3	
第 13~15 年维持年费调整	较大幅度降低	小幅度降低	年费不变	较小幅度增加	较大幅度增加	
比例/%	52.9	17.1	15.2	6.4	8.2	
第 16~20 年维持年费调整	较大幅度降低	小幅度降低	年费不变	较小幅度增加	较大幅度增加	
比例/%	49.5	20.1	14.2	5.9	10.3	

注：表内数据是多选项，故总和不等于 100%。

(2) 专利维持年费的增加幅度。专利维持年费的增加幅度是指随着专利维持时间的延长，专利维持年费数额的年度增加幅度。根据专利维持年费制度激励技术创新的理论，专利维持年费增加幅度不同，该制度对技术创新作用程度会存在差异。中国现行专利维持年费制度是世界各国比较普遍在使用的类型。该制度规定，自申请日起，前 15 年的发明专利维持年费数额以 3 年为一个梯度增加，第 1～3 年每年收缴年费 900 元，第 4～6 年每年收缴年费 1200 元，第 7～9 年每年收缴年费 2000 元，第 10～12 年每年收缴年费 4000 元，第 13～15 年每年收缴年费 6000 元，第 16～20 年每年收缴年费 8000 元。可见，我国现行的专利维持年费制度是每隔 3 年或者 4 年增加一定数额的维持费，这种间隔的年限是否完全科学合理？值得进一步研究。

根据企业界的缴纳专利维持年费程序过于繁杂的呼声，本章调查问卷中设计了专利权人对改变专利维持年费增加梯度年限的态度的问题。调查结果显示，79.4% 的创新主体支持将专利维持年费数额增加的时间间隔由 3 年或者 4 年统一上升至 5 年。与此同时，认为 3 年增加一次的创新主体只有 12.9%。此外，另有 7.7% 的创新主体对此问题持其他意见。这种观点仅从减少程序方面来看，由原来的专利维持年费数额的六次调整成为四次，似乎方便了专利权人，但是这种调整实质上没有考虑专利收益的不确定性，在一定程度上限制了专利权人依据专利收益与专利成本平衡原理选择是否维持专利继续有效的空间。

(3) 专利维持年费的结构。权利要求书是描述专利保护范围，对专利经营和诉讼非常重要的工具[①]。Lanjouw 和 Schankerman (2004) 研究发现，绝大多数产业的专利权利要求数是衡量其专利质量的重要指标之一。权利要求数测度专利授权文件中包含的权利要求数，权利要求数越多，专利权保护范围越大，专利维持时间越长 (Moore，2005a)。尽管专利权利要求数在文献中被大量引用，但是在中国很少用大数据的方式被使用 (Dang、Motohashi，2015)。权利要求数在很大程度上反映专利的技术创新水平和价值高低 (乔永忠、谭婉琳，2017)。不同创新水平和价值的专利是否应该缴纳不同数量的专利维持年费，值得进一步分析。

专利维持年费的结构是指专利维持年费构成类型。世界各国现有专利维持年费结构主要有两种：①只包括单一专利维持年费，简称单一制，绝大多数国家采用这一种；②除了专利维持年费外，还包括根据权利要求数量附加的费用，简称混合制，目前日本和韩国采用混合制。权利要求及其数量是反映专利保护范围的关键指标，也是专利技术创新水平的最好体现。甚至有学者认为，不应该用专利数量或者有效专利的数量来表示一个国家或者地区的创新能力，而是应该用权利要求数量来反映一个国家或者地区的创新能力。因此，在专利维持年费中附加一定比例的、按照权利要求数缴纳的费用具有一定的科学性。关于专利维持年费结构，本章调查结果显示，2/3 左右的创新主体认为专利维持年费的机构应该遵循单一性原则，应该"包括专利维持年费"。其他近 1/3 的专利权人则认为专利维持年费的组成当中，除了专利维持年费本身，还应该包括"按照专利权利要求加收的费用"，即权利要求数越多，缴纳的专利维持年费越多。综合上述观点和调查结果，作者认为，应

---

① Diana Alexandra Iercosan. Discrete Choice under Spatial Dependence and a Model of Interdependent Patent Renewals, Doctor of Philosophy [EB/OL]. https://search.proquest.com/docview/904107932.[2018-08-20].

该调整我国现有专利维持年费结构，补充按照权利要求数量缴纳相应的规定。

（4）不同时间段专利维持年费降低的建议。被调查创新主体认为降低专利维持年费幅度的建议呈现两个特征：①建议六个时间段的专利维持年费数额都大幅降低的创新主体比例最高，除了建议自申请日起第 1～3 年专利维持年费较大幅度降低的专利权人比例为 45.6%外，希望在其他五个时间段都较大幅度降低专利维持年费数额的专利权人数比例均在 50%左右；②建议六个时间段的专利维持年费数额都"小幅度降低"的专利权人比例较高，其比例范围在 17.1%～35.3%，变化范围较宽，说明创新主体对不同时间段的专利维持年费数额小幅增加的观点差异相对较大。可见，大多数创新主体支持不同时间段降低专利维持年费数额。

（5）不同时间段专利维持年费不变的建议。被调查创新主体建议专利维持年费数额幅度不变的意愿比较均衡，波动范围在 9.8%～21.5%。其中，建议专利维持年费数额保持不变的创新主体比例最低的是第 4～6 年；第 7～9 年和第 10～12 年两个阶段创新主体建议专利维持年费数额保持不变的比例都不高；建议专利维持年费数额保持不变的创新主体在第 13～15 年和第 16～20 年这两个阶段的比例相对较高，建议专利维持年费数额保持不变的创新主体比例在第 1～3 年最高。

（6）不同时间段专利维持年费增加的建议。被调查创新主体建议专利维持年费数额幅度增加的意愿不高，波动范围在 1.5%～10.3%，且呈现如下特征。①建议专利维持年费数额小幅增加的创新主体比例整体很低。其中，建议在第 1～3 年和第 4～6 年提高专利维持年费数额的比例最低；建议在第 7～9 年、第 13～15 年和第 16～20 年中小幅增加专利维持年费数额的创新主体比例相对较高；建议在第 10～12 年中小幅增加专利维持年费数额的创新主体比例相对最高。②建议大幅度增加专利维持年费数额的创新主体比例呈现一个非常有趣的现象，即随着专利维持时间的延长，较大幅度增专利维持年费数额的专利权人比例逐渐提升，尤其是在第 16～20 年建议较大幅度增加专利维持年费的创新主体比例达到 10.3%。

可见，随着专利维持时间的延长，提升专利维持年费数额这个观点，在整体呼声不高的前提下，仍然得到专利权人的认可。这种专利维持理论和专利价值分布规律相一致。研究发现，专利价值分布最突出的特征是极其不平衡，且专利权经济价值极低的专利集中度很高，大多数专利权价值集中在专利维持时间的结尾部分（尤其是最后 5%的专利）（Schankerman，1998）。另外，单独观察每个年限可以发现，专利权人的希望是专利维持年费由大幅降低、小幅降低、保持不变、小幅提升到大幅提升的比例大体呈现出逐渐减少的趋势。

10.6　本章研究结论及建议

专利维持年费制度制定者掌握的专利维持制度目标和价值重点决定了采取专利维持年费制度的类型和性质，同时决定了专利维持年费的标准（Potterie、Rassenfosse，2013）。为有效发挥中国专利制度促进技术创新的作用，重新审视中国专利维持年费制度及其收费标准，并对其进行全面综合改革，以便于创新驱动发展战略的实施和知识产权强国的建设，本书在分析专利维持年费理论模型的基础上，分析国内 204 个创新主体对专利维持年费制度的看法和感受，并得出如下结论：首先，专利维持年费缴纳信息为研究专利权人权衡专利维持成本与收益信息提供了一个重要视角；专利维持年费制度的综合作用是决定专利维持年费缴纳信息的关键要素；专利最优维持时间和最优有效专利数量要以完善的专利维持年费制度为支撑。其次，专利保护范围的大小并不必然决定专利最优维持时间的长短；专利维持年费制度决定了大多数专利的专利最优维持时间较短；专利维持年费数额应该随着专利维持时间的延长大幅度增加。再次，约三成创新主体认为缴纳专利维持年费的目的在于促进创新，约四成创新主体认为专利维持年费制度目的是支撑专利局财务运行或补贴专利局工作经费；大多数创新主体认为应该保持现有的专利维持年费结构；大多数创新主体认为应该缴纳专利维持年费；多数创新主体认为做出是否缴纳维持年费决定的困难在于专利收益的难以确定性，放弃缴纳专利维持年费的最大原因是专利收益低；部分创新主体倾向于选择“每隔几年缴纳一次年费”的简单模式；大多数创新主体支持将专利维持年费数额增加的时间间隔由 3 年或者 4 年统一上升至 5 年；绝大多数的创新主体认为专利维持年费相对于其负担能力过重；多数创新主体希望专利维持年费在不同阶段分别进行大幅降低、小幅降低、保持不变、小幅提升到大幅提升的修改建议。

根据专利维持年费制度理论及对创新主体调查结果分析，本章提出完善中国专利维持年费制度的如下七条建议。①强化对专利维持年费制度理论研究，系统分析其内部结构和促进技术创新的作用机制。②适度整体降低中国专利维持年费收费标准。根据不同国家或者地区自申请日或授权日起 5 年、10 年、15 年和 20 年专利维持年费总额比较发现，中国专利维持年费整体处于较高水平；根据对国内创新主体关于年费负担水平调研结果，中国专利维持年费对创新主体的经济负担较重。③改变专利维持年费增长模式。建议每 5 年专利维持年费增加一个较大梯度；同时每个 5 年期间，专利维持年费较小幅度增长。④调整专利维持年费增长幅度。大幅度降低自申请日起前 5 年的专利维持年费，较大幅度降低自申请日起前 6～10 年的专利维持年费，保持自申请日起前 11～15 年的专利维持年费不变，较大幅度增加自申请日起前 16～20 年的专利维持年费。⑤提供可以选择的缴费模式：一次缴清 20 年全部专利维持年费（数额可以打 4～6 折）；分自申请日起 5 年、10 年、15 年、20 年四次缴纳专利维持年费（数额可以打 7～8 折）；每年缴纳专利维持年费。⑥调整专利维持年费结构。除了缴纳基本专利维持年费外，根据专利权利要求数量多少较低比例缴纳费用。⑦完善专利维持年费缴纳方式。鼓励采用支付宝、微信等在线缴费方式（建议采用在线缴纳方式专利维持年费的，专利维持年费总额打 8～9 折）；设立专用账户，允许采用委托扣款方式等。

第十一章　美日欧与中国专利维持
年费制度比较研究[①]

美日欧与我国专利维持年费制度各有特点。美日欧与我国专利维持年费制度共同点是：都有对小企业的减免制度和滞纳金制度以及专利维持年费数额都随着距离申请时间或者授权时间的延长而增加的趋势。美日欧与我国专利维持年费制度不同点是：美国模式相对僵化，不够灵活；欧洲模式相对比较灵活；日本模式似乎更为科学；我国模式与日本和欧洲模式相比，虽不够灵活，但是比美国模式灵活性较高。

11.1　专利维持年费制度及其法律意义

很多国家专利法规定专利维持年费是以年为单位缴纳的，所以通常将其称为专利维持年费或者年费。专利维持年费制度是规范专利维持年费的数额、缴纳模式、缴纳时间以及不缴纳带来的后果等的规则，是专利维持制度的核心机制。专利维持年费制度与特定时期的法律和经济制度及其现实条件的适应程度，将直接影响专利制度对技术创新和社会经济发展的促进作用(Schankerman，2008)。在现有专利制度的框架下，调整专利维持年费数额和结构是专利局通过调整专利维持成本，协调专利保护效果的有效选择之一(Scotchmer，1999)。立法机构可以通过调整专利维持年费制度，影响专利维持时间，完善专利制度(Cornelli、Schankerman，1999)。目前，绝大多数国家或地区专利法规都规定，要维持授权专利继续有效，就必须缴纳规定的维持费。一些国家甚至在专利授权之前要收取一定数量的专利申请维持费。因为专利维持年费制度在不同程度上增加专利的维持成本，降低权利人的专利收益，影响专利维持时间，使得一些没有维持价值的低质量专利提前因未缴纳维持年费被终止，相关技术也提前进入公有领域，为后续发明创造提供了方便。这在一定程度上促进了技术创新，提高了专利制度的运行绩效。各国科技和经济社会的发展水平不同，所以不同国家或者地区专利维持年费制度的模式存在不同程度的差异也是正常的。不过，通过比较我国与其他国家或地区专利维持年费制度，发现我国模式的不足，借鉴其他国家的先进经验，对完善我国专利维持年费模式具有重要意义。

11.2　美国专利维持年费制度及特点

美国专利制度建立于 1790 年，但是在 1980 年才开始实施专利维持年费制度。该国《专利法》规定，自 1980 年 11 月 12 日起申请的所有专利，如果获得授权，自授权之日起 4 年之内被自动认为有效。美国法典第 35 篇第 41 条第 b 款(35 U.S.C. 41(b))规定，在法定保护

---

① 本章部分内容曾发表于《电子知识产权》2011 年第 1~2 期，作者乔永忠。

期内，为了保持专利继续有效，专利权人必须在授权后的第 3.5 年、第 7.5 年和第 11.5 年三个时间点缴纳专利维持年费。美国联邦法规第 37 篇第 1.362(d)条(37 CFR 1.362(d))规定，每个缴费时间点之前 6 个月缴纳专利维持年费时，不需要缴纳滞纳金，这段时间通常被称为"窗口期(the window period)"。第一个窗口期为授权后第 3~3.5 年，第二个窗口期为授权后第 6~6.5 年，第三个窗口期为授权后第 11~11.5 年。例如，如果你的专利是 2003 年 11 月 30 日授权，那么 2007 年 5 月 31 日为缴纳专利维持年费(不缴纳滞纳金)的最后一天。美国联邦法规第 37 篇第 1.362(e)条(37 CFR 1.362(e))规定，如果在规定的时间内没有缴纳专利维持年费，在宽限期内，专利维持年费可以在缴纳滞纳金的前提下继续缴纳，以便维持专利有效。第一个宽限期为授权第 3.5~4 年，第二个宽限期为授权第 7.5~8 年，第三个宽限期为授权第 11.5~12 年。

　　美国专利商标局授权专利维持年费及滞纳金标准如表 11-1 所示。从表 11-1 可以看出，美国专利维持年费制度有如下的特点：首先，缴纳年费是在专利授权后第 3.5 年、第 7.5 年和第 11.5 年三个节点上缴纳一定数量的专利维持年费，而不是授权后每年都缴纳，这与很多国家不同。这里有两点需要强调：一是专利维持年费时间是从授权时间起算的，而不是从申请时间起算；二是缴费时间只有三个时间点，即每四年缴纳一次，而不是每年都缴纳。其次，对小企业给予优惠政策：小企业的专利维持年费和滞纳金等是其他类型专利权人数额的 1/2。再次，对因为不可抗力或过失使得错过缴纳专利维持年费而导致专利被终止的，规定了通过缴纳一定数量的罚金补救措施，而且因过失导致专利被终止恢复权利需要缴纳的罚金数额是因不可抗力导致专利被终止恢复权利需要缴纳的罚金数额的两倍多，具有一定的惩罚意义，显得更加符合法理。最后，超过规定时间后 6 个月内缴纳滞纳金的规定。如果超过规定期限未缴纳，在 6 个月之内，缴纳一定数量滞纳金后，可以补缴专利维持年费。如果超过规定期限的时间大于 6 个月，专利会因未缴专利维持年费被终止，专利权失去效力，因不可抗力或者过失导致专利被终止的除外。

表 11-1　美国专利商标局授权专利维持年费及滞纳金标准[①]　单位：美元($)

代码	授权后时间	专利维持年费	对小企业减免后的年费
1551/2551	第 3.5 年	980.00	490.00
1552/2552	第 7.5 年	2480.00	1240.00
1553/2553	第 11.5 年	4110.00	2055.00
1554/2554	超过第 3.5 年 6 个月需缴纳滞纳金	130.00	65.00
1555/2555	超过第 7.5 年 6 个月需缴纳滞纳金	130.00	65.00
1556/2556	超过第 11.5 年 6 个月需缴纳滞纳金	130.00	65.00
1557	因不可抗力导致专利被终止的，恢复时需要缴纳的罚金	700.00	
1558	因过失导致专利被终止的，恢复时需要缴纳的罚金	1640.00	

---

① 美国专利商标局网站，http://www.uspto.gov/web/offices/ac/qs/ope/fee2009september15.htm#maintain[2009-12-7].

11.3　欧洲专利维持年费制度及特点

《欧洲专利公约》(本节以下简称《公约》)和《欧洲专利公约实施细则》(本节以下简称《实施细则》)分别对欧洲专利申请维持年费进行了规定。《公约》第 86 条规定了欧洲专利申请的年费:①申请欧洲专利时,应根据《实施细则》规定,向欧洲专利局缴纳维持年费。该年费自申请日算起,从第 3 年开始每年缴纳。②如果在到期日或在该日以前未缴纳年费,在到期后的 6 个月内缴纳仍然有效,但是应同时缴纳相应数量的滞纳金。③如未按期缴纳维持年费和滞纳金,欧洲专利申请应视为撤回,且只有欧洲专利局有权作出此项决定。④在公布授予欧洲专利通知当年的年费缴纳后,缴纳年费的义务即将告终止[①]。

《实施细则》第 37 条规定了缴纳年费的规定:①缴纳一项欧洲专利下一年度年费的期限是该专利提出申请一年后相应申请月最后一日,且按到期日的有效维持费数额缴纳。如在早于到期前一年缴纳年费,该缴纳无效。②如果一项年费在提高维持年费数额的决定生效后 3 个月到期,而且已经按期缴纳了提高维持年费数额前应缴纳的金额,只要在到期后的 6 个月内缴纳差额,就应认为缴纳的维持年费有效,不征收任何滞纳金。③按《公约》第 86 条第 2 款的规定,如在该规定的期限内缴纳了差额,就应视为同时缴纳了滞纳金。④按《公约》第 86 条第 1 款规定应缴纳的年费,在涉及《公约》第 76 条第 1 款最后一句所指的欧洲专利分案申请时,该年费应在提出分案申请后的 4 个月内缴纳。《实施细则》第 86 条第 2 款和第 3 款都可适用。⑤对于按公约第 61 条第 1 款(b)项所提出的一件新的欧洲专利申请,不要求缴纳提出该申请当年的和提出申请以前年份的年费。

欧洲专利申请维持费及滞纳金标准如表 11-2 所示。从上述规定及表 11-2 可以看出,欧洲专利维持年费制度的特点表现在以下三个方面:首先,专利维持年费从申请日起第 3 年开始缴纳,至授予专利通知当年之后,缴纳年费的义务结束;其次,专利维持年费每年都要缴纳,且每年的数额不断增加,但增加幅度不大;再次,自申请日起第 10 年开始,专利维持年费和滞纳金数额均成为常数,不再增加。

表 11-2　欧洲专利申请维持费及滞纳金标准[②]　　　　　　　　单位:欧元(€)

代码	距离专利申请日的时间	专利维持年费
033/093	第 3 年	40000 以上
034/094	第 4 年	50000 以上
035/095	第 5 年	70000 以上
036/096	第 6 年	90000 以上
037/097	第 7 年	100000 以上

① 此规定应该是根据欧洲专利的特点及其与成员国专利的关系所做出的,从其内容来看,实质上是专利申请维持年费,与专利维持年费存在质的区别。

② 欧洲专利局网站,http://www.epoline.org/portal/public/!ut/p/kcxml/04[2009-12-07].

续表

代码	距离专利申请日的时间	专利维持年费
038/098	第 8 年	110000 以上
039/099	第 9 年	120000 以上
040/100	第 10 年	135000 以上
...	...	...
050/11	第 20 年	135000 以上

11.4　日本专利维持年费制度及特点

　　日本专利维持年费制度的最大特点是依据专利申请日和实质审查时间将专利划分为四个部分缴纳专利维持年费。具体划分如下：根据专利申请日划分为 1988 年 1 月 1 日以后申请的专利和 1987 年 12 月 31 日以前申请的专利；依据实质审查时间又将每部分专利划分为 2004 年 4 月 1 日以后进行实质审查的专利维持年费标准和 2004 年 3 月 31 日以前进行实质审查的专利维持年费标准。上述四个部分专利进行实质审查的专利维持年费适用标准分别如表 11-3、表 11-4、表 11-5 和表 11-6 所示[①]。1987 年 12 月 31 日以前申请的专利适用表 11-3 和表 11-4 所列的进行实质审查的专利维持年费适用标准。1988 年 1 月 1 日以后申请的专利适用表 11-5 和表 11-6 所列的进行实质审查的专利维持年费适用标准。

表 11-3　2004 年 3 月 31 日以前进行实质审查的专利维持年费适用标准　　单位：日元（￥）

距离专利申请日的时间	专利维持年费
第 1～3 年	7500 + 4900 /权利要求/年
第 4～6 年	11900 + 7400 /权利要求/年
第 7～9 年	23800 + 14800 /权利要求/年
第 10～25 年	47500 + 29600 /权利要求/年

表 11-4　2004 年 4 月 1 日以后进行实质审查的专利维持年费适用标准　　单位：日元（￥）

距离专利申请日的时间	专利维持年费
第 1～3 年	1500 + 1000 /权利要求/年
第 4～6 年	4800 + 2900 /权利要求/年
第 7～9 年	14300 + 8800 /权利要求/年
第 10～25 年	47500 + 29600 /权利要求/年

---

① 日本专利局网站 [DB/OL] http://www.jpo.go.jp/cgi/linke.cgi?url=/tetuzuki_e/ryoukin_e/ryokine.htm[2009-12-7].

表 11-5　2004 年 3 月 31 日以前进行实质审查的专利维持年费适用标准　单位：日元（¥）

距离专利申请日的时间	专利维持年费
第 1～3 年	11400 + 1000 /权利要求/年
第 4～6 年	17900 + 1400 /权利要求/年
第 7～9 年	35800 + 2800/权利要求/年
第 10～25 年	71600 + 5600/权利要求/年

表 11-6　2004 年 4 月 1 日以后进行实质审查的专利维持年费适用标准　单位：日元（¥）

距离专利申请日的时间	专利维持年费
第 1～3 年	2300 + 200 /权利要求/年
第 4～6 年	7100 + 500 /权利要求/年
第 7～9 年	21400 + 1700 /权利要求/年
第 10～25 年	61600 + 4800/权利要求/年

日本专利维持年费标准的特点除了依据申请日和实质审查时间划分为四种情况适用不同标准外，还可以从表 11-3、表 11-4、表 11-5 和表 11-6 中得出如下特点：①以申请日为年费缴纳时间为起算点；②除了年费分阶段固定部分外，还对每项权利要求加收不同数量的附加年费，而且附加年费也随申请时间的延长而增长；③从专利申请日起前 9 年中，专利维持年费都是每三年增加一个幅度，而第 10～25 年则专利维持年费数额不变。

11.5　中国专利维持年费制度及特点

我国现行《专利法》第四十三条规定，"专利权人应当自被授予专利权的当年开始缴纳年费。"我国现行《专利法》第四十四条第 1 款规定，"有下列情形之一的，专利权在期限届满前终止：（一）没有按照规定缴纳年费的；……"。2001 年通过的我国《专利法实施细则》第九十条规定，"向国务院专利行政部门申请专利和办理其他手续时，应当缴纳下列费用：（一）申请费、申请附加费、公布印刷费；（二）发明专利申请实质审查费、复审费；（三）专利登记费、公告印刷费、申请维持费①、年费；（四）著录事项变更费、优先权要求费、恢复权利请求费、延长期限请求费、实用新型专利检索报告费；（五）无效宣告请求费、中止程序请求费、强制许可请求费、强制许可使用费的裁决请求费。前款所列各种费用的缴纳标准，由国务院价格管理部门会同国务院专利行政部门规定。"2001 年通过的我国《专利法实施细则》第九十四条规定，"发明专利申请人自申请日起满 2 年尚未被授予专利权的，自第三年度起应当缴纳申请维持费。②"第九十五条规定，"期满未缴纳或未缴足费用的，视为未办理登记手续。以后的年费应当在前一年度期满前 1 个月内预

---

① 2009 年 12 月 30 日新通过的我国《专利法实施细则》将原专利法实施细则第九十条修改为第九十三条，并取消了缴纳专利申请维持费的规定。

② 2009 年 12 月 30 日新通过的我国《专利法实施细则》删除了原专利法实施细则第九十四条。

缴。2009 年 12 月 30 日通过的《国务院关于修改〈中华人民共和国专利法实施细则〉的决定》(第二次修订)第九十七条规定，"申请人办理登记手续时，应当缴纳专利登记费、公告印刷费和授予专利权当年的年费；期满未缴纳或者未缴足的，视为未办理登记手续"；该实施细则第九十八条规定，"授予专利权当年以后的年费应当在上一年度期满前缴纳。专利权人未缴纳或者未缴足的，国务院专利行政部门应当通知专利权人自应当缴纳年费期满之日起 6 个月内补缴，同时缴纳滞纳金；滞纳金的金额按照每超过规定的缴费时间 1 个月，加收当年全额年费的 5%计算；期满未缴纳的，专利权自应当缴纳年费期满之日起终止"。例如，缴费时超过规定缴费时间两个月，滞纳金金额为年费标准值乘以 10%。授权前已获准专利费用减缓的，自授权当年起连续三个年度可按已批准的减缓比例缴纳年费。例如，一件已获准减缓专利费用的专利申请的授权当年为第 3 年度(即办理登记手续通知书中所指明的年度)，则专利权人按批准的减缓比例可以减缓第 3 年度、第 4 年度及第 5 年度的年费，第 6 年度起应该按全额缴纳年费。专利权被终止后，申请人或专利权人请求恢复权利的，应提交恢复权利请求书，并缴纳费用。该项费用的缴纳期限是自当事人收到专利局发出的权利丧失通知之日起两个月内。未在规定的期限内缴纳或缴足的，其权利将不予恢复。2010 年 2 月 1 日起施行的《专利审查指南》第五部分第九章第 2.2.1.3 条规定，"凡因年费和/或滞纳金缴纳逾期或者不足而造成专利权终止的，在恢复程序中，除补缴年费之外，还应当缴纳或者补足全额年费 25%的滞纳金"。

我国专利维持年费及其减缓标准如表 11-7 所示。从表 11-7 可以看出，我国专利维持年费制度有如下五个特点：①专利维持年费起算时间点从申请日开始，但是缴费从授权日开始；②专利维持年费数额在前十五年中，每三年增加一个档次，最后五年为一个档次，且后四个档次相差的数额均为 2000 元人民币；③对符合一定条件的专利减缓一定数量的费用，且个人减缓幅度是单位减缓幅度的 1/2；④滞纳金制度，且滞纳金数额随拖欠时间的延长而增加；⑤因专利维持年费缴纳逾期或者不足，造成专利权终止的，在满足一定条件时专利权可以恢复。

表 11-7 我国专利维持年费及其减缓标准[①] 单位：人民币元(¥)

距离申请日的时间	专利维持年费	个人减缓	单位减缓
第 1～3 年	900	135	270
第 4～6 年	1200	180	360
第 7～9 年	2000	300	600
第 10～12 年	4000	600	1200
第 13～15 年	6000	900	1800
第 16～20 年	8000	1200	2400

---

① 参见中国国家知识产权局网站，https://wenku.baidu.com/view/2299947d66ec102de2bd960590c69ec3d4bbdb5f.html.[2019-05-17].

11.6　美日欧与中国专利维持年费制度的区别

通过美日欧及我国专利维持年费制度的分析，可以看出各大专利局专利维持年费制度的相同点和不同点。①就相同点而言，以下几点需要说明：各专利局制定的专利维持年费数额都随着距离申请时间或者授权时间的延长，依据不同比例增加；各大专利局都规定了专利维持年费对小企业的减免制度，我国知识产权局还规定了对个人的减免制度；都规定了在规定时间不缴纳专利维持年费，并且没有超过一定期限(一般为 6 个月)，缴纳专利维持年费时需要缴纳不同比例的滞纳金。②就不同点而言，下列几点值得关注：一是美国专利商标局的专利维持年费仅在授权后第 3.5 年、第 7.5 年和第 11.5 年三个时间缴纳，既不同于欧洲专利局的每年缴纳且每年都有一定幅度增加(申请日后第 10 年后不再增加)模式，也不同于日本和我国每年都缴纳，且每隔三年或者五年增加一定幅度的模式。本章认为，这种模式的缺陷是比较僵化，不够灵活。二是欧洲专利局专利维持年费的特点是每年都缴纳，且每年都有一定幅度的增加(申请日后第 10 年后不再增加)。这种模式相对灵活，专利权人可以随时选择不缴纳专利维持年费的方式，终止自己的专利。三是日本专利局的专利维持年费的优点是根据申请时间和审查时间划分不同的阶段，确定不同的维持年费数额。该模式确定专利维持年费是考虑了不同的情况，似乎更为科学。我国国家知识产权局的专利维持年费的特点是每年都缴纳，且每三年(最后一个档次是五年)年费数额增加一个幅度的模式。该模式与日本和欧洲专利局的模式相比，灵活性不是很好，但是比美国专利商标局的模式灵活性较高。

11.7　完善中国专利维持年费制度的建议

根据美日欧与我国专利维持年费的模式差异及我国实际情况，本章提出如下建议，以便完善我国专利维持年费制度。首先，根据消费者物价指数(consumer price index，CPI)的年度变化调整情况，调整专利维持年费数额以及每年的增加幅度。专利维持年费实质上是平衡专利权人维持专利的成本，平衡专利权人和公众的收益，而货币的实际价值是随着消费者物价指数的变化而发生变化的，所以建议专利维持年费的数额应该根据专利权人的实际收益不断变化，只有这样，专利维持年费制度才能较为准确地调整专利权人和公众的利益平衡。其次，专利维持年费的数额随年份的增加而逐年增加，而不是以每三年或五年为一个幅度来增加。随着专利技术的不断成熟，专利收益在一定时间区间中会不断增加，所以专利的收益可能也随之增加，但是规定增加幅度必须以三年或者五年为一个常数，似乎没有科学道理。再次，恢复专利申请维持费制度。虽然 2009 年 12 月 30 日新通过的我国《专利法实施细则》取消了缴纳专利申请维持费的规定，但本书认为，专利申请维持费制度是专利维持年费的重要组成部分。因为专利申请维持费制度对调动专利申请人在申请专利过程中的积极性具有促进作用，且在一定程度上弱化了少数专利申请人拖延战术的作用。虽然在程序上增加了繁琐程度。但总体而言，取消专利申请维持费制度，弊大于利。另外，欧洲和日本的专利维持年费模式中都有专利申请维持费制度，而且发挥着重要作用。因此，本章建议，在下次修改《专利法实施细则》时恢复专利申请维持费制度。

第十二章　不同国家或者地区专利维持年费收费标准比较研究

——以 54 个国家或者地区四个时间节点专利维持年费总额分布为例[①]

专利维持年费缴费标准一定程度上反映了特定国家或者地区在特定时间允许专利权人根据专利整个寿命中收益和成本进行有效选择专利保护时间长度的水平。本章通过研究 54 个国家或者地区在四个时间节点专利维持年费总额可以得出如下三点结论：①不同国家或者地区在理论上存在一个适合其专利制度发展的最优的专利维持年费收费标准；②绝大多数国家或者地区根据专利收益大小的过程设置专利维持年费数额的标准，专利授权初期要求缴纳的专利维持年费较低，随着维持时间的延长，专利维持年费数额逐渐增加；③中国在四个时间点的专利维持年费总额均处于较高水平。为有效发挥中国专利制度促进技术创新的作用，建议重新审视中国专利维持年费制度及其收费标准，并对其进行综合改革。

12.1　引言

专利制度是为研发提供激励动力的政策工具，也是利用垄断权力补偿创新风险，推动研发投资接近社会最优水平的重要驱动创新手段之一。专利权是法律赋予权利人一定时期内，阻止他人未经允许，制造、使用、销售、许诺销售、进口其专利产品，或者使用其专利方法以及使用、许诺销售、销售、进口依照该专利方法直接获得产品的独占权利。从这种独占权利额外获得的货币收益的时间长短，即专利维持时间成为评估专利价值的方法之一。专利维持年费是专利权人为了继续从专利保护中获得收益而维持专利有效，必须向专利局缴纳的费用。根据专利维持年费制度，专利权人具有维持其授权专利达到最长法定保护期限 20 年的权利，也有不缴纳专利维持年费，随时放弃专利权的权利。专利维持时间与专利维持年费关系非常密切。同等条件下，如果专利维持年费较高，专利维持时间就会相应缩短，所以在没有确定专利维持年费这个变量的前提下，用专利维持时间衡量专利质量不够准确。可以通过专利维持年费制度或者收费标准调整专利维持时间，或者说通过调整专利权人的专利成本改变专利收益，从而提高专利制度的实施绩效，优化驱动技术创新功能。同时，因为不同国家或地区法律制度、经济发展、科学技术、社会文化等方面的差异，世界各国专利维持年费制度具有多样性。本章统计发现，研究的 54 个国家或者地区的专利维持年费收费标准没有两个国家或者地区完全一样。从这些不同的专利维持年费制度或者收费标准中探寻其不同、发现其规律对促进技术创新

---

① 本章部分内容曾发表于《中国知识产权》2017 年第 9 期，作者乔永忠和高佳佳。

非常重要。为此，本章拟通过研究不同国家或者地区专利维持年费收费标准，探寻专利维持年费制度的作用机理，从调整专利维持年费或者专利成本优化专利维持时间或者专利收益视角研究专利制度驱动创新的价值。

专利维持时间是反映专利维持年费制度或者收费标准的关键指标。Mansfied（1984）研究发现，美国一些产业约 60%的专利在授权后 4 年内被终止，绝大多数专利的维持时间远远小于法定保护时间。Pakes（1986c）研究显示，法国只有 7%的专利、德国只有 11%的专利维持到法定保护期限届满。Lanjouw（1993）和 Lanjouw 等（1998）研究显示，不同技术领域和不同国家或地区专利的维持时间在 10 年以上的不超过 50%。根据中国国家知识产权局规划发展司于 2015 年 11 月发布的《2014 年中国有效专利年度报告》，中国授权的国内权利人拥有的有效发明专利维持时间多集中在 3～6 年，而国外权利人拥有的发明专利的维持时间则多集中在 6～10 年。专利维持时间的长短受到很多因素的制约（乔永忠，2011g），其中很多因素是从专利收益层面影响专利维持时间，但是专利维持年费制度在很大程度上从专利成本方面影响了专利维持时间。为此，本书以 54 个国家或者地区自申请日[①]起专利维持年费总额为研究对象，选取自申请日起前 5 年、10 年、15 年和 20 年四个节点的专利维持年费总额分布进行比较分析，探讨不同国家或者地区为了平衡专利权人利益和公共利益、提高专利制度实施绩效而设立的专利维持成本的差异，为完善中国专利维持年费制度提供参考。

12.2　数据来源

作为本章研究对象的 54 个国家或者地区[②]的专利维持年费信息来自 54 个国家或者地区的知识产权局或者专利局网站。在这些网站中选择"patent""maintenance fee""fee and form"等关键词在相关页面中获取专利维持年费收费标准。其中，美国专利维持年费缴纳方式比较特殊，即专利权保护期间只缴纳三次专利维持年费，其余时间不用缴纳专利维持年费，所以计算美国专利维持年费总额方法也比较特殊[③]。因为收集的原始数据中货币单位不一致，为了比较方便，本书将其统一换算成为人民币，换算汇率来源于万德数据库，采用的汇率时间节点是 2016 年 9 月 30 日 16:00。

12.3　54 个国家或者地区自申请日起前 5 年专利维持年费总额比较

专利维持年费机制是专利制度的核心机制之一，与特定国家或者地区特定阶段的法律

---

① 绝大多数国家或者地区专利维持年费制度规定计算专利维持年费数额自申请日起算，也有极少数国家如马来西亚、美国和波兰的专利维持年费制度规定，专利维持年费数额自授权日起算，本书为了分析方便，统称为自申请日起算。

② 因为各个国家或者地区的知识产权局对专利维持年费收费标准信息和检索手段有限，本书对应课题组仅找到 54 个国家或者地区的专利维持年费数据。

③ 根据美国专利维持年费制度，专利授权后分别于第 3.5 年、第 7.5 年和第 11.5 年三个节点缴纳专利维持年费 10674.28 元、24017.13 元和 49368.54 元，计算美国的专利维持年费总额时需从专利权人实际缴纳的年费出发，那么专利权人为维持专利 5 年则需在第 3.5 年缴纳年费 10674.28 元，维持专利 10 年则需在第 3.5 年和第 7.5 年缴纳两次年费［10674.28+24017.13=34691.41（元）］，维持专利 15 年则需在第 3.5 年、第 7.5 年和第 11.5 年缴纳三次年费［10674.28+24017.13+49368.54=84059.95（元）］。同时，当专利权人于三个节点上分别缴纳了年费则可获得 20 年的专利保护期限。

制度、经济发展、科技创新、人文环境及其他现实条件有着密切的关系。如图 12-1 所示，是 54 个国家或者地区自申请日起 5 年内专利维持年费总额分布情况。通过对 54 个国家或者地区专利维持年费收费标准进行比较，可以直观地观察到不同国家或者地区专利维持年费收费总额的差异。选取自申请日起前 5 年专利维持年费数额总额比较，可以观察不同国家或者地区在专利获得授权前期对权利人设置成本大小的差异。一般而言，专利在授权初期，因为技术成熟度较低，市场化程度不高，专利收益较低，此时过高的专利维持年费会给专利权人带来过高的维持成本，甚至导致经济状况不好的专利权人因为负担不起专利维持年费而终止一些有价值的专利。所以，多数国家或者地区在此阶段设置较低的专利维持年费数额，同时辅助设立一定的针对特殊群体(小微企业和个人)专利权人在专利维持年费方面的减免(缓)制度。如果不考虑专利维持年费模式，从制度设计的维持年费数额来讲，自申请日起前 5 年的专利维持年费数额较高，将会加大专利维持成本，压缩专利维持时间，减少有效专利数量，影响专利维持年费制度对专利质量筛选作用，从而使更多的技术较早地进入公共领域。可见，虽然专利授权前期专利维持年费数额较高对社会公众进行后续创新具有一定的促进作用，但是在一定程度上不利于专利权人探索最大化其专利收益的途径。图 12-1 也反映了不同国家或者地区在专利授权初期平衡专利权人利益与公共利益方面的态度。

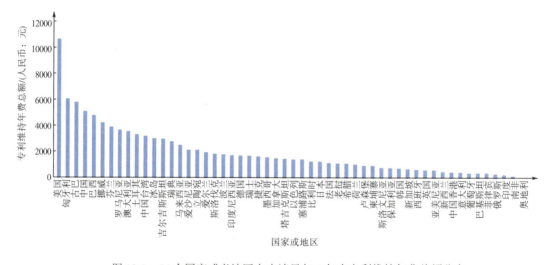

图 12-1　54 个国家或者地区自申请日起 5 年内专利维持年费总额分布

从图 12-1 可以发现，54 个国家或者地区自申请日起起 5 年内专利维持年费总额分布具有如下五个特征。①专利维持年费总额最高值与最低值差距较大。美国专利维持年费总额最高(10674.28 元)；奥地利自申请日起前 5 年无需缴纳专利维持年费，最高值与最低值差距为 10674.28 元。②不同区域专利维持年费总额分布规律不明显。美国的专利维持年费总额在 6000 元以上，匈牙利、古巴、中国、巴西和挪威五个国家专利维持年费总额在 4000～6000 元；专利维持年费总额在 2000～4000 元的有 11 个国家或者地区包括芬兰、罗马尼亚、澳大利亚、土耳其、中国台湾、冰岛、吉尔吉斯斯坦、瑞典、马来西亚、爱沙尼亚和立陶宛；其余 37 个国家或者地区的专利维持年费总额低于 2000 元。可见专利维持年费总额高低与区域经济发展关系不够明显。③专利维持年费整体差距不大。除美国专利维持年费总额数值明显高于其他国家或者地区，南非和奥地利明显低于其他国家或者地区外，其余 51 个国家或者地区的维持年费总额相差较小。④中国专利维持年费总额较高。中国专利年总额在 54 个国家或者地区中排位第四，仅次于美国、匈牙利和古巴。与日本和韩国相比，中国专利维持年费总额明显较高(5100 元)，比日本同期专利维持年费总额(1259.29 元)的 4 倍还多，是韩国专利维持年费总额(758.79 元)的约 6.72 倍[①]。⑤各国专利维持年费总额相对较低。54 个国家或者地区的专利维持年费总额的中位数为 1450.20 元。自申请日起前 5 年，约 70%的国家或者地区的专利维持年费总额很低(低于 2000 元)；接近 91%的国家或者地区的专利维持年费较低(低于 4000 元)；极少数国家或者地区的专利维持年费总额较高。该数值正好反映了绝大多数国家或者地区在专利授权初期，因为专利收益较少或者收益前景不够明确而设置较低专利维持年费，保护专利权人利益的思想。

　　综上所述，自申请日起 54 个国家或者地区 5 年内专利维持年费总额分布相对集中，均处于较低的收费水平，但也有极少数国家或者地区专利维持年费收费过高，如美国；同时特别需要说明的是，中国专利维持年费总额偏高，处于 54 个国家或者地区的第四位，这种情况似乎与中国经济科技发展水平不够协调。但是也有个别国家或者地区专利维持年费总额很低，甚至为零，如南非和奥地利。这些特征不仅从专利成本方面体现了不同国家或者地区对专利权人的保护水平，而且反映了其对专利制度促进技术创新水平的把握程度。

12.4　54 个国家或者地区自申请日起前 10 年内专利维持年费总额比较

　　54 个国家或者地区自申请日起前 10 年专利维持年费总额分布情况，如图 12-2 所示。根据专利技术的寿命周期，当专利维持时间至自申请日起十年时，专利技术一般会有初步收益，虽然这时收益可能还不是很多，但是支付少量适度的专利维持年费，对创新主体而言可以承受。如果要继续维持该专利有效，则缴纳适当数量的专利维持年费便是一种义务。从图 12-2 可以发现，不同国家或者地区自申请日起前 10 年专利维持年费总额本身存在一定的特点，同时与自申请日起前五年专利维持年费总额分布趋势既有相似之处，又有区别的地方。

　　从图 12-2 可以发现，54 个国家或者地区自申请日起前 10 年专利维持年费总额分布存在如下五个特点。①专利维持年费总额最高值与最低值差距更大。美国专利维持年费总额最高(34691.41 元)；南非专利维持年费总额数值最小(369.32 元)，最高值与最低值差距为34322.09 元。该差距是自申请日起前 5 年专利维持年费总额最高值与最低值差距的约 3.22 倍。②不同国家或者地区专利维持年费总额区域分布不平衡。美国专利维持年费总额在 30000 元以上，匈牙利和古巴专利局专利维持年费总额在 20000～30000 元；专利维持年费总额在10000～20000 元的国家或者地区包括巴西、中国、挪威、芬兰、澳大利亚、以色列、中

---

①需要特别说明的是，日本和韩国要求专利权人为了维持专利有效，除了缴纳普通的专利维持年费外，还要根据专利权利要求数缴纳额外的费用，因此这一比较具有一定的局限性。

国台湾、吉尔吉斯斯坦、罗马尼亚、瑞士、奥地利、荷兰、瑞典、德国和土耳其；其余 36 个国家或者地区的专利维持年费总额低于 10000 元。③专利维持年费整体数额分布相对均衡。除美国自申请日起前 10 年内专利维持年费总额数值明显高于其他国家或者地区，南非专利维持年费总和明显低于其他国家或者地区外，其余 52 个国家或者地区的维持年费总额分布相对均衡。④中国专利维持年费总额仍然较高。中国专利年总额在 54 个国家或者地区中排位第五位（与自申请日起前 5 年专利维持年费总额相比，巴西超越中国），仅次于美国、匈牙利、古巴和巴西。与日本和韩国同期专利维持年费总额相比，中国专利维持年费总额（16300 元）是日本专利维持年费总额（9151.31 元）的约 1.78 倍，是韩国专利维持年费总额（4279.57 元）的约 3.8 倍。⑤54 个国家或者地区的自申请日起前 10 年专利维持年费总额的中位数为 7602.58 元，大多数国家或者地区的专利维持年费总额在此数值上下波动。另外，值得注意的是，自申请日起前 5 年内无需缴纳专利维持年费的奥地利在第 6～10 年需要缴纳专利维持年费总额为 11727.65 元，在 54 个国家或者地区中排位第十五位，可见其这一阶段专利维持年费增加速度非常快。

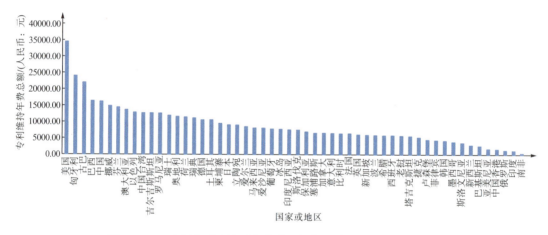

图 12-2　54 个国家或者地区自申请日起前 10 年专利维持年费总额分布

可见，54 个国家或者地区自申请日起前 10 年的专利维持年费总额除了美国、匈牙利和古巴外，51 个国家或者地区专利维持年费总额集中于 20000 元以下；同时值得注意的是，同时期中国专利维持年费总额依然处于高位。对于自申请日起维持 10 年的专利而言，专利技术市场一般基本成熟，此时多数技术领域的专利收益处于上升时期，设置恰当的专利维持年费对技术创新具有一定的促进作用。图 12-2 也反映了除了少数国家或者地区外，绝大多数国家或者地区都遵循了较低专利维持年费促进技术创新这个规律。

12.5　54 个国家或者地区自申请日起前 15 年专利维持年费总额比较

根据不同国家或地区专利维持情况，能够维持到自申请日起 15 年的专利很少，能够维持到这个时间的专利收益和专利价值都很高，即使设置较高的专利维持年费收费标准，专利权人一般不会轻易放弃。54 个国家或者地区自申请日起前 15 年内专利维持年费总额分布情况如图 12-3 所示。从图 12-3 可见，不同国家或者地区在这一时间段的专利维持年费总额分布与自申请日起前 5 年和 10 年专利维持年费总额分布情况差异较为明显。

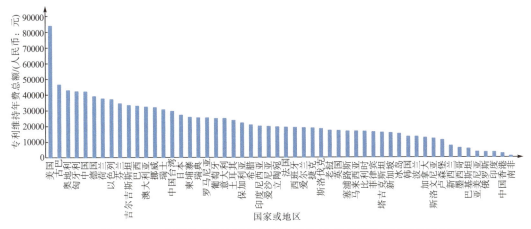

图 12-3　54 个国家或者地区自申请日起前 15 年专利维持年费总额分布

从图 12-3 可以发现，54 个国家或者地区自申请日起前 15 年专利维持年费总额分布情况存在如下五个特征。①专利维持年费总额最高值与最低值差距进一步拉大。处于最高数额的美国专利维持年费总额（84059.96 元）与处于最低数额的南非专利维持年费总额（706.57 元）差距达到 83353.39 元，分别是自申请日起前 5 年和 10 年该差距的约 7.81 倍和2.43 倍。②专利维持年费总额区域分布依然不均衡。美国专利维持年费总额在 80000 元以上，古巴、奥地利、匈牙利和中国专利维持年费总额在 40000～60000 元；专利维持年费总额在 20000～40000 元的有 21 个国家或者地区，包括德国、荷兰、以色列、芬兰、吉尔吉斯斯坦、巴西、澳大利亚、挪威、瑞士、中国台湾、日本、柬埔寨、瑞典、罗马尼亚、葡萄牙、意大利、土耳其、保加利亚、希腊、印度尼西亚和爱沙尼亚；其余 28 个国家或者地区的专利维持年费总额低于 20000 元。③专利维持年费总额整体比较平衡。除美国自申请日起前 15 年内专利维持年费总额数值明显高于其他国家或者地区，南非专利维持年费总和明显低于其他国家或者地区外，其余 52 个国家或者地区的维持年费总额差距不是很大。④中国专利维持年费总额仍然处于相对高位（第五位）。与日本和韩国专利维持年费总额相比，中国专利维持年费总额（42300 元）是日本专利维持年费总额（27414.37 元）的约1.54 倍，是韩国专利维持年费总额（13749.24 元）的约 3.08 倍。⑤54 个国家或者地区的专利维持年费总额的中位数为 19788.54 元，大多数国家或者地区的专利维持年费总额在此数值上下波动。另外，值得注意的是，奥地利自申请日起前 5 年内无需缴纳专利维持年费，前10 年和前 15 年需要缴纳专利维持年费总额分别为 11727.65 元和 43041.39 元，在 54 个国家或者地区中排位第十四位和第三位，可见其在这两个阶段专利维持年费增加速度非常快。

根据 54 个国家或者地区自申请日起 15 年内专利维持年费总额分布特征可以发现，专利维持年费收费标准较高，中国处于高标准的前端位置。这一阶段的专利维持年费主要集中于40000 元以下，其中有 21 个国家或者地区的专利维持年费总额集中于 20000～40000 元，且有 28 个国家或者地区的专利维持年费总额低于 20000 元，而中国专利维持年费总额为

42300 元。现有研究表明,维持时间超过 15 年的专利比例很低,绝大多数专利权人通过平衡专利成本和收益选择停止缴纳年费从而终止那些收益不够高的专利。这与各个国家平衡专利权人利益与公共利益的态度有着较大的关系,即通过设置较高的专利维持年费从而使更多技术较早进入公共领域。

12.6　54 个国家或者地区自申请日起 20 年内专利维持年费总额分布比较

绝大多数国家或者地区的专利法都规定,授权专利自申请日起法定保护时间为 20 年,法定保护时间届满后,自动进入公有领域,所以维持到 20 年的专利价值和专利收益是非常高的,因此此时设置较高的专利维持年费,符合专利法促进技术创新的精神。54 个国家或者地区自申请日起 20 年内专利维持年费总额分布情况如图 12-4 所示。

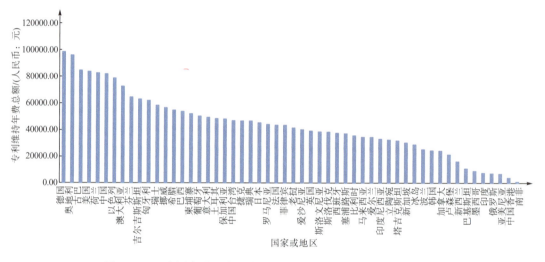

图 12-4　54 个国家或者地区自申请日起 20 年内专利维持年费总额分布

根据图 12-4 可以发现 54 个国家或者地区自申请日起 20 年内专利维持年费总额分布具有如下四个特点。①专利维持年费总额最高值和最低值差距更大。数额最高的德国专利维持年费总额(98755.25 元)与数额最低的南非专利维持年费总额(1162.39 元)差距为97592.86 元,分别是自申请日起前 5 年、10 年和 15 年该差距的约 9.14 倍、2.84 倍和 1.17 倍。②专利维持年费总额分布区域不均衡。德国、奥地利、古巴、美国、荷兰和中国的专利维持年费总额在 80000～100000 元;专利维持年费总额在 60000～80000 元的国家或者地区包括以色列、澳大利亚、芬兰、吉尔吉斯斯坦、匈牙利;有 18 个国家或者地区(包括瑞士、挪威、希腊、巴西、柬埔寨、葡萄牙、意大利、土耳其、保加利亚、中国台湾、捷克、瑞典、日本、罗马尼亚、法国、菲律宾、老挝和爱沙尼亚)的专利维持年费总额在 40000～60000 元;专利维持年费总额在 20000～40000 元的国家或者地区有 17 个,包括英国、斯洛文尼亚、斯洛伐克、西班牙、塞浦路斯、比利时、马来西亚、爱尔兰、印度尼西亚、立陶宛、塔吉克斯坦、新加坡、冰岛、波兰、韩国、加拿大和卢森堡。其余 8 个国家或者地区,即新西兰、巴基斯坦、墨西哥、印度、俄罗斯、亚美尼亚、中国香港和南非的专利维持年费总额低于 20000 元。③中国专利维持年费仍然处于相对高位(第六位)。与日本和韩国专利维持年费总额相比,中国专利维持年费总额(82300 元)是日本专利维持年费总额(45677.43 元)的约 1.8 倍,是韩国专利维持年费总额(24675.80 元)的约 3.34 倍。④54 个国家或者地区的专利维持年费总额的中位数为 42675.99 元,大多数国家或者地区的专利维持年费总额在此数值上下波动,或许这是一个参考的专利维持年费数据。另外值得一提的是,德国自申请日起 20 年的专利维持年费总额分别从自申请日起前 5 年、10 年和 15 年的第 22 位、第 17 位和第 6 位上升到第 1 位,说明德国专利维持年费制度在后期增长幅度非常大。

综上所述,54 个国家或者地区自申请日起 20 年内专利维持年费总额整体增长较快,尤其是德国、奥地利和古巴;中国专利维持年费增加幅度相比前几个国家不大,但是整体数额仍然位于前列。其总体分布为:18 个国家或者地区的专利维持年费总额在 40000～60000 元,17 个国家或者地区的专利维持年费总额集中于 20000～40000 元,8 个国家的专利维持年费总额低于 20000 元。可见,基于专利制度促进创新的作用机理和各自国家或者地区实际情况,不同国家或者地区对高价值和高收益专利维持成本的态度也存在一定差异。

12.7　本章研究结论

专利维持年费随着专利维持时间的延长而增加的趋势是绝大多数国家或者地区专利维持年费制度的重要特征之一。专利维持年费缴费标准反映了特定国家或者地区在特定时间专利权人根据专利整个寿命中收益和成本进行有效选择知识产权保护长度的水平。随着专利维持时间的延长,维持年费数额的增加,从专利产品中获得收益小于专利成本的专利权人就会觉得不应再缴纳专利维持年费而放弃专利。或者说,如果专利权人发现其专利商业价值或者专利收益小于该专利成本时,该专利可能会因为专利权人不缴纳维持年费而被放弃。从社会公共利益角度来看,让那些专利收益小于专利成本的专利无效,社会公众免费使用那些技术,也有利于其他发明人进一步创新,整体有利于增加社会福利。较低水平的专利维持年费政策一般可以被视为对创新行为的激励,较高水平的专利维持年费政策不利于激励创新行为,专利维持年费政策决策者应该意识到,通过调整专利维持年费政策可以在一定程度上促进技术创新(Potterie、Rassenfosse,2013)。

本章通过研究 54 个国家或者地区专利维持年费在四个时间节点的总额后,得出如下三点结论:①不同国家或者地区专利维持年费制度基于该国家或者地区的法律或相关规定、经济和科技等方面的特定因素,存在一个适合其专利制度发展的专利维持年费数额,虽然这个数额对于该国家或者地区不是最优的,或者说此时是最优的,不一定将来会最优。②绝大多数国家或者地区根据专利收益大小的过程设置专利维持年费数额的大小,即专利授权初期要求缴纳的专利维持年费较低,随着维持时间的延长,专利维持年费数额逐渐增加,尽管增加幅度和模式存在一定差异。③综合比较 54 个国家或者地区专利维持年费总额在四个节点的数据可以看出,中国专利维持年费总额均处于较高水平。为有效发挥中国专利制度促进技术创新的作用,我们需要重新审视中国专利维持年费制度及其收费标准,并对其进行全面综合改革,以便于创新驱动发展战略的实施和知识产权强国的建设。

第十三章　亚洲国家或地区专利维持
年费制度比较研究[①]

本章综合分析亚洲十七个国家或地区的专利维持年费制度,探索专利维持年费制度的激励机理,对专利维持年费制度及其收费标准提出建议:自申请日起第3~6年开始缴纳年费更具有实际意义;专利维持年费整体上呈现出增长模式的制度安排更具有科学性;不完全逐年增长模式在理论层面上更具有合理性。

13.1　引言

专利制度的目的在于促进技术创新和社会经济发展,而专利维持年费制度与特定阶段的法律和经济制度及其现实条件的适应程度将直接影响这种促进作用的发挥(Raiser et al.,2017;乔永忠,2011d)。专利维持年费制度可以通过改变专利维持成本,影响专利维持时间,协调专利权人的个体利益和社会公众利益的平衡。其目的是促使专利权人在获得合理收益条件下放弃其专利,使得部分专利技术进入公有领域,有利于后续发明创造,促进技术创新,同时补偿专利制度的运行成本(乔永忠,2011b)。由于不同国家或地区法律制度、经济发展、地理环境等方面的差异,各国或各地区的专利维持年费制度具有多样性。比较不同国家或地区专利维持年费制度的作用机理对完善中国专利维持年费制度具有重要的借鉴意义。

专利维持年费制度对于技术创新发展具有重要作用,但国外相关研究不是很多。Harhoff 等(1999)和 Thomas(1999)分别研究认为,专利维持年费缴纳信息通常受专利引证指数、权利要求数、专利权人国籍等专利价值指标的影响。Scotchmer(1996)认为,依据专利许可制度、专利交易市场规则和价格形成机制等因素,运用专利维持年费缴纳信息可以验证这些因素是否系统性的影响专利保护的价值。Drivas 等(2016)根据美国高校和科研院所获得授权的"学术"专利维持年费信息研究了技术转让情况。就区域而言,关于欧美地区专利维持年费制度的现有研究相对较多。欧洲专利局采取的不完全逐年增长模式具有一定经济理论的支撑,并且其遵循的指数趋势属于有效的内源性纠正机制(Danguy、Potterieb,2011)。但是关于其他地区尤其亚洲地区的专利维持年费制度研究相对较少。

研究区域专利维持年费制度对促进我国创新驱动发展战略和知识产权强国建设具有重要的意义。本章拟通过分析亚洲十七个国家或者地区的专利维持年费制度的年费收费标准,尤其是起始缴纳时间、年费变化模式、年费数额等要素的激励机理,研究不同类型专利维持年费制度对技术创新促进作用的差异,并提出完善中国专利维持年费制度的建议。

[①] 本章部分内容曾发表于《中国知识产权》2017 年第 6 期,作者乔永忠和高佳佳。

13.2　数据来源

作为本章研究对象的十七个亚洲国家或者地区(中国、中国香港地区、中国台湾地区、韩国、日本、老挝、柬埔寨、马来西亚、新加坡、印度尼西亚、菲律宾、印度、巴基斯坦、土耳其、以色列、塔吉克斯坦和吉尔吉斯斯坦)[①]的专利维持年费信息来自这些国家或者地区的知识产权局或者专利局网站。在这些网站中选择"patent""maintenance fee""fee and form"等关键词在相关页面中获取专利维持年费收费标准等信息。因为收集的原始数据中货币单位不一致，为了比较方便，本书将其统一换算成为人民币单位，换算汇率来源于万德数据库，采用的汇率时间节点是 2016 年 9 月 30 日 16:00。

13.3　亚洲国家或地区专利维持年费收费标准比较

13.3.1　亚洲国家或地区专利维持年费收费标准的总体比较

亚洲十七个国家或地区的专利维持年费收费标准如图 13-1 所示。各个国家或地区的专利维持年费收费标准因其经济发展、科研创新水平、社会制度等影响因素不同而具有一定的区别。亚洲十七个国家或地区中只有马来西亚的专利维持年费计算时间自授权日起算，其余 16 个国家或地区的专利维持年费计算时间自申请日起算。

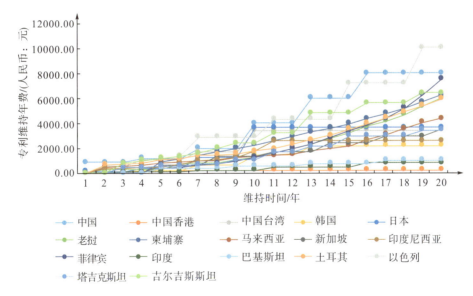

图 13-1　亚洲十七个国家或地区的专利维持年费收费标准比较

从图 13-1 可以发现，自申请日或授权日起开始缴纳年费的亚洲国家或地区的专利维持年费收费标准具有如下五个特征。①十七个国家或地区的专利维持年费收费数额随着维

[①] 因为各个国家或者地区的知识产权局对专利维持年费收费标准信息和检索手段有限，本书对应课题组仅找到亚洲地区 17 个国家或者地区的专利维持年费收费标准。

持时间的延长而呈现增长趋势。②专利维持年费开始缴纳时间有所不同。中国、日本和韩国规定自申请日起第1年开始缴纳专利维持年费；中国台湾地区、老挝、马来西亚、印度尼西亚和土耳其规定自申请日或授权日起第2年开始缴纳专利维持年费；印度、塔吉克斯坦和吉尔吉斯斯坦规定自申请日起第3年开始缴纳专利维持年费；中国香港地区规定自申请日起第4年开始缴纳专利维持年费；柬埔寨、新加坡、菲律宾和巴基斯坦规定自申请日起第5年开始缴纳专利维持年费；以色列规定自申请日起前6年内只需缴纳一次专利维持年费。可见，亚洲国家开始缴纳专利维持年费的时间分布较为均衡。③专利维持年费的增长幅度不同。自申请或者授权日起前6年内十七个国家或地区的专利维持年费数额增长比较缓慢，第6年后以色列的专利维持年费增长幅度最大，中国次之。④专利维持年费数额不同。自申请或者授权日起前6年内十七个国家或地区的专利维持年费数额区别不大，第7年后中国和以色列的专利维持年费数额交替增长。⑤专利维持年费数额增长呈现出四种不同的模式。其中，中国、中国香港地区、中国台湾地区、韩国、日本、新加坡、印度尼西亚、印度、巴基斯坦、塔吉克斯坦和吉尔吉斯斯坦实施阶梯式增长模式；柬埔寨、马来西亚、菲律宾与土耳其实施逐年增长模式；老挝的专利维持年费收费标准为不完全逐年增长模式；以色列采取前6年缴纳一次年费模式。

综上所述，在亚洲十七个国家或地区中开始缴纳专利维持年费的时间分布较为均衡。同时，其专利维持年费收费标准于前6年内增长缓慢，有利于专利权人寻找出最大化其专利收益的途径。亚洲绝大多数国家整体上呈现出阶梯式增长模式，具有一定的稳定性。

13.3.2　阶梯式增长模式的专利维持年费收费标准比较

专利维持年费收费标准的阶梯式增长模式是指专利权人虽然必须每年都要缴纳年费，但是专利维持年费数额不是每年增加，而是每隔几年会增加一定幅度，其他年份数额不变的缴费模式。实施阶梯式增长模式的亚洲国家或地区为中国、中国台湾地区、中国香港地区、韩国、日本、新加坡、印度尼西亚、印度、巴基斯坦、塔吉克斯坦和吉尔吉斯斯坦，其阶梯式增长模式的专利维持年费收费标准比较如图13-2所示。

从图13-2可以发现，实施阶梯式增长模式的11个亚洲国家或地区的专利维持年费收费标准具有如下特点。①专利维持年费时间均自申请日起算。②专利维持年费收费标准的起算时间不同，且其分布比较均衡。③专利维持年费收费标准整体上呈现出增长趋势，但是不同国家或者地区的专利维持年费增长节点与增长幅度具有较大的差异。④每个节点的专利维持年费数额不同。自申请日起前四年内中国的专利维持年费数额最高；第5~9年中国和吉尔吉斯斯坦的专利维持年费数额交替增长；第10年后中国的专利维持年费数额最高，吉尔吉斯斯坦次之，中国香港地区最低。⑤不同国家或者地区在专利维持年费增长节点的增长幅度不同。自申请日起前9年内专利维持年费增长幅度较小；第9年后中国的专利维持年费增长幅度最大，吉尔吉斯斯坦次之，中国香港地区最小。可见中国的专利维持年费数额较高且增长幅度较大。

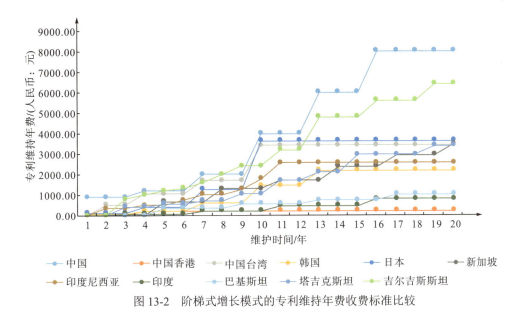

图 13-2　阶梯式增长模式的专利维持年费收费标准比较

综上所述,实施的阶梯式增长模式的亚洲十一个国家或地区专利维持年费收费标准具有较大的差异:自申请日起前 9 年内具有最高专利维持年费数额的国家或地区变化频繁,第 10 年后中国具有最高的专利维持年费数额;专利维持年费收费标准增长节点的分布具有较大的差异;不同国家或地区的专利维持年费增长幅度具有较大的区别。

13.3.3　逐年增长模式的专利维持年费收费标准比较

专利维持年费收费标准的逐年增长模式是专利权人必须每年缴纳专利维持年费,而且收费标准逐年增加的缴费模式。柬埔寨、马来西亚、菲律宾与土耳其实施逐年增长模式的专利维持年费收费标准,其逐年增长模式的专利维持年费收费标准比较如图 13-3 所示。

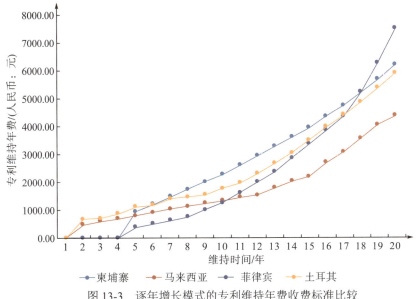

图 13-3　逐年增长模式的专利维持年费收费标准比较

从图 13-3 可以看出，逐年增长模式的专利维持年费收费标准具有如下五个特点。①专利维持年费时间的起算点不同。马来西亚的专利维持年费时间自授权日起算，其余国家的专利维持年费时间自申请日起算。②专利维持年费收费标准的起算时间不同。马来西亚和土耳其规定自申请日或授权日起第 2 年开始缴纳年费；柬埔寨和菲律宾规定自申请日起第 5 年开始缴纳年费。③专利维持年费收费标准整体上呈现出增长趋势，但是不同国家或地区年费收费标准的增长幅度与年费数额不同。④专利维持年费收费标准增长幅度不同。自申请日或授权日起前 4 年内土耳其规定的专利维持年费收费标准的增长幅度最大，马来西亚次之；自申请日或授权日起第 4～12 年柬埔寨专利维持年费制度规定的收费标准增长幅度最大；自申请日或授权日起第 12～20 年菲律宾专利维持年费制度规定的收费标准增长幅度最大。⑤专利维持年费数额不同。自申请日或授权日起前 5 年内土耳其专利维持年费制度规定的年费数额最高；自申请日或授权日起第 5～17 年柬埔寨专利维持年费制度规定的年费数额最高，土耳其次之；自申请日或授权日起第 18～20 年菲律宾专利维持年费制度规定的年费数额最高。

综上所述，实施逐年增长模式的四个国家自申请日或授权日起开始缴纳年费，不同国家或地区具有不同的增长模式。其中，菲律宾的增长模式较为特殊，自申请日起第 5 年开始缴纳年费，前十年内具有最低的专利维持年费收费标准，随着增长幅度的逐渐增大，专利维持年费数额依次超过其余国家。

13.3.4　不完全逐年增长模式的专利维持年费收费标准

不完全逐年增长模式是指专利权人必须每年缴纳专利维持年费，但偶尔几年专利维持年费数额保持不变，其他年份数额逐渐增加的缴费模式。老挝实施的是不完全逐年增长模式，其专利维持年费收费标准规定自申请日起第 2 年、第 3 年、第 4 年专利维持年费数额不变，其他年费逐年增长。如图 13-4，是不完全逐年增长模式的专利维持年费收费标准。

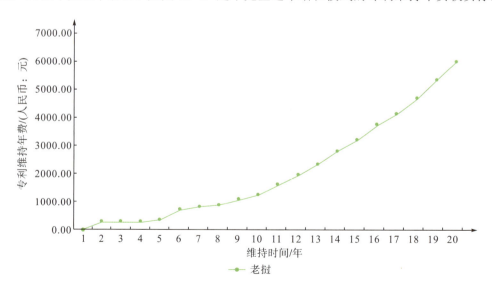

图 13-4　不完全逐年增长模式的专利维持年费收费标准

从图 13-4 可以看出，老挝实施的不完全逐年增长模式的专利维持年费收费标准具有如下四个特点：①专利维持年费时间从申请日开始起算；②专利维持年费收费标准的起算时间为第 2 年；③专利维持年费收费标准整体上呈现出增长趋势；④专利维持年费收费标准数额在第 2～4 年保持不变，其他年份数额逐渐增加。

综上所述，老挝所采取的不完全逐年增长模式既具有逐年增长模式的灵活性，也具有阶梯式增长模式的稳定性和可接受性。专利收益随着专利授权时间的增加而增加，逐年增加专利维持年费更符合实际情况，于专利维持年费制度前期保持年费数额不变，有利于专利权人接受并缴纳年费。

13.3.5　特殊阶梯式增长模式的专利维持年费标准

特殊阶梯式增长模式的专利维持年费标准是指具有一定特殊性的阶梯式增长模式的专利维持年费标准。以色列专利维持年费制度规定自申请日起专利权人前 6 年只需缴纳一次专利维持年费，其他年份必须每年缴纳，但专利维持年费数额不是每年增加，而是每隔几年会增加一定幅度，其余年份年费数额不变。特殊阶梯式增长模式的专利维持年费收费标准如图 13-5 所示。

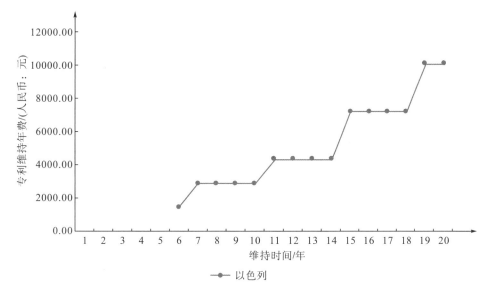

图 13-5　特殊阶梯式增长模式的专利维持年费收费标准

从图 13-5 可以看出，以色列实施的特殊阶梯式增长模式专利维持年费收费标准具有以下三个特点。①专利维持年费时间从申请日开始起算。②专利维持年费制度的增长节点具有一定的规律性。专利维持年费数额自申请日起第 6 年开始每隔 4 年会增加一定幅度。③专利维持年费数额增长幅度不同。自申请日起第 6～7 年的增长幅度与第 10～11 年的增长幅度相近，第 15～16 年增长幅度与第 18～19 年增长幅度相似且大于前两个增长幅度。

综上所述，以色列规定自申请日起前 6 年缴纳一次年费简化了缴费程序，在一定程度上可以给专利权人带来便利。但同时，该模式也存在弊端，模式僵硬化，强制性要求专利的保护期限不能少于六年。第6年后以色列实施阶梯式增长模式。在简化缴费程序的同时无法体现出专利的获益随着授权时间的增加而增加的实际情况，该模式后期的增长幅度明显大于前期可促使相关技术更早地进入公有领域。

13.4　本章研究结论

专利维持年费收费标准体现了特定国家或者地区在特定时间内专利权人权衡专利整个寿命中收益和成本进行有效选择知识产权保护长度的水平。专利维持年费制度决策者应当意识到完善专利制度可以在一定程度上促进经济贸易发展，并且应掌握专利制度的激励原理（Rassenfosse et al.，2016；Dan，2017）。

本章通过研究亚洲十七个国家或者地区的专利维持年费制度后，得出如下四点结论。①不同国家或者地区专利维持年费制度基于该国家或者地区的法律、经济等方面的特定因素，存在一个适合其专利制度发展的专利维持年费收费标准，虽然这个标准对于该国家或者地区不是最优的，或者说此时是最优的，但将来不一定是最优的。②绝大多数国家或者地区根据专利收益大小的过程设置专利维持年费收费标准，其专利维持年费模式存在一定差异，但整体上呈现出增长趋势。③经研究发现，亚洲国家或地区开始缴纳年费的时间分布较为均衡，其中自申请日起第3~6年开始缴纳年费的国家或地区相对较多。④现有专利维持年费模式主要包括阶梯式增长模式、特殊阶梯式增长模式、逐年增长模式、不完全逐年增长模式，其中阶梯式增长模式比例最大。

为此，本章对完善我国专利维持年费制度及其收费标准提出如下建议。首先是起始缴纳年费时间：自申请日起第3~6年开始缴纳年费更具有合理性，因为一般的专利申请获得授权需要3~4年。其次是专利维持年费数额：专利维持年费数额整体呈现增长趋势，原因是有助于专利及早进入公共领域，同时需考虑到专利权人的利益，至于应采取的具体专利维持年费数额需要结合该国家或地区的经济、法律或相关规定等具体情况进一步分析。最后是专利维持年费模式：不完全逐年增长模式在理论上更为合理，原因是其结合了不同模式的优势。

第十四章 欧洲国家的专利维持年费
收费标准比较研究[①]

本章综合分析欧洲二十五个高收入(GDP)国家的专利维持年费制度,探索专利维持年费制度的激励机理,归纳出专利维持年费制度及其收费标准的特点,并对中国专利维持年费制度提出建议:自申请日起第3～6年开始缴纳年费更具有合理性;专利维持年费数额规定较高,需结合我国的经济发展水平重新调整;不完全逐年增长模式在理论层面上更具有合理性。

14.1 引言

专利制度是激励技术发展的重要经济机制,其目的是促进技术创新和社会经济发展(Raiser et al.,2017)。有效的制度,可以增加企业对经济活动后果的可预见性、降低交易成本、促进物质资本和人力资本投入以及技术进步,从而促进经济增长(财政政策、货币政策与经济增长国际学术研讨会,2005)。大量的文献从实证的角度支持了该结论。Stephen和Philip(2010),Hall和Jones(1999)证明了产权制度和经济增长是正相关的;Rodrik(2000)研究发现有效的制度能保证个人经济努力所得到的私人收益率接近这一活动带来的社会收益率,从而提高人们生产活动的努力程度和生产效率。Acemoglu和Johnson(2005)对制度与经济增长之间的因果关系进行研究,证明制度质量越高,人均GDP水平越高,经济增长率也就越高。因此,有效的专利制度有利于经济发展。

专利维持年费制度与特定阶段的法律和经济制度及其现实条件的适应程度,将直接影响专利制度对技术创新和社会经济发展的促进作用(乔永忠,2011b)。专利维持年费是专利权人为了维护专利继续有效而必须按照规定的时间和数额缴纳给专利行政管理部门的费用,但由于不同国家法律制度、经济发展、地理环境等方面的差异,各国的专利维持年费制度具有多样性。Harhoff等(1999)和Thomas(1999)研究认为,专利维持年费缴纳信息通常受专利引证指数、权利要求数、专利权人国籍等专利价值指标的影响。Scotchmer(1996)认为,依据专利许可制度、专利交易市场规则和价格形成机制等因素,运用专利维持年费缴纳信息可以验证这些因素是否会系统性地影响专利保护的价值。Kyriakos等(2016)根据美国高校和科研院所获得授权的"学术"专利维持年费信息研究了技术转让情况。就区域而言,关于欧美地区专利维持年费制度的现有研究相对较多。其中,关于欧洲专利维持年费制度的现有研究可知,欧洲专利局采取的不完全逐年增长模式[②]具有一定

---

② 欧洲专利局专利维持年费收费标准符合不完全逐年增长模式,即专利权人必须每年缴纳专利维持年费,但第10年后其专利维持年费数额保持不变,其他年份数额逐渐增加的缴费模式。

[①] 本章部分内容曾发表于《电子知识产权》2017年第7期,作者为乔永忠和高佳佳。
[②] 欧洲专利局专利维持年费收费标准符合不完全逐年增长模式,即专利权人必须每年缴纳专利维持年费,但第10年后其专利维持年费数额保持不变,其他年份数额逐渐增加的缴费模式。

经济理论的支撑，并且其遵循的指数趋势属于有效地内源性纠正机制。因此，选择欧洲二十五个高收入国家的专利维持年费制度进行研究，有助于理解专利维持年费制度的激励机理，对中国的专利维持年费制度具有借鉴意义。

研究区域专利维持年费制度对促进我国创新驱动发展战略和知识产权强国建设具有重要的意义。本章拟通过分析欧洲二十五个高收入国家的专利维持年费制度的年费收费标准，尤其是起始缴纳时间、年费变化模式、年费数额等要素的激励机理，研究不同类型专利维持年费制度对技术创新促进作用的差异，进而归纳出质量较高的专利维持年费制度及其收费标准的特点，并提出完善中国专利维持年费制度的建议。

14.2 数据来源

作为本章研究对象的二十五个欧洲高收入国家(芬兰、瑞典、挪威、冰岛、爱沙尼亚、立陶宛、波兰、捷克、斯洛伐克、奥地利、瑞士、德国、匈牙利、卢森堡、英国、爱尔兰、荷兰、比利时、法国、希腊、斯洛文尼亚、意大利、葡萄牙、西班牙和塞浦路斯)[①]与中国的专利维持年费信息来自这些国家的知识产权局或者专利局网站。在这些网站中选择"patent""maintenance fee""fee and form"等关键词在相关页面中获取专利维持年费收费标准等信息。因为收集的原始数据中货币单位不一致，为了比较方便，本书将其统一换算成为人民币单位，换算汇率来源于万德数据库，采用的汇率时间节点是 2016 年 9 月 30 日 16:00。

14.3 欧洲二十五个高收入国家的专利维持年费制度比较分析

14.3.1 欧洲二十五个高收入国家的专利维持年费收费标准的总体比较

因经济发展、科学发展、社会文化等方面的差异，没有两个国家的专利维持年费收费标准或者模式相同，但除波兰是自授权日起算专利维持年费时间外，其余二十四个国家均是从申请日起算专利维持年费时间。综合分析欧洲二十五个高收入国家专利维持年费收费标准的增长模式、标准数额、缴纳年费起始时间等特点，可以寻找出欧洲国家专利维持年费收费标准的相似与区别之处。欧洲二十五个高收入国家的专利维持年费收费标准比较如图 14-1 所示。

从图 14-1 可以发现，自申请日起或者授权日起开始缴纳年费的欧洲国家的专利维持年费标准具有如下特点。①二十五个高收入国家专利维持年费收费标准都呈现增长趋势。②专利维持年费开始缴纳的时间存在差异。芬兰自申请日起前 3 年只需缴纳一次年费，而波兰自授权日起前 3 年只需缴纳一次年费。自申请日起第 1 年开始缴纳年费的国家有 6 个，即瑞典、挪威、冰岛、爱沙尼亚、捷克与匈牙利。自申请日起第 2 年开始缴纳年费的国家为法国；自申请日起第 3 年开始缴纳年费的国家有 11 个，包括立陶宛、塞浦路斯、斯洛伐克、德国、卢森堡、爱尔兰、比利时、罗马尼亚、希腊、斯洛文尼亚与西班牙；自申请

①因为各个国家或者地区的知识产权局对专利维持年费收费标准信息和检索手段有限，本课题组仅找到欧洲地区 25 个高收入国家的专利维持年费收费标准，GDP 数值参见 http://www.shihang.org/ ，2017 年 6 月 23 日查看。

日起第 4 年开始缴纳年费的国家为瑞士、荷兰、保加利亚；自申请日起第 5 年开始缴纳年费的国家为英国、意大利、葡萄牙；奥地利自申请日起第 6 年开始缴纳年费。可见，自申请日起第 3 年开始缴纳年费的国家最多。③二十五个国家都规定，专利权人必须每年缴纳专利维持年费，否则专利权可能就会因为未缴专利维持年费而被终止。④欧洲二十五个国家的专利维持年费收费标准的增长幅度不同。前 3 年内二十五个国家专利维持年费数额增长比较缓慢，第 4～6 年匈牙利的专利维持年费增长幅度最大，其后德国、奥地利与荷兰专利维持年费增长幅度逐渐增大，其余二十二个国家的专利维持年费增长幅度较小。⑤欧洲二十五个国家的专利维持年费数额不同。第 3～9 年匈牙利专利维持年费数额最高，第 10～15 年奥地利专利维持年费数额最高，第 16 年之后德国具有最高的专利维持年费数额。⑥专利维持年费数额增长呈现出四种不同的模式，其中有三个国家包括立陶宛、匈牙利和葡萄牙实施阶梯式增长；有十一个国家包括瑞典、斯洛伐克、奥地利、瑞士、卢森堡、英国、爱尔兰、荷兰、比利时、希腊和斯洛文尼亚实施逐年增长模式；有九个国家即挪威、冰岛、爱沙尼亚、捷克、德国、法国、塞浦路斯、意大利和西班牙实施不完全逐年增长模式；并且芬兰和波兰的专利维持年费收费标准为特殊逐年增长模式。

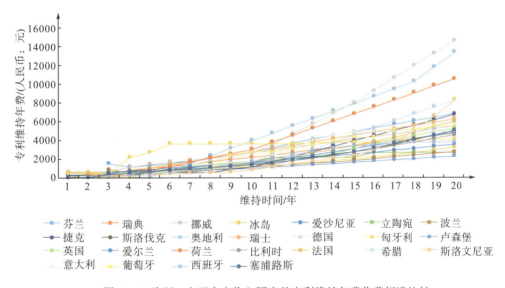

图 14-1　欧洲二十五个高收入国家的专利维持年费收费标准比较

综上所述，在欧洲二十五个国家中自申请日起第 3 年开始缴纳年费的国家最多，如果不考虑缴纳年费的数额，仅从缴纳时间来看，这样的制度安排具有一定的合理性，因为一般的专利申请获得授权需要一定的时间。同时，除匈牙利外二十四个国家的专利维持年费收费标准于前八年内增长缓慢，这有利于专利权人寻找出最大化其专利收益的途径。欧洲绝大多数国家整体上呈现出逐年增长模式与不完全逐年增长模式，相对于阶梯式增长模式而言更具有灵活性。

14.3.2　阶梯式增长模式的专利维持年费收费标准比较

专利维持年费收费标准的阶梯式增长模式是指专利权人虽然必须每年都要缴纳专利

维持年费，但是专利维持年费数额不是每年增加，而是每隔几年会增加一定幅度，其他年份数额不变的缴费模式。实施阶梯式增长模式的欧洲国家有立陶宛、匈牙利和葡萄牙，其阶梯式增长模式的专利维持年费收费标准比较如图 14-2 所示。

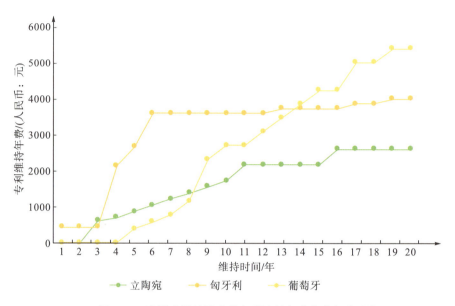

图 14-2　阶梯式增长模式的专利维持年费收费标准比较

从图 14-2 可以看出，采取阶梯式增长模式的欧洲高收入国家的专利维持年费收费标准具有如下特点。①专利维持年费时间均自申请日起算。②专利维持年费收费标准的起算时间不同。③三个国家的专利维持年费收费标准整体上呈现出增长趋势，但是不同国家的专利维持年费增长节点与增长幅度具有较大的差异。④每个节点的专利维持年费数额不同。第 3～12 年匈牙利的专利维持年费数额最高，第 13 年后葡萄牙的专利维持年费数额最高，匈牙利次之，立陶宛最低。⑤不同国家在专利维持年费增长节点的增长幅度不同。第 3～6 年匈牙利专利维持年费增长幅度最大；第 6 年后葡萄牙的专利维持年费增长幅度最大，立陶宛次之，匈牙利最小。

综上所述，实施阶梯式增长模式的三个国家均自申请日起算专利维持年费时间，且开始缴纳专利维持年费的时间、增长节点与增长幅度均有较大的差异，最终呈现出三种不同的阶梯式增长模式。因此，可以通过改变开始缴纳专利维持年费的时间、增长节点与增长幅度从而得到更科学的阶梯式增长模式。

14.3.3　逐年增长模式的专利维持年费收费标准比较

专利维持年费收费标准的逐年增长模式是专利权人必须每年缴纳专利维持年费，而且收费标准逐年增加的缴费模式。实施逐年增长模式的国家有十一个，包括瑞典、斯洛伐克、奥地利、瑞士、卢森堡、英国、爱尔兰、荷兰、比利时、希腊和斯洛文尼亚，其逐年增长模式的专利维持年费收费标准比较如图 14-3 所示。

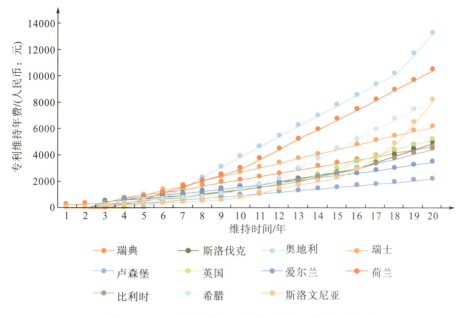

图 14-3　逐年增长模式的专利维持年费收费标准比较

从图 14-3 可以看出，逐年增长模式的专利维持年费收费标准具有如下五个特点。①专利维持年费时间均自申请日开始起算。②专利维持年费收费标准的起算时间不同。分布差异较大且自申请日起第 3 年开始缴纳年费的国家最多。③十一个国家的专利维持年费收费标准整体上呈现出增长趋势，但是不同国家年费收费标准的增长幅度与年费数额不同。④专利维持年费收费标准增长幅度不同。前 8 年内十一个国家专利维持年费制度规定的年费数额增长缓慢，第 8～17 年奥地利专利维持年费制度规定的收费标准增长幅度最大，第 17 年以后斯洛文尼亚专利维持年费制度规定的收费标准增长幅度最大。⑤专利维持年费数额不同。前 7 年内十一个国家的专利维持年费数额均较低，第 7 年后奥地利专利维持年费制度规定的年费数额最高。

综上所述，实施逐年增长模式的十一个国家自申请日起计算专利维持年费时间，且多数国家自申请日起第 3 年开始缴纳专利维持年费，具有一定的实际意义，并且不同国家采取不同的增长趋势。其中，前 8 年内十一个国家专利维持年费制度规定的年费数额均增长缓慢，降低专利权人维持成本，从而有利于专利权人寻找出最大化其专利收益的途径。

14.3.4　不完全逐年增长模式的专利维持年费收费标准比较

专利维持年费收费标准的不完全逐年增长模式是专利权人必须每年缴纳专利维持年费，但偶尔几年专利维持年费数额保持不变，其他年份数额逐渐增加的缴费模式。实施不完全逐年增长模式的国家为挪威、冰岛、爱沙尼亚、捷克、德国、法国、意大利、西班牙和塞浦路斯九个国家，其不完全逐年增长模式的专利维持年费收费标准比较如图 14-4 所示。

从图 14-4 可以看出，不完全逐年增长模式的专利维持年费收费标准具有如下七个特点。①专利维持年费时间均从申请日起算。②九个国家专利维持年费收费标准的起算时间不同，分布较为均衡。③专利维持年费收费标准整体上呈现增长趋势，但是不同国家年费收费标准的增长幅度与年费数额不同。④9 个国家的专利维持年费数额变化情况有所不同，其中有 7 个国家在前 10 年内存在年费数额保持不变的情况，剩余的国家意大利与西班牙在后 5 年内存在年费数额保持不变的情况。⑤专利维持年费收费标准增长幅度不同。前十年内 9 个国家的增长幅度较小，第 11 年以后德国专利维持年费制度规定的收费标准增长幅度最大。⑥专利维持年费数额不同，前 10 年内 9 个国家的专利维持年费数额较低，第 10 年以后德国专利维持年费制度规定的数额最高。⑦根据分析二十五个国家 GDP[①]可知，GDP 最高的 5 个国家中有 4 个国家均采用不完全逐年增长模式。

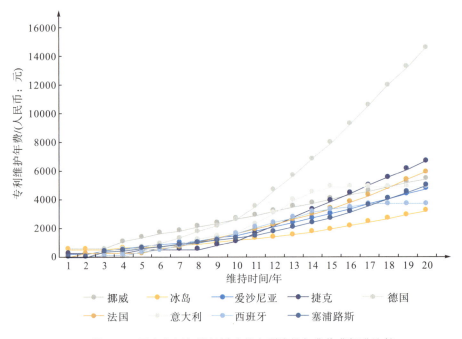

图 14-4　不完全逐年增长模式的专利维持年费收费标准比较

综上所述，不完全逐年增长模式既具有逐年增长模式的灵活性，也具有阶梯式增长模式的稳定性和可接受性。专利收益随着专利维持时间的增加而增加，逐年增加专利维持年费更符合实际情况，并且选择性的在专利维持年费制度前期或者后期保持年费数额不变，有利于专利权人接受并缴纳年费，而选择在专利维持年费制度后期保持年费数额不变没有太大的实际意义。因为从平衡个人利益与公共利益的角度出发，该选择不利于先进技术更早地进入公共领域。

14.3.5　特殊逐年增长模式的专利维持年费收费标准比较

特殊逐年增长模式是专利权人前 3 年只需缴纳一次年费，其他年份必须每年缴纳年费且逐年增加的缴费模式。实施前 3 年缴纳一次年费的逐年增长模式的国家为芬兰和波兰两个国家，其特殊逐年增长模式的专利维持年费收费标准比较如图 14-5 所示。

①根据世界银行公布的数据可知，本章所研究的 25 个欧洲国家中数值最大的 5 个国家为德国、英国、法国、意大利、西班牙。数值参见 http://www.shihang.org/，2017 年 6 月 23 日查看。

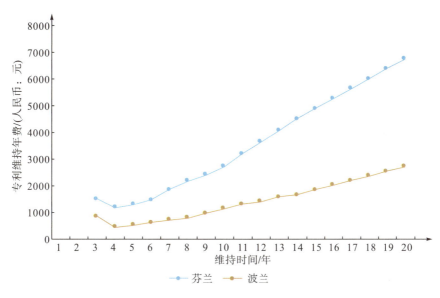

图 14-5 特殊逐年增长模式的专利维持年费收费标准比较

从图 14-5 可以看出，特殊逐年增长模式的专利维持年费收费标准具有以下三个特点：①波兰的专利维持年费收费标准的起算时间从授权日起算，而芬兰的专利维持年费收费标准的起算时间从申请日起算；②整体上芬兰的专利维持年费数额高于波兰；③芬兰专利维持年费收费标准的增长幅度大于波兰。

综上所述，前 3 年内缴纳一次年费简化了缴费程序，在一定程度上可以给专利权人带来便利；但同时存在弊端，其模式僵化，强制性要求专利的保护期限不能少于 3 年。第 3 年以后专利收益随着专利授权时间的增加而增加，逐年增加专利维持年费比较符合实际情况。故该模式有利有弊，需要一分为二看待。

14.4 中国与欧洲国家专利维持年费收费标准比较分析

中国实施的是阶梯式增长模式的专利维持年费收费标准，专利权人每年都要缴纳年费，但是专利维持年费数额不是每年增加，而是每隔几年会增加一定幅度，其他年份数额不变。中国与欧洲国家专利维持年费收费标准比较分析如图 14-6 所示。

从图 14-6 可以发现，与欧洲二十五个国家的专利维持年费收费标准比较可知，中国的专利维持年费收费标准具有以下特点。①中国与二十四个国家（除波兰外）的专利维持年费时间均为自申请日起算。②二十六个国家的专利维持年费收费标准都呈现出增长趋势。③专利维持年费开始缴纳的时间存在差异。自申请日起或者授权日起开始缴纳年费的欧洲国家的专利维持年费标准自申请日起第 3 年开始缴纳年费的国家数目最多[①]，而中国自申请日第 1 年开始缴纳年费。④二十六个国家都规定，专利权人必须每年缴纳专利维持年费，否则专利权可能就会因为未缴专利维持年费而被终止。⑤在增长幅度方面，中国与欧洲国

① 自申请日起第三年开始缴纳年费的国家有 11 个，包括立陶宛、塞浦路斯、斯洛伐克、德国、卢森堡、爱尔兰、比利时、罗马尼亚、希腊、斯洛文尼亚与西班牙。

家整体上具有一致性，即后期的增长幅度大于前期，但是中国后期的增长幅度大于欧洲国家，最后 5 年的年费数额保持不变。⑥在专利维持年费数额方面，前 3 年内中国的年费数额最高；3 年后年费数额高于大多数国家，与德国、奥地利、荷兰不相上下。⑦在专利维持年费数额增长模式方面，中国采取的是阶梯式增长模式，而在欧洲只有 3 个国家实施阶梯式增长模式①，其他国家采取逐年增长模式、不完全逐年增长模式与特殊逐年增长模式。

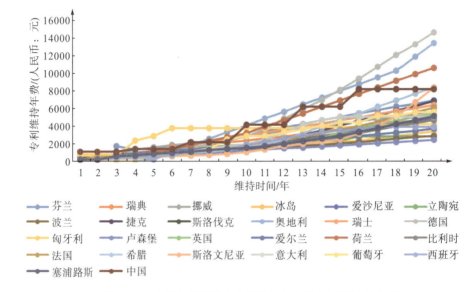

图 14-6 中国与欧洲国家专利维持年费收费标准比较分析

综上所述，中国的专利维持年费制度存在一些需要完善的地方。首先在起始缴纳时间方面，中国自申请日起第 1 年开始缴纳年费的制度安排具有一定的不合理性，因为一般的专利申请获得授权需要 3～4 年②，从而使我国前几年的年费数额规定并不完全符合实际需要。其次，在专利维持年费增长幅度方面，中国与大多数欧洲国家③的专利维持年费收费标准于前期增长缓慢，有利于专利权人寻找出最大化其专利收益的途径；但中国最后 5 年专利维持年费数额保持不变，并不完全有利于先进技术及早地进入公共领域。然后，在专利维持年费数额方面，中国的专利维持年费数额高于多数欧洲国家，接近德国、奥地利、荷兰的收费标准，可由于中国的 GDP 是 11.065 万亿美元，人口总数是 13.71 亿，人均 GDP 是 8070 美元，属于中等收入国家。而德国、奥地利、荷兰属于高收入国家，人均 GDP 为 41172 美元、12365 美元、44291 美元，明显高于中国④。因此，从经济水平出发，中国现如今的专利维持年费收费标准具有一定的不合理性。最后，关于年费数额增长模式，欧洲绝大多数国家整体上呈现出逐年增长模式与不完全逐年增长模式，这更符合专利收益随着

---

① 有 3 个国家包括立陶宛、匈牙利和葡萄牙实施阶梯式增长。

② 在中国自申请到授权大概需要 3～4 年。

③ 除匈牙利外的 24 个国家。

④ 参见世界银行 http://data.worldbank.org.cn/country/china?view=chart. http://data.worldbank.org.cn/country/%E5%BE%B7%E5% 9B%BD;http://data.worldbank.org.cn/country/%E8%8D%B7%E5%85%B0;http://data.worldbank.org.cn/country/%E5%8C%88% E7%89%99%E5%88%A9.均以 2015 年数据作为参考。2017 年 6 月 23 日查看。

授权时间的增加而增加的实际情况，相对于中国采取的阶梯式增长模式而言更具有灵活性，尤其是不完全逐年增长模式。鉴于经济水平与产权制度的正相关性，不完全逐年增长模式①对中国更具有借鉴意义。不完全逐年增长模式既具有逐年增长模式的灵活性，也具有阶梯式增长模式的稳定性和可接受性。专利权人必须每年缴纳专利维持年费，但偶尔几年专利维持年费数额保持不变，其他年份数额逐渐增加，并且选择性的在专利维持年费制度前期保持年费数额不变，有利于专利权人接受并缴纳年费，可以使先进技术更早地进入公共领域。

14.5 本章研究结论

专利维持年费收费标准体现了特定国家或者地区在特定时间内专利权人权衡专利整个寿命中收益和成本进行有效选择知识产权保护长度的水平。专利维持年费制度决策者应当意识到完善专利制度可以在一定程度上促进经济贸易发展（Rassenfosse et al.，2016），并且应掌握专利制度的激励原理（Dan，2017）。

本章通过研究欧洲二十五个高收入国家的专利维持年费制度后，得出如下四点结论。①不同的国家基于其特定的经济、科学研发等方面的特定因素，而具有不同的专利维持年费制度。然而该专利维持年费制度是否最适合其发展的需要有待考证，或者说此时是最优的，但将来不一定是最优的。②所有国家均根据专利收益大小的过程设置专利维持年费收费标准，其专利维持年费收费标准整体上呈现出增长趋势，并且除匈牙利外二十四个国家前八年内专利维持年费收费标准的增长幅度相对较小。③经研究发现，欧洲国家开始缴纳年费的时间分布较为分散，其中自申请日起第 3～6 年开始缴纳年费的国家相对较多。Harhoff 和 Wagner（2006）研究显示，EPO 在 1982～1988 年的平均授权时间为 4.2 年；由 Zeebroeck（2009）关于授权时间的最新研究可知，66.5%专利自申请日起第 4～6 年被授予专利。因此从缴纳时间来看，这样的制度安排具有一定的合理性，避免部分专利维持年费制度规定的收费标准成为具文。④现有专利维持年费模式主要包括阶梯式增长模式、特殊逐年增长模式、逐年增长模式、不完全逐年增长模式，其中逐年增长模式比例最大。⑤从理论层面上分析，不完全逐年增长模式更为合理，其原因是结合了不同模式的优势。并且根据分析 25 个国家人均 GDP 水平可知，GDP 最高的 5 个国家中有 4 个国家均采用不完全逐年增长模式，其原因有待深入探讨。

为此，本书对完善我国专利维持年费制度及其收费标准提出如下建议。首先是起始缴纳年费时间：自申请日起第 3～6 年开始缴纳年费更具有合理性，因为一般的专利申请获得授权需要 3～4 年。其次是专利维持年费数额：专利维持年费整体上呈现出增长趋势，原因是有助于专利及早进入公共领域，同时需考虑到专利权人的利益，至于应采取的具体专利维持年费数额需要结合我国经济、法律等具体情况重新调整。最后是专利维持年费模式：不完全逐年增长模式在理论上更为合理，原因是其结合了不同模式的优势。

---

① 由二十五个国家 GDP 可知，GDP 最高的 5 个国家中有 4 个国家均采用不完全逐年增长模式。

第三篇

专利维持时间

第十五章　专利维持时间的影响因素研究[①]

研究专利维持时间的影响因素对提高专利制度的运行绩效非常重要。技术领域和专利族等是影响专利维持时间的技术性因素；专利维持年费制度、保护范围、创造性标准和专利侵权的认定方式等是影响专利维持时间的制度性因素；专利管理制度和专利战略等是影响专利维持时间的创新主体因素。

15.1　引言

研究专利维持[②]时间[③]的影响因素不仅对完善专利制度，尤其是专利维持制度具有重要的理论价值，而且对提高创新主体的专利运用和管理能力及国家或地区核心竞争力具有重要的现实意义。首先，专利维持时间是评价专利维持制度优劣和反映专利制度运行绩效的关键指标之一。专利维持时间的长短不仅反映专利维持制度的效度，而且体现专利制度的运行绩效和专利制度目的的实现程度。所以，研究专利维持时间的影响因素对完善专利制度，提高专利制度运行绩效具有重要的理论价值。其次，专利维持时间反映创新主体的专利运用和管理能力。在同等条件下，如果创新主体运用和管理专利的能力较强，那么其专利的收益率就较高，专利的维持时间一般也相对较长。所以，分析专利管理制度和专利战略等对专利维持时间的影响，有利于提高创新主体的专利运用和管理能力。再次，专利维持时间反映一个国家或者地区的技术创新能力。是否拥有一定数量的高质量的有效专利[④]，已经成为现阶段，乃至未来一段时间衡量一个国家或者地区核心竞争力和技术创新能力的关键指标之一。专利维持时间与有效专利的数量和质量均有密切联系。如果专利的维持时间长，有效专利的数量就相对较多，反之亦然。同样，如果专利的维持时间较长，则该专利技术能为权利人带来的经济效益可能性就较大，即该专利技术的经济价值或者质量较高。因此，研究专利维持时间的影响因素对提高一个国家或者地区核心竞争力和技术创新能力具有重要意义。

国内外关于专利维持时间的不少研究结果显示，大多数专利的维持时间都很短。Mansfied（1984）通过调查发现，美国一些产业约 60% 的专利在授权后 4 年内被终止，绝大多数专利的维持时间远远小于当时规定的法定保护期限 17 年。Pakes（1986a）的研究显示，法国只有 7% 的专利、德国只有 11% 的专利维持到法定保护期限届满。Lanjouw（1993）、

[①] 本章部分内容曾发表于《科研管理》2011 年第 7 期，作者乔永忠。

[②] 专利维持是指在专利法定保护期内，专利权人依法向专利行政部门缴纳规定数量维持费使得专利继续有效的过程。

[③] 不同国家或地区专利法对专利维持时间起算时间不同，有的是从申请日算起，有的是从授权日算起，我国专利维持时间是从专利申请日开始起算。本书所说专利维持时间，在没有明确说明时，均指专利的整体维持时间，即宏观数据，不是指个别专利的维持时间。

[④] 有效专利是指统计数据时，处于维持状态的专利。

Lanjouw 和 Pakes(1998)研究显示，不同技术领域和不同国家专利的维持时间在 10 年以上的不超过 50%。国内学者朱雪忠等(2009)对我国 1994 年授权的 3838 件发明专利研究发现，截至 2007 年 4 月 30 日这些发明专利中继续有效的只有 875 件，占授权发明专利总数的 22.8%。我国国家知识产权局在 2010 年 3 月发布的《2009 年中国有效专利年度报告》显示，我国国内有效发明专利维持年限多集中在 3～6 年，而国外有效发明专利维持年限集中在 5～8 年；国内有效发明专利中，有效期不足 7 年的(即申请于 2003 年 1 月 1 日或之后)占 81.0%[①]，而国外这一比例只有 48.4%；国内有效发明专利中，有效期超过 10 年的(即申请于 1999 年 12 月 31 日或之前)专利只占 4.5%，而国外这一比例达到 23.6%。可见，国内外专利维持时间都不长，而我国专利维持时间更短。国内外专利的维持时间为什么如此之短，影响专利维持时间的主要因素究竟有哪些。因篇幅所限，本章仅分析影响专利维持时间的因素的内容，这些因素如何导致专利维持时间如此之短的原因，将另行撰文研究。

为了较为全面地分析专利维持时间的影响因素，本章主要采用了文献研究法，较为全面地总结了国外相关文献中关于专利维持时间影响因素的零散研究成果，归类并进行了相关分析。本章采用该研究方法的理由主要有两点：①影响专利维持时间的因素非常繁多，尽管有不少学者在不同的语境下探讨过该问题，但很少见到有较为全面的研究成果，所以在归纳总结不同学者的研究成果的基础上得出结论，对研究国内外专利维持时间较短，尤其是我国专利维持时间很短的原因具有重要意义；②主要研究国外学者关于专利维持时间影响因素的研究成果，是因为国内学者对此问题的研究成果还很少发现。

15.2　专利技术信息及商业化程度对专利维持时间的影响

影响专利维持时间的因素有以下方面。①专利权利要求确定了专利保护范围的界限，专利被侵权时，通常构成企业提起诉讼的法律基础(Moore，2005a)。权利要求数测度专利授权文件中包含的权利要求数，权利要求数越多，专利权保护范围越大；权利要求越多，企业维持专利的概率越高(Moore，2005a)。预期权利要求数越多，专利维持时间越长。②创造性测量专利对不同技术领域技术的重组的创新程度。现有研究显示，创造性越高，专利技术价值越高(Argyres、Silverman，2004)。③自引指数测度企业内部专利的前引指数或后引指数的数量。现有研究显示，前引指数与技术价值相关(Moore，2005a)。通过区分自引指数与他引指数来辨别企业自己的技术价值与从其他权利人受让得到的专利价值。这些引证指数限制在四年内引证数量，因为核心专利授权后 4 年为一个专利维持窗口期。向前其他引证指数测度专利被其他企业或组织引证的数量，表示专利被其他组织或技术范畴认为的专利价值。专利的技术重要性可以通过专利维持状况来反映(Harhoff et al.，2003a；Liu et al.，2008)。专利的技术重要性越强，被维持概率越高，因为其内在知识能够产生更多影响。根据创新研究标准：前引指数被认为是引证专利包含了被引证专利的一些知识(Trajtenberg，1990；Ahuja、Katila，2001)。④后引指数数量与专利维持相关

---

① 有效期不足 7 年的国内有效发明专利量占国内有效发明专利总量的比例。

(Moore，2005a)。引证现有专利较少的专利可能涉及的知识内涵较少，完成专利过程中的知识重组过程产生高质量知识的概率较低。计算后引指数数量，预测后引指数越高，专利维持概率越高。⑤研发密度通过 R&D 支出除以总收入的 log 值求得，代表研究投入的相对水平。运用 R&D 前度变量控制企业的 R&D 投入。通过企业的销售分割企业 R&D 支出，控制数据的不规则性。通过专利的不同年份、不同企业、不同技术领域解释专利无法解释的异质性。R&D 强度越大，专利维持概率越高。⑥专利总量测度给定年份企业获得的专利授权总量。有研究预期认为：企业获得专利授权量越多，专利维持的比例越低(Liua et al.，2008)。⑦国际位置：专利在国外完成，但是在国内获得授权。当企业提交完全是由国际发明人完成的专利申请时，说明该专利有一些额外价值，企业维持该专利是有价值的。发明人的国际地位对专利维持机会具有正向影响。⑧企业规模大小。运用雇员数量的对数值作为表示企业规模大小的替代变量。大企业往往不太重视一项具体专利，而小企业却能维持其专利更多的时间。来自大企业的专利被维持的可能性较小。

专利维持信息为探讨权利受让人或者专利权人权衡专利维持成本收益机理提供了重要的视角。专利维持实证研究证明了确认专利价值指标的重要性。专利维持时间通常受专利引证指数(Thomas，1999；Harhoff et al.，1999)、权利要求(Moore，2005a)、企业的国籍(Moore，2005a)等专利价值指标的影响(Liua et al.，2008)。

(1)权利人国别、权利人类型①、技术领域②和专利族③对专利维持时间的影响。权利人国别、权利人类型、技术领域和专利族等专利技术信息影响专利维持时间的主要研究成果以发表时间为顺序归纳为表 15-1。

表 15-1　权利人国别、权利人类型、技术领域和专利族影响专利维持时间的主要研究成果

研究者	研究成果发表时间	影响因素					研究结论
		权利人国别	权利人类型	技术领域	引证指数	专利族	
Carpenter 等	1981				√		在相同条件下，引证指数较多的专利产品要比参照技术产品的商业价值高得多，专利维持时间也较长
Pakes 和 Simpson	1989	√		√		√	专利维持曲线随产业类型、专利族和权利人国别不同而变化
Pakes 等	1989	√		√		√	不同国别、不同技术领域的专利权人对专利的维持情况不同；专利所在专利族不同，其专利维持情况不同
Albert 等	1991			√	√		技术领域与专利引证指数之间存在明显的联系
Brown	1995	√		√			从国别来看，日本的专利权人对专利的维持率较高；从技术领域来看，化学和电学领域的专利维持率较高

---

① 权利人类型及专利权人的类型，一般指工矿企业、高等院校、科研院所、个人和机关团体等。

② 专利技术领域一般是指根据《国际专利分类斯特拉斯堡协定》划分的 A(生活需要)、B(作业运输)、C(化学冶金)、D(纺织造纸)、E(固定建筑物)、F(机械工程、照明、加热、武器、爆破)、G(物理)、H(电学)八大技术领域，有时是按照产业标准划分的。

③ 专利族是指具有共同优先权的在不同国家或国际专利组织多次申请、多次公布或批准的内容相同或基本相同的一组专利。

研究者	研究成果发表时间	影响因素					研究结论
		权利人国别	权利人类型	技术领域	引证指数	专利族	
Breitzman 和 Narin	1996			√	√		"领先技术领域"专利的引证指数比普通专利的引证指数高七倍
Trajtenberg 等	1997			√	√		如果属于技术领域较宽或不同技术领域的专利引证同一专利,则被引证专利可靠性高,专利维持时间较长;如果大多数引证专利都集中在一个较小的技术领域中,则引证专利的可靠性较低,专利维持时间可能较短
Thomas	1999			√			技术领域的社会价值对专利维持决定的影响比专利维持的经济成本更重要
Harhoff 等	1999	√			√		德国和美国专利中,维持到法定期限届满的专利的引证指数比届满前终止的专利的引证指数较多
Hall 等	2001				√		影响专利维持决定的首要因素是专利他引指数,它反映了专利申请日时引证和被引证专利之间的区别,反映了技术替代周期的长短
Maurseth	2005			√	√		跨技术领域引证的专利维持时间相对较长;同一技术领域相互引证专利的维持时间相对较短。前者容易使发明取得重要的突破,后者体现了多项发明竞争创新的局面
Nakanishi 和 Yamada	2008			√			不同产业的专利被终止率不同,化学和医药行业比其他行业专利被终止率低
Liua 等	2008			√		√	通过对美国医药和生物技术专利数据的研究,认为专利族的大小对专利维持时间很重要,专利族大的专利维持的时间相对较长,对持续创新的作用也较大
Gronqvist	2009		√	√			维持时间越长的专利价值越高,但是专利的其他特征和权利人类型也会影响专利的价值,如企业拥有专利的价值均值比个人拥有专利的价值均值要高;不同技术领域中的专利价值不同,如专利保护能为其带来较大收益的技术领域(如医药领域)的专利价值更高;专利保护的宽度对专利价值的影响不大

从表 15-1 可以看出,就研究成果的发表时间来看,在 1981～2009 年,国外关于专利的技术信息对专利维持时间的影响的相关研究不少,特别是 1989～1991 年、1995～1999 年和 2008～2009 年是相关研究成果发表的高峰期;从影响指标来看,研究技术领域对专利维持时间的成果最多(11 项),其次是引证指数(7 项),再次是权利人国别(4 项)和专利族(3 项),研究权利人类型对专利维持时间影响的研究成果最少(1 项)。当然,相关研究成果多,并不意味着影响程度大,具体的影响程度需要进一步深入研究。

(2)专利技术的商业化水平。商业化水平从某种程度上决定了专利技术为创新主体带来收益的可能性及收益率的高低。如果专利技术的商业化水平高,说明其转化为经济效益的可能性大;反之亦然。因为要使授权专利继续有效,就必须缴纳规定的专利维持年费,所以专利技术的预期商业价值直接影响专利维持时间。Clark 和 Berven(2004)认为,为了较为准确地评估影响某种医药专利维持时间的因素,必须认真分析已公开的各种专利信息数据和市场信息数据。Svensson(2007b)的研究结论认为，专利技术的商业化程度对专利维持决定非常重要。与非商业化专利相比，将纯粹用来保护其他专利的防御专利维持到保护期届满的风险率较高。这说明将专利商业化比将其用作防御专利对专利维持更为重要，至少对小企业和个人来说是这样。事实上，并不是所有的专利申请人申请专利都是为了自己实施。因为技术所处领域不同，受申请人的实施条件所限，注定一部分专利不能被申请人自己实施，而是通过许可、转让、质押、入股、投资方式获得收益。但由于专利技术市场的不完善，妨碍了这些专利价值的实现，减少了专利收益。所以即使维持专利的成本没有变化，专利技术的商业化水平降低而减少专利收益的原因，也会导致一些专利被终止，缩短专利维持时间。

15.3　专利制度及授权机构对专利维持时间的影响

(1)专利维持年费制度。专利维持年费制度是对专利维持时间影响最大的制度性因素。专利维持年费制度是指通过要求专利权人缴纳专利维持年费，适度增加专利维持成本，影响专利维持时间，平衡专利权人和社会公众利益，促进技术创新的制度。专利权人是否维持专利，维持专利多长时间主要取决于其权衡维持专利成本和收益的结果。专利获得授权后，维持成本主要是缴纳年费。专利维持年费的多少和不同档次之间增加数额幅度的大小会对专利的维持时间产生非常重要的影响。实践中，很多专利权人特别是科研院所放弃一些有价值的专利的主要原因是因其资金所限，无法缴纳专利维持年费所致。因此，专利维持年费的多少将直接影响专利维持时间的长短。或者说，专利维持年费制度的合适程度将直接影响专利维持时间的合理分布。

(2)专利保护范围。专利保护范围是影响专利维持时间的主要制度性因素之一。首先，专利保护范围通过影响专利价值而影响专利维持时间。Lerner(1994)研究发现，专利保护范围与企业的专利价值呈正相关关系，但专利保护范围的扩大是否直接提高专利的价值没有被证明。其次，专利保护范围可以通过两种价值取向的政策影响专利维持时间。一种政策是专利保护期很短，但是保护范围较宽，以便专利有效的维持时间与专利法定保护期一致；另一种政策是专利保护期足够长，但是保护范围较窄，以便在更好的专利技术替代原有技术时，终止对原有专利的保护。前者可以促进新技术的扩散，后者则有利于降低研发成本(Louvain、Belgium，1998)。即使这两种政策可以针对创新率达到相同的效果，但是其社会效果是有区别的。

(3)专利创造性标准[①]。专利创造性标准是影响其维持时间的重要制度性因素之一。创造性标准是专利制度的"最后守门员"和可专利性的终极要件，也是可专利性的试金石，体现专利制度的有限保护与专利权人公开和解释新发明的平衡(Wagner et al.，2007)。在特定时间，对该技术领域普通技术人员而言，发明具有显而易见的特性是发明可专利性的基础，也是每项发明获得授权，取得专利资格的核心(Petherbridge、Wagner，2007)。创

---

① 欧洲、日本和中国大陆称为"创造性"，美国称为"非显而易见性"，中国台湾地区称为"进步性"，英文为"inventive step"，"non-obviousness"或者"inventiveness"。我国《专利法》第二十二条规定，"创造性是指与现有技术相比，该发明具有突出的实质性特点和显著的进步，该实用新型具有实质性特点和进步。"

造性标准的高低直接影响了授予专利的发明的创新程度，而创新程度的高低又在很大程度上影响了专利权人基于专利获得利益的多少，从而影响相关专利的维持时间。创造性标准的提高，一定会在专利授权时过滤掉一部分创新程度较低、达不到授权标准的发明。或者说依据较高的创造性标准授权专利的创新程度相对较高。在其他条件不变的情况下，该类专利一般会给专利权人带来相对较多的收益，其维持时间也相对较长。反之，创造性标准的降低，将会使一些创新程度不高的专利获得授权，而这些专利因为创新程度较低的原因，一般给专利权人带来的利益相对较少，其维持时间也相对较短。

(4) 专利侵权的认定和赔偿数额的确定方式。专利侵权的认定和赔偿数额的确定方式通过调整专利保护水平影响专利维持时间。专利技术的无形性、专利侵权的隐蔽性、专利侵权认定的不确定性和专利侵权损害赔偿数额的难以确定性，增加了维持专利的成本和风险，直接影响了专利权人的收益，进而影响专利维持时间的长短。这主要表现在以下两个方面。①侵权认定的不确定性影响专利权人的预期收益，增加专利收益的风险，进而影响专利维持时间。如果说授权专利的权利要求书是申请人和专利局共同划定的专利权保护范围，那么专利侵权认定就是法官对这一范围的解释，甚至是重新认定。因为这种解释或者认定包含了创造性等授权条件的重新判断，加之创造性标准的主观性和判断标准的客观化要求，为判断专利是否有效带来的风险性较高，一定程度上增加了权利人维持专利的成本，从而影响相关专利的维持时间。②赔偿数额或者说侵权成本与侵权收益的差额直接影响侵权行为发生的可能性，也直接影响权利人收益，从而影响专利权人对专利继续维持的意愿。如果司法实践中侵权认定和赔偿数额不利于有效保护专利权，导致侵权可能性增加，则无形中减少了专利权人的市场份额，降低其市场收益，增加了专利权人放弃专利的概率，提高了缩短专利维持时间的可能性。

(5) 专利授权机构。由于专利制度的地域性，不同国家或地区的专利授权标准存在不同程度的差异，即相同技术在不同国家或地区获得授权的可能性存在一定差异。即使都获得授权，因当地技术发展水平、商业环境和科技政策及文化等方面的差异，该授权专利在不同国家或地区的收益率可能不同，导致该专利的维持时间可能有所区别。这一观点已经得到相关研究证实。Yi Deng (2007) 通过对欧洲专利局在 1978～1996 年授权专利的维持情况分析认为，欧洲专利局授权专利的价值远比其各成员国授权专利的价值高，维持时间也相应较长，而且专利价值随着该专利所在国家经济规模及其经济回报率增加而增加。可见，授权机构也是影响专利维持时间的重要因素之一。

15.4 专利管理制度及专利战略对专利维持时间的影响

(1) 专利管理制度。专利管理制度通过调整创新主体的专利运用和管理能力，影响专利的维持时间。合理高效的专利管理制度可以提高创新主体的专利运用和管理能力，为创新主体带来更多的经济收益。在同等条件下，如果专利管理制度完善，专利权人获得专利收益的可能性就较大；反之，基于专利技术获得专利收益的可能性相对较少。创新主体从专利中获益的多少在很大程度上决定了专利的维持时间。以我国为例，目前很多企业，特别是中小企业的专利运用和管理能力较弱，缺乏较为完善的专利申报和审核制度，对是否申请专利、何时申请、获得授权的专利维持多长时间、是否转让或者许可等问题的决策缺乏科学依据。这些因素导致其基于专利技术的收益很少，其专利维持时间也很短。另外，企业的研发强度和规模大小对专利技术的实施率和收益率会产生很重要的影响。Duguet 和 Iung（2016）通过对企业层面的专利维持数据研究认为，企业的研发强度和规模大小对专利维持时间存在明显的正面影响。因为研发强度高、规模大的企业在人力资源、财政支持和制度建设等方面都有较好的优势，所以通过优化专利维持时间，充分实现专利价值的可能性较高；反之亦然。可见，企业的专利管理制度、研发强度和规模大小都会对专利维持时间产生一定程度的影响。

（2）对专利技术市场前景的预测能力。对专利技术市场前景的预测能力在很大程度上影响专利技术的实施程度，从而影响专利技术价值的实现程度，进而直接影响专利维持时间。对专利技术市场前景看好，并且预期替代技术出现所需时间较长时，企业会决定对其进行较大规模地实施。如果这种预测准确，相关专利的维持时间就比较合理。但预测不准时，也可能导致相关专利的维持时间过短或者过长。不过，企业在决策专利是否维持，维持多长时间时，需要一定的发展眼光。如有些企业对一些暂时没有市场价值，但随着技术的成熟，不久就会有市场的专利缺乏战略分析，随意放弃是极不恰当的。目前我国专利利用率不高，部分企业随意放弃专利的现象较为严重与企业对专利技术市场前景判断不准密切相关。另外，专利技术的可实施性和专利产品的市场份额也是影响专利维持时间的重要因素。例如，一项专利技术，如果很容易实施，且该专利产品又有好的销路，替代产品也较少时，拥有专利的企业就不会轻易放弃该专利。值得一提的是，专利授权初期因为技术的不成熟性、市场化程度弱、收益的不确定性等原因，有可能使得有一定价值的专利被终止。Pakes 和 Schankerman（1979）认为，专利在授权初期被终止率非常高，是因为专利申请一般发生在创新活动初期，这个阶段专利申请人还处于寻找从发明中获得收益机会的阶段。此时的专利权人能从专利中获得收益的多少，在很大程度上取决于其对专利技术市场前景不确定性判断的准确性。因此，很多国家的专利制度规定的授权初期的专利维持年费数额都较低，这在一定程度上对授权初期市场前景不明的专利起到了扶持作用。

（3）专利之间的关系。也有专利权人并不是完全按照收益成本的逻辑模式来处理专利维持决定的问题。很多专利分别在维持第 3 年和第 7 年时被终止，这并不是因为专利权人判断其收益小于维持成本，而是因为维持成本远远超过其承受能力。专利权人要么缺少必要资金维持专利，要么其可能认为风险太高而无法保证这项支出（实际维持成本是其潜在收益的若干倍），这说明可能存在很多预期收益高于维持成本门槛的专利被终止。

专利维持决定在一定程度上取决于企业内部和企业之间其他相关技术系列的专利维持决定和不确定的专利收益。专利受让人更加容易选择维持相互联系的专利。两件专利之间存在引证数重叠越多，它们的关系就越“近”。以集成快速发展技术的计算机和数据运算系统产业为例，由于该产业发展速度较快，新产品非常有可能与相同企业或者外部企业现有专利技术或者同时产生的专利技术相重叠，所以如果专利属于引证序列的一部分，那么它们维持的可能性就会提高。

运用企业专利战略行为，如专利攻击、专利防御和专利丛林对相互联系专利的维持决定正相关进行潜在解释。当如果竞争对手之间产生专利诉讼时，专利战略行为可能增加更多的社会成本。为了降低诉讼成本，决策者应该考虑针对差异性不高的专利产品或方法较低的赔偿。如果专利权人对其专利价值不确定时，相互联系专利的维持情况会出现另一种情况。因此，如果相互联系的专利被维持，就说明专利权人认为其拥有的专利值得维持，这会导致相似专利的维持状况相互联系的结果。而且，人们对专利从一个企业专利组合转移到另一个企业专利组合过程中对专利转让的无形价值进行评估时，应该考虑来自商业组合中专利之间相互作用的额外收益。

(4) 企业专利战略。合理选择专利维持时间是企业战略的重要组成部分。专利维持时间不仅是反映企业专利活动的重要信号，也会影响私人或者公共部门的决策。专利维持过程有时也可以看作是专利权人与其竞争对手之间的利润博弈过程。Crampes 和 Langinier (1998) 认为，专利权人不仅掌握专利技术的相关信息，而且清楚其专利维持行为会直接影响竞争对手是否进入相关市场的决定，所以专利权人调整专利维持时间的行为可以作为一种战略手段。一般情况下，企业主要利用两种改变专利维持时间的方式作为赢得竞争对手的策略。①延长实际应用价值不高的专利的维持时间给竞争对手造成假象。专利权人是否延长专利维持时间的信息可以给竞争对手传递相关的市场利润信息。在不使用专利维持战略的情况下，不缴纳专利维持年费仅意味着专利的预期利润小于其预期成本。如果专利权人不缴纳专利维持年费，致使专利权被终止，就意味着该专利技术市场价值无利可图。但因为一些内在支出统计信息的缺失和需求信息的不足形成的信息不对称，使得竞争对手不敢确定专利权人为什么会延长或缩短专利维持时间。因此，专利权人有时会故意延长收益不大的专利的维持时间，使得竞争对手相信该技术市场收益较好，达到迷惑对方的目的。因此，有时一件专利并没有什么真正的实用价值，但是专利权人却花费很大的精力去维持它，正是专利权人运用专利维持战略的体现。②放弃有一定经济价值的专利迷惑竞争对手。专利权人确定是否继续维持专利时，应该权衡不同产品的专利优势利润与吸引竞争对手进入高利润市场风险之间的关系。这种博弈过程中存在很多均衡。当竞争对手对市场盈利率的预期较低时，为了向竞争对手发出迷惑"信号"，即使市场有利于专利权人，专利权人也可能会通过缩短专利维持时间迷惑竞争对手。这或许正好解释这样一种现象，即有时一项非常重要的专利的维持时间却很短，而且是专利权人主动不缴纳专利维持年费终止专利权。这也是较为常见的专利维持战略之一。值得一提的是，企业专利战略对专利维持时间的影响与其他因素的影响在性质上存在根本性差异。

15.5　本章研究结论

专利权维持时间越长，表明其创造经济效益的时间越长，市场价值越高；或者说，维持时间长的专利，通常是技术水平和经济价值较高的专利，或者说是核心专利[①]。本书通过对国外相关研究成果的研究，分析了专利技术信息、专利制度、创新主体等对专利维持时间的影响。得出如下结论：首先，权利人国别、权利人类型、技术领域和专利族分别通过不同国家的整体技术创新能力差异、不同类型创新主体在专利技术运用过程中的作用差

---

① 国家知识产权局. 2008 年中国有效专利年度报告，http://ip.people.com.cn/GB/9718425.html.html.[2019-05-17].

异、不同技术领域对专利制度的依赖性差异和不同专利族的技术相关性差异影响专利的维持时间,它们是影响专利维持时间的技术信息因素;其次,专利维持年费制度、专利保护范围、创造性标准、专利侵权的认定和赔偿数额确定方式分别通过调整专利维持成本、保护区间、授权条件中的发明高度、保护水平等影响专利维持时间,它们是影响专利维持时间的制度性因素;再次,专利管理制度、对专利技术市场前景的预测能力及企业专利战略分别通过调整创新主体的专利管理能力、市场前景预测能力和专利战略运用能力影响专利维持时间,它们是影响专利维持时间的创新主体因素。需要说明的是,专利的实际维持时间是权利人根据其自身条件、专利技术情况、专利制度相关规定和专利管理制度及专利战略等主要影响因素做出的综合性决定形成的,各种因素的影响程度在不同条件下可能会有所差异。

第十六章　基于权利要求数的专利维持时间影响因素研究[①]

作为专利制度核心的权利要求决定了技术方案的保护深度和广度。作为权利要求关键指标的权利要求数对专利价值，尤其是对专利维持时间的影响程度如何，需要深入研究。本章基于中国、美国、德国、法国、日本与韩国授权专利数据，采用 Logistic 模型分析专利权利要求数与维持时间之间的关系发现：除日本和韩国授权专利外，权利要求数对专利维持时间存在正向影响。同时发现，基于专利文献来研究权利要求对维持时间的影响具有一定局限性。

16.1　引言

专利作为技术创新的重要载体能够直接反映一个国家的技术水平与创新能力，已经成为各国获取竞争优势促进技术与经济发展的核心工具。在理论研究中，专利文献作为专利信息的载体是研究专利相关问题的重要依据。广义的专利文献是指各国专利局以及国际性专利组织在审批专利过程中产生的官方文件及其出版物的总称，即与专利事务有关的所有文献。广义的专利文献包括专利法规、专利局公告、专利申请和审查档案、专利公报、专利说明书、专利检索工具等。狭义的专利文献仅指专利说明书，记载着技术发明的详细内容(王朝晖，2008)。作为专利文献中最为重要的内容，专利的权利要求是专利的核心，决定了专利权保护的范围(Bently、Sherman，2002)。由各项独立或非独立的权利要求所组成的权利要求书，就成为确定专利权保护范围的核心依据(Hikkerova et al.，2014)。正如我国《专利法》第五十九条规定："发明或者实用新型专利权的保护范围以其权利要求的内容为准，说明书及附图可以用于解释权利要求的内容。"即，专利权的保护范围以权利要求书实质内容为准，法律保护不能延及权利要求书之外。基于权利要求对专利的重要理论意义，已有学者对此展开了深入研究。例如，Nicolas 和 Zeebroeck(2009)的研究指出由于专利权利要求数会直接影响专利权保护的范围，因此近 20 年来专利权利要求数呈现明显的上升趋势。

专利维持时间是指专利从申请日或者授权之日至无效、终止、撤销或届满之日的实际时间(乔永忠，2011d)。诸多的理论研究已经表明，专利维持时间是评价专利制度运行绩效的关键指标之一。专利维持时间既能够反映专利制度的运行绩效，又能体现创新主体管理专利的能力。同时，在"专利质量"这一概念尚未得以明确的前提下，将"专利维持时间"视为衡量专利技术与经济价值的重要因素，以此来间接研究"专利质量"的相关问题，

---

① 本章部分内容曾发表于《科学学研究》2016 年第 5 期，作者乔永忠和肖冰。

也越来越受到研究者的重视。本章基于专利权利要求对专利制度的重要实际意义以及专利维持时间对于相关理论研究的重要价值,通过对全球最重要的六大知识产权局或者专利局授权的共计2万余项专利进行实证研究,讨论了专利权利要求数与维持时间之间可能存在的关系,试图为科学合理地建立专利评估体系提供实证研究数据。

16.2　文献综述与研究假设

16.2.1　文献综述

专利权利要求数与专利维持时间是否存在关系,是一个值得研究的问题。在理论研究中,学者一般主要是围绕着专利维持时间的影响因素而展开研究的,并逐步揭示出专利权利要求数与专利维持时间之间的关系。虽然在具体的研究方法上有所差异,但是相关研究文献主要可以划分为以下两个方面。

(1)定性的研究:即通过理论的分析。相关研究文献认为专利权利要求数对专利维持时间或专利质量与价值具有影响。Tong和Frame(1994)在研究中将专利的权利要求数作为衡量专利质量的重要指标。随着研究的不断深入,Barney(2002)基于对大量美国专利的实证研究表明,权利要求数越多的专利,其维持的时间也相对越长。Bessen和Meurer(2005)在研究专利价值问题时也发现,专利权利要求数对专利价值具有正向的影响作用。乔永忠(2009a)的研究表明权利要求数与专利维持时间之间存在一定的关系。陈海秋和韩立岩(2013)研究也表明,权利要求数可以作为衡量专利质量的一项指标。吕晓蓉(2014)指出权利要求数能够反映专利的保护宽度,与专利价值有很好的相关性。杨武等(2014)将企业所有专利权利要求数的均值作为反映企业技术实用性的指标以衡量企业技术制造能力。林甫(2014)指出专利技术保护范围所构筑的市场壁垒可以是企业市场控制力的重要组成部分。通常专利权利要求数越多,可理解为其保护范围越广。

(2)定量的研究:即通过对不同样本数据的分析,通过相关研究文献寻找专利权利要求数与专利维持时间之间具体的数量关系。曹晓辉和段异兵(2012)对基因工程领域专利进行的研究发现权利要求数与专利维持时间长度之间存在一定的关联性。宋爽(2013b)在研究我国专利维持时间过程中,将"申请书页数"作为影响因素进行考察。其研究结果表明该因素对维持时间的影响虽然数值相对较低,但仍是显著的。吴红和付秀颖(2013)对燃料电池领域专利进行研究时发现,权利要求项数是专利维持时间的保护因素之一。权利要求数每增加1项,专利生存风险概率就会降低5.8%。

以上研究虽然在一定程度上揭示了权利要求数对专利维持时间的影响程度,但仍有许多不足。第一,上述研究主要以单一国家为研究对象,而缺乏不同国家之间的比较研究;第二,缺乏以截面数据为研究对象所进行的研究;第三,单纯依靠专利文本所反映出的信息,缺乏对各国专利立法差异因素的考虑。显然,世界各国创新能力、技术与经济发展水平不一,科技立法特别是专利立法及相关制度均有所差异。故在面对各国不同的专利立法与管理政策时,各项具体的指标能否具有普遍适用性,同样也是一个值得考虑的问题。这直接关系到相关研究方法是否科学,结论是否可靠等重要问题。例如:基于个别国家的相关研究结论,对我国是否具有借鉴意义则是值得商榷的。针对以上不足,本章基于"权利要求数-维持时间"的角度,以发明专利的权利要求数这一指标为研究对象,利用世界六大专利局的相关数据进行实证研究,以分析专利权利要求数与专利维持时间的关系。

16.2.2 研究假设

基于前文分析:专利保护的范围是根据权利要求的内容而确定的,过少的权利要求数可能会造成保护不全面的问题。相反,过多的权利要求数则有发生侵权的可能。Zeebroeck(2009)的研究也更是发现,1980~2002 年,专利申请书中权利要求数的平均值从 10 个增长到了 18 个。这意味着,经过各方面的权衡利弊,期望获得尽可能大范围的保护还是权利人最想得到结果。类似的,Matthis 和 Potterie(2013)在研究中也发现,为了在可能出现地诉讼中占有优势地位,专利的申请者通常会试图尽可能地扩大专利权保护的范围,因此专利申请书中的权利要求数会不断增加。可以认为,大多数专利申请人在申请专利的过程中还是倾向于尽可能地增加专利权利要求数,以便对技术方案形成更为全面的保护。所以,权利要求数较多的专利,其保护范围更大,因而也有可能具有较长的维持时间。结合现有文献与理论分析,本章提出以下研究假设:①权利要求数与专利维持时间可能存在正向的关系;②上述影响是普遍存在的,即对于各国专利假设①应具有普遍适用性。

16.3 研究设计

(1)数据来源。本章研究样本分别从中国、美国、德国、法国、日本与韩国六国知识产权主管机关的专利数据库中进行检索,并从 1994 年授权的发明专利中随机抽取 3838 件专利,共计 23028 件专利作为研究对象。对于数据选择的依据,本章主要考虑了两个方面的原因:①按照专利法保护期为 20 年的惯例,1994~2014 年正好形成了一个完整的保护期。在 1994 年授权的专利,理论上保护期已经届满。②作为参照的中国 1994 年授权的发明专利为 3838 件,因此从各国数据库中也抽取了相同数量的专利,以便进行比较研究。

(2)模型建立与变量设置。Logistic 模型可以预测一个分类变量中每一分类所发生的概率,适用于因变量为分类变量,自变量为二分类变量或多分类变量(包括有序多分类和无序多分类)的情况。在本章研究中,将专利维持时间的长和短这一因变量视作是一个二项分类的变量,同时自变量为专利权利要求数,符合二项分类 Logistic 模型的要求。其模型可以表述为

$$\ln\left[\frac{p}{1-p}\right] = \beta_0 + \beta_1 X_1 + \beta_2 X_2 + \cdots + \beta_{10} X_{10} + \mu \tag{16.1}$$

式中, p 为专利维持时间长的概率, $1-p$ 为专利维持时间短的概率; X_1、$X_2\cdots X_{10}$ 分别代表各自变量; β_1, $\cdots$, β_{10} 分别代表各自变量的回归系数,表示各自变量对专利维持时间的影响程度,该值为正,则表明这一变量为积极因素,系数越大表明其影响程度越大; β_0 为常数项; μ 为随机扰动项。

本章研究的因变量为专利的维持时间(Y),即是否维持时间长,"是"被赋值为 1,"不是"被赋值为 0,自变量包括专利文献中获取的权利要求数。本节变量设定见表 16-1。

表 16-1 变量设定

变量名称	变量定义	预期方向
因变量		
维持时间（Y）	长=1，短=0	
自变量		
权利要求数（X）		+

16.4 结果分析与讨论

16.4.1 样本描述性分析

根据六国专利维持时间的分布情况绘制表 16-2。从维持时间的均值分布来分析：法国专利维持时间的均值为 14.00 年，为样本中专利维持时间均值最高的国家；其次分别是，美国专利维持时间的均值为 12.65 年、日本专利维持时间的均值为 9.50 年、德国专利维持时间的均值为 8.81 年、韩国专利维持时间的均值为 8.40 年；而中国专利维持时间的均值为 7.30 年，为样本中专利维持时间均值最低的国家。从各国专利维持时间的众数分布来分析：我国专利维持时间的众数为 2，这表明中国大量的专利维持时间为 2 年；而法国专利维持时间众数为 20，则表明法国大量专利能够维持到保护期 20 年保护期届满[①]。相应的，德国、美国、日本与韩国专利维持时间的众数，分别为 8 年、8 年、9 年与 3 年。从各国专利维持时间的百分位数分布来分析：法国、美国、日本的专利中有 50% 的专利能够维持到 10 年以上；德国与韩国专利中有 50% 能够维持到 8 年，我国专利中 50% 能够维持到 6 年。

表 16-2 六国专利维持时间的分布情况

国家	专利数量/件	均值/年	中值/年	众数/年	极小值/年	极大值/年	百分位数 25%	百分位数 50%	百分位数 75%
德国	3767	8.81	8.00	8	1	20	5	8	13
法国	3826	14.00	14.00	20	1	20	10	14	18
美国	3837	12.65	12.00	8	4	20	8	12	17
日本	3838	9.50	10.00	9	3	19	7	10	12
韩国	3813	8.40	8.00	3	1	18	4	8	12
中国	3801	7.30	6.00	2	1	19	3	6	11

*注：由于个别专利样本中数据缺失，各国样本数据与 3838 件略有差异。

根据六国专利权利要求数分布情况绘制表 16-3。从权利要求数的均值来分析：德国专利的权利要求数均值为 10.073 项，法国为 11.188 项，韩国为 6.649 项，美国为 13.211 项，

---

① 本节研究中所使用的数据均来源于各国国家专利局所公开的数据库。在数据收集的过程中发现在法国专利数据中，维持时间达到 20 年（即维持到法定最高年限）的专利所占比例显著高于其他国家，这一问题引起了研究者的注意。在数据核对的过程中发现，法国国家工业产权局数据库中，会直接显示专利维持年费缴纳的次数。而这一次数恰好等于专利所维持的年限。例如，缴纳 20 次年费的专利，其法律状态为"因超过保护期而失效"；而缴纳年费次数少于 20 次的专利，其法律状态为"因未按时缴费而失效"。经过多次核对，这一指标并无差错。

日本为 1.525 项，中国为 8.643 项；从权利要求数的众数分布来看，日本与韩国专利权利要求数处在相对最少的水平，这意味着日韩两国大量的专利都只有 1 项权利要求。而德国与法国专利权利要求数相对最多，这说明德法两国的大部分专利都有 10 项权利要求。相应的，美国专利中权利要求数为 8 项的专利最多，而中国专利中权利要求数为 3 项的专利最多。

表 16-3　六国专利权利要求数分布情况

国家	专利数量/件	均值/项	中值/项	众数/项	极小值/项	极大值/项	百分位数		
							25%	50%	75%
德国	3767	10.073	9	10	1	84	5	9	12
法国	3826	11.188	10	10	1	114	6	10	14
美国	3837	13.211	11	8	1	152	6	11	17
日本	3838	1.525	1	1	1	41	1	1	1
韩国	3813	6.649	4	1	1	105	2	4	9
中国	3838	8.643	6	3	1	79	3	6	10

*注释：由于个别专利样本中数据缺失，各国样本数据与 3838 件略有差异。

16.4.2　实证研究结果分析

基于前文分析，各国专利维持时间存在显著性差异。因此，对各国专利维持时间长短的划分不宜采取固定的划分标准，而需要依照各国专利实际的维持时间而异。通过对描述性统计结果的分析，参考样本专利维持时间的众数、极值以及各国专利维持时间分布情况等指标，本章专利维持长短的划分标准如表 16-4 所示，以此将样本专利分为长期与短期两类。

表 16-4　专利维持长短的划分标准

国家	维持时间/年		
	划分标准	短	长
德国	8	<8	≥8
美国	12	≤12	>12
法国	14	≤14	>14
日本	10	≤10	>10
韩国	8	<8	≥8
中国	7	≤7	>7

本章运用 SPSS13.0 统计软件对相关数据进行了 Logistic 回归分析。具体 Logistic 回归分析结果见表 16-5。根据表 16-5 中显示的数值可以发现，对于美国、中国、法国和德国的专利而言，专利权利要求数对专利维持时间长短概率的影响在 5% 水平显著正相关。回归系数分别为：德国（0.010）、法国（0.012）、中国（0.035）、美国（0.019），且符号为正。说

明上述四国专利的权利要求数越多，则维持长时间的概率越大。模型中 $\mathrm{Exp}(B)$ 优势比的数值也均大于 1，说明权利要求数的增加能够提高专利成为长维持时间专利的概率。

表 16-5　Logistic 回归分析结果

回归结果国别	回归系数(B)	标准误(S.E.)	卡方值(Wals)	自由度(df)	Sig.	Exp(B)
中国	0.035	0.005	50.117	1	0.000	1.036
日本	0.024	0.018	1.804	1	0.179	1.025
美国	0.019	0.004	26.813	1	0.000	1.019
韩国	−0.004	0.004	0.746	1	0.388	0.996
德国	0.010	0.005	4.872	1	0.027	1.010
法国	0.012	0.004	8.531	1	0.003	1.012

对于日本和韩国的专利而言，权利要求数对维持时间长短概率的影响并不显著。这说明，针对日本和韩国的专利，权利要求数的多少，并不能够对维持时间长短的概率产生影响。换言之，是否能够成为长维持时间的专利，与其所有的权利要求数之间没有显著关系。整体来看，假设①得到验证，但仅限于美国、中国、法国和德国；因此假设②未得到验证。

16.5　本章研究结论与启示

16.5.1　研究结论

本章采用了六国专利局数据，通过 Logistic 模型实证研究了专利权利要求数与专利维持时间之间可能存在的关系，得出如下主要研究结论。

首先，对于美、德、法、中四国授权专利，其权利要求数与专利实现长维持时间的概率之间可能存在正向相关关系。权利要求数越多，专利能够成为长维持时间专利的概率越大。具体而言：权利要求数越多，意味着专利保护范围会有可能更大，这无疑是有利于专利权人的。并且，已有学者发现，近年来权利要求数呈明显的增加趋势。其背后原因可能是多种多样的，但专利权人希望借此扩大自身利益的动机无疑是存在的。同时，已有研究结论大多数也倾向于认为权利要求数与维持时间之间存在正向相关关系。即，维持时间较长的专利，其权利要求数也相对较多。究其原因可能是：一方面权利要求数多的专利意味着技术方案更加复杂；另一方面，在审查过程中权利要求数多的专利所经过的审查时间更长。于是整体分析可得，权利要求数多的专利能够长维持时间的概率相对较高。这一结论也可以理解为，充分地展示技术方案的内容有助于专利维持时间的延长。但另一方面，基于以下几方面原因的分析，权利要求数也并非越多越好。①过多的权利要求数可能会降低技术方案获得专利授权的几率。因为，权利要求数越多，意味着与现有技术重叠的可能性也就越大。②过多的权利要求数可能会增加技术方案侵权的风险。因为，权利要求数越多，其落入其他专利保护范围的可能性也越大。③过多的权利要求数可能会导致技术方案获得专利授权的时间变长。因为，各国在专利审查过程中对权利要求数较多的技术方案通常审查时间较长。④过多的权利要求数，可能会增加专利维持的成本。因为，在六大专利局中的日本与韩国其专利维持年费是按照权利要求数加以计算。通过上述分析可以认为在专利申请过程中，合理把握权利要求数也是非常重要的。这间接地反映出，在技术研发之外，专利申请的一系列过程中需要有专业的团队进行协作，尽可能最大化地通过专利制度对研究成果进行保护。

其次，对于日韩两国授权的专利，权利要求数与维持时间之间并不存在显著的关系。专利维持时间长短的概率不会因权利要求数的变化而有所不同。其可能的原因在于：日本与韩国采取了与德国、美国、法国和中国完全不同的专利维持收费机制。虽然上述六国的专利维持收费机制均不相同，但是日本和韩国将专利维持年费与权利要求数直接挂钩，韩、日两国专利维持年费规定如表 16-6 和表 16-7 所示。简言之，在日韩两国若专利中权利要求数越多，则相应的专利维持年费也会提高。而本章研究中其他四国的专利维持收费机制并无类似规定。因此以权利要求数为依据确定专利维持年费的政策，对专利权利要求数起到了限制作用。此举的意义可能在于，避免专利申请人在申请时提交过多的权利要求。一方面能够降低专利审查机关的工作负担；另一方面也能够提高专利审核的效率；还能够促进专利申请人员规范其工作程序，将最有价值的技术方案通过专利的形式进行保护。

表 16-6 韩国专利维持年费规定（节选）

年费/韩元		
专利维持时间 1～3 年	1. 专利基本年费	15,000
	2. 每项权利要求额外缴纳的费用	13,000

资料来源：韩国专利局 http://www.kipo.go.kr/kpo/eng/.

表 16-7 日本专利维持年费规定（节选）

年费/日元		
专利维持时间	1～3 年，每年缴纳	￥2,300＋￥200/每项权利要求
	4～6 年，每年缴纳	￥7,100＋￥500/每项权利要求

资料来源：日本专利局 http://www.jpo.go.jp/tetuzuki_e/ryoukin_e/ryokine.htm.

再次，专利权利要求数这一指标在普遍适用性方面存在问题。权利要求数在特定条件下与专利维持时间成正向相关的关系。而日本与韩国对将专利维持年费与权利要求数相挂钩，因而导致了以权利要求数为指标去分析日本与韩国专利的维持时间是存在问题的。这也说明了"权利要求数"这一来源于专利文献中的指标，易受各国专利维持年费政策变动的影响。特定国家专利的立法或政策，对专利维持时间等一系列问题都具有重要的影响。在进行不同国家间的比较研究时，必须对数据之外的政策与法律因素予以考虑。简言之，通过权利要求数这一指标作为研究专利维持时间长短影响因素，其适用范围是有限的。

16.5.2 研究启示

基于以上研究的结论，在对专利维持时间进行研究的过程中，为了保证研究结果的准确性和科学性，应当特别注意以下两个方面的问题。

（1）专利维持时间受专利维持年费的影响较大，在权利要求数与专利维持年费无关的情况下，可以将其作为研究专利维持时间的指标之一。因此，在构建专利质量评估体系的过程中，一方面要尽量实现评价指标的一致性，以实现评估体系的普遍适用性；但另一方面也必须注意各国专利立法与相关政策中的特别规定，这些规定往往会对某一项指标产生非常显著的影响。换言之，对于未经严格论证的指标体系，应该采取审慎的态度，不宜将某些结论作为评价或评估我国专利，特别是专利质量问题的依据。因为相关指标的背后可能存在某些原因，导致相关的结论并不具有普遍适用性，更无法客观与准确地反映出特定国家专利制度中所存在的真实问题。

(2)基于专利文献的研究是具有一定意义的，充分利用文献中丰富的数据和信息资源，可以为技术预测乃至科技政策的制定提供可靠的研究依据。但是需要注意的是，相关研究的局限性也是非常明显的。在本章研究中，若不考虑政策影响的作用下，可以认为权利要求数能够作为影响专利维持时间的因素之一。但结合各国立法的实际情况，相关结论的普遍适用性就会大打折扣。因此，基于单纯文献信息进行研究所得出的结论，是具有局限性的。在借鉴相关研究结论时，不能忽视立法与政策等宏观因素的影响。

第十七章　基于维持时间的发明专利质量实证研究[①]

专利质量具有较强的不确定性，用传统方法很难确定其高低，通过维持时间反推专利质量具有一定的合理性。本章对国家知识产权局 1994 年授权的 3838 件发明专利的法律状态（截至 2009 年 5 月 31 日）、权利要求数等进行逐项统计，形成相关信息数据库。对该数据库分析表明：这些发明专利的平均维持时间较短。其中，来自国外的发明专利维持时间明显长于来自国内的发明专利维持时间；工矿企业对发明专利的维持时间长于个人和科研院所对发明专利的维持时间；来自国内发明专利的权利要求数平均不到来自国外发明专利的权利要求数的 1/2。从未缴年费被终止的视角看，1994 年授权的发明专利特别是国内发明专利质量较低。本章对其原因进行了分析，并提出了相应建议。

17.1　引言

拥有一定数量和质量的发明专利是衡量一个国家是否进入创新型国家行列的重要标志之一。但就技术创新而言，专利质量比专利数量更重要（Hartwick，1991），因为后者更能反映企业、地区乃至国家的核心竞争力。为此，2009 年有效专利[②]作为衡量专利质量的新指标首次列入我国国民经济和社会发展统计公报，这标志着有效专利已经正式成为经济社会发展综合评价体系的重要指标（国家知识产权局规划发展司，2009）。在我国发明专利申请量和授权量大幅增长的背景下，对发明专利质量问题进行实证研究，不仅有利于了解我国发明专利质量的现状，认清我国与其他国家特别是与发达国家在专利竞争力方面的差距；而且有利于明确影响发明专利质量的因素，继而探索实现发明专利数量和质量协调增长的途径。

所谓专利质量是指专利的优劣程度。这种优劣程度根据对象不同可以区分为专利针对社会的优劣程度（社会价值）和针对权利人的优劣程度（个体价值）。专利针对社会的优劣程度（社会价值）是指授予专利的发明创造对社会的影响程度。针对社会而言，如果影响程度越高，发明创造的价值就越大，授予该发明创造的专利质量也就越高，但是这种影响程度很难测度。专利针对权利人的优劣程度（个体价值）是指授予专利的发明创造对权利人的商业价值的大小。针对权利人而言，商业价值越大，专利质量越高。但专利交易市场的不完善和交易数据的收集难度使得对专利商业价值的研究较为困难。总之，专利质量具有很强的不确定性，用传统方法很难确定其高低。鉴于绝大多数国家和地区的专利法规定专利权人为了使其专利有效必须缴纳年费，所以关于专利维持的数据资料和年费缴纳情况就包含

[①] 本章部分内容曾发表于《管理世界》2009 年第 1 期，作者朱雪忠、乔永忠和万小丽。

[②] 有效专利是指处于维持状态的专利。

了专利质量分布的信息。因此，本章试图通过从发明专利①未缴专利维持年费而被终止这一现象反推发明专利质量，即在其他条件不变的情况下，专利维持时间②与专利质量成正相关,专利维持时间越短，专利质量越低；反之，专利质量越高。从经济学理论的"理性经济人"假设出发，一个"理性经济人"在缴纳年费维持发明专利时，必须权衡维持该发明专利的成本与收益。对个人而言，收益的多少直接体现了专利质量的高低。因此，本章从发明专利因未缴年费而被终止的视角研究发明专利质量或许是一个较好的尝试。

国外学者 Schankerman 和 Pakes(1986)通过模型预计专利维持比例序列和描述初始回报分布与衰减速率的参数矢量两者之间的关系得出专利质量的分布并描述其随时间变化特征的方法，利用 1950～1976 年英、法、德三国专利维持率对其专利质量的分布进行了估计。Sullivan(1994)采用类似方法对英国和爱尔兰的 1852～1876 年专利质量进行了评价。Moore(2005a)通过对美国近 10000 余件授权专利的维持时间的特征研究发现了一些维持时间长的专利的共同特征，从而为评价专利质量提供了较为充分的证据。国内学者陆飞和吴桂琴(1994)对四所原国家教育委员会所属的高校专利权提前终止的因素进行了探析。朱雪忠等(2009)、乔永忠和文家春(2009)就基于维持时间的发明专利质量、国内外发明专利维持状况比较等问题进行了初步研究。本章是在此研究基础上完成的。

17.2　数据收集、统计方法和变量设计

本章采用社会统计分析方法 SPSS 软件，对中国国家知识产权局 1994 年全年授权的 3838 件发明专利中,因未缴专利费而被终止的 3104 件(截至 2009 年 5 月 31 日)进行分析，主要考查它们平均维持时间以及在授权后 1～3 年、4～6 年、7～9 年、10～12 年和 13～15 年③五个时间段被终止发明专利的比例和特征，以及其中国内申请人获得授权的发明专利(简称国内发明专利)和国外申请人获得授权的发明专利(简称国外发明专利)维持情况。

(1)数据收集。登录中国知识产权网(CNIPR)网站的专利检索窗口，进入中外专利数据库服务平台，检索公告日在 1994 年期间的授权发明专利目录(共有发明专利 3838 条)。因为该数据库中不支持权利要求数目指标查询，所以根据该发明授权专利目录到中国专利信息中心网站的中国专利文摘数据库中查询有关指标。另外，在国家知识产权局网站的法律状态查询窗口检索有关发明专利的法律状态。通过对 1994 年授权的发明专利相关数据(截至 2009 年 5 月 31 日)进行逐条统计，形成《1994 年国家知识产权局授权发明专利相关信息数据库》，作为本章数据分析的依据。或许读者会觉得选择 1994 年的数据比较陈旧，甚至过时，代表性不强。作者认为，对国家知识产权局授权发明专利因未缴年费而被终止的问题研究，选择 1994 年的数据比较恰当。如果选择时间靠后，优点是数据新，缺点是时间太短，不能较好地反映发明专利维持时间的发展趋势；如果选择时间太靠前，优

---

① 由于发明专利的授权需要经过实质审查，一般认为发明专利的质量更好、技术含量最高，国内外很多机构将发明专利数量作为指标来衡量企业、地区和国家的创新能力。

② 根据我们统计，因为其他原因提前终止的发明专利极为少见，所以以下所称维持时间，如果没有特殊说明，均指发明专利从授权到因未缴专利维持年费而被终止的时间。

③ 授权后第 15 年的数据仅截止 2009 年 5 月 31 日，所以第 5 个阶段实际上只有接近 2.5 年的数据，而不是 3 年的数据，因此本章中的第 5 个阶段的数据误差较大。

点是充分显示发明专利维持时间的发展趋势，缺点是数据陈旧。另外，选择1994年，恰好可以显示五个时间段[①]的发明专利维持情况，即到2009年的数据正好说明发明专利授权后的1~3年、4~6年、7~9年、10~12年和13~15年的维持情况。

(2) 数据统计方法。世界知识产权组织发布的专利年度报告和国家知识产权局规划发展司发布的《专利统计简报》对有效发明专利的统计方法都是基于当前某一时间点，统计在这一时间点上维持的发明专利数量。这一方法对研究发明专利维持状况的优点是数据容易获取，不足是计算结果很难反映发明专利的实际水平。如本章引言所述，我国发明专利维持率并不能真正代表其实际水平或质量。我国之所以有如此之高的维持率是因为，近年来发明专利授权量和授权率都有较大幅度提高，而该方法对发明专利的维持状况不能很好地表述，也无法有效衡量发明专利的质量。为此本章采用与该方法不同的数据统计方法，尽量避免这种不足，即以过去某一时间段(如一年)为基点，统计这一时间段授权的发明专利到目前某一时间点时的维持状况。用这种数据统计方法研究发明专利的维持状况优点是比较客观，其理由是所统计的发明专利是在同一时间段获得授权，研究它们的维持状况具有较好的可比性。该方法的缺点是数据需要逐项统计，工作量很大。

(3) 变量设计。为了在现有数据库条件下，最大限度地反映影响因变量发明专利的维持时间的因素，本章选择以下自变量。①权利要求数。权利要求分为独立权利要求和从属权利要求。权利要求数及其内容是对发明专利权利范围的限定，也是确定与否侵权的依据所在。现有数据库中没有区分独立权利要求数和从属权利要求数，所以统计中的权利要求数是独立权利要求数和从属权利要求数的总和。②发明人的数量。③权利人类型。为研究方便，本章将权利人的类型划分为：工矿企业、科研院所、个人和机关团体四类。其中，工矿企业包括各类国有工矿企业、民营工矿企业和合资工矿企业等；科研院所包括各类高等院校和研究机构，机关团体指国家机关等。当权利主体是不同类型的权利人时，按照第一权利人的类型统计。④权利人的国别。权利人区分为国内权利人和国外权利人，当权利人是不同国别的权利人时，按照第一权利人的国别统计。⑤从申请到授权所需的时间，即指从申请日到授权日所需的时间。⑥专利国际分类。A代表"生活需要"类；B代表"作业、运输"类；C代表"化学、冶金"类；D代表"纺织、造纸"类；E代表"固定建筑物"类；F代表"机械工程、照明、加热、武器、爆破"类；G代表"物理"类；H代表"电学"类。需要说明的是，在研究国家知识产权局授权的发明专利维持时间时，其中一个重要变量，即发明专利的引证指数(前引和后引)[②]，无法在现有数据库中获取，为本书变量设计带来了难度。

17.3 数据处理与结果分析

(1) 基本情况。以《1994年国家知识产权局授权发明专利相关信息数据库》为依据，采用SPSS软件对1994年授权的3838件发明专利进行分析。结果表明，截至2009年5月

---

① 我国专利收费标准规定，专利维持年费收缴数量每三年增加一个基数，所以本章以授权后每三年作为考察发明专利被终止数的一个时间段。

② 在美国、欧盟和日本三大专利局授权专利的数据库中该变量均可获取。

31 日继续有效的发明专利 601 件，占授权发明专利总数的 15.7%；届满的发明专利 123 件，占授权发明专利的 3.2%；视为放弃、撤销和无效的发明专利共 10 件，占授权发明专利的 0.3%。因为未缴年费而被终止专利权的发明专利 3104 件，占授权发明专利总数的 80.8%。1994 年授权的 3838 发明专利法律状态情况如图 17-1 所示。被终止的发明专利的平均维持时间为 5.54 年，标准方差为 3.687。

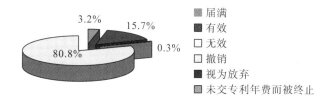

图 17-1　1994 年授权的 3838 发明专利法律状态情况

　　(2)因未缴年费而被终止的发明专利数量随维持时间的变化情况及其原因分析。因未缴年费而被终止专利权的发明专利数量随维持时间变化的具体情况如图 17-2 所示。由图 17-2 可知，授权后第 2 年是因未缴专利维持年费而被终止的发明专利数量(578 件，占总数的 15.1%)最多的一年。从第 2 年后，发明专利被终止数量整体呈下降趋势，但是授权后第 9 年(2003 年)与第 8 年(2002 年)相比，被终止的发明专利数量略有回升。其主要原因可能是，我国加入世界贸易组织后，为履行 TRIPs 协议第 70 条的规定，国家知识产权局颁布了第 80 号公告，规定 1992 年 12 月 31 日前向原中国专利局提出申请，到 2001 年 12 月 11 日仍然有效的发明专利权，其专利有效期由申请日起 15 年延长为自申请日起 20 年，从而使得 2002 年被终止的发明专利数量减少。

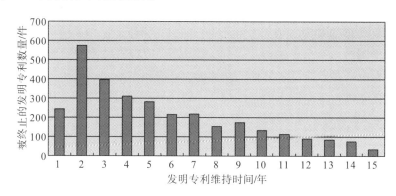

图 17-2　因未缴年费而被终止专利权的发明专利数量随维持时间变化的具体情况

注：截至 2009 年 5 月 31 日。

　　上述数据和图表说明，1994 年国家知识产权局授权的发明专利的平均维持时间短，被终止速度快，专利质量较低。本章认为主要原因有下列几个方面。①专利战略意识相对薄弱。部分专利申请人申请专利的目的不是获得专利这种无形资产，即申请专利不是为了实施、许可或者转让该技术，更不是为了威慑竞争对手、占领更多的市场份额。相反，申请专利是为了评职称、升职，甚至是为了"装点门面"。例如，有的单位乃至个别地方政府，为了提高本单位或者本地区专利申请数和授权数，制定了一系列的鼓励政策，但是却不考虑授权专利的维持情况和使用情况，严重违背了专利制度有效适用的市场经济条件。②专利管理水平低。近几年，我国才开始在大型企业成立知识产权部，在重点高校成立知识产权管理办公室，但是在一般企业和普通高校成立知识产权管理部门的还很少。是否申请专利、申请哪些专利、是否维持专利、维持哪些专利、维持多长时间等，在很多情况下缺乏有效的约束机制和战略规划，往往是由发明人或者课题组随意处理。在科研院所，专利授权后，大多数情况下维持费由发明人或者课题组承担。更为严重的是，申请专利、获得授权可以得到单位在评定职称、升职等方面的优先考虑，但是单位特别是科研院所对专利维持时间的长短考虑较少。③对发明创造的技术前景了解不够。有些专利应该放弃，比如因为该领域技术发展很快，已经有了新的替代技术，维持该发明专利已经没有意义；又比如作为威慑竞争对手而存在的专利，因为竞争对手被本企业合并或者其他原因使得竞争对手不存在时，即可放弃该专利。有些专利经过本单位专利管理部门认真分析后，认为维持专利的成本已经超过专利可能带来的收益时，即可放弃专利。所以，在适当的条件下放弃专利，对单位而言并不一定是坏事，对社会公众更是好事。然而，这种情况却不是目前授权专利大幅度被终止的主要原因。有些企业对一些暂时没有市场价值，但随着技术的成熟，不久就会有市场的专利缺乏战略分析，随意放弃是极不恰当的。事实证明，目前我国专利利用率不高，随意放弃专利的现象较为严重。另外，专利技术的可实施性和专利产品的市场份额也是影响专利维持时间的重要因素。一项专利技术，如果很容易实施，并且该专利产品又有好的销路，替代产品也较少时，拥有专利的单位就不会轻易放弃该专利。④专利技术市场化水平低。并不是所有的专利申请人申请专利都是为了自己实施专利。因为技术所处领域不同，受申请人的实施条件所限，注定一部分专利不能被申请人自己实施，而是通过许可、转让、质押、入股、投资方式获得收益。但是由于专利技术市场的不完善，妨碍了这些专利价值的实现减少了专利收益。所以，即使维护专利的成本没有变化，专利收益的减少也会导致专利大量被终止。⑤专利审查采用现有技术的范围较窄和创造性程度较低。现有技术应当在申请日之前处于能够为公众获得的状态，并包含能够使公众得知实质性技术知识的内容。现有技术的范围越宽，新颖性程度就越高，专利维持时间就有可能较长。所以，我国新修订的《专利法》将"相对新颖性标准"修改为"绝对新颖性标准"，即不仅申请日(有优先权的，指优先权日)前在国内外出版物上公开发表的现有技术可以破坏该发明专利申请的新颖性，而且在国内外公开使用或者以其他方式为公众所知的技术也可以破坏该专利申请的新颖性。发明的创造性是指同申请日之前已有的技术相比，该发明有突出的实质性特点和显著的进步。突出的实质性特点是指对所属技术领域的技术人员来说，其发明相对于现有技术是非显而易见的；显著性进步是指其发明与现有技术相比能够产生有益的技术效果。可见，实质性的突出程度和进步的显著程度，即创造性高度决定了专利创新程度，所以专利维持时间在很大程度上受创造性高度的制约。为了提高发明专利质量，现有专利审查制度中创造性高度的判断标准和判断方式均应该做适当调整。美国为提高专利质量，其最高法院于2007年4月30日做出判决，调整了非显而易见性(创造性)

的判断标准和判断方式①。美国这方面的经验值得我们参考。⑥专利侵权的认定和赔偿数额确定方式的不完善。专利技术的无形性、专利侵权的隐蔽性、专利侵权认定的不确定性和专利侵权损害赔偿数额的难以确定性，增加了维护专利的成本和风险。如果说权利要求书是申请人和专利局共同划定的专利权保护范围，那么专利侵权认定就是法官对这一范围的解释，甚至是重新认定。赔偿数额或者说侵权成本与侵权收益的差额直接影响侵权行为发生的可能性，也直接影响权利人收益。因为司法实践中侵权认定和赔偿数额不利于有效保护专利权，导致侵权可能性增加，无形中减少了专利权人的市场份额，降低其市场收益，从而增加了专利权人放弃专利的可能性。⑦专利维持年费的数额较高和不同档次之间增加数额的幅度较大。专利权人是否维持专利，取决于其权衡维持专利成本和收益的结果。发明专利获得授权后，就维持而言，成本主要是缴纳年费。所以，年费的多少和不同档次之间增加数额幅度的大小会对专利权人是否维持专利产生直接影响。实践中，很多专利权人特别是科研院所放弃一些有价值的专利的主要原因是因其资金所限，无法缴纳专利维持年费所致。

17.4 不同时间段因未缴年费而被终止的发明专利相关定距变量比较

将发明专利授权后每三年为一个阶段进行分别考查，五个时间段后，刚好是 2009 年结束。相关定距变量为权利要求数、从授权到被终止所需时间和发明人数。表 17-1 和表 17-2 分别反映了中国国家知识产权局 1994 年授权发明专利(截至 2009 年 5 月 31 日)和美国专利商标局 1991 年授权专利②(截至 2003 年)的相关定距变量变化情况。

从表 17-1 看出，我国国家知识产权局授权的发明专利在不同时间段存在下列特点：①权利要求数均值除第五阶段外，其他四个阶段均呈现上升趋势；②发明人数均值呈现波浪式小幅波动；③从申请到授权所需时间均值存在小幅震荡。

表 17-1　中国知识产权局授权后在不同时间段的相关定距变量变化

维持时间/年	权利要求数均值	发明人数均值	从申请到授权所需时间均值	被终止发明专利数/件	百分比/%	累计百分比/%
1~3	6.72	2.69	3.89	1217	39.2	39.2
4~6	8.33	2.43	3.92	810	26.1	65.3
7~9	9.14	2.67	3.94	547	17.1	82.4
10~12	9.74	2.48	3.79	335	10.8	93.2
13~15	8.10	2.57	3.83	195	6.8	100

---

① 见 KSR 诉 Teleflex 显而易见性案，该案是自 20 世纪 70 年代以来，美国最高法院受理的第一件有关"非显而易见性"的专利案件。

② 美国一般称专利，而非发明专利，本章中国授权的发明专利与美国授权的专利事对应的。

表 17-2　美国专利商标局授权的专利授权后在不同时间相关定距变量变化

维持时间/年	权利要求数均值	发明人数均值	从申请到授权所需时间均值	被终止发明专利数/件	百分比/%	累计百分比/%
1～4①	11.44	1.82	2.10	15514	29.9	29.9
5～8	11.95	1.99	2.13	20340	39.2	69.1
9～12	12.63	2.07	2.18	16095	30.9	100

注：该数据为截至 2003 年美国专利商标局 1991 年授权专利的相关数据（Moore，2003c）。

为了进一步分析我国被终止发明专利的维持情况，下面将中美两国知识产权行政机构授权的(发明)专利的维持时间和相关定距变量比较如下。

(1)中美被终止(发明)专利的维持时间比较。如表 17-1 所示，我国国家知识产权局授权的发明专利，在授权后因未缴年费而被终止的数量呈明显下降趋势，其中在授权后 1～3 年、4～6 年、7～9 年、10～12 年和 13～15 年被终止专利权的发明专利数分别占总被终止发明专利数的 39.2%、26.1%、17.1%、10.8%和 6.8%。

与我国国家知识产权局授权发明专利因未缴专利维持年费而被终止的数量的变化趋势不同，美国专利商标局授权的专利因未缴年费而被终止的数量呈先增加而后降低的趋势(表 17-2)，其中授权后 1～4 年被终止的专利数只占 29.9%，比我国授权后 1～3 年内被终止的发明专利数占 41.8%低许多。可见，国家知识产权局授权发明专利的维持时间明显少于美国专利商标局授权的专利。

(2)中美被终止(发明)专利的权利要求数均值比较。对比我国国家知识产权局授权发明专利和美国专利商标局授权专利在不同时间段因未缴专利维持年费而被终止情况的权利要求数变化情况可知(图 17-3)。首先，美国被终止专利的权利要求数均值在 12 项左右，而我国被终止发明专利的权利要求数均值不足 9.5 项；其次，在专利授权后 1～12 年，美国专利商标局授权专利中被终止专利的权利要求数均值呈现上升趋势，而我国国家知识产权局授权的发明专利，在其授权后 1～12 年呈现上升趋势，但是在授权后 13～15 年被终止的发明专利权利要求数均值呈现下降趋势。再次，在授权后 1～12 年，随维持时间的延长，我国国家知识产权局授权的被终止发明专利的权利要求数均值增加幅度明显高于美国专利商标局授权专利中被终止专利的权利要求数均值增加幅度。

权利要求是专利权人主张的发明专利所应当受到保护的权利范围，其作用主要表现在以下方面：①表达申请人请求保护的主观意愿，界定发明的内容；②界定专利权保护的边界，即判定是否侵权的主要依据；③向社会公示专利权利的范围(董涛，2007)。权利要求包括独立权利要求和从属权利要求。独立权利要求应当从整体上反映发明或者实用新型的技术方案，记载解决其技术问题的必要技术特征。从属权利要求应当用附加的技术特征，对引用的权利要求做进一步限定。在一件申请中，独立权利要求所限定的一项发明专利的保护范围最宽。如果一项权利要求包含了另一项同类型权利要求中的所有的技术特征，且对另一项权利要求的技术方案做了进一步的限定，则该权利要求为从属权利要求。由于从属权利要求用附加的技术特征对所引用的权利要求做了进一步的限定，所以其保护的范围

---

① 与我国不同，美国专利维持年费缴纳以授权后每四年增加一个基数。

落在其所引用的权利要求的保护范围之内。发明专利包含的权利要求超过一定的数量，申请专利的成本就会增加(权利要求数超过 10 项需要额外收费)，同时因为增加审查内容而延长从申请到授权所需的时间。一项发明专利申请包含的独立权利要求越多，就意味着其遭受侵权的可能性越大，判定该发明专利全部无效的可能性则越小，所以对潜在侵权者的威胁也就越大。从这个角度来看，在其他条件相同的情况下，一项发明专利包含的权利要求数越多，专利权人从中获得的收益就会越多，维持的时间就越长，专利质量也就越高。另有学者认为，专利申请的权利要求数能够较好地反映国家技术创新能力(Reitzig, 2003)。这也在一定程度上佐证了前述观点。

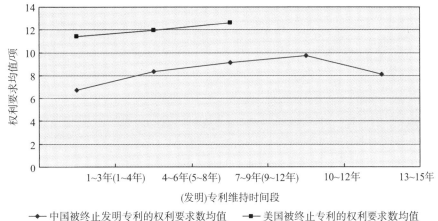

图 17-3　中美被终止(发明)专利权利要求数变化比较

　　因此，我国国家知识产权局和美国专利商标局授权的(发明)专利的权利要求数均值比较(图 17-3)说明，就权利要求数或者技术创新能力的角度而言，我国国家知识产权局授权的发明专利质量明显低于美国专利商标局授权的专利质量。

　　(3)中美被终止(发明)专利从申请到授权所需时间均值比较。从美国专利商标局授权专利和我国国家知识产权局授权发明专利维持时间随着从申请到授权所需时间均值比较情况(图 17-4)可以得出如下结论。首先，中美两国知识产权行政机构授权(发明)专利的审查时间明显存在差异；或者说，美国专利商标局专利审查效率(从申请到授权平均时间为2.15 年左右)高于我国知识产权局发明专利审查效率(从申请到授权平均时间为 3.85 年左右)。其次，随维持时间的延长，被终止(发明)专利从申请到授权所需时间的发展趋势有所不同。美国被终止专利，在授权后 1～12 年，从申请到授权所需时间呈现上升趋势；我国被终止发明专利，在授权后 1～9 年，从申请到授权所需时间呈先上升后下降趋势。

　　在中国，一项授权发明专利必须经过申请、形式审查、公开、实质审查和授权几个阶段。不同发明专利之所以从申请到授权所需时间不同，主要原因是实质审查阶段所需要的时间不同。一般而言，实质审查所需时间越长，从申请到授权所需时间也越长(暂不考虑提前公开)。从专利审查实践来看，实质审查所需时间长的原因主要有两个方面：一是专利申请中权利要求书和说明书内容较多，涉及技术较为复杂，审查员审查需要花费较多的时间；二是专利申请不符合审查要求，需要反复修改，所以花费较多的时间。从申请到授权所需时间的多少不仅影响申请人的成本、考验申请人的耐心，而且反映了申请人对发明专利的收益的预期。通常情况下，申请人对发明专利收益的预期越大，即发明专利的质量越高，对从申请到授权所需时间的忍耐力就越大，否则就会中途放弃。在专利申请实践中，有很多这样的例子。从图 17-4 反映的专利维持时间随着从申请到授权所需时间的增加而增加的现象同样验证了上述分析。

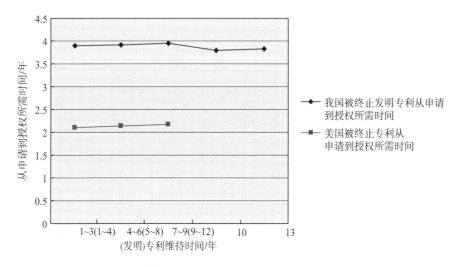

图 17-4　中美被终止(发明)专利从申请到授权所需时间均值比较

(4)中美被终止(发明)专利的发明人数均值比较。从中美两国行政机构授权(发明)专利的发明人数均值比较情况(图 17-5)可得出两点结论：①美国专利的发明人数均值明显低于我国发明专利的发明人数均值；②美国专利商标局授权专利的维持时间随发明人数的增加而增加；而我国国家知识产权局授权发明专利维持时间与发明人数的多少关系不明显。

一项专利的发明人越多，专利的维持时间是否一定越长，或者专利质量是否一定就高呢？表 17-2 说明美国专利商标局授权专利的维持时间和发明人数呈正相关关系。表 17-1 说明我国国家知识产权局授权发明专利的维持时间和发明人数关系不明显。不过在统计数据的过程中，作者发现国家知识产权局授权的国内发明专利的发明人数有一些异常情况。例如，有些发明专利，技术很简单，权利要求只有 1 项，说明书也很简单，但是发明人却有八九个。这与国外申请人在我国国家知识产权局申请的发明专利情况截然相反。产生这种现象的原因也许是我国发明人的知识产权意识不强，对发明人的意义认识不够所致。这一现象或许能够说明表 17-1 所反映的专利维持时间与发明人数均值之间关系不明显的原因。不过，作者认为，一项发明创造与发明人的多少关系不大。我国《专利审查指南》规定，一项发明创造要想获得专利授权，必须满足单一性要求。满足单一性要求的发明创造一般只需要一个发明创意或者灵感。发明人是对发明创造做过实质性贡献的人，这里的实质性贡献应该是指对发明创意或者灵感的贡献。所以，发明人数多并不一定发明专利维持时间就长，或者专利质量就高。

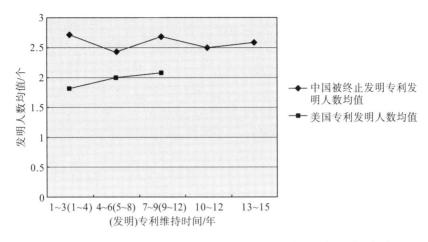

图 17-5　中美两国行政机构授权(发明)专利的发明人数均值比较情况

综上，可以得出如下结论：与美国专利商标局授权的被终止的专利相比，我国知识产权局授权的被终止的发明专利质量较低，审查周期较长和需要的发明人力资源较多。

17.5　不同主体类型在不同时间段因未缴年费而被终止的发明专利情况比较

通过运算可知，不同主体类型对发明专利的维持时间明显不同：工矿企业对发明专利的平均维持时间(6.36 年)长于个人和科研院所对发明专利的平均维持时间(分别为 5.05 年和 4.00 年)。授权后因未缴年费而被终止发明专利的不同主体类型分布具体情况(表 17-3)表明，五个时间段中工矿企业、科研院所和个人(因机关团体的样本量太小，暂不讨论)拥有发明专利被终止的数量都呈减少趋势，但是这种降低趋势的幅度却大不相同。

表 17-3　授权后因未缴年费而被终止发明专利的不同主体类型分布具体情况

维持时间/年	工矿企业		科研院所		个人		机关团体	
	数量/件	比例/%	数量/件	比例/%	数量/件	比例/%	数量/件	比例/%
1～3	522	28.6	405	59.8	272	41.0	18	62.1
4～6	454	24.9	150	22.2	200	30.2	6	20.6
7～9	357	19.6	75	11.1	113	17.1	2	6.9
10～12	335	18.4	32	4.7	53	8.0	3	10.4
13～15	155	8.5	15	2.2	25	3.7	0	0
合计	1823	100	677	100	663	100	29	100

由表 17-3 可知，五个时间段中，发明专利被终止率下降总幅度分别为，工矿企业降低了 20.1 个百分点，个人降低了 37.3 个百分点，科研院所降低了 57.6 个百分点。即科研院所放弃发明专利的速度最快，其次是个人，再次是工矿企业。可见，工矿企业是发明专利平均维持时间最长的主体，即拥有较高发明专利质量的主体。科研院所和个人被终止的

发明专利数的总数相对于工矿企业较低，二者总和比工矿企业还少483件。但是随着维持时间的延长，科研院所和个人拥有的发明专利被终止率的下降趋势都比工矿企业明显。出现这种统计结果，并不意外。工矿企业作为创新的主体，拥有更多的、维持时间较长的高质量的发明专利是在情理之中的。因为相对科研院所和个人而言，工矿企业拥有更充足的研发经费、较好的实施技术或者转化技术的条件，或者说企业拥有将专利转化为经济效益的有利条件。科研院所自身的性质决定了其不能像工矿企业一样拥有并维持大量的发明专利。一方面，因为其主要任务是教学和科学研究，即使发明获得了授权，也可能会由于实施发明条件、转让或者许可技术方面的困难、维持经费的不足，使得很多有价值的专利无法继续维持。另一方面，由于对科研院所和发明人评价机制等问题，如发明人或者其所在单位只要获得授权，便可以在升职和职称评定中优先考虑，至于专利能够维持多长时间则无人过问。这种制度之下，要对专利权维持较长时间是很难做到的。这种现象似乎并不能直接说明科研院所所拥有的发明专利质量低，但是却能够解释科研院所以最快的速度放弃发明专利的原因。个人有类似于工矿企业维持的积极性，但是个人由于资金等因素的制约，不可能像工矿企业一样维持专利权，所以个人拥有发明专利的维持时间下降趋势较工矿企业强，但较科研院所弱。

17.6 不同技术主题的发明专利在不同时间段因未缴年费而被终止的情况比较

从不同技术主题被终止发明专利的分布情况(表17-4)可知，不同技术主题中，授权后因未缴年费而被终止的发明专利的被终止率都随维持时间的增加而降低。其中，在授权后1~3年被终止率最高(52%)的是D类(纺织和造纸类)；其次是C类(化学和冶金类)和E类(固定建筑物类)，被终止率分别是43%和41%；被终止率排在最后两位的是B类不同技术主题的发明专利维持时间的长短在一定程度上反映了该技术主题的技术生命周期的长短，也反映了权利人对该技术主题的发明专利预期收益的多少。从上述分析可知，纺织和造纸类、化学和冶金类、固定建筑物技术主题的发明专利维持时间情况表明：在天然或人造的线或纤维、纺纱或纺丝，造纸、纤维素的生产、纤维原料或其机械处理技术领域；纯化学、应用化学、组合物，某些边缘工业，某些操作或处理，冶金、黑色合金或有色合金技术领域，道路、铁路或桥梁的建筑，土层或岩石的钻井，采矿技术领域，技术生命周期最短，替代技术出现最快，权利人对该技术领域中的发明专利的预期收益最低。生活需要类，机械工程、照明、加热、武器和爆破类、物理技术主题的发明专利维持时间情况表明：农业、林业、畜牧业、狩猎诱捕、捕鱼，食品与烟草，个人或家用物品，保健、娱乐技术领域，机械工程、照明、加热、武器和爆破技术领域，发动机或泵，一般工程，照明、加热，武器，爆破和仪器技术领域，技术生命周期较短，替代技术出现较快，权利人对该领域发明专利的预期收益也较少；作业和运输类、电学类技术主题的发明专利的维持时间情况表明：分离、混合，成型，交通运输，微观结构技术、超微技术领域，基本电气元件、发电、应用电学、基本电子电路及其控制、无线电或通信技术和制造所述物品或元件用的特殊材料的应用技术领域，技术生命周期最长，替代技术出现最慢，权利人对该领域发明专利的预期收益最高。值得说明的是，此处所作对比都是在统计学意义上做出的，是一种整体的综合变化趋势，所以不能以其中某一具体技术领域的变化情况来否定整体变化趋势，比如通信技术，替代技术出现速度很快，应该是维持时间较短，但是由于人们对该领域发明专利的预期收益很高，所以综合结果是该领域的发明专利维持时间较长。

表 17-4 不同技术主题被终止发明专利的分布情况

维持时间/年	A	被终止率/%	B	被终止率/%	C	被终止率/%	D	被终止率/%	E	被终止率/%	F	被终止率/%	G	被终止率/%	H	被终止率/%
1~3	223	40	228	36	371	43	49	52	30	41	88	38	141	37	87	33
4~6	157	28	166	26	208	24	23	24	23	31	69	30	100	26	64	24
7~9	93	16	119	18	163	19	14	15	11	15	36	16	67	18	44	17
10~12	57	10	79	12	87	10	5	5	7	9	24	10	36	9	40	15
13~15	31	6	46	8	29	4	4	4	3	4	13	6	39	10	30	11
合计	561	100	638	100	858	100	95	100	74	100	230	100	383	100	265	100

注：A：生活需要类；B：作业、运输类；C：化学、冶金类；D：纺织和造纸类；E：固定建筑物类；F：机械工程、照明、加热、武器、爆破类；G：物理类；H：电学类。

17.7 国家知识产权局授权的国内外发明专利维持情况比较

(1) 国内外发明专利的法律状态分析。从国内外发明专利的法律状态比较（表 17-5）可知，1994 年国家知识产权局授权的 3838 件发明专利中，国内发明专利 1643 件，占授权发明专利总数的 42.8%；国外发明专利 2195 件，占授权发明专利总数的 57.2%。截至 2009 年 5 月 31 日，国内发明专利因未缴专利维持年费而被终止 1521 件，占国内授权发明专利总数的 92.6%，继续有效的发明专利 112 件，占国内授权发明专利总数的 6.8%；国外发明专利因未缴专利维持年费而被终止 1582 件，占国外授权发明专利总数的 72.1%，继续有效的发明专利 490 件，占国外授权发明专利总数的 22.4%。国内发明专利维持到届满的只有 5 件，占届满发明专利总数的 4.1%；而国外发明专利维持到届满的有 118 件，占届满总数的 95.9%。国内外授权发明专利总数差距不大，但国内发明专利的维持率和维持到届满的数量远远低于国外发明专利。

表 17-5 国内外发明专利的法律状态比较

		届满	有效	无效	视为放弃	撤销	因未缴专利维持年费而被终止	合计
国内权利人持有发明专利	发明专利数/件	5	112	3	1	1	1521	1643
	百分比/%	0.3	6.8	0.2	0.1	0.1	92.6	100
国外权利人持有发明专利	发明专利数/件	118	490	1	2	2	1582	2195
	百分比/%	95.9	22.4	0	0.1	0.1	72.1	100

（2）国内外发明专利的有关定距变量比较。截至 2009 年 5 月 31 日，1994 年国家知识产权局授权的 3838 件发明专利中因未缴专利维持年费而被终止的 3104 件国内外发明专利的有关定距变量如表 17-6 所示。从表 17-6 可知，被终止的发明专利中，国内权利人持有发明专利的维持时间平均值为 4.29 年，国内权利人持有发明专利的维持时间平均值为 6.74 年，二者相差近 2.5 年；国内发明专利的权利要求数平均值为 4.65 项，国外发明专利的权利要求数平均值为 11.63 项，国外发明专利的权利要求数平均值是国内发明专利权利要求数平均值的 2 倍多；国内发明专利的发明人数平均值为 2.80 人，国外发明专利的发明人数平均值为 2.44 人；国内发明专利从申请到授权所需的时间平均值为 3.39 年，国外发明专利从申请到授权所需的时间平均值为 4.33 年。可见，国内发明专利的维持时间、权利要求数和从申请到授权所需时间平均值都明显少于国外发明专利，而发明人数平均值多于国外发明专利。

表 17-6　国内外发明专利的有关定距变量比较

	国内权利人持有发明专利		国外权利人持有发明专利	
	平均值	标准方差	平均值	标准方差
维持时间/年	4.29	3.116	6.74	3.795
权利要求数/项	4.65	3.470	11.63	9.771
发明人数量/人	2.80	2.318	2.44	1.774
从申请到授权所需时间/年	3.39	1.396	4.33	1.486

（3）国内外发明专利的维持时间比较。从因未缴专利费而被终止的 3104 件国内外发明专利的维持时间对比情况（图 17-6）可知，尽管国内外发明专利的维持状况都呈先快速上升后逐渐下降趋势，但是不论上升的高度，还是下降的速度都存在明显的差别。

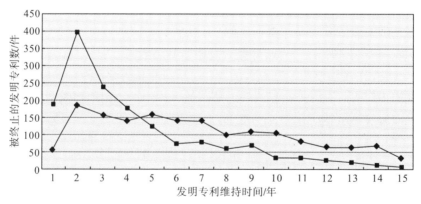

图 17-6　因未缴专利费而被终止的 3104 件国内外发明专利的维持时间对比情况

国内外发明专利被终止的高峰期都在授权后的第 2 年，但是国外权利人在授权后第 2 年被终止的发明专利数只有近 200 件，而国内权利人在授权后第 2 年被终止的发明专利数近 400 件，接近国外权利人被终止发明专利数的 2 倍。国内发明专利在授权后第 2～3 年被终止数的下降幅度最大；在授权后的第 3～6 年被终止数的下降幅度次之；第 6～11 年被终止数下降缓慢，且呈现波动；而第 11～15 年则呈现稳步下降趋势。国外发明专利被终止数在授权后第 2～15 年一直比较平缓，从授权后第 10～12 年下降趋势较为明显。可见，国内发明专利被终止的速度明显要高于国外发明专利。或者说，与国外发明专利相比，国内发明专利的维持时间有很大差距。

上述数据清晰表明，从法律状态、权利要求数和被终止数的变化趋势来看，国家知识产权局授权的国内发明专利质量明显低于国外发明专利。

17.8　本章研究结论和建议

综上所述，可得出如下四点结论。首先，从因未缴专利维持年费而被终止的视角来看，我国国家知识产权局授权的发明专利平均维持时间短，被终止速度较快。其次，与美国专利商标局授权的被终止的专利相比，我国知识产权局授权的被终止的发明专利的权利要求数较小，审查周期较长和耗费的发明人力资源较多。再次，从发明专利授权后的不同时间段来看，工矿企业对发明专利的维持时间较长，科研院所对发明专利的维持时间较短；作业和运输类以及电学类被终止率下降趋势较为平缓（平均维持时间长），纺织和造纸类、化学和冶金类和固定建筑物类的被终止率下降趋势明显（平均维持时间短）。最后，国家知识产权局授权的国内发明专利与国外发明专利相比，权利要求数较小，发明人数较多，从申请到授权所需时间较短；获得发明专利授权国外权利人比国内权利人对专利权的维持时间长。简言之，就维持时间而言，国内发明专利的质量不仅低于美国专利商标局授权的专利质量，而且低于我国国家知识产权局授权的国外发明专利；工矿企业拥有的发明专利质量较高，科研院所的发明专利质量较低。

为了适度延长我国发明专利的维持时间，提高发明专利质量，增强核心竞争力，特提出如下建议。①强化国内权利人的专利战略意识，特别是发明专利质量意识，同时尽快完善专利技术市场，优化发明专利的实施、许可、转让、质押和入股的政策和制度。②整合影响专利质量有关的政策和措施，如提升发明专利申请文件撰写水平、提高专利审查效率、缩短从申请到授权所需时间等。③鼓励工矿企业提高发明专利授权量，适当降低科研院所和个人维持发明专利的成本，如对科研院所和个人专利维持年费减免政策进行改革，调动他们维护专利并从中获得利益的积极性，从而促进创新。④在《专利法》及其《实施细则》修改过程中，适当调整发明专利授权标准，提高国家知识产权局授权发明专利的质量，如适当调整创造性的判断标准和判断方法、调整现有技术的范围与复审和侵权的判定标准等。⑤逐步完善专利侵权认定方式和赔偿数额确定方式，切实保护专利权人的利益，提高权利人维持专利权的积极性。⑥重视专利信息资源的利用和建设。专利信息是专利战略乃至知识产权战略的主要战略资源，其使用价值有待进一步挖掘。同时，要完善我国专利信息数据库建设，尽快补充专利引证指数等内容，从而为研究影响发明专利维持时间的主要因素创造条件。

第十八章 不同国家授权的化学冶金技术领域专利维持时间实证研究[①]

技术领域是国际专利分类的重要工具，不同技术领域专利应该具有不同的特性。分析美国、日本、韩国、德国、法国和中国授权的化学冶金技术领域专利(除特别说明说明外，本书所述专利指发明专利)的相关信息发现：不同国家授权的化学冶金技术领域与整体技术领域的专利平均维持时间顺序分别一致；美国授权专利维持到授权后第 15～20 年的被终止率较高，日本、德国、法国、韩国授权专利在维持到授权后第 6～10 年和 10～15 年内被终止率较高，而中国授权的超过 50%的专利在维持到授权后 5 年内被终止。

18.1 引言

技术领域是国家专利授权部门在专利审查过程中，根据专利技术的主要用途将发明进行分类的工具，是专利文献分类和检索的依据。现在国际常用的专利分类方法是《国际专利分类表》(International Patent Classification，IPC 分类)。该方法按照技术主题设立类目，将专利为八大类技术领域：人类生活需要类，作业运输类，化学冶金类，纺织造纸类，固定建筑物类，机械工程、照明、加热、武器、爆破类，物理类和电学类。

Kuznets 曾发现技术创新总是集中于某些领域，而这些领域正是一国经济增长的潜力所在(Griliches，1989)。Pakes 和 Simpson (1989)分析了法国、德国、美国、英国和日本五国在医药、化学、机械和电子四个技术领域专利维持模式。Schankerman(1998)通过调查法国 1969～1982 年授权的医药、化学、机械和电子四个技术领域的专利价值延伸关于专利维持的研究。Nakanishi 和 Yamada(2008)研究发现不同产业的专利被终止率不同。因此，研究一国的专利维持水平不应做笼统宽泛的整体分析，而应该具体到某一特定的技术领域，这样才能排除因为技术领域不同而导致对专利维持水平分析的误差，从而更好地反映出专利制度的有效性。

目前学者对专利维持时间的研究主要集中于专利维持时间与专利质量之间关系的论证、专利维持时间的影响因素研究以及专利维持年费制度研究方面，并且多数是以一国授权专利为研究对象，很少区分技术领域进行研究。少量研究成果以某一行业的专利为落脚点分析专利维持时间状况，如信息技术领域专利维持状况及影响因素研究(宋爽、陈向东，2013c)、专利维持时间影响因素实证分析——以燃料电池专利文献为例(吴红等，2013)，这类研究也建立在某一技术领域基础上具体分析，但该技术领域划分是以一国的某一具体行业为基础，不同于本章采用的国际统一的技术领域分类方法。

---

① 本章部分内容曾发表于《情报杂志》2015 年第 6 期，作者乔永忠和章燕。

本章以美国、日本、韩国、德国、法国、中国六国在 1994 年国家授权专利为基础，研究对比六国在化学冶金技术领域内的专利维持时间信息。以六国数据作支撑，样本丰富，研究结果具有一定的可信度。从国际统一的专利技术领域分类标准出发，便于分析各国某一相同技术领域内的专利情况，使得研究更加规范化，并克服各国因为技术领域划分标准不一而带来的局限性。本章选取化学冶金技术领域为研究对象，是因为根据 1985～2014 年中国在化学冶金技术领域授权专利占全部授权专利比例及排名(表 18-1)显示，自 1985 年中国《专利法》开始实施以来的 30 年，中国在化学冶金技术领域内的专利授权数量明显高于其他技术领域[①]。

表 18-1　1985～2014 年中国在化学冶金技术领域授权专利占全部授权专利比例及排名

年份	1985	1986	1987	1988	1989	1990	1991	1992	1993	1994
所占比例/%	—	19.8	31.5	22.4	24.9	21.8	22.1	28.3	28.1	30.8
排名	—	2	1	1	1	2	1	1	1	1
年份	1995	1996	1997	1998	1999	2000	2001	2002	2003	2004
所占比例/%	31.6	36.9	35.1	35.0	30.0	30.2	24.7	20.6	19.6	21.7
排名	1	1	1	1	1	1	1	1	2	2
年份	2005	2006	2007	2008	2009	2010	2011	2012	2013	2014
所占比例/%	23.0	23.0	21.4	14.7	13.5	15.5	17.9	19.7	22.7	—
排名	1	1	2	3	3	3	3	2	1	—

由表 18-1 可见，化学冶金技术领域专利在我国具有一定的重要性，研究该技术领域专利维持信息对我国提高该技术领域创新主体专利运用和管理水平，乃至评价专利维持制度具有重要意义。

18.2　数据库建立及其来源

本章的研究数据来自《1994 年美德法日韩中专利相关信息数据库》，此数据库为本书对应课题组通过检索和整理美国、日本、韩国、德国、法国、中国六国各自官方专利授权网站公布的 1994 年授权专利相关信息而成。由于中国在 1994 年授权的专利总量为 3838 件，且低于其他国家专利授权总量，因此以此数量为研究基数，其他五国从各自 1994 年授权的(发明)专利里通过抽样抽取与此数量相同的专利。由于其他五国在 1994 年授权发明专利总量巨大，且本书的研究样本量较大，因此在收集其他五国数据时采用等距随机抽样方法。等距随机抽样是指首先将总体中各单位按一定顺序排列，根据样本容量要求确定抽选间隔，然后随机确定起点，每隔一定的间隔抽取一个单位的一种抽样方式。在抽样时首先进入五国各自相关知识产权官方网站，找出各国家 1994 年授权的全部发明专利，再按照授权时间进行排序编号 $1\sim N$，然后根据各国专利总量确定一定的间隔 $K=N/3838$，随机抽取一个编号 k_1 作为样本的第一个单位，接着分别取 k_1+K，$k_1+2K\cdots\cdots$

---

① 国家知识产权局.1985-2013 年国家知识产权局统计年报[EB]. [2015-02-04].http://www.sipo.gov.cn/tjxx/.

直至共抽取 3838 个发明专利为止。等距随机抽样适用于样本量巨大的统计中，简便易行；并且由于抽出的单位在总体上是均匀分布的，因此能够减少因月份不一而带来的误差。各国通过等距随机抽样抽出 3838 条发明专利后，分别对各国的 3838 条专利逐条统计专利维持时间、法律状态和技术领域等信息从而形成数据库《1994 年美德法日韩中专利相关信息数据库》。

18.3 六国授权的化学冶金技术领域中专利维持时间分析

中国国家知识产权局 1994 年共授权专利 3838 件，其中在 C 类化学冶金技术领域内专利数量达到 1051 件，将近专利总数的 1/3。由此可知，中国授权化学冶金技术领域内的专利具有的重要性，研究该领域专利维持情况对中国专利维持制度的完善具有重要意义。本章拟从美国、日本、韩国、德国、法国、中国授权的化学冶金技术领域内专利的维持时间均值、法律状态以及专利在不同维持时间段内被终止的分布情况分析化学冶金技术领域内专利的维持时间。

18.3.1 六国授权的化学冶金技术领域中专利维持时间均值比较

专利维持时间是评价专利质量的重要指标之一，专利质量又在一定程度上反映一国专利制度的运行绩效，所以专利维持时间也是评价专利维持制度优劣的重要标志之一（乔永忠，2011d），研究专利维持时间的长短对反映专利制度的效度以及专利制度目的的实现程度有重要作用。表 18-2 表示美国、日本、韩国、德国、法国、中国六国授权的化学冶金技术领域中专利维持时间均值情况。从表 18-2 可以看出，六国授权的化学冶金技术领域中的授权专利占本国授权专利总数的百分比、专利维持时间均值、化学冶金技术领域内维持时间均值均不尽相同。

表 18-2 六国授权的化学冶金技术领域中专利维持时间均值比较

	化学冶金技术领域中授权的专利所占百分比/%	维持时间均值/年		标准偏差	
		总均值	化学冶金类均值	总偏差	化学冶金类偏差
美国	12.3	12.7	12.8	5.4	5.2
日本	18.5	9.5	9.4	3.1	3.1
韩国	16.6	8.4	7.8	3.1	4.4
德国	18.6	8.8	8.7	4.8	4.8
法国	15.6	10.2	10.0	4.2	4.0
中国	27.3	7.3	6.7	5.2	4.9

专利的维持时间越长，证明专利权人对该专利的预期经济价值越高，间接说明专利的质量越高（Pakes et al.，1989a）。从表 18-2 可知，六国授权专利维持时间均值相差很大。美国授权专利的维持时间均值最长（12.7 年），但其标准偏差也最大，即其数值的稳定性很差，这与美国专利制度有关。因为美国专利维持年费制度采用阶梯划分法，每四年缴纳一次专利维持年费，这与其他国家每年缴纳相区别。因此，其专利维持时间均是 4 年、8 年

的节点式排列。所以，美国维持时间的离散度大，偏离均值的数值较多。法国、日本、德国、韩国授权的专利维持时间均值依次递减，分别是 10.2 年、9.5 年、8.8 年、8.4 年。其中，法国授权专利维持时间仅次于美国授权专利，但其标准偏差高于日本和韩国授权专利，低于中国和德国授权专利；日本授权专利平均维持时间长，且标准偏差低，说明日本授权专利的组内差距小，数值的稳定性高，离散度低，维持水平差距小。韩国的标准偏差和日本相同，但其维持时间均值小于日本。最后，中国授权的专利维持时间均值最短(7.3 年)，且标准偏差大。

　　国家之间技术优势发展不同导致各国化学冶金技术领域内专利占本国整体专利比例不尽相同。在相同数量的专利中，中国在化学冶金技术领域内授权的专利数量所占比例最高，并且远高于其他国家，其占专利总数的比例达到了 27.3%。德国、日本、韩国、法国、美国化学冶金技术领域授权的专利所占百分比依次降低，分别为 18.6%、18.5%、16.6%、15.6%、12.3%。美国在化学冶金技术领域内授权的专利数量分布少，所占百分比低于其他各国，但是美国在化学冶金技术领域内专利平均维持时间最长(12.8 年)；法国、日本、德国、韩国授权的化学冶金技术领域内专利平均维持时间依次减少，分别是 10.0 年、9.4 年、8.7 年、7.8 年，而中国在该技术领域授权的专利平均维持时间反而最短(6.7 年)。可见，在化学冶金领域内授权专利的维持时间并不和该领域专利数量成正比，即使一国在某一技术领域内授权的专利数量多于其他国家，但是其专利的平均维持时间并不一定相应的长于其他各国。

　　比较六国授权的化学冶金技术领域内专利维持时间和六国授权的整体专利平均维持时间可以看出，各国在该领域内的专利维持时间均值和其总体维持时间均值趋势是一致的。即，美国授权的专利平均维持时间长，其在化学冶金类的专利维持时间均值也比其他各国授权的专利维持时间长；中国授权的化学冶金类专利维持时间短，其在该技术领域的专利维持时间均值也比其他各国授权专利维持时间均值短。因而，各国授权的各技术领域内专利的维持时间长短和其本国授权的专利总体水平有关，并不因其专利数量的多寡而质优或质劣。另外，在六个国家中，美国、日本、德国、法国授权的化学冶金类技术领域内专利维持时间均值和其本国授权的所有技术领域专利维持时间均值相差不大，在 0.1 年幅度内波动，基本可以忽略不计。中国和韩国在化学冶金类技术领域内授权的专利维持时间均值和其本国授权的专利维持时间均值相差较大，均相差 1.1 年。中韩两国在化学冶金类技术领域内授权专利数量分布均不低，但在此技术领域内的专利维持时间却会低于本国授权的所有技术领域中专利的平均维持时间水平。由此可知，各国在化学冶金技术领域内授权的专利的维持时间长短和其专利数量并无必然联系，专利维持时间水平主要是围绕本国总体平均维持时间水平线上下波动。

18.3.2　六国授权的化学冶金技术领域中专利的法律状态分析

　　专利的法律状态是指一项发明被授予专利权后随着时间的推移而出现的各种情况，包括因未缴年费而终止、无效、可撤销以及维持期限届满等状态。专利的法律状态以授权日到终止日为时间段，从维持到届满、被终止、无效、撤销等角度横向反映该技术领域专利的维持情况。绝大多数专利被终止是因为没有缴纳专利维持年费而被终止专利权，而无效、撤销等裁定的后果都属于终止专利权，且这些情况的专利数量较少，所以本书将无效、撤销以及未缴纳专利维持年费而被终止的状态都称为终止。下文拟从终止和届满（本书所称届满是指从专利申请至专利终止满 20 年，即维持时间+审查时间=20 年），两个角度分析技术领域专利的法律状态。在审查时间长度相同的条件下，如果一个技术领域的专利维持到届满的数量越多，即届满率越高，说明该专利权人对该专利的预期收益越多。该技术领域的专利所创造的经济效益越大，则该技术领域专利具有的价值越大，专利制度在该领域发挥的作用也越大（Gronqvist，2009）。

美国、日本、韩国、德国、法国、中国六国授权的化学冶金技术领域中专利的法律状态比较如表 18-3 所示。从表 18-3 可知，在化学冶金技术领域内，各国能够维持到专利维持最长保护年限才被终止的专利数量比例并不低。其中，日本相比其他五国来说届满率最高，日本在化学冶金技术领域内有 41.3%的专利可以维持到 20 年专利保护年限才不得不被终止。美国在该技术领域内能够维持到届满的专利数占其总数的百分比为 25.8%，次于日本（41.3%），余者依次是德国（18.9%）、法国（16.7%）、中国（13.4%）和韩国（12.5%）。可见，在化学冶金技术领域内，各国能够维持届满的专利数比例并不像想象中的低。

表 18-3　六国授权的化学冶金技术领域中专利的法律状态比较　　　　（单位：件）

法律状态		美国	日本	韩国	德国	法国	中国
届满	专利数/件	122	293	80	135	100	141
	百分比/%	25.8	41.3	12.5	18.9	16.7	13.4
终止	专利数/件	350	416	559	580	499	910
	百分比/%	74.2	58.7	87.5	81.1	83.3	86.6
合计		472	709	639	715	599	1051

分析六国授权的化学冶金技术领域中的专利届满率和维持时间均值可以发现，专利平均维持时间长的国家并不一定比专利平均维持时间短的国家拥有更高的届满率。如美国授权专利虽然维持时间均值大于日本授权专利，但其届满率并不如日本授权专利高；同样，法国授权专利的维持时间均值高于德国授权专利，但德国授权专利的届满率却高于法国授权专利；中国授权专利的维持时间低于韩国授权专利，但其授权专利届满率却高于韩国授权专利。专利维持时间在一定程度上代表了专利质量；或者说专利维持时间越长，其对专利权人的作用越大。而专利的届满率代表的是具有高保护价值的专利，专利的届满率越高，则高经济价值的专利越多。因此，专利维持时间水平和专利届满率之间没有绝对关系。专利维持时间水平高，并不一定代表专利届满率高，因为届满率还涉及专利审查时间。同等条件下，如果专利审查时间过长，尽管专利授权后的维持时间短，但是专利也可能处于届满状态。

另外，届满率高低也不和专利数量分布一致。样本中，日本授权的化学冶金技术领域内的专利数量次于中国授权的专利数量，但其能够维持到届满的专利数量却远远多于中国的专利数量。中国在化学冶金技术领域内授权的专利的维持时间低于其他国家授权专利的维持时间，而且能够维持届满的专利数量也较少，即有高经济价值的专利较少。或者说，国家为专利权人授予的市场垄断权并没有为专利权人带来预期的价值,专利权人并不愿意承担专利维持费的成本,进而充分享用专利制度带来的垄断权益。

18.3.3　六国授权的化学冶金技术领域中专利在不同维持时间段内的分布

某一技术领域内的专利维持时间长短在一定程度上反映了该技术领域内技术的生命周期长短,也反映了权利人对该技术领域的专利预期收益的多少,是该技术领域内整体趋势的反映。分析某一技术领域内专利在不同维持时间段的分布,可以在一定程度上考察该技术领域中专利的价值或者作用状况。由于六国的专利维持时间最长也只能是接近 20 年,因此本书将维持时间划分为四个阶段,以五年为一节点,分别统计六个国家授权的化学冶金类技术领域中专利在每一时间段内的分布数量。同等条件下,专利维持时间越短,证明专利质量越低,专利价值越小;反之亦然。因此,如果在专利维持的初期时间段内专利分布得越少,在维持时间较长的时间段内专利分布的越多,说明该技术领域中的专利对于专利权人越具有经济价值,越值得保护。六国授权的化学冶金类技术领域中专利在不同时间段被终止分布情况如表 18-4 所示。

表 18-4　六国授权的化学冶金类技术领域中专利在不同时间段被终止分布情况　（单位：件）

维持时间/年	美国	日本	韩国	德国	法国	中国
1～5	62	78	251	218	95	535
6～10	96	340	202	238	244	269
11～15	102	273	144	184	196	153
16～20	212	18	42	75	64	94
合计	472	709	639	715	599	1051

由表 18-4 可知,美国虽然在化学冶金类技术领域内授权专利的数量最少,但是其被终止的专利数量分布随时间增加而增加。在较高时间段内被终止的专利数量比低时间段内被终止的专利数量更多,说明美国在化学冶金类技术领域内专利权人对于专利的经济价值预期较好,有效的维持时间长的专利数量多,质优的专利多于质劣专利。日本在化学冶金类技术领域内的专利分布在授权后第 6～10 年的最多,其次是授权后第 11～15 年,而在授权后第 16～20 年内被终止的专利数量最少。这是因为日本的专利审查时间长,导致专利授权后本身能够维持的时间相对较短,因此日本授权的专利被终止时的维持时间大多集中在授权后第 6～10 年和第 11～15 年。德国和法国授权的专利在不同时间段被终止的数量趋势一致,在授权后第 6～10 年被终止的数量较多,但是德国在授权后专利第 1～5 年被终止的专利数量远远多于法国授权专利被终止的专利数量。韩国和中国授权的化学冶金类技术领域内的专利在不同时间段被终止专利数随时间增加而减少,时间段越长,专利分布越少。这说明韩国和中国授权的专利中低水平的专利多于高水平的专利。中国在化学冶金领域内授权的专利数量有 1051 件,为六国最多,但是中国在授权后第 1～5 年被终止的专利有 535 件,占了专利总数的 1/2,而在授权后第 16～20 年的专利数量仅有 94 件。可

见，中韩两国在化学冶金内授权的专利质量均不乐观，大部分专利维持时间短，有经济价值的高质量专利较少。

从理性人理论分析，专利权人对于专利有所预期，认为专利能够带来经济价值，才愿意耗费申请专利成本费来换取专利权。在授权后，对于专利权带来的收益或者期望能够带来的收益如果超过专利维持的成本，那么专利权人会选择继续维持；如果收益不能超过专利维持的成本，那么专利权人会选择终止缴费，专利权不能继续维持有效，而被终止。专利维持时间越长，虽然不能完全说明专利本身质量如何，但至少证明专利权人对于专利的经济价值是持肯定态度的。从该理论出发，对表 18-4 中在五年内就被终止的专利，显然不具有相对较高的价值。在这一阶段内被终止的专利越多，说明该国的专利价值越低，专利对权利人乃至国家创新的促进作用越小。能够维持到授权后第 16～20 年的专利基本可以认为是高价值的专利。在此阶段被终止的专利越多，专利制度发挥的作用越大，专利所起到的促进创新的作用越大。

中国在化学冶金类技术领域内授权的专利数量较多，但其多数价值不高。超过 1/2 的专利在授权后 5 年内即被终止，且被终止的专利数量随维持年限的增加而逐步减少，能够维持到最长保护年限的专利数量屈指可数。韩国和中国授权专利的维持趋势一致，但是授权后 5 年内被终止的专利数量少于中国。德国、法国授权专利维持趋势相一致，在授权后 5 年内被终止的专利数量不多，但能够维持到授权后第 16～20 年被终止的专利数量也少，被终止专利普遍集中在授权后第 6～10 年以及第 11～15 年，中等价值水平的专利较多。美国被终止的专利数量随时间增加而增加，其维持价值高的专利多于维持价值低的专利。

18.4　本章研究结论与启示

技术领域的差异导致专利申请量、专利授权量会存在不同。宏观上来讲，由于各自创新能力和技术基础的不同会导致各国各自技术领域优势存在差异，从而反映在各技术领域专利分布上的差异。因此考虑专利制度有效性与否以及如何更行之有效的保护专利、促进专利均不能笼统而论，而应该在不同的技术领域内做具体分析。基于对中国专利制度产生 30 余年以来发明专利在不同技术领域分布上的差距的统计，本章最终立足于中国平均发明专利分布数量最多的化学冶金技术领域。本章研究结论对中国发明专利具有代表性且值得借鉴，但在其他国家是否具有代表性则需进一步研究。本章分析了美、日、韩、德、法、中六个国家在化学冶金技术领域中授权专利的维持情况，并得到如下结论。

首先，在六国授权的专利样本中，中国在化学冶金技术领域授权的专利占本国专利百分比最大，但中国在该技术领域内的专利维持时间均值最短，且也远低于样本中中国授权专利的平均水平。由此，专利数量的多寡并不能反映专利质量优劣。一国在化学冶金技术领域内专利数量多于其他技术领域，但其维持时间并不会相应延长，该技术领域内的专利维持时间仍然有可能低于其整体专利平均维持时间。其次，在六国授权的专利样本中，在化学冶金技术领域授权的专利平均维持时间长短依次是美国、法国、日本、德国、韩国、中国授权专利。该技术领域内的专利平均维持时间是围绕各自国家授权的专利整体平均维持时间波动。再次，化学冶金技术领域内专利维持届满率与六国平均维持时间长短并不一致，其中日本授权专利的维持届满率最高，中国授权专利的最低。最后，美国授权的化学冶金技术领域内被中止的专利数量随维持时间段的上移而增多；日本、德国、法国、韩国在该技术领域授权的专利被中止的数量大多数分布在授权后第 6～10 年和第 10～15 年；中国在该技术领域授权的专利中被中止的数量有 1/2 分布在授权后的第 1～5 年。可见，与其他国家相比，中国授权的化学冶金技术领域内专利授权即终止的现象较为严重。专利的产生是由于商品经济的发展导致的科学技术的日益商品化，专利制度最终所要服务的对象还是想在市场竞争想要依靠先进技术取得优势的主体。不论是对权力人以公开技术和缴纳专利维持年费为代价，还是国家和社会以获取技术促进发展为目的，该过程都是商品化的过程。中国改革开放后才开始步入工业时代，专利制度起步晚，因此在 1994 年的专利申请量以及授权总量上远远低于其他国家，但我国以煤炭钢铁行业为主的重工业得到快速发展的同时，也使得化学冶金技术领域内的发明专利数量快速增长。但专利数量的提高并不等同于专利质量的增强，专利维持时间是专利质量的重要标志，专利维持时间并不会因为专利数量增长而延长。由此可以发现，我国专利在化学冶金技术领域内基数大但维持时间短的现象。因此，国家在鼓励专利申请量，大量授权的前提下，也应当同时考虑专利授权的经济价值。对于不具有经济价值的专利，即使耗费大量人力、物力、时间、金钱获得专利授权，最终也不会得到市场的认可。因此，中国对于专利政策的完善，除了要对不同技术领域区别分析对待之外，还应该着重于专利授权即终止的现象，而不是只着重于如何增加专利数量。

第十九章　不同国家授权的电学技术领域国内外专利维持时间研究[①]

本章以中国、美国、德国、日本和韩国授权的专利样本为研究对象,对其中电学技术领域专利维持信息统计分析发现,五国授权的国内外专利的维持时间均值差异显著,且国内外专利的维持时间没有绝对大小关系;中国授权的国内外专利维持变化趋势差异大,而美德日韩四国授权的国内外专利维持趋势趋向一致;五国授权的国内外专利的维持变化趋势都有很大不同。

19.1　引言

国家拥有的有效专利数量和质量标志着国家创新能力的高低和科技发展潜力的大小(Jaffe,2009)。专利维持时间是判断专利质量与价值水平的重要指标之一,对于高质量的专利,权利人更倾向于在较长时间内予以维持,以获取更大的商业利益(Svensson、Roger,2011)。比较国内外两类专利[②]维持时间,可以从侧面反映出国内外专利人自身专利质量的差异及专利管理应用能力的高低。而国家间的比较,则可以一定程度上显示各国专利质量的优劣及专利制度绩效的高低。本章选取中国、美国、德国、日本和韩国授权的电学技术领域的专利作为研究对象,先分析一国国内外两类专利维持时间的差异,然后比较分析五国间国内外专利维持时间的差异,以期获得一些有意义的结论。

关于专利的维持时间,相关学者进行了有益的探讨。其中与本书联系密切的研究主题有两个。①关于国内外两类专利维持时间的差异。乔永忠和文家春(2009)对中国国内外专利的维持时间进行比较,发现中国国内专利的维持时间要短于其国外专利的维持时间。②关于不同技术领域维持时间的差异。Hall(2005)、Pakes等(2010)研究发现技术领域通过反映专利质量影响维持时间,不同技术领域的专利权人对专利的维持时间不同,化学和电学技术领域的专利维持率较高,维持时间较长(William,1995)。根据作者检索的资料来看,对于具体研究某一特定的技术领域,并在该特定的技术领域的范围内,探讨特定国家国内外两类专利的维持时间的差异以及进行国家间横向比较的相关研究还比较少。

[①] 本章部分内容曾发表于《情报杂志》2015 年第 8 期,作者乔永忠和沈俊。
[②] 一个国家授权的专利,按照专利权人国别可以分为两类,一类为国内申请人获得授权的专利,简称"国内专利";另一类是由国外申请人获得授权的专利,简称"国外专利"。

19.2　数据收集及变量设计

（1）数据收集。本章数据收集自中国国家知识产权局、美国专利商标局、德国专利商标局、日本特许厅和韩国国家知识产权局的官方网站，查询公告日为1994年授权公告的专利。为了便于比较，除中国3838件专利无需抽样全部录入外，其他四国依次等距抽取3838件，并就各专利的维持时间、技术领域与权利人国别进行逐条统计，形成五个国家《1994年授权专利相关信息数据库》，本书中的电学技术领域的专利数据全部来源于此数据库。

之所以采用1994年授权专利为研究对象是因为，至2014年，1994年授权的专利都会因为保护期届满、未缴专利维持年费或其他的原因而终止，考察1994年授权的专利可以较好地考察每一条专利维持情况的动态变化过程，可以对其进行全过程的动态跟踪分析。

（2）变量设计。本章所指的电学技术领域是指《国际专利分类斯特拉斯堡协定》中的第八个大类，即H（电学）类技术领域[①]。根据权利人国别的不同，本章将专利分为国内专利和国外专利两类。具体而言，对于美国授权的专利来说，美国的个人、企业、组织等持有的专利视为国内专利，而非美国的个人、企业、组织等所持有的专利视为国外专利。其他国家数据库该项变量的统计方法与美国相同；变量中的维持时间是指专利的授权公告日至专利的无效、终止、撤销或届满之日这一时段。

19.3　五国授权的电学技术领域中国内外专利维持时间的均值比较

专利维持时间的长短受到多种因素的影响，国家的专利制度是影响专利维持时间的外在因素。调整专利维持年费的数额和结构，是专利局通过影响维持成本，协调专利保护效果的有效选择之一（Scotchmer，1999）。国家通过专利维持年费的调整，影响专利维持时间，从而完善专利制度（Cornelli、Schankerman，1999）。国家的专利制度是外在原因，而专利本身的质量水平则为影响维持时间的内在因素。维持时间长的专利通常是技术水平和经济价值较高的专利[②]。因此，进行国家间专利维持时间的横向比较，可以一定程度上反映各国专利制度绩效的高低及专利质量的优劣。

19.3.1　五国授权的电学技术领域中国内专利维持时间的均值比较

国内专利是本国权利人所持有的专利，是本国科技实力的产出成果，其质量水平是一国自主创新能力的外在体现。比较各国间的国内专利维持时间长短的差异，从中可以看出国家间国内专利质量水平的差异，发现其自主创新能力的强弱。五国等距选取的3838件专利数据库中，电学技术领域国内专利的数量分别为中国99件、美国271件、德国190件、日本664件、韩国739件。五国授权的电学技术领域中国内专利维持时间均值情况，如图19-1所示。

[①]　《国际专利分类斯特拉斯堡协定》（IPC专利分类）将专利划分为：A（生活需要）、B（作业运输）、C（化学冶金）、D（纺织造纸）、E（固定建筑物）、F（机械工程、照明、加热、武器、爆破）、G（物理）、H（电学）八大技术领域。

[②]　国家知识产权局.2008年中国有效专利年度报告 http://ip.people.com.cn/GB/9718425.html.html.[2019-05-17].

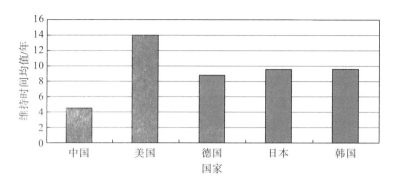

图 19-1　五国授权的电学技术领域中国内专利维持时间均值

从图 19-1 和相关统计数据可知，五国授权的电学技术领域中国内专利维持时间均值最短的为中国授权专利，维持时间为 4.44 年，其次为德国、韩国、日本授权的专利，维持时间分别为授权后 8.82 年、9.53 年、9.60 年。电学技术领域国内专利维持时间均值最长的是美国授权的专利，其维持时间为 13.96。从以上的数据可知，五国电学技术领域国内专利的维持时间差异明显，特别是美国，明显远远高于其他四国。究其原因，除了专利质量的因素外，另一个重要因素不容忽视，美国的专利维持年费的缴纳方式不同于其他国家。《美国法典》第 35 篇第 41 条第 b 款［35 U.S.C. 41（b）］规定，在法定保护期内，为了保持专利继续有效，专利权人必须在授权后的第 3.5 年、第 7.5 年和第 11.5 年三个时间点缴纳专利维持年费，四年缴纳一次的方式，这可能从整体上拉高了其专利的维持时间均值。除美国外，韩国、日本授权的专利维持时间相对较长，这与电学技术领域韩国、日本较强的科技实力相关，两国企业在电学产业领域中有着卓越的表现。电学技术领域中，中国授权专利的维持时间与其他四国相比，存在着较大的差距，其一定程度上反映了其专利的质量同其他四国间存在着一定的差距，其自主创新能力有待进一步提高。

19.3.2　五国授权的电学技术领域中国外专利维持时间的均值比较

国外专利是非本国的个人、企业或其他组织在该国拥有的专利，不同国家国外专利维持时间的长短差异，一方面可以在一定程度上反映国家的外国专利质量的差异，另一方面亦可以体现该国市场对外国专利权人吸引力的大小。五国等距选取的 3838 件专利数据库中，电学技术领域国外专利的数量分别为：中国 261 件、美国 267 件、德国 365 件、日本 74 件、韩国 438 件。

从图 19-2 和相关统计数据可知，五国授权的电学技术领域中国外专利维持时间均值最短的是韩国，维持时间为 8.69 年；其次为德国、日本、中国授权的专利，维持时间均值分别为授权后 8.92 年、8.95 年、10.64 年；维持时间最长的是美国授权专利，维持时间为 13.6 年。美国电学技术领域维持时间长的原因同其国内专利维持时间长的原因类似，专利维持年费四年一缴纳的方式整体上拉高了其专利维持时间均值。中美两国国外专利维持时间高于德国、日本、韩国，其原因除了专利质量、各国专利制度的差异外，中美两国的市场规模所引起的专利潜在的市场价值变化，亦可能是重要原因。专利的市场价值会随着所在国家经济规模及经济回报率的增加而增加，维持时间也相应较长(Deng，2007)。

中美两国巨大的市场规模使得外国权利人更倾向于延长专利的维持时间，以获得更大的市场价值。而德国、韩国、日本较之中国、美国则没有这方面的优势，其本国市场相对较小，这一定程度上减弱了权利人继续维持专利的意愿。

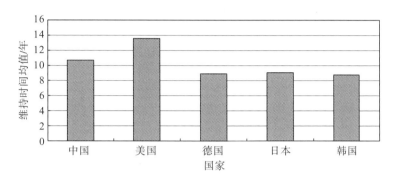

图 19-2　五国授权的电学技术领域中国外专利维持时间均值

19.3.3　五国授权的电学技术领域中国内外专利维持时间均值的综合比较

一国国内外专利维持时间的差值，可以反映该国国内外专利质量水平的对比状况。进行此项指标国家间的横向比较，可以在一定程度上反映各国国内外专利质量水平的差异，从中可以看出一国自身在电学技术领域技术实力的强弱。本章将电学技术领域五国国内外专利的维持时间均值数据进行综合处理，得到五国授权的电学技术领域国内外专利维持时间均值信息，如图 19-3 所示。

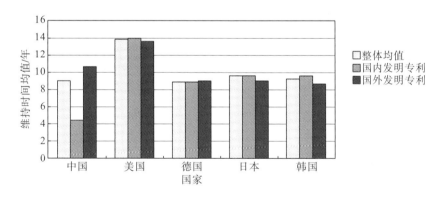

图 19-3　五国授权的电学技术领域中国内外专利维持时间均值

从图 19-3 和相关统计数据可知，五国授权的电学技术领域专利中，美国、日本、韩国授权的国内专利的维持时间均值要大于国外专利维持时间均值，其具体的差值依次为：美国 0.36 年，日本 0.65 年，韩国 0.84 年。而中国、德国授权的国内专利的维持时间均值则要小于其国外专利维持时间的均值，其差值分别为 6.20 年与 0.10 年。图 19-3 和相关统计数据表明，美国、日本、韩国授权的国内专利的维持时间均值要大于国外专利维持时间均值，这在一定程度上表明这三国在电学技术领域本国自身的技术实力及创新能力较强，相对于国外专利有一定的竞争优势，能够维持相对较长的维持时间，以进一步实现经济利益的最大化。

在五国授权的电学技术领域专利中，美国、德国、日本、韩国四国授权的国内外专利维持时间差异不大。国内外专利维持时间均值对比差异最显著的是中国授权的专利，国外专利的维持时间均值要比国内专利的维持时间多 6.20 年。这其中，一定程度上是由于专利质量的差距；另一方面可能源自专利的管理与运用能力的滞后，不能很好地进行商业化运营，缺乏持续性的经济利益回报以继续维持专利。

19.4 五国授权的电学技术领域中国内外专利不同时间段维持趋势的比较

研究专利在不同维持时间段的数量及百分比，可以纵向观察专利维持的动态变化过程，反映其维持的一般规律及趋势。为了方便比较，本书从以下这几个时间段对专利维持趋势进行考察：授权后第 1~4 年、第 5~8 年、第 9~12 年、第 13~16 年、第 17~20 年。各国国内外专利不同维持时间段的分布情况分述如下。

(1)中国授权的电学技术领域中国内外专利不同时间段维持趋势的比较。本章将中国授权的电学技术领域中国内外专利的维持时间数据进行处理，得到其不同维持时间段维持有效的专利分布情况(图 19-4)。

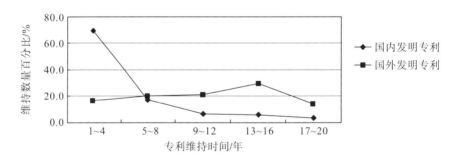

图 19-4 中国授权的电学技术领域内国内外专利在不同时间段的分布

从图 19-4 和相关统计数据可知，中国授权的电学技术领域国外专利在各维持时间段内分布较均匀，而国内专利则波动较大。国内专利有高达 68.7%的比例维持时间不满 4 年，而国外专利维持时间不满四年的只有 16.5%；维持时间为授权后第 5~8 年的国内外专利的比例差异不大，分别为 17.2%、20.0%；而维持时间在授权后第 9~12 年、第 13~16 年、第 17~20 年这三个时间段中，国外专利的比例都要高于国内专利的比例，其高出的百分比分别为 14.3%、24.1%、10.8%。这表明在相对较长的维持时间段内(8 年以上)，国外专利的比例要高于国内专利的比例。这反映出中国授权的国外专利质量水平一定程度上优于国内专利。国内专利质量相对较低，加上专利市场化应用能力的滞后，使得国内专利的权利人，难以获得持续性经济利益的回报，以刺激其在更长的时间段内予以维持。

(2)美国授权的电学技术领域中国内外专利不同时间段维持趋势的比较。本章将美国授权的电学技术领域中国内专利与国外专利的维持时间数据进行处理,得到其不同维持时间段维持有效的专利分布情况(图 19-5)。

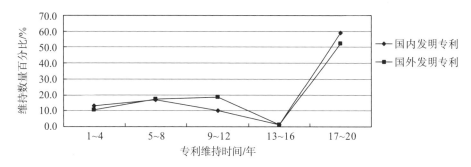

图 19-5　美国授权的电学技术领域内国内外专利在不同时间段的分布

从图 19-5 和相关统计数据可知,美国授权的电学技术领域内国内外专利在各个时间段分布走向相对一致,这在一定程度上显示了美国授权的国内外两类专利质量水平相对均衡的情形,国内外专利的专利质量水平没有较大的差异。然而就各个具体的维持时间段而言,又不是完全的一致,也是存在着一定的差异。例如,维持时间在授权后第 1~4 年及第 17~20 年这两个时间段中的国内专利的比例要略高于国外专利的比例,分别高出 2.4 个和 6.6 个百分点。而在维持时间在 9~12 年这个时间段的国外专利的比例要高于国内专利,高出 8.4 个百分点。除专利的质量影响维持时间外,国内外专利人专利的管理及商业化应用的能力也会在一定程度上影响其维持时间,这在一定程度上导致了国内外专利不同维持时间段的差异状况。从图 19-5 可知,美国授权的国内专利与国外专利分布的一个突出特征是维持时间在授权后第 17~20 年这个时间段的专利比例要远远高于其他四个时间段,其具体的百分比分别为 59.0% 及 52.4%。美国国内专利和国外专利维持时间 17 年以上的比例都很高,如前所述,专利质量及年费缴纳方式的差异是维持时间长的重要因素。

　　(3)德国授权的电学技术领域中国内外专利不同时间段维持趋势的比较。本章将德国授权的电学技术领域中国内专利与国外专利的维持时间数据进行处理,得到其不同维持时间段维持有效的专利分布情况(图 19-6)。

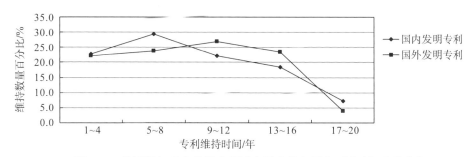

图 19-6　德国授权的电学技术领域内国内外专利在不同时间段的分布

从图 19-6 和相关统计数据可知,德国授权的电学技术领域内国内专利维持数量比例最高点出现在授权后第 5~8 年这个维持时间段内,其百分比为 29.5%;而国外专利维持数量比例的最高点出现在授权后第 9~12 年这个时间段，其百分比为 26.9%。这表明国内专利相对较多的维持时间在授权后第 5~8 年，而国外专利相对较多的维持时间在授权后第 9~12 年。国外专利在前四个时间段，即授权后第 1~4 年、第 5~8 年、第 9~12 年、第 13~16 年数量分布较均匀，其百分比分别为 22.2%、23.8%、26.9%、23.3%。而国内专利在这四个时间段的分布差异则大于国外专利，曲线波动较大。维持时间在授权后第 9~12 年及第 13~16 年这两个时间段中的国外专利数量比例要高于国内专利，分别高出 4.8 个百分比及 4.9 个百分比。而维持时间在授权后第 5~8 年、第 17~20 年这两个时间段的国内专利的维持数量比例要高于国外专利的比例，且分别高出 4.7 个百分比及 3.4 个百分比。从图 19-6 可以看出，德国授权的国内专利的维持时间趋势走向与国外专利的维持时间趋势走向是有一定的差异的，没有高度的重合。这一定程度上反映了德国电学技术领域的国内外专利权人技术实力的状况。通过进一步分析数据库中专利人的信息，本章研究发现德国电学技术领域的外国专利权人主要为美国、日本、韩国等国。相比这些国家而言，德国自身的电学技术领域的相关产业未显示出明显的技术优势，因而维持时间较长的国内专利数量比例要低于国外专利。

(4) 日本授权的电学技术领域中国内外专利不同时间段维持趋势的比较。本章将日本授权的电学技术领域中国内专利与国外专利的维持时间数据进行处理，得到其不同维持时间段维持有效的专利的分布情况(图 19-7)。

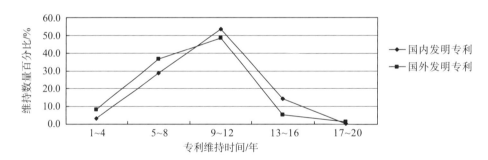

图 19-7　日本授权的电学技术领域内外专利在不同时间段的分布

从图 19-7 和相关统计数据可知，日本授权的电学技术领域内国内专利与国外专利维持时间在授权后第 9~12 年的维持数量比例最高，其百分比分别为 53.7%、48.6%。这表明日本授权的国内外两类专利都维持了相对长的时间。国内专利维持时间不满 4 年的和超过 17 年的维持数量比例都较低，分别为 3.3%、0.2%，国外专利维持时间不满 4 年的和超过 17 年的数量比例亦类同于国内专利，其比例也都较低，百分比分别为 8.1%、1.4%。虽然从总的趋势上看，日本授权的国内专利的维持时间趋势走向与国外专利的维持时间趋势走向大体上是一致的，基本呈现出不规则的"金字塔"形。但在两个具体的维持时间上则存在着较明显的差异。例如，维持时间在 5~8 年的维持数量比例国外专利要高于国内专利，高出的百分比为 7.8%；而在维持时间在 13~16 年的比例国内专利要高于国外专利，高出的比例为 8.8%。维持时间 9 年以上的国内专利比例远高于国外专利的比例。国内专利较短的维持时间段内(不满 8 年)维持比例低，较长维持时间段内(8 年以上)维持比例高，这与其本国在电学技术领域的技术实力相关。日本的电学技术领域技术实力较强，其电学技术领域的产业、企业及相关产品在世界范围内都具有较大的影响力，因而有能力能够将专利维持较长的时间，以进一步获取更大的收益。

(5)韩国授权的电学技术领域中国内外专利不同时间段维持趋势的比较。本章将韩国授权的电学技术领域中国内专利与国外专利维持时间的数据进行处理，得到其不同维持时间段维持有效的专利分布情况(图19-8)。

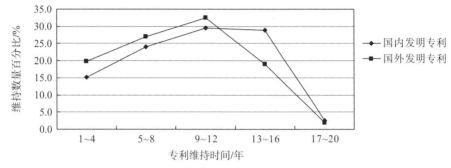

图19-8　韩国授权的电学技术领域内国内外专利在不同时间段的分布

从图19-8和相关统计数据可知，韩国授权的电学技术领域的国外专利维持时间在授权后第9～12年的数量比例最高，其百分比为32.5%；而国内专利维持时间也是在授权后第9～12年的数量比例最高，但其百分比要低于国外专利，其值为29.5%。但国内专利与国外专利维持时间在授权后第13～16年的数量比例差异较大，国内专利为28.8%，而国外专利只有19.0%，国内专利比例远高于国外专利，高出的百分比为9.8%。国内专利与国外专利维持到授权后第17～20年的比例都较小，其百分比分别只有2.4%、1.9%。与日本的情况相类似，韩国授权后维持时间不满8年的专利中，国内专利的比例要低于国外专利的比例，国内专利的比例为39.4%，而国外专利的比例为46.6%；而在维持时间较长的时间段(13年以上)，国内专利的比例要高于国外专利。这是韩国电学技术领域技术实力在维持时间上一定程度体现，韩国的电学技术领域相关产业技术实力较强，相关企业及产品有着突出的市场表现，体现在专利上，则表现出更长的维持时间。

(6)五国授权的电学技术领域中国外专利不同时间段维持趋势的综合比较。本章将电学技术领域中五国国内外专利的维持时间的数据进行处理，得到其不同维持时间段维持有效的专利分布情况如图19-9所示。

从图19-9和相关统计数据可知，在五国授权的电学技术领域专利中，不同维持时间段国内外专利维持数量比例的差异相当明显。在授权后第1～4年维持时段内，中国、美国、德国授权的国内专利的维持比例要大于其国外专利的维持比例，而日本和韩国授权的国内专利的维持比例要小于其国外专利的维持比例；在授权后第5～8年维持时段内，德国授权的国内专利维持比例要大于其国外专利的维持比例，而其他四国授权的国内专利的维持比例要小于其国外专利的维持比例。

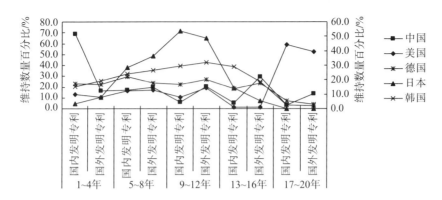

图 19-9　　五国授权的电学技术领域内国内外专利在不同时段分布

在授权后第 9~12 年的维持时间段内，中、美、德、韩四国授权的国内专利的维持比例要小于其国外专利的维持比例，日本授权的国内专利的维持比例要大于其国外专利的维持比例。在授权后第 13~16 年维持时间段内，日本、美国、韩国授权的国内专利的维持比例要大于其国外专利的维持比例；在授权后第 17~20 年维持时间段内，美国、德国、日本、韩国授权的国内专利的维持比例要大于其国外专利的维持比例，而中国授权的国内专利的维持比例则远远小于其国外专利的维持比例。

从总的趋势可以看出，随着维持时间的增加，本国技术领域较强的国家在较短的维持时间段内，国内专利的维持比例要小于其国外专利的维持比例。而在较长的维持时间段内，国内专利的维持比例要大于其国外专利的维持比例。

19.5　五国授权的电学技术领域中国内外专利维持状况差异原因分析

以上国家间以及国内外专利维持时间差异的形成是诸多因素共同作用的结果。就外在的方面而言，这些差异与所在国的专利制度的具体安排有着密切的关系。外在制度环境的不同导致各国间的专利维持趋势呈现出不同的态势。①专利制度特别是专利维持年费制度对一个国家专利维持时间产生重大的影响。美国授权的专利相对其他国家而言，不管是国内专利还是国外专利，维持时间都较长，除了技术实力的因素外，维持年费四年一缴纳的制度设计从整体上拉长了其专利的维持时间。德国专利维持年费从第 3 年开始缴纳，以后每年递增。中国、日本专利维持年费可以每年缴纳一次，以三年为梯度递增维持年费。相对于每年递增的缴纳方式，三年一递增可能会有利于维持时间一定程度上的延长。②专利制度中，专利的侵权及损害赔偿制度也会对专利的维持时间产生影响。五国专利侵权诉讼中，损害赔偿的数额差异较大。美国对专利的保护程度高，在实际的侵权诉讼中，一旦被判定为专利侵权，可能面临巨额的损害赔偿。这种法律制度安排强化了专利权人的专利意识，使得专利权人愿意为专利的维持付出更多的资源。③专利技术商业化运作的制度完善程度。专利许可、转让、质押、入股、投资等运作方式需要国家的制度性安排，每个国家的政策空间是不一样的。相较于美、日、德等国家，中国最近几年才开展专利的质押，商业化运作制度相对不完善，最后也会影响专利权人维持专利的积极性。④专利维持的补贴奖励。对于专利的申请与维持，每个国家支持的力度是不一样的。这一点在中国特别明显，除了中央政府的支持外，有些地方政府会专门拿出财政资金对专利的申请与维持进行补贴与奖励，这在一定程度上会影响专利权人的专利维持的策略。

除了受外在的因素影响，专利自身的技术水平创新程度与专利权人的专利应用与管理水平是影响维持时间长短的内在因素，尤其是在国内外专利的维持时间的差异的解释上，这一点具有相当重要的地位。这是中国授权的专利特别是中国授权的国内专利的维持时间远远不及其他国家授权专利的重要原因，亦是美、日、韩三国国内专利维持时间长于其国外专利的重要因素之一。20 世纪 90 年代迄今是电学技术领域电子信息技术、通信技术等技术蓬勃发展的时期。美国是电子信息技术及通信技术等技术的创新中心，技术力量雄厚。日本、韩国后发制人，是技术民用化、商业化应用的佼佼者，以日本松下电器产业株式会社、索尼及韩国三星集团为代表的日韩企业的电子产品畅销世界，也因此，在这些过程中美、日、韩有了深厚的技术积累。技术实力的优势加上三国良好的企业专利管理与应用能力，促成了其国内权利人在专利维持上的优越态势。20 世纪 90 年代以后，中国在电学技术领域的技术一直处于努力赶超的状态，但产业链低端，技术积累薄弱，技术实力同其他国家差距较大，加之企业的专利意识薄弱，专利的管理与应用能力不足，国内权利人自身技术实力及管理能力不足以支撑其专利的长时间维持。

19.6　本章研究结论

通过对中国、美国、德国、日本和韩国授权的电学技术领域中国内外专利的维持时间均值和不同时间段维持趋势分析，可以得出如下的结论。

(1)就专利维持时间均值而言，①美、日、韩授权的国内专利的维持时间均值要大于国外专利的维持时间均值，而中、德授权的国外专利的维持时间均值则大于国内专利的维持时间均值。这表明就不同国家授权专利而言，国内外专利的维持时间均值间没有绝对的大小关系，不存在国外专利整体维持时间就一定大于国内专利的整体维持时间，或者说国内专利的维持时间均值就一定大于国外专利维持时间均值的问题。其更多是受各国国内外专利各自的质量及专利维持制度等因素的影响。②虽然一国授权的国内专利与国外专利的维持时间差异不大，但是各个国家之间国内外专利的维持时间均值都有较大的差异。具体而言，五国授权的国内专利的维持时间由长至短依次为美国、日本、韩国、德国、中国授权的专利，而五国授权的国外专利的维持时间由长至短依次为美国、中国、日本、德国、韩国授权的专利。这表明各国的具体专利制度环境及市场环境是影响专利维持时间长短的重要因素。

(2)就不同维持时间段而言，同一国家，一般情况下(中国除外)，国内专利与国外专利的维持趋势走向大致一致，在某一时段内，授权专利数量比例国内外专利间差异不大。不同的国家，不管是国内专利的维持趋势还是国外专利的维持趋势，走势完全不同，曲线形态各异，差异悬殊。这表明，就一国而言，维持时间长短的影响因素，更多的可能在于其专利的质量水平差异及专利的管理与运用水平的差异，而与权利人是本国人还是外国人关系不大。各国间的差异较大则表明，各国的经济发展水平、市场规模、具体专利制度等因素的综合作用对专利维持时间的影响相对较大，其决定了专利维持时间的大致格局。

第二十章　中国授权的美日德专利维持时间比较研究①

为分析我国 1994 年授权的美国、日本、德国不同性质专利的维持情况。本章运用数据统计和实证研究的方法，以我国授权的外国专利数量总数为总体研究样本，以美、日、德的专利数量作为专门研究样本，首先系统阐述外国专利整体维持趋势，继而分析美、日、德不同性质专利的维持时间、法律状态、维持趋势。本章研究得出日本的产品专利、方法专利被终止率最高；美国的产品与方法专利被终止率最高；德国不同性质专利中产品专利被终止率相对较高。

20.1　引言

简单的专利数量被广泛用于评价技术创新程度，是一个粗放型的评价标准，而且有可能导致人们对技术创新的误判(Criliches，1990)，因为不同性质的发明专利对科技进步与社会发展以及人们的生活有着不同的影响。中国《专利法》第二条规定，"发明，是指对产品、方法或者其改进所提出的新的技术方案。"所以，依据技术方案的性质和内容可以将专利分为产品专利、方法专利、产品与方法专利。比如，一种名为眼部按摩器的发明专利，其技术方案内容为一种人工制造的有形物品，我们认为该项发明专利为产品专利。又比如，一项名为生产泡沫混凝土的工艺方法的发明专利，其技术方案是生产一种物品的加工方法或制造工艺，那么我们说这是方法专利。还比如，一种名为医用微孔多层毛布及其生产方法的发明专利，我们不能简单地认为这是产品专利或者是方法专利，因为该专利技术方案既包括一种有形的物品又包括该物品的制作工艺，在这里判定为产品及方法专利，文中所提到的三种性质的专利就是以上所提到的三种情况。专利维持②时间是指专利是从申请日或者授权之日至无效、终止、撤销或届满之日的实际时间。研究中国授权的不同性质的外国专利③维持时间不仅对完善专利维持制度有重要的理论意义，而且对提高我国创新主体的专利运用和管理能力具有重要的现实意义。

国内外学者关于专利维持时间的研究主要集中在以下三个方面。①专利维持时间与专利质量之间的关系：Schakerman 和 Pakes (1986)建立了专利维持经济学模型(P-S 模型)，率先利用专利维持时间对英、法、德三国的专利权质量作了评价。Lanjouw 等(1998)提出授权后第 4 年是否维持评价专利质量的研究。Moore(2005b)研究发现维持时间等级越高的专利，权利要求数越多，被引次数越高，专利质量越高。高山行和郭华涛(2002)利用专

---

① 本章部分内容曾发表于《中国科技资源导刊》2016 年第 2 期，作者乔永忠和沈文静。
② 专利维持是指在专利法定保护期内，专利权人依法向专利行政部门缴纳规定数量维持费使得专利继续有效的过程。
③ 外国专利是指外国专利申请人在中国获得授权的专利。

利维持年费模型对我国专利质量进行了评估。②专利维持时间影响因素的研究：乔永忠（2011a，2009）从不同创新类型的主体对专利维持时间进行了实证研究，并运用多元线形回归模型对专利维持时间影响因素展开了分析。宋爽（2013a）通过 Logistic 回归模型分析发现申请人类型、申请人国别、授权时间、申请人数量对专利维持时间的影响依次递减。刘雪凤和高兴（2015）运用多元线性回归模型研究中国风能技术发明专利维持时间的影响因素。③不同国别、不同技术领域专利维持的情况：Brown（1995）认为日本的专利权人对专利的维持率较高，化学和电学领域的专利维持率较高。Pakes 和 Simpson（2010）发现技术领域通过反映专利质量影响维持时间（Hall et al.，2005），不同技术领域的专利权人对专利的维持时间不同。乔永忠和章燕（2015a）、乔永忠和沈俊（2015a）通过对不同国家授权的化学冶金技术领域、电学技术领域国内外专利的专利维持时间实证研究发现不同国家不同技术领域专利维持各有差异。

虽然国内外学者关于专利维持时间的研究层出不穷，但是依据所掌握的文献资料可知关于不同性质专利维持时间的研究比较少甚至没有。本章以中国 1994 年所授权的专利为基点，通过软件统计分析和实证研究的方法，分析了 1994～2014 年的外国专利整体维持时间，以及美、日、德三国中不同性质专利维持时间均值、法律状态以及不同时间段专利维持趋势；从不同角度分析了我国授权的美、日、德三国专利维持情况，以期考察创新主体对发明专利的管理和运用能力。

20.2　数据来源

本章数据分析的依据是，登录中华人民共和国国家知识产权局网站的专利检索与查询界面，点击进入专利表格检索及常规检索界面，查询 1994 年中国授权的发明专利总数（共3838 条），通过对这些发明专利分析整理（截至 2014 年 9 月 31 日），形成了《1994 年国家知识产权局授权发明专利相关信息数据库》。因为从 1994～2014 年为 20 年，是我国发明专利法定保护的最长时间，构成一个研究发明专利维持时间的完整周期，所以本书选自分析数据为 1994 年。本章以下部分以《1994 年我国国家知识产权局授权专利相关信息数据库》为依据，采用 SPSS 软件对 1994 年授权的 3838 件专利中，中国授权的不同性质的外国专利整体维持时间和中国授权的美、日、德不同性质专利维持时间均值、法律状态以及不同时间段不同性质专利维持趋势分别进行分析。

20.3　中国授权的外国专利整体维持的趋势

在专利权法定保护期内要维持一项专利继续有效专利权人需要向专利局缴纳维持费用，在我国是指专利维持年费。因此，一项专利维持的时间越长，要缴纳的维持费用就越高①。专利维持时间被公认为是反映专利技术价值②与经济价值③的有效指标。只有那些技

---

① 我国发明专利维持年费现有标准是：授权后第 1～3 年为 900 元，授权后第 4～6 年为 1200 元，授权后第 7～9 年为 2000 元，授权后第 10～12 年为 4000 元，授权后第 13～15 年为 6000 元，授权后第 16～20 年为 8000 元。
② 专利的技术价值是指发明创造本身的技术先进性和重要性。其主要体现在发明创造期间，研发者科研成果技术水平的高低[16]。
③ 专利的经济价值是指专利能否带来经济效益、能带来多大经济效益。

术价值与经济价值相对较高的专利以及维持收益远远大于维持成本的专利,才会激励专利权人继续维持专利。一般专利维持时间以年为单位,维持时间越长的专利,其技术价值与经济价值就越大。考察不同时间段专利被终止的数量情况,可以从逆向角度研究特定时间段专利的维持情况,进而分析专利价值的大小。表 20-1 为中国授权的不同性质的外国专利在不同时间段[①]专利终止情况。

从表 20-1 可知,授权后专利的终止率与维持时间成反比,即随着维持时间的增加专利的终止率逐渐降低。但是不同性质专利的终止率在不同时间段降低的幅度存在差异。本书研究数据构成专利维持的完整周期,为了方便分析专利维持趋势和特征,依据专利维持年费相关制度选取几个重要维持时间段(授权后第 1～5 年、第 6～10 年、第 11～15 年和第 16～20 年)做具体分析。

表 20-1　中国授权的不同性质的外国专利在不同时间段专利终止情况

维持时间段	产品专利/件	终止率/%	方法专利/件	终止率/%	产品与方法专利/件	终止率/%
第 1～5 年	393	31.74	145	29.96	146	31.88
第 6～10 年	343	27.71	144	29.75	142	31.00
第 11～15 年	273	22.05	108	22.31	107	23.36
第 16～20 年	229	18.50	87	17.98	63	13.76
合计	1238	100.00	484	100.00	458	100.00

在专利授权后的第 1～5 年,是三种性质的外国专利终止率比较高的时间段。其中,产品与方法专利终止率最高(31.88%);其次是产品专利(31.74%);方法专利最低(29.96%)。整体看来,产品与方法专利是中国授权的不同性质的外国专利整体中终止速度最快的。可以将专利在授权后第 1～5 年停止维持的现象归因于高质量专利缺失。专利权人维持专利时,通常会考量这一专利是否能够带来经济利益及其之外的利益。由于专利维持前几年维持费用相对较低,专利权人为满足某种需求,如吸引投资、满足个人成就感、项目结题的需要等,都会偏向于维持专利。而任何具有经济理性的专利权人,面对逐年升高的专利维护费用,只有在专利的预期经济收益大于甚至远远超过专利维持成本的情况下才会选择继续维持专利。因此专利维持时间越长,专利的技术竞争性就越强,其专利质量就越高。在此阶段,被终止的是那些价值不高的专利,其中产品与方法专利终止率最高。

在专利授权后的第 11～15 年,三种性质的外国专利被终止速度明显加快。终止率最高的是产品与方法专利(23.36%);其次是方法专利(22.31%);最后是产品专利(22.05%)。在这一时间段上,中国授权的三种性质专利的终止率比较接近,此时专利的维持成本相对于前两个时间段大大增加了,被终止的专利比前两个时间段被终止专利的质量要高。

在专利授权后的第 16～20 年,随着专利维持成本的增加,专利被终止数量逐渐减少,

---

① 我国专利收费标准规定,专利维持年费收缴数量每 3 年增加一个基数,本章研究的是 1994 年中国授权的专利,至 2014 年专利维持时间构成一个完整的周期,即 20 年。如果将维持周期 20 年按每 3 年分为一个阶段分析太过繁杂,所以本书以授权后每 5 年作为考察专利被终止数的一个时间段,将这 20 年分为 4 个时间段,以作详细分析。

不同性质专利的终止率的差值有所拉大。其中,产品专利的终止率最高(18.50%);其次是方法专利(17.98%);最后是产品与方法专利(13.76%)。在这一时间段上,专利维持时间越长,用于专利维持的费用就越高,说明其预期收益较高,进而表明专利技术竞争力强,其专利质量也较高。由此可以看出,产品专利的质量最高;方法专利次之;产品与方法专利最低。

虽然这三种专利都有较大一部分专利是在授权初期由于低质量而被终止,但产品专利和方法专利在专利维持的最后阶段被终止率还是相当高,维持时间越长,需要缴纳的维持费用越高。基于专利权人理性经济人的考量,我们认为这两种性质的专利质量比较高;而产品与方法专利在维持的最后阶段,被终止率急剧下降,明显低于另外两种性质的专利,其大部分专利都在前几个时间段被终止,大部分专利属于中低端质量专利。从专利被终止的变化趋势来看:产品与方法专利终止率变化趋势较快;而产品专利、方法专利终止率的变化趋势比较平缓。从专利维持时间和专利价值来看:中国授权的不同性质的外国专利整体中,产品专利维持到后期被终止的数量最多,终止率最高,专利质量最高。

20.4　中国授权的外国专利维持时间的均值

1994 年我国授权的 3838 件专利中,除本国外中国共授权 36 个国家专利。在 3838 件专利中有相当大部分的专利是外国权利人所有,其中美国、日本、德国获得授权的专利数量最多,美国被授权的专利数占中国授权专利总数的 18.1%;日本为 14.3%;德国为 5.4%。而且这三个国家的科技创新水平在世界范围内比较具有代表性,所以本章主要对这三个国家中的不同性质专利维持时间均值、法律状态以及不同时间段不同性质专利维持趋势进行分析,以期借鉴外国专利维持的经验,促进我国科技创新、提高对专利管理利用的能力。中国授权的主要国家不同性质的专利维持时间均值从专利维持层面反映了美国、日本和德国对专利利用管理能力,同时也反映了这三个国家获得授权专利的质量和价值,如表 20-2 所示。

表 20-2　中国授权的美、日、德不同性质的专利维持时间均值比较

专利性质	美国	日本	德国	中国授权外国专利总体	
	维持时间均值/年	维持时间均值/年	维持时间均值/年	最大值/年	总均值/年
产品专利	9	10.54	8.88	19	9.26
方法专利	8.89	10.1	7.76	19	9.35
产品与方法专利	9.05	9.21	7.49	19	8.84

不同性质专利技术方案包含的内容不同,专利研发及维持的难易程度不同,所以同一国家被授权的不同性质专利的维持时间没有可比性,而不同国家被授权的相同性质专利的维持时间是可比的。由表 20-2 和相关数据可知,中国授权的主要国家中不同性质的专利维持时间存在一定差异,其具体情况表现为:①就产品专利而言,日本被授权的专利维持时间均值最长,为 10.54 年,其高于中国授权外国专利总体中产品专利维持时间均值;美国次之,为 9 年;德国最短,仅为 8.88 年,和日本专利维持时间均值相差 1.66 年。②就

方法专利而言，日本的方法专利的维持时间均值最长，为 10.1 年，与中国授权外国专利总体中方法专利维持时间均值相比长 0.75 年；美国次之，为 8.89 年；德国最短，仅为 7.76 年，和日本专利维持均值相差 2.34 年。③就产品与方法专利而言，日本专利维持时间均值最长，为 9.21 年；美国次之，为 9.05 年，美国和日本的专利维持时间均值均高于专利总体的维持时间均值；德国最短，仅为 7.49 年，和专利维持时间均值最大值日本的值相差 1.72 年。

专利数量与专利维持时间关系不大。中国授权的外国专利中，美国的专利数量最多，德国最少。但是日本被授权的三种性质专利维持时间与美国、德国相比，均是最长的，且都高于授权专利总体维持时间均值。德国专利维持均值情况恰好与日本相反；中国授权的不同性质外国专利总体中，产品专利的数量最多，方法专利次之，产品与方法专利最少，其中方法专利的维持时间均值最长。在这里，我们只是单纯地比较不同性质专利维持时间均值情况，并不能简单地认为专利维持时间均值越长，专利质量越高，但是却可以分析不同国家对专利管理和利用的不同情况。日本被授权的不同性质专利维持时间均值都是最长的，可见日本比较重视专利管理利用情况，德国专利维持情况恰好与日本相反，这或许与本国对待专利维持态度有关。中国授权外国专利总体中，为什么方法专利维持时间均值最长？这是因为方法专利质量最高还是与专利研发难度较大有关或者是技术方案包含的内容使专利维持比较容易，这些都有待进一步研究。

20.5 中国授权的外国专利的法律状态

专利的法律状态是衡量专利维持的一项重要指标，也是判别专利是否依法受到法律保护的依据，同时也能在一定程度上反映专利质量的高低。本章所涉及的法律状态是指授权专利在检索当日或日前所处的状态，包括终止、转移、届满、（视为）放弃和撤销五类，其中以终止和届满两类为主，因为后三种法律状态很少发生，所以在分析中将其忽略。中国授权的美、日、德不同性质的专利法律状态以检索当日或者日前为时间点，从终止和届满两个角度反映专利的维持状况，如表 20-3 所示。

表 20-3 中国授权的美、日、德不同性质的专利法律状态分析

专利性质		美国		日本		德国	
		数量/件	百分比/%	数量/件	百分比/%	数量/件	百分比/%
产品专利	终止	360	53.18	278	51.20	110	55.28
	届满	36	5.32	38	7.00	10	5.03
方法专利	终止	137	20.24	86	15.84	32	16.08
	届满	22	3.25	14	2.58	0	0.00
产品与方法专利	终止	110	16.25	119	21.92	45	22.61
	届满	12	1.77	8	1.47	2	1.01
合计		677	100.00	543	100.00	199	100.00

专利的终止状态有维持到届满而自然终止和专利无效人为终止两种情况。专利无效人为终止是因为专利权人按照规定没有缴纳专利维持年费导致专利权提前终止的状态。本书所指的终止是指后者。由表 20-3 可知，中国授权的美国、日本和德国不同性质的专利中绝大多数专利被终止，仅有很少一部分专利维持到届满。专利的被终止率基本与专利维持时间均值成反比，比如德国被授权的三种性质专利维持时间均值在三个国家中分别是最低的，其专利被终止率几乎是最高的。但是被授权的不同国家不同性质专利被终止的情况各有不同，具体表现为：①就产品专利而言，专利被终止率最高的是德国，为 55.28%；美国次之，为 53.18%；日本最低，为 51.20%。②方法专利被终止率最高的是美国，为 20.24%；其次是德国，为 16.08%；最后是日本，为 15.84%。③三个国家中产品与方法专利被终止率最高的是德国，为 22.61%；其次是日本，为 21.92%；最后是美国，为 16.25%。

这里所说的专利届满状态是指专利从专利申请至专利终止满 20 年，即维持时间与审查时间之和等于 20 年。专利的维持时间越长，用于专利维持的费用就越高，说明其预期收益较高，进而表明专利技术竞争力强，其专利质量也较高。专利权人基于理性经济人的考虑，会平衡专利维持成本与专利维持收益之间的关系，只有那些预期收益好的专利才会得以维持。所以，维持到届满状态的专利越多，给专利权人带来的经济收益就越大，那么专利质量就越高。不过中国授权的不同性质外国专利维持时间均值和专利维持届满率似乎关系不大。比如，日本被授权的不同性质专利的维持时间均值在三个国家中都是最大的，但是除了产品专利届满率最高外，另两种性质专利届满率并不是最高的。而美国虽然被授权专利维持均值在三个国家中不是最大的，但其专利届满率相对较高。中国授权的美国、日本和德国不同性质专利维持到届满的情况各有不同，由表 20-3 可知：①产品专利维持到届满率最高的是日本，为 7.00%；其次是美国，为 5.32%；最后是德国，为 5.03%。②就方法专利而言，美国专利维持到届满率最高，为 3.25%；其次是日本，为 2.58%。值得一提的是，中国授权的德国专利中，方法专利维持到届满的数量居然为 0。③三个国家被授权的产品与方法专利届满率极低，其中美国最高，为 1.77%；其次是日本，为 1.47%；最后是德国，为 1.01%。

综上所述，专利维持时间均值较长的国家与维持时间均值短的国家相比不一定拥有较高的专利届满率，比如日本被授权的三种性质专利的维持时间均值在三个国家中都是最大的，但其除了产品专利维持届满率最高外，方法专利、产品与方法专利的届满率都低于美国。

20.6　中国授权的外国不同性质专利在不同时间段维持的趋势

发明专利也可能会因为自身性质的差异，影响专利的维持时间。分析不同性质专利在不同时间段专利维持状况可以在一定程度上反映专利的质量和专利利用情况。表 20-4 为中国授权的美、日、德不同性质的专利不同时间段的维持情况。

专利授权后的第 1~5 年，中国授权的美、日、德不同性质专利被终止率都相对较高。专利维持时间与专利被终止的数量成反比，随着维持时间增长，不同性质专利被终止的数量逐年减少。然而，日本被授权的产品专利、方法专利、产品与方法专利被终止率均低于美国和德国的专利被终止率。专利授权后初期，专利维持年费是最低的，往往这个时候专利刚投入市场，并没有很多竞争对手，所以常常能给专利权人带来巨大经济收益。这一时期被终止的只能是那些技术不成熟、市场化程度比较弱化、收益不确定的低质量专利。

表 20-4　中国授权的美、日、德不同性质专利不同时间段的维持情况

维持时间	美国			日本			德国		
	产品专利/件	方法专利/件	产品与方法专利/件	产品专利/件	方法专利/件	产品与方法专利/件	产品专利/件	方法专利/件	产品与方法专利/件
第 1~5 年	141	57	44	70	27	38	42	10	17
终止率/%	34.73	35.63	34.38	22.22	26.47	28.79	35.00	27.03	33.33
第 6~10 年	101	43	32	91	26	43	34	18	23
终止率/%	24.88	26.88	25.00	28.89	25.49	32.58	28.33	48.65	45.10
第 11~15 年	99	29	32	80	29	33	22	8	7
终止率/%	24.38	18.13	25.00	25.40	28.43	25.00	18.33	21.62	13.73
第 16~20 年	65	31	20	74	20	18	22	1	4
终止率/%	16.01	19.38	15.63	23.49	19.61	13.64	18.33	2.70	7.84
合计	406	160	128	315	102	132	120	37	51

专利授权后的第 11~15 年，被授权的三个主要国家不同性质专利被终止的数量相较授权后的第 1~5 年相比，大幅度下降。美、日、德三种性质专利中被终止速度最快的是日本，美国次之，德国最慢。这一时期是专利授权后的中期，被终止的专利都是一些中等质量专利，随着专利维持年费的增加，继续维持的专利数量越来越少。

专利授权后的第 16~20 年，我国授权的美、日、德国家中不同性质专利被终止的数量不尽相同，差别较大。不同国家同一性质专利维持情况相比较而言，日本的产品专利、方法专利维持到这一阶段被终止率最高，美国被授权的产品与方法专利被终止率最高。德国在这一阶段，除了产品专利被终止率较高外，方法专利、产品及方法专利维持到这一阶段的数量很少。

基于专利质量与专利维持时间正相关(宋河发等，2010)，在这里不妨说，专利在维持到授权后的第 16~20 年时被终止的数量越多，专利质量越高，即维持时间越长，专利的维持质量就越高。综上可知，我国授权的美、日、德国家中，日本的产品专利、方法专利质量，以及美国的产品与方法专利质量最高。虽然德国各种性质专利被终止率都低，但是产品专利在这一阶段低于日本高于美国专利被终止率，可以说德国被授权的三种性质专利中产品专利质量比较高，方法专利和产品及方法专利质量较低。

20.7　本章研究结论与启示

根据对我国国家知识产权局 1994 年授予美国、日本、德国三个国家不同性质专利维持时间进行实证分析研究表明以下结论与启示。

(1) 我国授权的不同性质的外国专利整体中，在专利授权后期，产品专利的终止率较高，维持时间较长，专利价值较高。

(2) 我国授权的美、日、德不同性质的专利中，日本权利人拥有的产品专利、方法专利、产品与方法专利的维持时间均值在三个国家中均是最长的，且都高于中国授权外国专利总体的维持时间均值；德国三种性质专利维持时间均值情况恰好与日本相反。

(3) 专利维持时间越长，专利的质量越高。美国、日本和德国专利维持侧重点不同，专利维持后期终止率最高的有日本的产品专利、方法专利，美国的产品与方法专利。德国被授权的三种性质专利中产品专利被终止率较高，与方法专利、产品与方法专利相比，产品专利质量较高。届满率越高，专利价值越大。美国的方法专利、产品与方法专利届满率最高，而日本的产品专利届满率最高，德国三种性质专利届满率都相对较低，特别是方法专利届满率居然为0。

(4) 我国在授予专利权利时不仅要重视专利的数量还要重视专利质量，有些专利虽然维持时间较长，但是专利届满率并不高，在专利维持时特别要注意如何维持到届满。

(5) 我国授权的不同性质的外国专利在不同时间段专利终止率存在较大差异的原因可能在于：一方面由于专利的不同性质以及我国专利维持机制导致专利维持的难易程度不同；另一方面因为专利权人在不同时间段对专利技术市场前景、技术的是否成熟性、市场化程度的强弱不确定性的判断后，平衡专利维持成本和维持收益决定是否继续维持专利的态度差异。

总之，一个国家不仅申请授权专利的数量要多，还要提升专利的质量，使创新主体尽最大努力延长有效专利的维持时间，提升专利维持届满率，为自身谋求最大的经济效益。对不同性质的授权专利而言，提高对它们管理和运用能力的方法各不相同；或者说，它们在实施国家知识产权战略，乃至建设创新型国家中的地位和作用要区别对待。

第二十一章 外国优先权对专利维持时间影响研究

——基于美国、德国、日本、韩国和中国授权专利数据的比较[①]

国外优先权及其数量是专利在国外进行布局以及专利价值的重要标志，研究其对专利维持时间的影响对提高创新主体的专利运用能力具有重要意义。本章从有无外国优先权和拥有外国优先权数量两个视角，对美国、德国、日本、韩国和中国授权且于2014年法定保护时间届满专利的维持时间进行实证分析，发现：美国、德国和中国授权的有外国优先权专利的维持时间长于无外国优先权专利的维持时间，日本和韩国授权的无外国优先权专利的维持时间长于有外国优先权专利的维持时间；外国优先权数量与专利维持时间相关性系数较低。

21.1 引言

专利(本章所述专利均指发明专利)优先权是指申请人在首次提出正式专利申请后的一定期限内，就相同主题(技术领域、所解决的技术问题、技术方案和预期的效果相同)的发明创造又提出专利申请的，可将其首次申请日作为其后续申请的申请日的权利。该权利源自1883年签订的《保护工业产权巴黎公约》(以下简称《巴黎公约》)，目的是便于缔约国国民在其本国提出专利申请后向其他缔约国提出申请。专利优先权实质上是指由法律认可的，在法定期限内，专利权利主体对其他主体在同一主题范围内的专利所拥有的排他的先占权利(刘刚仿，2010)。

我国《专利法》将专利优先权区分为外国优先权和本国优先权，其中外国优先权是指申请人就相同主题的发明或者实用新型在外国第一次提出专利申请之日起十二个月内，或者就相同主题的外观设计在外国第一次提出专利申请之日起六个月内，又在中国提出申请的，依照该国同中国签订的协议或者共同参加的国际条约，或者依照相互承认优先权的原则，可以享有优先权(中国国家知识产权局，2010)。本书研究仅限于外国优先权。美国、德国、日本、韩国和中国是《巴黎公约》的成员国，都在本国专利法中确立了外国优先权制度。

一件专利在一国是否提出外国优先权申请取决于很多因素，其中主要因素是该专利预期的经济价值。跨国申请以及之后在多国获得授权意味着该专利比其他没有优先权的专利需要更大的维持成本，而假定专利权人是根据经济标准作出专利是否维持的决定，那么他就会在该专利收益大于其成本时维持该专利；反之，就会放弃该专利(乔永忠，2011c)。这类有优先权的专利创新水平和经济价值较高。研究外国优先权与专利维持时间关系具有以下两点的理论价值：一是有助于完善专利优先权理论，尤其是外国优先权理论，充分发挥专利优先权制度促进技术创新的作用；二是有助于分析外国优先权制度对专利维持时间

[①] 本章部分内容曾发表于《情报杂志》2017年第6期，作者乔永忠和孙燕。

的影响，深化专利维持理论，完善专利制度。同时，研究外国优先权与专利维持时间具有以下两点重要的现实意义：一是有助于提升专利权人运用外国优先权制度的能力，在创新最大化和成本最优的前提下，对海外市场进行专利布局；二是有助于通过运用外国优先权制度，提升我国专利权人对其发明创造最大价值的利用。

　　鉴此，本章基于美国、德国、日本、韩国和中国授权专利的相关数据，对外国优先权对专利维持时间的影响问题进行实证研究，以期通过对外国优先权和专利维持时间的量化关系问题分析，提升我国专利权人对专利优先权制度和专利自身的运用能力，同时提高我国整体专利质量，为我国知识产权强国建设和创新驱动战略的实施提供一定的理论参考。

21.2　文献综述

　　关于专利维持时间相关问题的研究中主要集中在以下三个方面。①关于专利维持时间的研究。Brown（1995）发现，美国专利商标局授权专利中维持时间为 4 年以上的专利占82%，专利维持时间为 8 年以上的专利占 58%，专利维持时间 12 年以上的专利占 36%。Zeebroeck（2007）研究发现，欧洲专利的平均授权率下降，但专利维持时间变长。郑贵忠和刘金兰（2010）等研究发现，国外专利权人拥有专利的维持时间较长，国内高校和科学院拥有专利的维持时间较短。宋爽和陈向东（2013a）对信息技术领域专利维持时间研究显示，该领域专利的中位生存期约为 10.5 年且只有 1%的专利维持至届满。Zhang 等（2014）运用1985～2007 年中国授权的专利数据研究发现，中国企业拥有的中国授权专利平均维持时间为 3.29～5.94 年，而美国、日本和欧洲企业拥有的中国授权专利的平均维持时间为4.31～9.06 年。②对专利维持时间影响因素的研究。Scotchmer（1999）研究认为，专利维持年费平衡了专利维持成本和专利维持时间之间关系。Han 和 Sohn（2015）认为，专利侵权诉讼概率对专利维持时间具有一定的影响。Schankerman（1998）发现，不同国籍专利中不同技术领域专利维持率存在一定差异：法国和英国的医药和化学技术领域专利维持率高于机械和电子领域，但是德国或美国专利未发现类似明显规律；日本专利电子技术领域专利维持率最高，医药技术领域专利维持率最低。Lubica 等（2014）基于 22700 个欧洲专利样本分析发现两个结论：一是欧洲专利的寿命终结方式基本包括因为程序撤销、自动放弃和后期终止；二是专利维持时间主要取决于审查时间和引证指数。吴红等（2013）基于燃料电池领域国内专利和日本在华专利的数据研究发现，专利维持时间的宏观影响因素并不绝对地影响单个技术领域专利的维持时间。乔永忠和沈俊（2015b）研究中美德日韩等国授权的电学技术领域发明专利的维持时间发现：五国授权的国内外专利的维持时间均值差异显著，且国内外专利的维持时间没有绝对大小关系。乔永忠和章燕（2015b）以美日韩德法中等国授权的化学冶金技术领域专利维持时间发现：不同国家授权的化学冶金技术领域与整体技术领域的专利平均维持时间顺序分别一致。刘雪凤和高兴（2015）通过 1985～2013 年无效专利为样本研究中国风能技术发明专利维持时间的影响因素发现：相关因素，影响力度最大的是年费，影响力从大到小依次排列的是年费、专利族大小、发明人数、科研院所或个人、专利审查时间。乔永忠和肖冰（2016）研究发现，中国、美国、德国和法国等国授权专利的权利要求数对专利维持时间存在正向影响。再次是对专利维持时间和专利质量之间的关系研究。Schankerman 和 Pakes(1986)利用专利维持率来研究专利质量,认为专利价值越大,维持时间越长。Baudry 和 Dumont(2006b)认为专利维持届满率的高低说明专利维持年费可以用来调整专利质量。刘丽军和宋敏(2012)以中国 1985~2010 年申请和授权的农业专利为样本研究发现,该领域中国外权利人专利平均维持时间长于国内权利人专利平均维持时间,中国农业专利质量不如国外农业专利质量。吴红等(2013)对专利维持时间进行无量纲化,提出用专利优势度来替代专利维持时间作为评价专利质量的新指标。另外,毛昊和尹志锋(2016)基于 2013 年全国专利调查数据考察我国企业专利维持动机表明我国企业的专利维持总体处于市场驱动阶段。

相比专利维持时间的研究,有关专利优先权制度的研究成果相对较少,相关成果主要集中在实务和立法两个视角。Ullmann(2009)对专利优先权的相关立法和判例进行研究,认为合理对待专利优先权应该综合考虑专利申请人最大限度使用专利的权益和专利优先权判断标准中的公共利益。Lerner(1994)认为,专利优先权数对专利价值有正向影响。吴離離(2011)从专利实务的角度阐述了对专利优先权制度的正确认识和合理运用。刘刚仿(2010)则从案例的角度出发,提出了对我国专利优先权制度立法的修改意见。此外,潘颖和卢章平(2012)从专利战略角度提出优先权网络的专利组合分析方法。Kaz 和 Yuka(2015)研究了先申请原则与先发明原则对专利优先权的影响。Jonathan 和 Christine(2013)研究了专利优先权与专利信息公开的问题。Rassenfosse 等(2013)认为,专利优先权对确认新兴技术和评估创新绩效非常有用。

从文献综述来看,近年来,国内对专利维持时间及其影响因素的研究成果有所增加,但是对于影响专利维持时间的因素研究深度仍然不够。根据作者掌握的资料,很少发现针对专利优先权对专利维持时间的影响,或者专利优先权和维持时间关系的研究成果。因此,本书拟基于不同国家授权专利数据对优先权对专利维持时间的影响进行实证分析。

21.3　数据来源

本章通过专利信息服务平台和国家知识产权局网站的专利检索平台得到中国 1994 年授权的 3838 件专利的相关数据(截至 2014 年 12 月 31 日),并进行逐条统计,形成《中国授权专利相关信息数据库》。五个国家授权专利中,中国授权专利数量是最小的,所以将3838 件专利确定为每个国家数据库的样本量。采用等距抽样的方法分别从美国专利商标局网站、欧洲专利局网站、日本专利特许厅、韩国知识产权局网站的专利检索平台检索得到美国、德国、日本和韩国 1994 年授权的 3838 件专利的相关数据,形成《美国专利商标局授权专利相关信息数据库》《德国专利商标局授权专利相关信息数据库》《日本专利特许厅授权专利相关信息数据库》《韩国知识产权局授权专利相关信息数据库》。上述 5个数据库作为本章数据分析的依据。

21.4　外国优先权与专利维持时间的关系

专利优先权的作用表现在于,申请人第一次在《巴黎公约》成员国提出专利申请后,有充分的时间考虑自己是否有必要就相同技术主题在其他国家或者地区再次提出专利申请，并有时间选择其他国家代理人，或者为专利的多国申请寻找潜在合作方及资金。鼓励抢先申请，有利于减轻专利权人的经济负担，也有利于专利申请种类的转换以及提高专利申请的质量(温旭，1997)。外国优先权是指申请人在外国申请专利获得的相应的方便，并可以将多个首次申请作为优先权基础，提出一份新的专利申请，从而提高专利质量，同时降低专利申请成本。专利维持时间是专利权人基于专利收益大于专利维持成本而获得专利利润的时间长度。所以，从理论上讲，专利成本和专利质量对其具有一定程度的影响。首先，申请外国优先权的专利拥有基于优先权宽限期 12 个月的时间优势，专利申请条件相对成熟，专利申请质量相对较高，所以获得授权后的专利技术应该具有较高的质量。在其他条件等同的前提下，专利的质量越高，专利维持时间应该越高。其次，基于优先权制度产生的专利申请成本的降低为专利权人维持专利有效提供一定的经费支持。在专利管理总经费不变的情况下，基于外国优先权的专利申请可以为创新主体节约一定的专利申请成本，从而为维持专利提供经费支持。根据调查，我国相当多的中小企业因为专利维持年费支付困难，不得不采取不缴纳专利维持年费来终止一些具有一定价值的专利。因此，外国优先权制度不仅可以帮助创新主体获得更多的海外专利，同时可以在一定程度上延长专利的维持时间。上述分析仅限于理论层面，现实情况如何？需要进行实证分析。

21.4.1　有无外国优先权对专利维持时间的影响

将各国授权专利分为有外国优先权和无外国优先权的两类，再计算出两类专利的平均维持时间，并分析外国优先权与专利维持时间的关系，研究有无外国优先权对专利维持时间的影响。图 21-1 从整体上反映了不同国家有外国优先权的专利和无外国优先权的专利在专利维持时间方面的差异。

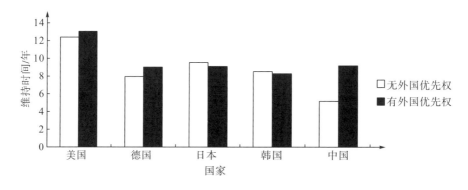

图 21-1　有无外国优先权专利的维持时间比较

(1)不同国家授权专利有无外国优先权对专利平均维持时间影响的分别分析。从图 21-1 可知，美国、德国和中国授权的有外国优先权专利的维持时间长于无外国优先权专利的维持时间。其中，美国授权有外国优先权专利的平均维持时间为 13.02 年，无外国优先权专利的平均维持时间为 12.42 年；德国授权的有外国优先权专利的平均维持时间为 9.05 年，无外国优先权专利的平均维持时间为 7.89 年；中国授权的有外国优先权专利的平均维持时间为 9.15 年，无外国优先权专利的平均维持时间为 5.14 年。而日本和韩国授权的无外国优先权专利的维持时间长于有外国优先权专利的维持时间。其中，日本授权的有外国优先权专利的平均维持时间为 9.12 年，无外国优先权专利的平均维持时间为 9.57 年；韩国授权的有外国优先权专利的平均维持时间为 8.32 年，无外国优先权专利的平均维持时间为 8.49 年。

美国、德国、日本、韩国和中国授权的有无外国优先权专利的平均维持时间差的绝对值分别为 0.60 年、1.16 年、0.45 年、0.17 年以及 4.01 年。从这组数据可知，美国、日本和韩国授权的有无外国优先权的专利之间的维持时间相差最小，德国授权的有无外国优先权的专利之间的维持时间相差较小，而中国授权的有无外国优先权的专利之间的维持时间相差最大，远远大于其他 4 个国家。这是否意味着在中国授权的有无优先权对专利维持时间的影响最为显著，需要进一步研究。

（2）中国授权专利中国内外权利人拥有专利的外国优先权情况。根据中国授权的有无外国优先权专利中的国外权利人和国内权利人所占比例可知，样本中，中国授权的有外国优先权的专利共 2058 件。其中，权利人为外国人的专利为 2012 件，占 97.76%；权利人为本国人的专利仅为 46 件，占 2.24%，前者远远多于后者。而在中国授权的无优先权的 1780 件专利中，权利人为外国人的专利为 183 件，占 10.28%；权利人为本国人的专利为 1597 件，占 89.72%，后者远远多于前者。由此可知，中国授权的专利中，有外国优先权的专利基本是由国外权利人所有，而无外国优先权的专利基本是由国内专利权人所有。有研究显示，中国授权的专利中，国外权利人所有的专利维持时间高于国内权利人所有的专利维持时间（乔永忠、文家春，2009）。所以，本书认为，中国授权的有无外国优先权的专利之间维持时间的差异可能更多的是受权利人国别的影响。但到底是受权利人国别的影响，还是受有无优先权的影响，或者是二者共同影响，仍需要进一步研究。

（3）不同国家授权专利有无外国优先权对专利平均维持时间影响的比较分析。从横向角度看，图 21-1 中美国授权的有外国优先权专利的维持时间比其他四国授权的有外国优先权专利的维持时间分别长 3.97 年、3.90 年、4.70 年和 3.87 年；美国授权的无外国优先权专利的维持时间比其他四国授权的无外国优先权专利的维持时间分别长 4.53 年、2.85 年、3.93 年和 7.28 年。通过对比可得，美国授权的无论是有外国优先权专利还是无外国优先权专利的维持时间都远远高于其他四国授权的专利。其原因在于美国独特的专利维持年费制度。该国《专利法》规定，自 1980 年 11 月 12 日起申请的所有专利，如果获得授权，自授权之日起 4 年之内被自动认为有效，此后为保持专利继续有效，专利权人必须在授权后的第 3.5 年、第 7.5 年和第 11.5 年三个时间点缴纳专利维持年费。这意味着美国授权的专利在不存在撤销或者无效的情况下，即使不缴纳专利维持年费的专利也能获得 4 年的保护期，缴费一次的专利可以获得 8 年的保护期，缴费 2 次的专利可以获得 12 年的保护期，缴费 3 次的专利可以获得 20 年的保护期。而其他四国的专利维持年费是按年缴纳，专利权人根据专利的市场价值、企业战略、自身经济状况等因素可以随时选择终止缴纳年费，从而终结专利的维持。

除美国外，中国授权的有外国优先权专利的维持时间与德国、日本和韩国授权的专利基本持平，甚至略长于这三个国家授权的专利。中国授权的这部分专利中 97.76% 的由国外专利权人所持有。这表明了外国人在中国申请授权的专利维持时间普遍较长，专利质量较高。而中国授权的无外国优先权专利的维持时间则要远低于其他三国授权的专利，比德国、日本和韩国授权的专利分别短 2.74 年、4.42 年和 3.34 年。而这部分专利中的 89.72% 是由国内专利权人所持有。这反映出我国授权并为国内专利权人所拥有的专利的维持时间较短及专利质量不高的现象。

21.4.2 外国优先权数量对专利维持时间的影响

从微观角度出发，按外国优先权数对专利进行分类，计算每类专利的平均维持时间，观察和研究维持时间和外国优先权数量之间趋势变化，研究外国优先权对专利维持时间的影响。图 21-2 从微观角度反映不同国家授权的专利维持时间随外国优先权数量变化而变化的趋势。

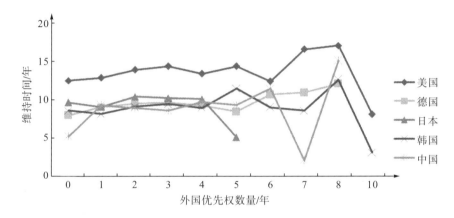

图 21-2　不同国家授权的专利维持时间随外国优先权数量变化而变化的趋势

(1) 不同国家授权专利的外国优先权数量对专利维持时间影响的分别分析。分析不同国家授权的专利的外国优先权数量和维持时间的区间变化，从而研究优先权数量对专利维持时间的影响。

美国授权专利的外国优先权数量在[0,6]时，维持时间在 13.31 年上下波动；外国优先权数量在[6,10]时，维持时间呈现较大幅度的上升趋势。在优先权数量为 8 时，维持时间达到最高值 17 年，之后急剧下降；在优先权数量为 10 时，达到维持时间的最低值 8 年。维持时间最长和最短的专利数量均为 1 件，缺乏代表性。优先权数量为 6 时，维持时间为 12.33 年；优先权数量为 7 时，维持时间为 16.5 年，分别是维持时间的第二低值和第二高值，值得进一步研究探讨。总体而言，美国授权专利的外国优先权数量对专利维持时间的影响并不显著。

德国授权专利的外国优先权数量在[0,5]时，维持时间在 8.89 年上下波动；外国优先权数量在[5,8]时，维持时间呈现稳步上升趋势。在外国优先权数量为 8 时，出现了维持时间的最高点 12 年，并在外国优先权数量为 0 时，出现了维持时间的最低点 7.88 年。外国优先权数量为 8 时出现了最高的维持年限，而专利数量仅为 1 件，所以这个最高值的数据不具有普遍性。但是，外国优先权数量为 0 时出现了维持时间的最低值这一数据具有一定的普遍性和规律性。结合之前分析，德国授权的有外国优先权专利比无外国优先权专利的维持时间长，且两者差的绝对值为 1.17 年，该数据仅小于中国授权专利的维持时间，而大于美国、日本和韩国授权专利的维持时间。由此可以认为，德国授权的专利的外国优先权与维持时间关系表现为两点：①有外国优先权专利的维持时间长于无外国优先权的专利的维持时间；②有外国优先权的专利中，外国优先权的个数与维持时间之间并无显著关系。

日本授权的专利的外国优先权数量为[0,4]时，维持时间在 9.80 年上下波动；外国优先权数量在[4,5]，维持时间呈现大幅下降的趋势。在外国优先权数量为 2 时，出现了维持时间的最高点 10.33 年；并在外国优先权数量为 5 时，出现了维持时间的最低点 5 年。除了[4,5]，图 21-2 中日本的曲线走势比德国的曲线更为平稳。外国优先权数量在[4,5]时，专利维持时间之所以会呈大幅下降的趋势，主要原因在于优先权数量为 5 时，出现了维持时间的最低值 5 年。而优先权数量为 5 的专利数量仅为 1 件，所以该数据不具有代表性。专利维持时间的最高值也没有偏离均值很多。所以，日本授权的外国优先权数量对专利维持时间的影响也不显著。

韩国授权的专利的外国优先权数量为[0,7]时，维持时间在 9.07 年上下波动。在该区间中，外国优先权数量为 5 时，出现了维持时间的第二高点 11.38 年；外国优先权数量在[7,10]，先是呈现较大幅度的上升，后又呈现大幅的下降趋势；在外国优先权数量为 8 时，出现了维持时间的最高点 12.5 年；并在外国优先权数量为 10 时，出现了维持时间的最低点 3 年。外国优先权数量为 8 的专利数量仅为 4 件，外国优先权数量为 10 的专利仅为 1 件，所以最高值和最低值不具有代表性。从整体来看，在韩国授权的专利的外国优先权数量对维持时间的影响也不显著。但图 21-2 中的第二高值即外国优先权数量为 5 时，专利维持时间为 11.38 年还是值得进一步研究。

中国授权的外国专利优先权数量在[0,1]，专利维持时间呈现较大幅度的上升；外国优先权数量为[1,5]时，专利维持时间在 9.08 年上下波动。外国优先权数量在[5,8]先呈现小幅上升，再呈现大幅的下降，最后又呈现出大幅上升。在外国优先权数量为 8 时，出现了维持时间的最高点 15 年，并在外国优先权数量为 7 时，出现了维持时间的最低点 2 年。图 21-2 中，中国授权专利的维持时间随优先权数变化的曲线走势波动是最大的。外国优先权数量为 7 和 8 的专利数量均为 1 件，故其最高值和最低值也不具有代表性。除了外国优先权数量为 7 的这件专利外，其他有外国优先权的专利维持时间均大于外国优先权数量为 0 的专利维持时间。本书以为可能是因为有外国优先权的专利的权利人大多为外国人，而无外国优先权专利的权利人大多为本国人。除了外国优先权数量为 7 和 8 的这两个点外，有外国优先权的专利维持时间的曲线走势也是较为平稳，即在中国授权专利的优先权数对维持时间也无显著影响。

(2) 不同国家授权专利的外国优先权数量对专利维持时间影响的比较分析。根据图 21-2，通过对不同国家授权专利的外国优先权数量和维持时间关系的比较分析发现，不同国家授权专利的外国优先权数量与维持时间之间大体上呈现以下关系：美国和韩国授权专利在[1,6]和[7,8]的走势基本一致；德国和日本授权专利在[1,5]的走势基本一致；中国和德国授权发明在[4,8]的走势基本一致；中国和美国授权发明在[1,7]的走势正好相反。具体而言，在不同区间里各国走势呈现以下关系。①外国优先权数量在[0,1]时，美国、德国和中国授权专利的维持时间呈上升趋势，日本和韩国授权专利维持时间呈下降趋势。这一现象与前文中，美国、德国和中国授权的有外国优先权专利的维持时间长于无外国优先权专利的维持时间，而日本和韩国授权的无外国优先权专利的维持时间长于有外国优先权专利的维持时间的现象吻合。②外国优先权数量在[1,2]时，美国、德国、日本和韩国授权的专利维持时间呈上升趋势，只有中国专利维持时间呈下降趋势。③外国优先权数量在[2,3]时，美国、德国和韩国授权的专利维持时间仍旧呈现缓慢的上升趋势，中国授权专利维持时间仍旧呈下降趋势，此时日本授权的专利维持时间也出现了下降趋势。④外国优先权数量在[3,4]里，美国、德国、日本和韩国授权的专利维持时间呈下降趋势，中国授权专利维持时间出现上升趋势。⑤外国优先权数量在[4,5]时，美国和韩国授权发明的专利维持时间回归上升趋势，德国、日本和中授权的专利维持时间呈下降趋势，且日本授权专利维持时间在此区间的下降幅度大并终结在此区间。⑥外国优先权数量在[5,6]时，美国和韩国授权专利维持时间出现下降趋势，德国和中国授权的专利维持时间呈现上升趋势。⑦外国优先权数量在[6,10]时，维持时间除了德国授权专利呈较为平稳的上升趋势外，美国、韩国和中国授权的专利维持时间走势变化幅度较大。

21.5 本章研究结论及启示

基于先申请原则的专利优先权制度，解决了专利权人就相同技术主题同时向多个国家提出了专利申请的问题。在专利数量激增、专利信息爆炸与瞬间传播的今天，研究专利优先权制度更有现实意义。专利维持时间为较为科学地反映专利收益或专利价值提供了新的视角，研究该问题对提高我国专利质量具有一定的启示。从外国优先权制度的实施效果分析其对专利维持时间的影响，不仅对完善专利优先权制度具有理论价值，而且对提高我国创新主体和专利制度运用能力和专利技术自身具有重要的现实意义。从专利制度理论来看，外国优先权对专利维持时间的影响机理是基于专利价值或专利质量产生的。外国优先权及其数量在很大程度上反映专利在外国进行布局的情况。一般而言，专利权人只对具有一定价值的专利进行国外布局，因为在国外申请专利以及维持专利均需要相对较高的费用，所以外国优先权及其数量在一定程度上反映了其专利价值或专利质量。专利维持时间是专利价值或专利质量的关键指标之一。因此，外国优先权及其数量对专利维持时间具有一定影响。本章从有无外国优先权和外国优先权数量两个角度分析美国、德国、日本、韩国和中国授权专利的维持时间数据发现，专利的外国优先权与维持时间不存在固定的关系，每个国家授权专利的情况各有不同。美国、德国和中国授权的有外国优先权专利的维持时间长于无外国优先权专利的维持时间，日本和韩国授权的无外国优先权专利的维持时间长于有外国优先权专利的维持时间。其中，德国和中国授权的有外国优先权专利的维持时间和无外国优先权专利的维持时间差值较大，中国授权的有外国优先权专利的维持时间仅次于美国，高于德国、日本和韩国授权的专利。此外，美国、德国、日本、韩国和中国授权专利的优先权数量与维持时间之间不存在明显的相关性。可见，不同国家授权专利中，外国优先权及其数量多少对专利维持时间的影响程度不同。本章认为，这可能是因为专利维持时间是受多个因素影响的综合结果，进一步的研究需要控制相关变量，排除其他因素的干扰，深化外国优先权对专利维持时间的影响机理研究，这也是本书下一步研究的方向。

　　基于上述研究结论，本章可以得出如下启示。首先，从理论方面来看，外国优先权制度对专利维持时间的影响程度不同，而专利维持时间是多个因素综合形成的结果，所以外国优先权对专利维持时间的影响机理需要通过控制变量进一步深入研究。其次，从现实角度来看，可以从专利和创新主体(特别是企业)两个方面得出启示。①就专利而言，中国授权专利的维持时间受到外国优先权数量的正向影响，因此可以从国外优先权及其数量情况评估专利的价值，或者说外国优先权及其数量对评估专利质量提供新的角度。②就创新主体，特别是对企业而言，可以提出三点建议。首先，提升创新主体，特别是企业运用外国优先权，提升专利质量，进行专利布局，制定海外专利战略的意识。国外优先权是为专利申请人进行国际专利申请提供便利，及时有效保护外国专利权人利益的制度。有无外国优先权以及国外优先权数量的多少在一定程度上反映专利申请人或者专利权人的专利管理水平和专利战略。其次，运用外国优先权制度为创新主体，特别是企业降低专利申请成本，提高专利申请效率，合理延长专利维持时间，增加专利收益。对专利申请人而言，申请国外优先权虽然需要花费大量的财力和人力资源，但是申请国外优先权可以为专利申请人提供专利在不同国家或地区布局争取时间，从而为专利权人获得更多的市场和经济收益。最后，鼓励中国创新主体，尤其是中小企业运用外国优先权制度，提升其专利运用和管理能力。在中国企业"走出去"的大背景下，应该鼓励企业申请专利时及时运用国外优先权制度，为专利权人获得最大的专利收益。总之，我们应该提升创新主体对外国优先权制度的运用水平，提升中国创新主体拥有的专利价值，为构建知识产权强国提供支撑。

第二十二章 专利权利要求数与维持时间关系研究
——以中国和日本授权专利的相关数据为依据①

权利要求及其数量通过专利申请质量、权利保护范围、专利价值和质量以及专利诉讼风险等反映专利收益的指标影响专利维持时间。本章通过分析中国和日本授权专利权利要求数与维持时间的关系发现：中国授权专利权利要求均数越大，其维持时间越长，而日本授权专利的权利要求均数随维持时间的延长，出现先增加后减少的趋势；中国和日本授权专利的权利要求数与维持时间的相关性区间和程度不同。

22.1 引言

创新产出的测度将有助于分析技术变化原因和效果的政策及相关问题。用专利数量测度创新产出曾经被广泛使用，但是不够准确。这是因为专利保护创新价值范围广泛，专利价值差异非常大，专利数量测度创新误差也就较大。换句话说，基于不同特征和技术领域且具有不同价值的专利数量对创新产出的简单比较可能就会产生误导作用。因此，不能简单地使用专利数量评估创新产出。专利权利要求是通过技术特征反映发明技术方案实质，界定专利权保护范围的表述，是专利制度激励创新和促进技术传播的关键因素之一。权利要求及其数量反映专利保护的范围，体现技术创新的关键。权利要求数越多，其保护的强度就越大，所以专利权利要求数②实际上比专利数量更能代表创新主体的创新产出水平（Tong、Frame，1994）。因此，权利要求数在很大程度上反映专利的技术创新程度和价值。学者研究发现，1990～2009 年欧洲专利每件申请的权利要求数均值已经增加 3 倍，说明权利要求对专利战略越来越重要（Blackman，2009）。

Sanders 等（1958）和 Harhoff 等（2003b）分别认为，专利价值最突出的特征是其分布很不平衡。专利价值分布不平衡的现象出现在各国授权的专利中，如大多数价值极低的专利在授权后很短时间内就会因为未缴年费被终止，大多数价值很高的专利都会维持到法定保护时间届满或者接近届满时间段。因为专利价值的影响因素很多，其大小比较难以确定，尤其是威慑专利带来的价值，更是难以评价。不过，专利维持时间可以成为体现专利价值或专利收益的最为直观的方式之一。因为专利维持有效需要缴纳维持年费，而且维持时间越长，缴纳的费用越高。专利权人只有在获得的专利收益高于维持成本时，才会选择维持专利。所以，同等条件下，专利维持时间越长，专利收益越多，专利价值也越高。

《国务院关于新形势下加快知识产权强国建设的若干意见》明确提出要实施专利质量

---

① 本章部分内容曾发表于《科学学与科学技术管理》2017 年第 2 期，作者为乔永忠和谭婉琳。
② 本章所指权利要求数为独立权利要求数与从属权利要求数之和。

提升工程.研究有效测度创新产出的权利要求数与反映较好专利收益水平的专利维持时间的关系对提高专利质量或专利价值具有重要的理论价值和现实意义。

(1)理论价值主要表现在以下三方面。①有助于比较准确地定位权利要求数在专利信息中的重要性。权利要求数是反映创新产出非常重要的指标之一,但是因为对其重要性认识不足以及统计困难等方面的原因,至今没有在专利信息分析中被足够重视。②有助于理解权利要求数对专利维持时间的影响程度。权利要求及其数量在很大程度上决定了专利的保护范围,也在一定程度上影响了专利的收益水平,从而影响专利维持时间。③有助于明晰权利要求数对专利质量或者专利价值的影响机理。权利要求数是否通过影响专利维持时间,进而影响专利质量或者专利价值是一个值得探讨的问题。

(2)现实意义主要表现在以下两个方面。①可以将权利要求数作为评估专利质量或者专利价值的重要指标之一。权利要求是专利技术创新的核心,权利要求及其数量在很大程度上决定了专利的价值或质量。②有助于提高专利权人的权利要求书撰写能力。权利要求书的撰写是基于相关的理论完成,在明确权利要求数的重要性及其对专利价值或专利质量的影响的前提下,权利要求书的撰写角度和撰写方法等可能会有一定的创新。

本章的研究目的在于通过分析相对有效测度创新产出的权利要求数与反映较好专利收益水平的专利维持时间的关系,探求权利要求数通过影响创新水平,改变专利价值,调整专利维持时间改变专利收益的作用大小,为提高专利质量或专利价值,建设知识产权强国和实施创新驱动战略做出贡献。

日本在技术创新方面具有很强的优势,尤其是在专利制度及其实施方面值得我国学习。为了分析反映创新产出的专利权利要求数与反映专利价值的维持时间的关系,本书以中国和日本授权专利的权利要求数和维持时间为研究对象,比较两国创新产出与专利价值之间的关系,以期完善我国专利权利要求的相关制度和改善专利有效维持状况。

22.2　专利权利要求数与维持时间关系的机理分析

现有研究中对权利要求的研究成果相对较多,但对权利要求数的研究都散见于相关研究的细节中,很少有研究成果对权利要求数作为研究主题进行专门研究,尤其是对于专利权利要求数与维持时间关系,现有研究很少对这一问题进行研究。权利要求及其数量反映专利权保护范围及其强度,专利权人基于其授权文件中的权利要求排除他人使用相关权利。现有研究文献对权利要求及其数量对专利申请质量、专利权保护范围、专利价值、专利质量和专利诉讼等的影响较多,但对于权利要求数对专利维持时间影响的研究成果较少。

22.2.1　权利要求数对专利相关指标的影响

(1)权利要求数对专利申请的影响。在专利申请过程中,权利要求及其数量都起着关键性作用(Grimaldi et al.,2015)。专利权利要求的内容和数量反映专利权利的保护范围(Kim et al.,2016)。大多数专利的权利要求书由一组权利要求组成(Tong、Frame,1994),每项权利要求都会有严格的技术贡献(McGrath、Nerkar,2004)。权利要求数越多,该专利使用的范围越广（Lanjouw、Schankerman，1999）。在某种意义上说，专利申请过程就是申请人与审查员通过调整权利要求对专利权利范围讨价还价进而妥协的过程。所以，Suzuki（2011）和 Henderson 等（2006）分别认为，专利申请的权利要求数、长度对专利申请能否获得授权有着至关重要的作用。研究发现，权利要求及其数量与实施例之间呈现正向关系，否则专利保护范围会不合理地获得扩张（He et al.，2016）。

（2）权利要求数对专利价值的影响。学者们曾经试图研究权利要求数对专利价值的影响程度（Reitzig，2003；2004）。Lanjouw 和 Schankerman（2004）、Moore（2005a）和 Liu 等（2008）分别认为，对于绝大多数产业的专利而言，权利要求数是评价专利价值最基本的专利指标之一。还有学者认为，同等条件下，权利要求数越大，专利价值越高（Yang、Weng，2011；陈海秋、韩立岩，2013）；或者说，权利要求数对专利价值有显著的正向影响（Lerner，1994）。Allison 等（2004）发现，价值高的专利通常包含较多的权利要求。Lagrost 等（2010）认为，权利要求的质量和数量是影响专利价值的重要指标之一。Torrisi 等（2016）认为，权利要求数限定了专利保护范围，与权利要求范围较窄的专利相比，权利要求保护范围较宽的专利更有经济价值。Lerner（1994）和 Shane（2001）分别认为，有若干关键权利要求支撑的高价值专利才会给企业带来更多的经济价值。专利价值包括技术价值、经济价值和法律价值，本书认为，在技术领域、授权时间、授权机构等因素相同或者相近的条件下，权利要求数对专利的技术价值具有正向影响。

（3）权利要求数对专利质量[①]的影响。权利要求数不仅对专利价值有较为显著的影响，而且也是评估专利质量高低的重要因素。Dang 等（2015）认为，权利要求数是评估专利质量的重要因素之一。Reitzig（2004）认为，权利要求数在一定程度上反映专利的价值和质量。Nagaoka（2007）将权利要求数作为评估专利质量的重要指标之一，利用美国专利数据研究企业研发管理对专利质量的影响。刘立春和漆苏（2015）认为，权利要求数对药品专利法律质量具有显著性影响。Scellato 等（2011）认为，权利要求数越多意味着专利权人对技术的理解越透彻，形成的专利法律质量越高。可见，权利要求数对专利质量具有一定的影响，不过学者对权利要求数对专利价值影响的研究深度明显高于其对专利质量的影响。因此，权利要求数对专利质量的影响程度和机理研究有待于进一步深入。

（4）权利要求数对专利诉讼发生概率的影响。专利侵权认定是以授权专利的权利要求书为依据，所以权利要求的内容和数量直接影响着专利诉讼的可能性以及专利是否被无效或者部分无效的概率。Torrisi 等（2016）认为，通过专利申请权利要求与现有专利权利要求的重复度可以评估该专利创造性以及是否侵权的可能性，乃至专利权被无效的可能性。Han 和 Sohn（2015）认为，专利权利要求与其前引或者后引专利的权利要求区别是影响专利侵权诉讼发生的潜在风险因素。Harhoff 和 Reitzig（2004）和 Lanjouw 和 Schankerman（2004）都分别认为，权利要求数与专利的复杂性以及卷入侵权纠纷的可能性呈现正相关关系。张克群

[①] 专利质量与专利价值是一对既有区别又有联系的概念。区别在于专利价值表示专利对权利人拥有专利满足某种愿望的满足程度（私人价值）和对社会的贡献水平（社会价值），而专利质量是指专利的实际法律效力，受保护范围、权利稳定性、技术规避性等的影响。价值较高的专利一般专利质量高，但质量较高的专利的价值不一定高，例如一件专利具有较宽的保护范围、较高的稳定性和一定难以复制性，但是该专利技术产品已被市场淘汰，该高质量的专利或许已经没有多高的私人价值和社会价值，所以本书将权利要求数对专利价值和专利质量的影响分别进行分析。

等(2005)认为，对于专利权人而言，专利权利要求数越多，意味着专利保护范围越大；专利保护范围最大化既有利于对专利权人的保护，又有利于鼓励发明创造，但可能会妨碍技术的传播和应用，因而会引发更多的侵权案件。Lanjouw 和 Schankerman(2004)调查发现，权利要求数上升 10%，专利诉讼数量增加 1.4%。可见，专利侵权诉讼和宣告无效程序结果均与权利要求数具有非常密切的关系。

22.2.2　权利要求数通过相关指标影响专利维持时间的机理

对于专利权利要求数与维持时间的关系，国外相关研究不是很多。现有研究发现，权利要求数对专利维持时间具有一定的影响(乔永忠，2011d)；中国、美国、德国和法国等国授权专利的权利要求数对专利维持时间存在正向影响(乔永忠、肖冰，2016)。Barney 通过对美国 1996 年授权的 100000 件专利分析显示，维持时间超过四年的专利所占比例与其独立权利要求数量有很大相关性；在独立权利要求数为 1 时专利维持时间超过四年的专利数量比例为 81.3%，而在权利要求数为 12 时专利维持时间超过四年的专利数量比例为 92.6%(Barney，2002)。这些研究成果都从不同角度研究了专利权利要求数与维持时间的关系问题。不过，这些研究对权利要求数如何影响专利维持时间的机理很少进行分析。

权利要求界定专利权保护范围，在专利经营和诉讼发挥重要作用。申请文件中的权利要求及其数量是该专利是否获得授权的关键因素之一。授权专利的权利要求质量和数量决定了专利权的范围和强度，也在一定程度上确定了专利的价值和质量。一定数量的权利要求成为专利权人主张权利和指控他人侵犯专利权的依据，也成为他人宣告专利权无效的证据。在独立权利要求数量确定的前提下，权利要求数量的增加，并不一定必然导致保护范围扩大，但权利要求数的增加可能会增加专利权部分有效的可能性。如权利要求数的增加可能是在独立权利要求不变的前提下，增加了符合可专利性条件的从属权利要求，即通过增加权利要求数，实现保护总范围不变，确定更小的保护范围的效果。这种情况下，如果独立权利要求或者总的保护范围被无效，从属权利要求可能是有效的，达到专利权的部分无效，从而导致专利维持时间的延续。另外，在独立权利要求及其数量相同的条件下，从属权利要求数量越多，他人在该技术领域获得专利授权的可能性越小。从这种意义上讲，专利权利要求数与专利维持时间应该正向相关，但是专利权利要求数与维持时间是否存在这种关系，本书将基于中国和日本授权专利对此问题进行实证分析。

22.3　数据来源及研究方法

本章主要数据来自日本特许厅网站和中国国家知识产权局网站专利检索系统。中国在 1994 年[①]授权专利量为 3838 件(中国国家知识产权局网站检索系统检索)，为增强数据可比性，选取日本特许厅 1994 年授权的 3838 件专利为样本[②]，检索整理"日本专利特许厅

[①] 选择 1994 年授权专利主要是基于中国和日本授权专利的法定最长保护期限都是自申请日起 20 年，所以截至 2014 年 12 月，每件专利维持状态都已确定，不存在有效专利在未来的时间点是否还继续有效的不确定状态。

[②] 在对日本 3838 件专利样本的选取上，为了避免不同技术领域对于专利维持时间与权利要求数的影响，在样本选取时，对日本 1994 年授权的所有专利进行技术领域分类，参照中国的专利样本中不同技术领域所占比例，从日本授权的所有专利的不同技术领域按相应比例随机进行选取。

授权专利相关数据"和"中国专利局授权专利相关数据"。以这些数据为依据，采用 SPSS 软件对中国和日本各自授权专利在不同维持时间段的权利要求数均值分布以及不同权利要求数维持时间的均值分布分析，利用 Pearson 相关系数研究专利权利要求数与维持时间之间的相关性。

22.4　中国和日本授权专利权利要求数与维持时间关系实证分析

22.4.1　不同维持时间段中国和日本授权专利权利要求数的均值分布

为了分析不同维持时间段专利权利要求数的变化，将专利维持时间分为 RT1～RT6 六个阶段进行分析[①]。表 22-1 反映了不同维持时间段中国和日本授权专利权利要求数的均值比较。

表 22-1　不同维持时间段中国和日本授权专利权利要求数的均值比较

维持时间段	中国	日本
RT1	6.76	3.53
RT2	8.34	1.52
RT3	9.28	1.45
RT4	9.75	1.38
RT5	10.72	1.72
RT6	11.24	3.23

通过不同维持时间段中国和日本授权专利权利要求数均值（表 22-1）比较分析，可以发现以下特征：①在 RT1～RT6 阶段，中国授权专利的权利要求数均值都高于日本授权专利的权利要求数均值。在日本，专利权人需要对每项专利权利要求按年缴纳专利维持年费，权利要求数越多，专利维持年费越多；而中国的专利维持年费并不对权利要求数进行收费。这可能是导致了日本从 RT1～RT6 阶段授权专利的权利要求数均值大幅低于中国授权专利的权利要求数均值的重要原因。②在不同维持时间段，中国和日本授权专利权利要求数均值分布呈现出不同规律。中国授权专利维持时间越长，权利要求数的均值越大。在 RT6 时，中国授权专利的权利要求数的均值达到最大。日本授权专利在不同维持时间段权利要求数均值分布呈现出先减后增的趋势。在 RT1～RT4 阶段，维持时间越长阶段的专利，权利要求数的均值越小；但是在 RT4～RT6 阶段，维持时间越长的阶段，专利的权利要求数均值越大，且权利要求数的均值最大为 RT1 阶段的专利。③在 RT5 与 RT6 阶段，无论是在中国授权专利还是日本授权专利，其权利要求数均值都较大。一项独立权利要求从广度

---

① 本书所指专利维持时间主要是指专利从申请至被终止、届满或无效之日的时间长度。在收集数据中，由于中国和日本授权专利的最大维持时间都为 20 年，并且在授权专利维持年费缴费时间段的划分上，日本专利维持年费制度在专利申请日起前 9 年中，专利维持年费都是每三年增加一个幅度，而第 10～20 年则专利维持年费数额不变。中国专利维持年费数额在前 15 年中，每三年增加一个档次，最后五年为一个档次。参考两国专利维持时间以及专利维持年费制度对授权专利缴费时间段的划分，将专利维持时间分为 RT1（1～3）年、RT2（4～6 年）、RT3（7～9 年）、RT4（10～12 年）、RT5（13～15 年）、RT6（16～20 年）六个阶段。

划定了专利的保护范围,而权利要求数量的多少更多的是从深度这一维度对专利的保护范围进行强化。权利要求数过多,该专利权就有可能获得过大的市场控制力,面临的市场竞争力将会减少,类似产品的竞争将会降低,该专利所获得的经济效益将会促使专利权人进行专利维持。这可能也是导致在 RT5 与 RT6 阶段中国和日本授权专利的权利要求数均值较高的主要原因。

22.4.2　中国和日本授权的不同权利要求数的专利维持时间的均值比较

中国和日本授权专利在不同维持时间段权利要求数均值的分布规律存在差异。从中国和日本授权专利维持时间均值随权利要求数的变化分布(图 22-1)可以看出:第一,中国授权专利的权利要求数最大为 79 项,而日本授权专利的权利要求数最大为 41 项,两国授权专利权利要求数最大值差距较大。第二,中国授权专利在权利要求数为 2~14 项时,专利维持时间均值随权利要求数的增加而增加;但是当权利要求数大于 14 项时,随权利要求数的增加,专利维持时间均值有增有减。与中国授权专利维持时间均值变化趋势相似的是,日本授权专利在权利要求数为 1~4 项时,专利维持时间的均值分布较为均衡,都为 9 年左右;当专利权利要求数大于 5 项时,维持时间的均值分布随专利权利要求数的增加开始出现上下波动。第三,在权利要求数为 1~24 项时,除权利要求数为 13 项时外,日本授权专利的维持时间均值都高于中国授权专利的维持时间均值。

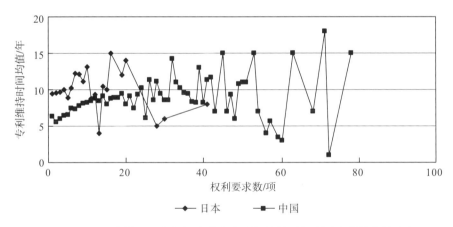

图 22-1　中国和日本授权专利维持时间均值随权利要求数的变化分布

专利授权文件的权利要求数能够较好地反映国家技术创新能力。但是在图 22-1 中,中国和日本授权专利的权利要求数与维持时间之间并不呈现正相关。或者说,其权利要求数越多,专利维持时间并非越长。虽然权利要求数越多,该专利被无效的可能性会越小,专利维持时间可能就会越长。但权利要求数影响专利维持时间的机理很复杂。有一种特殊情况需要关注,即权利要求数的设计不合理,将会影响专利保护范围(过窄或过宽),从而导致专利审查时间过长,甚至导致对专利进行复审。换句话说,专利申请的权利要求数过多,可能会加大专利审查工作的难度,延长专利审查时间。在专利的法定保护期一定的情况下,专利审查时间的增加可能会导致专利实际维持时间的减少。这也可能是随着权利要求数的增多,专利维持时间均值分布并未出现递增趋势的主要原因之一。另一方面,这也一定程度上体现了权利要求数与维持时间的关系会因专利维持年费制度的不同而有所区别，但专利维持时间的长短更多的还是专利权人综合多方因素进行考量的结果。但不容忽视的是，权利要求数在一定程度上会影响专利维持时间的长短。专利权人在进行专利申请时，权利要求数多少的选择，不仅要出于技术方案自身的需要，同时还应该注重与权利要求数相关的制度，避免因过多的权利要求数导致专利维持年费过多而不得不放弃专利权，或者因权利要求数过少，专利保护范围限定的过窄而导致第三人绕开专利权进行仿制，迫使专利权已无维持的必要性等问题的产生。总之，为了使授权专利最大化发挥其经济价值，专利权人在申请和维持专利时，不仅应根据技术方案本身，而且需要根据成本收益原则慎重选择专利权利要求数和维持时间。

22.4.3　中国和日本授权专利的权利要求数与维持时间的相关性

在不同维持时间段，中国和日本授权专利的权利要求数均值分布呈现一定的规律性，并且随权利要求数的增加，专利维持时间均值呈现一定的变化趋势。由于国外专利权人多数情况下是在本国已获相关授权后才在他国提起专利申请，专利的质量一般都较高(宋爽，2013a)，因此，在一国授权的专利中，国内权利人拥有专利(简称国内专利)的权利要求数与国外权利人拥有专利(简称国外专利)的权利要求数、维持时间都会有所不同。为了更好地分析权利要求数与维持时间的相关性，本章从全部授权专利、国内专利以及国外专利三个方面分别考察权利要求数与维持时间的相关性。

从中国授权专利权利要求数与维持时间的相关系数(表 22-2)可以得出三点结论。首先，中国授权专利的权利要求数与维持时间的相关性较弱，相关性系数为 0.189**。在六个维持时间段上，仅有 RT1、RT2、RT5 三个阶段的专利的权利要求数与维持时间之间具有相关性；并且在 RT5 阶段的专利，权利要求数与维持时间的相关性最大。其次，中国授权的国内专利权利要求数与维持时间具有相关性，但是相关性较全部授权专利的权利要求数与维持时间的相关性弱，为 0.133**。具体从六个维持时间段分别分析专利的权利要求数与维持时间之间的相关性时，国内专利权利要求数与维持时间之间都无法通过显著性检验，两者之间不具有相关性。再次，中国授权的国外专利权利要求数与维持时间整体相关性系数无法通过检验，但在具体六个维持时间阶段时，RT5 阶段的国外专利权利要求数与维持时间相关性系数能够通过相关性检验，即具有相关性。

表 22-2　中国授权专利权利要求数与维持时间的相关系数

维持时间	RT1	RT2	RT3	RT4	RT5	RT6
所有专利的权利要求数 0.189**	0.098**	0.091**	0.000	-0.049	0.181**	-0.060
国内专利的权利要求数 0.133**	-0.016	0.053	0.116	-0.087	0.229	0.200
国外专利的权利要求数 0.020	0.087	0.008	0.000	-0.022	0.156**	-0.016

注：*在 0.05 水平(双侧)上显著相关；**在 0.01 水平(双侧)上显著相关。

从日本授权专利权利要求数与维持时间的相关系数(表 22-3)可以得出三点结论。首先，日本授权的全部专利的权利要求数与维持时间的相关性很低。在具体分析 RT1～RT6 不同维持时间段上专利的权利要求数与维持时间的相关性时，仅在 RT5 与 RT6 阶段的专利权利要求数与维持时间之间具有相关性，并且相关性高于未对维持时间进行分段时专利的权利要求数与维持时间的相关性。其次，国内专利的权利要求数与维持时间具有相关性，其相关性虽高于所有授权专利的权利要求数与维持时间的相关性，但是相关性依然不高。在 RT1～RT6 阶段，与所有授权专利在 RT1～RT6 权利要求数与维持时间的相关性相一致的是，国内专利仅在 RT5 与 RT6 阶段时权利要求数与维持时间有相关性，且相关性有所增加。再次，国外专利的权利要求数与维持时间的相关性高于全部授权专利以及国内专利的权利要求数与维持时间的相关性。具体分析 RT1～RT6 六个阶段的国外专利的权利要求数与维持时间的相关性时，仅有 RT5 阶段的国外专利的权利要求数与维持时间具有相关性。

表 22-3　日本授权专利权利要求数与维持时间的相关系数

维持时间		RT1	RT2	RT3	RT4	RT5	RT6
所有专利的权利要求数	0.043**	—	−0.064	−0.048	−0.030	0.146**	0.231*
国内专利的权利要求数	0.066**	—	−0.041	−0.005	−0.005	0.179**	0.268*
国外专利的权利要求数	0.119*	—	0.007	−0.049	−0.056	0.310*	0.078

注：*在 0.05 水平(双侧)上显著相关；**在 0.01 水平(双侧)上显著相关。

对比中国授权专利权利要求数与维持时间的相关系数(表 22-2)与日本授权专利权利要求数与维持时间的相关系数(表 22-3)，可以发现以下四点结论。

(1)中国和日本授权专利的权利要求数与维持时间具有一定的相关性。维持时间体现获得专利收益的期限，因为专利收益收到专利权人的经营能力、专利技术市场环境以及专利技术自身若干要素的影响，权利要求数作为反映专利技术价值和法律价值的部分指标，与专利维持时间的相关性系数较低，但是存在一定的相关性是可以理解的。

(2)中国授权的全部专利、国内专利以及国外专利的权利要求数与维持时间的相关性依次降低，但是日本授权专利的上述变量的相关性却逐渐增强。中国授权的国外专利的权利要求数与维持时间之间相关性不显著，但是日本授权的国外专利的权利要求数与维持时间之间的相关性较高。

(3)在未对专利维持时间分为六段进行分析时，日本所有授权专利以及国内专利的权利要求数与维持时间的相关性低于中国所有授权专利以及国内专利的权利要求数与维持时间的相关性。但当具体分析六个维持时间段上专利的权利要求数与维持时间的相关性时，日本 RT5 与 RT6 阶段专利的权利要求数与维持时间的相关性显著增加，并且在 RT6 阶段专利的权利要求数与维持时间的相关性高于中国授权专利。日本专利维持年费与权利要求数相关，权利要求数越多，专利维持年费就越高。因此，日本授权专利的权利要求数与维持时间的相关性似乎应高于中国，但研究结论却与之相反，日本授权专利的权利要求数与维持时间的相关性较中国授权专利的权利要求数与维持时间的相关性低。不同的是，当具体考察六个维持时间段的专利的权利要求数与维持时间的相关性时，对于维持时间较长的专利而言，专利维持年费制度的不同对权利要求数与维持时间的相关性的影响就会有所体现。日本授权专利的权利要求数与维持时间的相关性高于同一阶段上中国授权专利的权利要求数与维持时间的相关性。出现这种状况的原因可能在于,专利维持时间长(RT6阶段)的专利的维持费用较高。因为专利维持年费不仅需要按年缴,而且随着年份的增加,专利维持年费档次也会相应提高。当专利维持时间较长时,专利维持年费的支出必然成为专利权人所考虑的因素,所以权利要求数可能会通过专利维持年费影响专利权人决定是否继续维持其专利有效。因此,与中国授权专利不同的是,日本在 RT6 阶段的专利权利要求数与维持时间的相关性明显增强。

(4)中国授权的国外专利的权利要求数与维持时间整体的相关性不明显,但在 RT5 阶段时,权利要求数与维持时间具有相关性相对较为显著。统计数据发现,国外专利申请人大多以企业为主,到国外申请并获得授权的专利往往专利质量较高,权利人对专利的预期收益较高。当然,专利权人更大程度上也希望专利的保护范围最大化。根据我们统计的数据发现,到中国进行专利申请的权利人中,美国、德国和日本的专利申请人占多数。相对而言,这些国家的专利申请人在专利申请和维持策略、管理和运用模式等方面具有一定的优势。因此,这些专利权人在进行专利申请以及获得授权后,其专利维持行为相对较为高效。这可能也是中国和日本授权专利都仅在维持时间较长的阶段才出现国外专利的权利要求数与维持时间具有相关性的主要原因之一。

22.5 本章研究结论及不足

权利要求反映技术创新的重要性,权利要求数则反映该专利技术获益的潜在可能性(Lanjouw、Schankerman,2004)。专利权利要求数越多,意味着专利权人可能对该专利的投入越多(James,2008);我国企业专利维持动机总体处于市场驱动阶段(毛昊、尹志锋,2016)。专利维持时间越长,意味着专利收益的期限越长,或者说专利收益更高,所以研究专利权利要求数与维持时间的相关性程度对提高专利收益具有重要的现实意义。根据中国和日本授权专利的权利要求数与维持时间的关系分析发现以下结论。

(1)中国授权专利的权利要求数与维持时间的整体相关性相对较高,国内专利权利要求数与维持时间具有一定的相关性,国外专利权利要求数与维持时间整体相关性系数无法通过检验,说明相关性很弱;日本授权专利的权利要求数与维持时间的整体相关性较低,国内专利的权利要求数与维持时间具有一定相关性,国外专利的权利要求数与维持时间的相关性高于全部授权专利以及国内专利的权利要求数与维持时间的相关性。这说明中国授权专利的权利要求数与专利维持时间的整体相关性高于日本授权专利,但是日本授权的外国专利权利要求数与专利维持时间相关性高于中国授权专利。可见,虽然从理论上讲,权利要求数对专利维持时间具有一定的影响,但是不同国家授权的、不同权属的专利的权利要求数对维持时间的影响程度不同。换句话说,在不同条件下,权利要求数对专利维持时间影响的权重大小存在差异。上述结论对我国专利审查部门和专利申请人都有一定的启示。对审查部门来说,应该重视权利要求的审查,尤其是独立权利要求和从属权利要求整体系统性的审查。对专利申请人而言,更应该重视权利要求数对专利保护范围、专利价值和专利质量的影响,尽量用最优的权利要求及其数量规范专利的保护范围。

(2)在专利维持的不同时间段,中国和日本授权专利的权利要求数与维持时间的相关性不同。中国授权专利在第一阶段、第二阶段、第五阶段三个阶段的权利要求数与维持时间之间具有相关性，且在第五阶段的专利的权利要求数与维持时间的相关性较大。日本授权专利在第五和第六阶段的专利权利要求数与维持时间之间有相关性，且在第六阶段权利要求数与专利维持时间相关性较高。产生这种结果的原因很多，但以下两个原因值得关注：①两个国家专利维持年费制度不同，日本授权专利缴纳维持年费需要考虑权利要求数量，而中国授权专利维持年费不需要考虑权利要求数，所以同等条件下，中国和日本授权专利缴纳维持年费不同，维持时间就会存在差异；②不同条件下，专利价值的实现程度不同，如在专利法定保护期届满的最后阶段，高价值的高度集中。不同维持时间段专利收益的差异性决定了该阶段专利权利要求数与维持时间的相关性。因此，我们在根据权利要求数评估专利价值或专利质量时应该考虑该有效专利所处的时间段。

不同技术领域专利的权利要求数存在一定的差异（Ernst，1998）。不同技术领域中，专利性质不同导致的权利要求数和专利维持时间各不相同，但是本章因篇幅等原因，在分析专利权利要求数与维持时间时，没有区分不同技术领域。为了使该问题研究更加深入，作者以后会对该问题区分不同国家、不同技术领域的专利权利要求数与维持时间关系进行分别研究。

第二十三章　体育用品制造产业专利维持时间实证研究[①]

本章从专利维持时间、不同维持时间段终止专利数量和有效专利数量分布等视角对中国授权的体育用品制造产业及所属球类制造、体育器材及配件制造、训练健身器材制造、运动防护用具制造、其他体育用品制造产业 9941 件有效专利和终止专利分别进行研究发现：体育用品制造整体产业有效专利存量较大，专利运用活动活跃；体育器材及配件制造产业专利授权量较高；球类制造业与训练健身器材制造业有效专利的剩余寿命较长，训练健身器材制造的终止专利质量较差；运动防护用具制造终止专利中高质量专利比重相对较高；其他体育用品制造专利整体质量高。

23.1　引言

体育用品是指适用于体育活动的、具有一定功能或者用途的各种专门物品总称，包括体育竞赛、运动训练、健身休闲以及体育教学等所有体育运动活动中所使用的物品。体育用品有三个特征：①体育性，即适用于体育活动的物品；②消费性，即体育运动中的消费品；③专门性，即适用于体育活动中的专门物品(席玉宝、金涛，2006)。体育用品(产)业是指生产、销售和管理体育用品的产业集合，主要包括体育器材、运动服装、运动鞋制造业等子产业，是跨系统、跨行业的产业系统总称。体育用品制造产业是指从事体育竞赛、体育健身、体育娱乐等与体育活动相关的体育用品以及与之紧密相连的辅助体育用品生产经营活动的产业集合(李建设等，2004)。制造业是国民经济发展的基石。随着全民健身运动的兴起，作为体育产业的重要组成部分，体育用品制造产业不仅对我国国民经济发展具有一定的影响，而且对我国人民群众健康生活水平具有重要影响。但目前我国体育用品制造产业的创新能力不足，缺乏具有全球竞争优势的核心技术(张永韬，2015)。近年来，我国体育用品业仅凭人口红利优势而进行来料加工，由于创新能力滞后常常被发达国家的低端锁定(吴建堂，2016)。

专利属于技术密集度和创新程度较高的无形资产，其数量和质量是有效衡量产业创新能力的关键指标，也是推进制造业实体经济健康发展的重要资源。专利维持是指在法定保护内，专利权人依法向行政管理部门缴纳规定数量的维持年费使专利继续有效的过程。专利维持时间是指专利权人通过向行政管理部门按时缴纳专利维持年费，而使得专利继续处于有效状态的时间。出于对专利维持成本与收益平衡原则的考虑，专利维持时间常被学者用来映射专利质量或创新主体的专利运用能力(乔永忠，2011a)。韩国文化体育观光部

---

① 本章部分内容曾发表于《武汉体育学院学报》2018 年第 6 期，作者为乔永忠和陈璇。

分析 1982~2012 年美国授权专利数和体育用品销售量之间的关系显示，专利维持现状和体育用品销售量之间有着非常紧密的关系(相关系数 0.993)[①]。为此，研究我国体育用品制造产业及其所属产业相关专利维持时间问题，对提升我国体育用品制造产业专利质量以及创新主体的创新能力和技术水平，尤其是核心竞争力具有重要的理论和现实意义。

国外学者关于专利维持的研究起步较早。Mansfield(1984)认为近 60%的专利在其授权后的 4 年内被其他技术模仿。Clark 和 Berven(2004)研究影响美国药物专利法定保护期的因素时发现：一系列的法律法规对专利寿命起决定性作用。由于专利维持年费制度的运行，专利的高昂成本使得缺乏资金的专利持有人望而却步，否决了其保留专利权的选择。Macleod 等(2003)专利权主体类型也会对专利维持产生影响，Serrano(2010)认为专利的维持率和转让率与专利权主体类型相关，小型专利权主体的专利出售活动最活跃。Gronqvist(2009)针对 1917~1989 年芬兰授予的专利进行研究，发现每让专利维持年限延长一年，其专利价值将增至原来的 1.5 倍。

近年来，国内学者对专利维持的研究成果大量涌现。国内大多数研究均以专利的维持时间和法律状态为主要内容进行分析，但是各类研究的技术领域、研究方法、关注焦点等又有明显差异。朱雪忠等(2009)从发明专利未缴专利维持年费而被终止这一现象反推专利质量，研究结果表明中国授权专利平均维持时间短，专利质量不高。正因为专利维持时间被赋予表征专利质量的意义，因而大量以专利维持时间为因变量的研究成果出现，以探寻作用于专利维持过程，影响专利维持时间的因素。刘雪凤和高兴(2015)研究发现，对风能技术专利维持时间影响力由大到小的因素依次为年费、专利族大小、发明人数、科研院所或个人、审查时间。蔡中华等(2015)认为专利申请文件撰写水平也是影响专利维持时间的重要因素。乔永忠(2011g)归纳了影响专利维持时间的技术性、制度性、创新主体性因素。

此外，不同技术领域、不同创新主体甚至是不同性质的专利也被纳入研究专利维持信息的范畴。乔永忠(2011a)研究发现电学类专利维持时间最长。姚清晨(2016)分析认为科研院所拥有的方法专利的被终止率最高。目前关于体育用品专利的研究主要集中于专利的技术性指标，对专利维持时间及法律状态的综合分析并不多，尤其是关于终止专利和有效专利的研究成果很少。现有研究多基于体育产业宏观层面或细化至体育用品的某一子产业，缺乏对不同微观体育用品所属子产业专利问题的比较研究。明宇和虎克(2012)比较德国、法国、英国以及意大利体育专利发现：意大利体育专利申请的创新能力较弱。邢双诗(2016)对国际羽毛球专利进行可视化分析发现，我国在羽毛球专利技术研发领域并未涉及核心专利技术的生产。

本章拟对体育用品制造及所属球类制造、体育器材及配件制造、训练健身器材制造、运动防护用具制造以及其他体育用品制造产业的有效专利和终止专利的维持时间分别进行研究。本章的主要贡献在于三个方面：①对体育用品制造产业及其所属的球类制造、体育器材及配件制造、训练健身器材制造、运动防护用具制造、其他体育用品制造产业的专利维持时间进行研究；②分别对终止专利和有效专利的维持时间进行研究，克服了现有研究中对专利维持时间笼统的研究而引起的不准确性；③对专利维持时间以"天"为单位进行研究，比现有以"年"为单位计算专利维持时间的研究成果更具有准确性。

23.2 数据来源和变量设计

《国家体育产业统计分类》将体育产业范围确定为体育用品及相关产品等 11 大类、体育用品制造等 37 个中类以及球类制造等 52 个小类。本章研究对象"体育用品制造"中5 小类制造产业及其统计分类代码和行业分类代码分别为：球类制造(0911，2441)、体育器材及配件制造(0912，2442)、训练健身器材制造(0913，2443)、运动防护用具制造(0914，2444)以及其他体育用品制造(0915，2449)。

根据《国际专利分类与国民经济行业分类参照关系表(试用版)》(国家知识产权局规划发展司，2015)，每一小类产业对应的技术领域分别为：球类制造对应 IPC 分类中的 A63B37、A63B39*、A63B41*、A63B43、A63B45*、A63B47*和 A63B67 技术领域；体育器材及配件制造对应 IPC 分类中的 A01M27、A47B25、A63B1*、A63B3*、A63B4*、A63B5*、A63B6*、A63B6*、A63B9*、A63B15*、A63B27*、A63B29、A63B29、A63B31、A63B33、A63B35*、A63B37、A63B43、A63B49*、A63B51*、A63B53*、A63B55*、A63B57*、A63B59*、A63B61*、A63B63*、A63B65、A63B67、A63B69*、A63B71、A63C1、A63C3*、A63C5*、A63C7*、A63C9*、A63C10*、A63C11*、A63C17、A63C19*、A63K、F41B5、F41C3 和 F41J 技术领域；训练健身器材制造对应 IPC 分类中的 A61H1、A63B17*、A63B19*、A63B21*、A63B22*、A63B23*、A63B24*、A63B25*和 A63B26*技术领域；运动防护用具制造对应 IPC 分类中的 A41D13/05、A41D13/06、A41D13/08、A41D13/11、A41D17、A41D19、A41D20、A43B、A43C、A63B31、A63B71、A63C1、A63C13*、A63C17 和 B21K17*技术领域；其他体育用品制造对应 IPC 分类中的 A01K83*、A01K85*、A01K87*、A01K89*、A01K91*、A01K93*、A01K95*、A01K97*、A01M31*、A63B65、A63H27 和 A63K 技术领域。

本章通过 Soopat 网站专利检索系统，分别按照上述 IPC 国家专利分类号检索并下载(下载数据时间为 2016 年 4 月 10 日)体育用品制造产业所属球类制造、体育器材及配件制造、训练健身器材制造、运动防护用具制造以及其他体育用品制造产业的 9941 件专利信息，并构建《体育用品制造产业专利信息数据库》，本章仅以其中由中国专利权人拥有的5794 件专利信息为研究对象。

23.3 体育用品制造产业及所属产业专利数量分布

有效专利指截至专利检索日仍旧处于法律保护范围内的专利。2010 年开始《中国统计年鉴》首次引入有效专利指标。正如学者所言，作为技术创新能力标志之一的专利不再仅仅以申请量或授权量来衡量，还要考察有效专利的多少(李小丽，2009)。本书研究对象中的体育用品制造产业及其所属产业专利，绝大多数专利因未按时缴纳年费致使专利权被终止，仅 5 件专利因无效、撤销等裁定而被终止专利权。因而本书所指的"终止专利"包括无效、撤销、未缴年费而被终止的专利。与有效专利相比，终止专利的状态更加稳定。

例如，终止专利的专利维持时间、转移率等内容相对固定，因而常被用作研究专利质量或价值的样本。表 23-1 表示体育用品制造产业及其所属的球类制造、体育器材及配件制造、训练健身器材制造、运动防护用具制造、其他体育用品制造专利的有效专利、终止专利的数量分布情况。

表 23-1　体育用品制造产业及其所属产业的制造专利的有效专利、终止专利的数量分布情况

	体育用品制造（总）	球类制造	体育器材及配件制造	训练健身器材制造	运动防护用具制造	其他体育用品制造
有效专利数量/件	7225	321	1662	1832	2609	801
有效率/%	72.68	70.70	66.43	74.78	75.19	75.21
终止专利数量/件	2716	133	840	618	861	264
终止率/%	27.32	29.30	33.57	25.22	24.81	24.79
合计	9941	454	2502	2450	3470	1065
占比情况/%	100	4.6	25.2	24.65	34.91	10.71

目前，体育用品制造产业总体上有效专利的存量较大，有效专利数量共 7225 件，专利有效率为 72.68%，终止率为 27.32%。有效专利存量较大说明现阶段我国的体育用品制造产业领域的专利运用活动较活跃，维持时间相对较长。当然另外一种可能是，近几年相关授权专利比例较高。随着全民健身运动的兴起，国民对体育用品的需求日益增加，并且对体育用品的科技含量也提出更高要求。潜在的巨大市场需求激发了创新主体的专利申请或运用的积极性。其中大多数有效专利分布在运动防护用具制造、训练健身器材制造、体育器材及配件制造领域，而球类制造和其他体育用品制造有效专利相对较少。不同所属产业领域的专利有效率均在 70.00% 左右，并且不同所属产业领域的专利有效率存在差异。其他体育用品制造领域的专利虽然分布不多，但是其专利的有效率最高（75.21%）；运动防护用具制造专利的专利分布最多，其专利有效率仅次于其他体育用品制造专利（75.19%）。训练健身器材制造、球类制造、体育器材及配件制造专利的有效率依次为 74.78%、70.70%、66.43%。整体上看，体育用品制造产业终止专利的数量分布趋势和有效专利相同，运动防护用具制造、训练健身器材制造、体育器材及配件制造领域的终止专利较多。体育器材及配件制造的专利终止率最高（33.57%）。球类制造专利虽终止专利分布较少，但其终止率较高（29.30%），仅低于体育器材及配件制造专利。

有效专利的存量及其有效率并不能直接有效的说明专利质量的高低，因为有效专利并非是基于同一授权时间点或时间段。部分专利之所以失效可能是因为其先授权故保护期届满或者被终止，部分专利则可能后授权故以较低成本而维持有效。有效专利数量可以在一定程度上反映目前各技术领域专利活动的频繁程度以及专利技术的薄弱点，为今后的技术创造、改进提供参考。其中，其他体育用品制造产业领域的有效专利分布不多，但是其专利有效率最高。这一现象产生的原因可能有：①目前该领域内的技术创新活动较弱，授权专利数量较少；②该领域的专利质量较高，故有效专利失效率低，维持时间较长。与之相反，体育器材及配件制造分布的专利数量较多，但是其专利有效率最低。其可能的原因有：体育器材及配件制造专利的授权量较高，但是专利运用能力较弱，维持时间较短；体育器

材及配件制造专利本身质量不高，导致大量专利在专利维持初期便终止。

通过以上分析可获得初步启示：由于目前其他体育用品制造领域的专利有效率较高，因而其技术壁垒较多。现在其他体育用品制造专利主要包括钓鱼灯、钓鱼鞋、钓竿、电动渔线轮等其他钓鱼用品方面。如果创新主体要想在此领域占据技术优势，就必须提高其发明技术的创新程度以获取该领域的专利权；且在专利维持阶段需提高其专利的运用和管理能力，避免被其他技术所替代。如果创新主体的科研资源有限，或者其对自身的创新能力缺乏自信，可优先考虑申请体育器材及配件制造类专利。因为该领域的专利有效率相对较低，且竞争性相对较弱，获取专利权的可能性较大。目前体育器材及配件制造专利主要包含高尔夫杆头、界外球的数字监控系统、收集乒乓球的球台、水上运动设备等方面。同时，在获得此领域的专利权后，若加强对此类专利的运用，就易获取竞争优势。

23.4 体育用品制造产业及所属产业专利维持时间分析

专利维持时间指专利自申请日或授权日起至其专利权失效的时间，它在一定程度上可反映一国专利制度的效度和专利制度目的的实现程度（乔永忠、章燕，2015c）。有效专利与终止专利的维持时间所表征的内涵也有所不同。有效专利的维持时间长短并不能直接反映专利质量的高低，但能体现出专利申请日或授权日的早晚和未来发挥潜在价值的剩余寿命长短。终止专利维持时间的长短用于衡量专利质量或专利运用水平的高低。

23.4.1 体育用品制造产业及其所属产业专利维持时间均值比较

根据专利法基本原理和专利权人成本收益平衡理性，只有当专利权人的专利收益或其预期收益大于其专利维持成本时，专利权人才会选择继续维持专利。专利个体价值或者收益的差异性导致不同专利维持时间截然不同，但是产业专利维持时间均值却能反映该产业专利整体价值或质量状况。图 23-1 表示体育用品制造产业及其所属产业有效专利和终止专利维持时间均值。由图 23-1 及有关统计数据可知，各体育用品制造产业及其所属产业的有效专利和终止专利的维持时间均值存在差异。

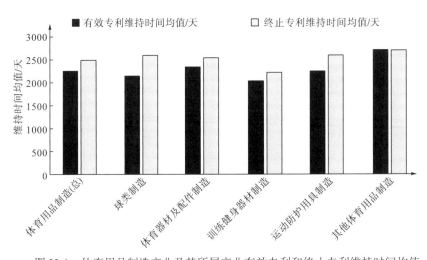

图 23-1 体育用品制造产业及其所属产业有效专利和终止专利维持时间均值

　　首先，就有效专利而言。体育用品制造产业及其所属产业的有效专利的维持时间均值在 2000 天（约 5.5 年）以上。其他体育用品制造有效专利的维持时间均值最长（2730 天）；其次，体育器材及配件制造、运动防护用具制造、球类制造有效专利的维持时间均值为：2345 天、2233 天、2181 天；训练健身器材制造有效专利的维持时间均值最短（2033 天），且维持时间均值最大差距接近 2 年。由此可看出，其他体育用品制造有效专利申请或授权较早，训练健身器材制造有效专利申请或授权较晚，平均晚 2 年左右。结合表 23-1 专利有效率进行分析发现，其他体育用品制造有效专利申请时间靠前，且其专利有效率最高（75.21%）；体育器材及配件制造有效专利申请时间靠后，比其他体育用品制造有效专利晚申请，但是其有效率较低（66.43%）。由此可推断：其他体育用品制造领域的有效专利质量较高；与其他体育用品制造领域有效专利相比，体育器材及配件制造有效专利的质量较低。训练健身器材制造有效专利的平均维持时间最短，其专利有效率保持在较高水平（74.78%），可能正是由于其专利晚申请，其专利有效率才处于较高水平。

　　其次，就体育用品制造产业及其所属产业的终止专利而言。各所属产业的终止专利的维持时间均值均在 2200 天（约 6.03 年）以上。其他体育用品制造终止专利的维持时间均值最长（2707 天）；运动防护用具制造、球类制造、体育器材及配件制造终止专利的维持时间均值均在 2500 天以上，分别为 2611 天、2593 天、2517 天；训练健身器材制造专利的维持时间均值最短（2225 天）。终止专利维持时间的长短可间接反映专利质量的高低。比较五类体育用品制造终止专利的平均维持时间可看出：①其他体育用品制造终止专利的平均维持时间最长，且其专利终止率最低（24.79%），其有效专利的质量较高，故该领域的专利整体质量相对较高。但是由于其有效专利平均维持时间最长，因而其有效专利在未来发挥潜在价值的寿命相对较短。②训练健身器材制造的有效专利与终止专利平均维持时间均为最短，其终止专利的质量并不高，但其有效专利发挥潜在价值的剩余寿命较长。

23.4.2　体育用品制造产业及所属产业终止和有效专利维持数量

　　专利维持时间的均值在一定程度上可反映专利的质量，而分析专利在不同时间段的专利维持情况将有助于判断各类高质量专利的具体分布情况。研究专利在不同时间段的数量及百分比，可以纵向观察专利维持的动态变化过程，反映其维持的一般规律（乔永忠、沈俊，2015c）。表 23-2 和表 23-3 分别表示体育用品制造产业及其所属产业的终止专利和有效专利在不同维持时间段的分布趋势。

1）体育用品制造产业及所属产业不同时间段终止专利维持数量

　　如果专利在维持前期的终止率较低，而后期终止率较高，则说明大量专利权人选择将专利维持至接近届满。这也就表明专利的质量较高，反之则表明专利质量低。由于本书的专利维持时间自专利申请日算起，而我国对专利申请的审查时间在 3 年左右，故当维持时间为 1～500 天时，体育用品制造产业及所属产业专利的终止率均为 0。由表 23-2 体育用品制造产业及其所属产业终止专利在不同时间段的分布可知，球类制造、体育器材及配件制造、训练健身器材制造、运动防护用具制造、其他体育用品制造五类终止专利在各时间段的分布趋势大致相同，且与体育用品制造专利的总体分布基本一致（各类终止专利件数均随着专利维持时间的增加出现先增加后减少、再增加再减少的趋势）。由于体育用品制造产业终止专利的平均维持时间约为 2503 天，故将时间段 1～2500 天视为专利维持前期，2501～5000 天为中期，5001～7300 天为后期。

表 23-2　体育用品制造产业及其所属产业终止专利在不同时间段的分布

终止专利维持时间/天	体育用品制造专利总数量/件，终止率/%	球类制造专利数量/件，终止率/%	体育器材及配件制造专利数量/件，终止率/%	训练健身器材制造专利数量/件，终止率/%	运动防护用具制造专利数量/件，终止率/%	其他体育用品制造专利数量/件，终止率/%
501～1000	122	3	35	52	24	8
	4.49	2.26	4.17	8.41	2.79	3.03
1001～1500	612	39	184	151	179	59
	22.53	29.32	21.90	24.43	20.79	22.35
1501～2000	380	10	109	111	126	24
	13.99	7.52	12.98	17.96	14.63	9.09
2001～2500	365	13	119	87	117	29
	13.44	9.77	14.17	14.08	13.59	10.98
2501～3000	520	28	159	106	177	50
	19.15	21.05	18.93	17.15	20.56	18.94
3001～4000	370	20	123	61	118	48
	13.62	15.04	14.64	9.87	13.70	18.18
4001～5000	207	12	75	31	57	32
	7.62	9.02	8.93	5.02	6.62	12.12
5001～6000	78	3	21	10	36	8
	2.87	2.26	2.50	1.62	4.18	3.03
6001～7000	38	5	9	5	13	6
	1.40	3.76	1.07	0.81	1.5	2.27
7001～7300	24	0	6	4	14	0
	0.88	0.00	0.71	0.65	1.63	0.00

由表 23-2 可知在专利维持较早部分(501～1000 天)，各类专利的终止率均处于较低水平，训练健身器材制造专利的终止率最高(8.41%)，其他四类专利终止率均在 5%以下，且球类制造专利的终止率最低(2.26%)。而在 1001～1500 天阶段时，各类专利的终止速度急剧加快，各终止率飙升至 20%左右。其中，球类制造专利终止率最高(29.32%)，其终止率增加了 27.06%，是上一时间段的 13 倍多。运动防护用具终止率最低(20.79%)。随后，各类专利的终止专利件数有所减少，但是球类制造、体育器材及配件制造、其他体育用品制造三类专利在 1501～2000 天至 2001～2500 天阶段的专利终止速度稍有增加，总体上仍旧低于 1001～1500 天时的终止率。整个专利维持前期，专利终止率由高到低依次为：训练健身器材制造专利(64.89%)、体育器材及配件制造专利(53.21%)、运动防护用具制造专利(51.80%)、球类制造专利(48.87%)、其他体育用品制造专利(45.45%)。此阶段终止率最高的训练健身器材制造终止专利主要包含：上肢、下肢康复训练机、多功能推车、按摩器具、

牵引式走跑机等方面。

在专利维持中期（2501～5000 天），各类专利的终止专利件数均在减少，且各自的终止速率存在差异。当专利维持时间为 2501～3000 天时，各类专利的终止件数较多，其中球类制造专利的终止率最高（21.05%），训练健身器材制造专利的终止率最低（17.15%）。随着时间的增加，球类制造、体育器材及配件制造、训练健身器材制造专利终止速度急剧下降。其他体育用品制造专利的终止速度则先缓慢下降，接着快速下降；与之相反，运动防护用具制造专利的终止速度则先快速下降，接着缓慢下降。整个专利维持中期，专利终止率由高到低依次为：其他体育用品制造专利（49.24%）、球类制造专利（45.11%）、体育器材及配件制造专利（42.50%）、运动防护用具制造专利（40.88%）、训练健身器材制造专利（32.04%）。此阶段终止率最高的其他体育用品终止专利主要包括：钓鱼用的卷线筒或卷线轴、钓鱼绕线轮、钓鱼遥控装置、薄膜气球等方面。

在专利维持后期（5001～7300 天），各类专利的终止专利件数极少，各类专利的终止率随时间的延长而减少。只有球类制造专利的终止速度出现了小幅度回升的现象，在6001～7000 天处其专利终止率有所增加，且比其他四类专利的终止率高（3.76%）。在整个专利维持后期，各类专利的终止率均处在较低水平，运动防护用具制造专利的终止率最高（7.32%）。球类制造、其他体育用品制造、体育器材及配件制造的终止率依次为：6.02%、5.30%、4.29%。训练健身器材制造专利的终止率最低（3.07%）。

综上分析可看出：①在专利维持的三大阶段，体育用品制造及其所属产业的专利在各维持阶段的终止速度变化趋势大致相同，均经历了先增加再降低、再增加再降低的变化，且其终止速度都在维持时间 1001～1500 天与 2501～3000 天两处出现峰值。这说明体育用品制造产业及所属产业的专利较多在维持时间为 1001～1500 天或 2501～3000 天时终止。较多专利在维持时间 1001～1500 天终止，表明体育用品制造产业的专利在维持前期由于高质量专利的缺失故大多数劣质专利终止；而较多专利在维持时间为 2501～3000 天时终止，说明体育用品制造产业及其所属产业专利有一部分专利在专利维持中期的预期收益远不及其专利维持成本，因而选择终止。②比较专利维持前期、中期、后期的各类专利终止率发现，终止率虽随着维持时间的增加，各阶段的维持率之和在逐渐降低，但是训练健身器材制造专利的变化较突出。其在专利维持前期的终止率最高，但是在专利维持中期、后期的维持率均最低。如果专利在维持初期分布越少，而在维持后期分布越多，则该专利的经济价值高。反之可认为训练健身器材制造专利的经济价值并不高，可能质优专利远少于质劣专利。③虽然运动防护用具制造专利在专利维持初期的终止率较高，但是在专利维持后期，其终止率最高，为 7.32%。这说明，运动防护用具制造产业可能拥有的高质量终止专利的比重大于其他四类专利。这部分高质量的运动防护用具制造专利主要涵盖有：旱冰鞋、鞋底、多功能鞋垫、缓冲装置及安全手套等方面。

2) 体育用品制造产业及所属产业不同时间段有效专利维持数量

分析有效专利在不同时间段的维持率，可进一步了解目前体育用品制造产业及其所属产业的有效专利存量的具体分布情况以优化专利布局；并且，对于目前处于不同剩余经济寿命的有效专利而言，可为其是否继续维持专利的决策提供参考。表 23-3 表示不同专利维持时间段的各类体育用品制造专利的有效情况。

表 23-3　不同专利维持时间段的各类体育用品制造专利的有效情况

有效专利 维持时间/天	体育用品制造 专利总数量 /件,有效率/%	球类制造专利 数量/件, 有效率/%	体育器材及配件 制造专利数量 /件,有效率/%	训练健身器材 制造专利数量 /件,有效率/%	运动防护用具 制造专利数量 /件,有效率/%	其他体育用品 制造专利数量 /件,有效率/%
1～500	27 0.37	1 0.31	3 0.18	5 0.27	18 0.69	0 0.00
501～1000	1125 15.57	44 13.71	203 12.21	370 20.20	417 15.98	91 11.36
1001～1500	1406 19.46	59 18.38	317 19.07	416 22.71	475 18.21	139 17.35
1501～2000	1200 16.61	88 27.41	297 17.87	311 16.98	414 15.87	90 11.24
2001～2500	972 13.45	39 12.15	229 13.78	236 12.88	374 14.33	94 11.74
2501～3000	670 9.27	19 5.92	163 9.81	150 8.19	266 10.20	72 8.99
3001～4000	985 13.63	33 10.28	242 14.56	190 10.37	403 15.45	117 14.61
4001～5000	571 7.90	27 8.41	145 8.72	101 5.51	151 5.79	147 18.35
5001～6000	158 2.19	7 2.18	41 2.47	34 1.86	48 1.84	28 3.50
6001～7000	92 1.27	2 0.62	18 1.08	19 1.04	31 1.19	22 2.75
7001～7300	19 0.26	2 0.62	4 0.24	0 0.00	12 0.46	1 0.12

由表 23-3 可看出,体育用品制造产业及其所属的球类制造、体育器材及配件制造、训练健身器材制造、运动防护用具制造、其他体育用品制造有效专利在不同时间段呈现不同分布特点,但也有相似之处。总体上看,这五类有效专利的有效率均随着维持时间的增加而呈现出先增加后降低,再增加再降低的波浪变化趋势。巧合的是五类有效专利的有效率几乎都在维持时间为 2501～3000 天处同时出现波谷。仔细分析发现,2501～3000 天这一时间段约为 6.8～8.2 年,我国专利维持年费标准中规定专利维持时间为 4～6 年为一个缴费档次,需缴年费 1200 元;而 7～9 年又为一个缴费档次,需缴纳 2000 元①。该时间段正是这两个缴费档次的交替期,面对突然增加的缴费金额,专利权人可能出于成本收益的考量而放弃其专利权。专利维持年费作为影响专利维持的重要因素,一方面可以过滤低质量的专利,使其尽快进入公共领域,促进社会公共利益的实现;但另一方面也可能扼杀那

---

① 专利维持年费标准源于 2015 年国家知识产权局发布的《专利费用基本信息代码规范》。

些回报周期较长的专利。

　　由于体育用品制造产业有效专利的平均维持时间为 2261 天,按照本书对时间段的划分,可将维持时间为 2500 天之内的有效专利视为维持前期的专利。本章发现,分别对各类有效专利在 2500 天以内的有效率进行统计,专利维持时间在 2500 天以内的各类专利的有效率由高到低依次为:训练健身器材制造专利(73.03%)、球类制造专利(71.96%)、运动防护用具制造专利(65.08%)、体育器材及配件制造专利(63.12%)、其他体育用品制造专利(51.69%)。由此可看出,目前各类专利大部分处于专利维持初期。相对而言,训练健身器材制造专利和球类制造专利的有效专利比率较高,均在 70% 以上,这充分表明这两类有效专利未来发挥其潜在价值的剩余寿命较长,需引起专利权主体的重视。处于专利维持初期的球类制造专利主要包括高尔夫球、羽毛球、环保健身球、乒乓球自动发球机装置等方面,而训练健身器材制造专利则包含有多功能拉力器、多功能健身椅、身体运动器、新式登山机等方面。

　　各类专利在 2501～3000 天的有效率处于较低水平,但随着维持时间的延长,各类有效专利的有效率又立马在维持时间为 3001～4000 天时快速增加。除其他体育用品制造专利在下一维持阶段才出现波峰外,其余四类专利均在此处出现峰值。此处的专利有效率之所以高于前一阶段可能有两个原因:①该阶段的时间跨度为 1000 天,大于上一阶段 500 天的时间跨度;②也有可能处于此阶段的有效专利对未来预期乐观,其收益预估值较高,所以选择继续维持其专利权。在维持时间大于 4000 天的时间段上,除了其他体育用品制造专利的有效专利件数出现先增加后减少的趋势外,其余四类专利的有效专利件数均呈直线下滑趋势。统计维持时间为 4001～7300 天的各类专利的有效率,结果表明其他体育用品制造专利的有效率最高(24.72%);体育器材及配件制造、球类制造、运动防护用具制造专利的有效率依次为:12.52%、11.84%、9.28%;训练健身器材制造专利的有效率最低(8.41%)。因而可认为,目前体育用品制造产业所拥有的有效专利维持时间接近届满状态的专利并不多,其他体育用品制造专利维持时间接近届满的有效专利比例最高,而训练健身器材制造专利最低。这在一定程度上说明了其他体育用品制造有效专利的质量较高。而其他体育用品制造专利接近届满的专利主要包括:钓竿和制造方法、绕线轮装置、钓鱼所用服饰等方面。

23.5　本章研究结论与建议

23.5.1　研究结论

　　分析体育用品制造产业及所属产业的有效专利和终止专利的维持过程发现:整体上,体育用品制造产业专利目前的有效专利存量较大,专利运用活动活跃。就有效专利而言,当维持时间为 2501～3000 天时,由于专利维持年费存在较大增幅,导致在此阶段有效专利数量锐减;专利维持时间整体接近届满的专利数量不多。就终止专利而言,大多在维持时间为 1001～1500 天、2501～3000 天两个时间段上终止,终止原因主要是年费增幅过大。而体育用品制造产业所属的各类产业专利中:①体育器材及配件制造专利的有效专利存量较小,该领域的技术壁垒相对薄弱。②训练健身器材制造终止专利在专利维持前期终止率高，而后期终止率低，其终止专利质量较低；其有效专利与球类制造有效专利一样，大多分布在维持前期，这两类专利发挥潜在价值的剩余寿命长。③运动防护用具制造终止专利在专利维持后期的终止率较高，故其终止专利中高质量专利比重可能相对较高。④其他体育用品制造专利的有效率最高，较多有效专利维持时间接近届满，并且其终止专利的平均维持时间最长，在维持后期的终止率较高，所以其专利整体质量较高。

23.5.2 本章建议

基于上述研究结论，本章认为提高我国现阶段体育用品制造产业创新能力、获取技术竞争优势可从以下几点着手。①创新主体在申请专利前需理性分析其研发的技术领域。目前，体育器材及配件制造的技术壁垒相对较弱，较易获取专利权；与之相反，其他体育用品制造产业专利质量整体很高，除非投入大量的精力、资源进行研发，否则很难在此领域获得优势。②专利权主体在获取专利权后不可掉以轻心，因为真正的专利维持才正式开始，专利的运用和管理将直接决定专利的存亡。虽然专利质量由先天的专利技术本身所决定，但是专利权人后天运用和管理专利的技巧也至关重要。注重合理地运用与管理专利，可增加专利的收益，相对减小专利的维持成本，从而延长专利维持时间，为实现专利价值赢得更多机会。③训练健身器材与球类制造专利的有效专利维持时间较短，需注重对其潜在价值的开发，同时判别预期收益低的专利，及时予以终止。

第二十四章　体育用品制造产业专利
维持时间影响因素实证研究

体育用品制造产业发明专利维持时间在一定程度上反映该产业专利价值的实现程度。本章根据《国家体育产业统计分类》和《国际专利分类与国民经济行业分类参照关系表(试用版)》检索体育用品制造产业对应技术领域 2716 件发明专利的相关信息，并就同族专利数、被引指数、引证指数、同类专利数、审查时间、发明人数对该产业终止发明专利维持时间影响因素进行多元回归发现：中国授权的体育用品制造产业终止发明专利的平均维持时间相对较长；专利审查时间和被引指数与体育用品制造产业终止发明专利维持时间呈现正相关关系，同族专利数、引证指数、发明人数和同类专利数与体育用品制造产业终止发明专利维持时间呈现负相关关系。

24.1　引言

经济发展、收入增长、国民素质提高、高水平体育赛事举办、体育消费大幅增长等因素促进了中国体育用品产业的发展，而且已经形成了一定的产业规模和市场规模。《2013 年中国体育用品产业发展白皮书》显示，2013 年中国体育用品产业增加值为 2087 亿元，同比增长 7.8%(高鹏、郑直，2014)。《2014 年中国体育用品产业发展白皮书》显示，2014 年中国体育用品产业增加值达到 2418 亿元，占当年全国体育及相关产业增加值(4040.98 亿元)的约 60%[①]；2014 年中国体育产业总产值 3500 亿元中超过 50%是来自于体育用品制造产业(黄艳梅，2017)。截至 2017 年，国家体育产业基地总数达 70 个，其中示范基地 25 个、示范单位 33 个、示范项目 12 个；专项统计数据显示，2015 年，中国体育产业总规模达到 2888.2 亿元，实现体育产业增加值 897.7 亿元，占当年全国体育产业增加值的比重达到16.3%；12 家国家体育产业示范单位的营业收入达到 86.69 亿元[②]。体育用品制造产业在我国体育用品产业中占主导地位，对体育产业的发展起着至关重要的作用(安俊英，2013)。同时，国家也颁布了一系列政策鼓励体育用品制造产业的发展。2010 年 3 月 19 日，《国务院办公厅关于加快发展体育产业的指导意见》指出：要积极制定完善休育用品国家标准和行业标准，推进体育用品制造产业的高新技术化与国际化水平。2014 年下发的《国务院关于加快发展体育产业促进体育消费的若干意见》指出：要积极支持体育用品制造产业创新发展，采用新工艺、新材料、新技术，提升传统体育用品的质量水平，提高产品科技含量(国务院，2014)。2016 年，国家体育总局颁发的《国家体育发展"十三五"规划》

[①] 高鹏，刘昉. 2014 中国体育用品产业发展之五大关键词[EB/OL]. http://sports.163.com/15/0507/22/AP204L1P0005227R.html. [2019-05-17].

[②] 中国体育产业"国家队"授牌仪式举行. http://www.sport.gov.cn/n319/n4832/c814003/content.html. [2017-8-15].

指出，要优化体育用品制造产业及相关产业结构，实施体育用品制造产业创新提升工程①。可见，国家对体育用品制造产业的发展非常重视。许敏雄等（2009）认为，体育用品产业是体育产业的主要组成部分。体育用品制造产业是体育用品产业主要组成部分。

专利价值的实现水平是指专利对权利人带来的实际收益，而不是专利的应然价值。研究专利给权利人带来收益的大小，比研究专利应该有多大的价值问题更有现实意义。专利维持时间是判断专利质量与价值水平的重要指标，在很大程度上反映专利价值的实现程度。本书拟从维持时间视角分析体育用品制造产业专利价值的实现水平及其不同因素的影响程度，以便探索提高该产业专利价值的实现路径，并提高体育用品制造产业及相关企业的专利收益以及竞争优势，增强国家体育用品制造产业的国际竞争力。

24.2　文献综述

科技进步与创新为体育用品制造产业发展奠定了必要的技术基础。已有的关于中国体育用品及制造产业的相关研究成果除了现状研究，主要集中在存在问题方面。关于现状研究的相关成果认为：中国体育用品企业所有制呈现多元化经济结构，生产形势较好，产品朝着系列化发展（詹建国等，2001）；中国体育用品产业集聚化程度较高，集群实现了以专业化分工为基础、以专业化产品为主业、以专业化市场为依托的较高程度专业化态势（刘娜、刘红，2013）。中国体育用品制造产业存在问题的研究成果主要观点如表24-1所示。由表24-1可知，中国体育用品制造产业在企业规模、竞争力、产品科技含量、市场集中度、品牌、出口、人才、知识产权等方面存在不同程度的问题。

表 24-1　中国体育用品制造产业存在问题的研究成果主要观点

作者	主要观点
许敏雄等（2009）	企业规模小、缺乏竞争力、效益增长乏力、资源配置效率低下、市场绩效差
何冰等（2007）	大多为代工生产，靠廉价劳动力和低成本获得利润，处于利益链的底层
夏碧莹（2011）	企业规模小、产品科技含量低、生产成本不断抬高、恶性竞争严重、各类人才匮乏
许玲（2011）	市场集中度偏低，高端产品缺乏，产品效益结构差，处于产业链低端
陈颀等（2011）	产品多以中低档次、常规产品为主，缺乏高端产品的竞争力
李骁天和王莉（2007）	市场集中度低、中等产品差别化小、产业进出壁垒较小
刘娜和刘红（2013）	品牌集中度、出口依存度、自主创新力、产业关联度、人才竞争力等水平较低
高鹏和刘旸（2016）	企业存在科技创新研发能力不足、产品附加值较低、国际竞争力较弱等问题
黄艳梅（2017）	产业核心竞争力、保护体育产业安全的自主创新能力尚未形成
李长鑫和张玉超（2012）	缺乏自主知识产权，存在技术依赖，出口依存度较高

① 国家体育总局．《体育发展"十三五"规划》[EB/OL]. http://www.sport.gov.cn/n316/n340/c723004/content.html. [2016-07-13/2017-09-29].

　　体育用品制造产业企业进行科技创新研发时需要投入巨大的时间和财力，承担相应的风险。将技术授予专利权以赋予投资者或研发者一定时间的垄断权，使其从独占的专利权中获得收益，是推动体育用品制造产业技术研发获得继续发展的现实需要。关于体育用品制造产业专利相关问题的研究成果主要集中在以下方面。①专利技术对体育用品制造产业发展的作用研究。如邢双涛（2016）认为，专利技术反映科技发展水平，将其应用于体育领域是科学技术知识及成果的应用和转化，必然引起运动员、教练员、运动器材质的飞跃，促使运动训练、运动竞赛和竞技体育管理等发生相应的改革。②关于特定体育用品制造企业专利技术领域、区域布局等的研究。如陈君等（2014）分析耐克、李宁、安踏和361°等中外体育用品企业运动鞋专利信息显示：耐克公司从1974年开始专利申请量呈上升趋势，李宁等国内企业从2007年才开始重视专利申请活动；耐克公司重视在美国、欧洲和中国等国家或地区申请专利，李宁等国内企业主要在中国申请专利；耐克公司专利质量高、发明人数众多、合作网络紧密，李宁等国内企业专利质量低、发明人数较少、团队合作度不高。张元梁等（2014）分析耐克公司拥有的1694件专利信息显示：2004年后，耐克公司专利技术研发进入快速发展阶段，其专利区域主要分布在中国、日本、加拿大、澳大利亚、德国、巴西、英国；技术领域主要集中在运动鞋、服装运动器械构件和设计、比赛和训练中用到的数据处理和传输装置以及运动损伤的诊断鉴定等，其中弹性、减震、防滑鞋底（气垫技术）和高尔夫球棍等技术领域最为成熟；其研发团队合作度、研发效率较高。③关于国内外体育用品制造产业创新主体在中国获得专利授权情况研究。如鲍芳芳和乔凤杰（2015）研究认为，国外体育用品企业在华专利授权量不断增加，国内体育用品企业专利在华授权量不足；周召勇和吴永祺（2017）研究认为，国内体育用品企业专利数量较少和质量较低；除了安踏和李宁公司外，国内体育用品企业普遍对专利技术重视不够。④关于体育用品制造产业专利其他问题的研究。如体育用品制造产业专利授权量对全要素生产率增长有显著负向影响，企业规模、人力资本和人均文教娱乐消费支出有显著正向影响（朱建勇等，2014）；在创新发展的过程中可将专利数据作为重要的信息源，运用多种方法来挖掘其中隐藏的规律，进行政策分析、技术预测、技术评价、创新评估等（陈贵生，2013）；王骏（2013）利用专利地图等方法分析了足球专利技术的类型特征、时空分布和技术领域等；孙义良（2010）以中国体育用品产业自主知识产权创新为例，构建了企业自主知识产权管理的综合评价指标体系，等等。但就现有研究来看，很少有关于体育用品制造产业专利价值实现程度或者维持时间的研究成果。

24.3　数据来源及变量设计

　　（1）数据来源。本部分数据来源参见本书第二十三章中23.2节内容。
　　（2）变量设计。根据上述专利统计信息，为了充分研究体育用品制造产业专利维持时间的影响因素，本章选择因变量为终止专利维持时间[①]，并选择以下自变量。①同族专利

---

① 我国规定终止专利维持时间是指专利从申请日至终止日的实际时间，而终止原因包括没有按照规定缴纳年费，专利权人以书面声明放弃专利权或者专利权法定期限届满。为方便研究，本书将专利从授权到终止的时间称为终止专利维持时间。因为有效专利的最终维持时间长度不确定，而被终止专利维持时间已经确定，如果不区分有效专利与已经终止专利的维持时间进行分析，得出的结论肯定存在误差。为此，本章仅以终止专利的维持时间为研究对象。

数。专利族是指有一个优先权相同的、在不同国家(地区)或国际专利组织多次申请、公布或批准的内容相同或基本相同的一组专利文献,同一专利族中的每件专利文献被称为专利族成员,简称同族专利(吴泉洲,2007)。②引证指数,包括前引指数和后引指数,可反映其原始创新能力和技术发展方向。③被引指数。被引指数较大的专利通常是指基本专利和核心专利。④同类专利数,是指与该件专利属于同一专利主分类号(IPC 分号)的专利总数。专利的同类专利数越多,表明同一技术领域中获得的专利数量越多,或者说该专利有较多同类专利与之竞争,该专利的竞争力相对较弱;反之,专利的竞争力较高。⑤审查时间是指专利申请日到授权日之间时间长度,反映专利审查的难易程度。⑥发明人数是指完成每件专利的发明人数量。

24.4 体育用品制造产业发明专利的维持时间分析

(1)中国体育用品产业专利状况及其与相关变量的关系。《(2016—2020 年)中国体育用品行业投资分析及前景预测报告》显示,全国体育用品制造业 3000 多家企业中,拥有自主知识产权的企业仅有 121 家;大多数体育用品制造产业没有自己的专利、商标,对于高端体育产品,基本是依靠国外的核心技术和关键设备进行加工和制造(黄艳梅,2017)。钟华梅等(2016)运用 13 家体育用品上市公司 2007~2014 年专利信息分析表明:体育用品企业拥有的专利类型以外观设计和实用新型专利为主,发明专利较少;专利总数与总资产周转率呈负相关关系,与净资产收益率和销售收入增长率呈正相关关系;外观设计专利、实用新型专利和发明专利与总资产周转率呈正相关关系,且外观设计专利与总资产周转率具有非常显著的正相关关系;外观设计专利与净资产收益率呈正相关关系,实用新型专利和发明专利与净资产收益率呈负相关关系;外观设计专利、实用新型专利和发明专利与体育用品销售收入增长率均呈负相关关系。梁枢(2014)认为,不同类型主体的创新功能及其对知识产权权重的影响方式不同;体育用品产业产学研合作创新的知识产权风险包括法制、技术信息和市场信息;影响知识产权最终分配的关键主体包括政府部门、体育用品企业、高校、研究机构、体育运动队及中介机构;合作研发的不同阶段特征是引起知识产权风险类型转化、改变知识产权风险发生强度的影响因素。朱建勇等(2014)研究显示,体育用品制造产业发明专利授权量对全要素生产率增长有显著负向影响,企业规模、人力资本和人均文教娱乐消费支出有显著正向影响。可见,中国体育用品制造产业专利数量较少,结构欠合理;专利数量和结构与相关指标具有不同的相关性。

(2)中国体育用品制造产业专利维持时间分布。中国体育用品产业各子行业发展水平不同,其中运动鞋行业已达到世界先进水平,运动服装处于中等水平,一般体育器材和大众健身器材比较落后,竞赛专用器材和体育科研专用仪器设备差距最大(席玉宝,2003)。一般而言,运动鞋和运动服装产业的技术含量低于体育器材和仪器设备等,所以中国体育用品制造在技术含量高的相关领域优势并不明显。那么中国体育用品制造发明专利价值实现水平如何呢?作为本章研究对象的 2716 件发明专利描述性统计和频数性统计信息(表 24-2 和图 24-1)在一定程度上可以回答这个问题。

从表 24-2 可见，中国体育用品制造产业终止发明专利维持时间最短约为 2 年，最长约为 20 年(法定保护期届满)，平均维持时间约为 6.86 年。这说明中国体育用品制造产业发明专利质量和价值都相对较高，而且其实现水平也较高，或者说为权利人带来价值的时间相对较长。

表 24-2　中国体育用品制造产业终止发明专利维持时间描述统计

	N	极小值	极大值	均值	标准差	方差
终止发明专利维持时间/天	2716	730	7310	2503.78	1302.206	1636050.292

注：N 表示发明专利数量。

从图 24-1 中国体育用品制造产业终止发明专利维持时间分布可知，中国体育用品制造产业发明专利维持时间在 1001~2000 天(2.7~5.5 年)的数量最多；其次是维持在 2001~3000 天(5.5~8.2 年)的发明专利数量；再次是维持在 3001~4000 天(8.2~11 年)的发明专利数量；维持时间大于 6000 天(16.4 年)的发明专利数量很少。这一趋势符合一般技术领域专利维持时间的变化趋势，但专利维持时间长度或者专利价值实现水平高于一般技术领域的专利。

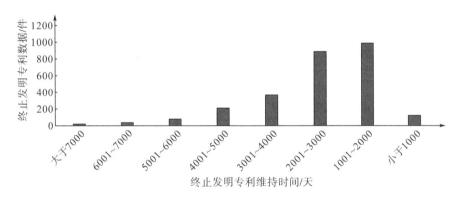

图 24-1　中国体育用品制造产业终止发明专利维持时间分布

24.5　体育用品制造产业终止专利维持时间影响因素回归分析

24.5.1　回归结果

中国授权的体育用品制造产业终止专利维持时间影响因素线性回归相关变量数据及系数(表 24-3~表 24-5)可知：自变量与因变量的整体相关度 R 与调整后 R^2 数据说明同族专利数、被引指数、引证指数、同类专利数、审查时间、发明人数对体育用品制造产业终止专利维持时间的解释力为 0.193，F 值为 395.366。显著性水平数据显示，自变量对终止专利维持时间存在显著影响；体育用品制造产业终止专利维持时间的显著影响因素是同族专利数、引证指数、被引指数、审查时间和发明人数。

表 24-3   模型汇总

	R	R方	调整R方	标准估计的误差
终止专利	0.440a	0.193	0.193	1169.974

表 24-4   方差分析

	平方和	df	均方	F	Sig.
回归	3247156019.681	6	541192669.947	395.366	0.000b
残差	13554242286.402	9902	1368838.849		
总计	16801398306.084	9908			

注：方差分析（analysis of variance，ANOVA）。

表 24-5   中国授权的体育用品制造产业终止专利维持时间影响因素线性回归相关变量系数

	非标准化系数		标准回归系数	t	Sig.
	B（回归系数）	标准误差			
常量	-146.797	31.586		-4.648	0.000
同族专利数	-27.632	1.626	-0.211	-16.996	0.000
引证指数	-7.931	0.638	-0.149	-12.439	0.000
被引指数	2.861	1.008	0.031	2.837	0.005
同类专利数	-0.092	0.043	-0.019	-2.142	0.032
审查时间	0.891	0.021	0.411	42.835	0.000
发明人数	-41.952	6.782	-0.056	-6.185	0.000

注：预测变量为发明人数、同类专利数、被引指数、同族专利数、审查时间、引证指数；因变量为专利维持时间。

将同族专利数、被引指数、引证指数、同类专利数、审查时间、发明人数分别定义为自变量 X_1、X_2、X_3、X_4、X_5 和 X_6，可得到如下多元线形回归模型：

$$Y_n = -146.797 - 0.211X_1 + 0.031X_2 - 0.149X_3 - 0.019X_4 + 0.411X_5 - 0.056X_6$$

因变量体育用品制造产业终止专利维持时间与六个自变量的标准相关系数为：-0.211、-0.149、+0.031、-0.019、+0.411 和-0.056。由因变量体育用品制造产业终止专利维持时间与六个自变量的标准相关系数可知，自变量对因变量的影响程度从大到小的顺序依次是：审查时间、同族专利数、引证指数、发明人数、被引证指数和同类专利数。

24.5.2   回归结果分析

同族专利数等六个自变量对体育用品制造产业终止专利维持时间影响的解释力为0.193，产生这种结果的主要原因是影响因变量的因素多且复杂，可量化统计的其他自变量有限，如影响专利维持时间的关键因素专利收益，因为技术的成熟度、市场化水平、专利权的运营能力等因素都很难量化。

根据上述回归结果，体育用品制造产业终止专利维持时间影响因素中，审查时间对其影响最大（标准相关系数是 0.411），即从申请到授权时间每增加一年，终止专利维持时间增加 0.411 年，两者处于正相关关系。同族专利数对终止专利维持时间的影响程度仅次于审查时间，标准相关系数是-0.211；随后是引证指数(-0.149)、发明人数(-0.056)、被引指数(0.031)，除了被引指数外均与终止专利维持时间成负相关关系。最后同类专利数的标准相关系数为-0.019，结合显著性检验($p \leqslant 0.05$)可知同类专利数对于终止专利维持时间的影响微弱，解释力低于其他因素。

24.6 本章研究结论及启示

《体育发展"十三五"规划》提出：到 2020 年，中国体育产业总规模超过 3 万亿元人民币，体育产业增加值的年均增长速度明显快于同期经济增长速度，在国内生产总值中的比重达到 1%，体育服务业增加值占比超过 30%，体育消费额占人均居民可支配收入比例超过 2.5%。体育用品制造产业作为体育产业的重要组成部分，在未来五年应该发挥重要作用。但是中国体育(用品)产业以及体育用品制造产业目前还存在一些问题，尤其是在技术创新方面有待进一步提升。

(1)本章通过对中国体育用品制造产业相关发明专利的维持时间以及对影响其维持时间长度的相关指标进行多元线性回归分析得出两点结论：①中国授权的体育用品制造产业终止发明专利的平均维持时间相对较长，即该产业发明专利质量和价值都相对较高，创新主体对发明专利的管理和运用能力较高，权利人获得专利收益的时间相对较长；②专利信息指标对专利价值实现水平的整体影响不高，不同指标的影响程度不同。具体而言，专利审查时间和被引指数与体育用品制造产业终止发明专利维持时间呈现正相关关系，但审查时间影响程度相对较高，被引指数影响相对较弱。同族专利数、引证指数、发明人数和同类专利数与体育用品制造产业终止发明专利维持时间呈现负相关关系，其相关性系数依次减小。

(2)基于上述分析及结论，本章得出如下三点启示：①提升中国体育用品制造产业企业技术创新能力，大幅度提高该产业产品，尤其是体育器材和设备等产品的科技含量，最终增强中国体育用品产业的市场竞争力；②强化体育用品制造产业创新主体的专利意识，重视相关技术领域及区域的布局和专利导航分析，提升其专利管理和运用能力，适度延长专利为权利人带来收益的时间，提高专利价值实现水平；③重视体育用品制造产业创新主体的专利信息分析和运用能力，充分运用相关专利信息指标，分析其对专利价值实现水平的影响程度。

第四篇

专利维持信息

第二十五章　不同类型创新主体发明专利维持信息实证研究[①]

通过对工矿企业、科研院所、个人、机关团体四类创新主体在我国获得授权的发明专利的维持时间、权利要求数、审查时间和发明人数方面的分析，本章研究认为：平均维持时间和权利要求数均值均依次减少的顺序是工矿企业、个人、科研院所和机关团体；平均审查时间依次减少的顺序是工矿企业、科研院所、个人、机关团体；发明人数均值依次减少的顺序是科研院所、机关团体、工矿企业和个人。

25.1　引言

专利是衡量公共政策中自主创新产出和商业价值的重要指标之一(Griliches，1989)。简单的专利数量被广泛用来评价创新的产出(Griliches，1990)，但单件专利价值(包括社会价值和个人价值)的差异性给评估的准确性带来难度。特别是不同专利族具有不同的专利价值均值时，简单的专利数量比较有时会误导人们的判断。为此，学者探讨了通过下列三种方式评估专利市场价值的做法：一是直接向专利权人调查专利的市场价值(Rossman、Sanders，1957；Schmookler，1966)；二是运用相关企业的利润或者市场价值评估专利或者创新的价值(Griliches et al.，1987)；三是分析专利的维持数据(Pakes，1986b)。最后一种做法是基于专利权人为了维持专利继续有效，必须缴纳专利维持年费的基本原则作出的。因为该方法的数据来源可靠且规范，具有较强的可操作性以及成本较低等特点，得到学者的青睐。Lanjouw 等(1998)根据专利权人通过缴纳专利费用可以将专利维持到最大的法定期限的专利法基本原则，对专利权人如何运用该规则影响专利价值分布的情况进行了调查后的结论认为，专利维持机制对评估专利市场价值非常重要。国内关于专利维持问题研究较少。朱雪忠等通过对我国国家知识产权局授权发明专利研究结果表明，仅从因未缴纳专利维持年费而被终止的视角来看，中国国家知识产权局授权的发明专利平均维持时间短，专利质量低(朱雪忠等，2009)。乔永忠和文家春(2009)对我国授权发明专利分析后认为，国外权利人拥有的发明专利比国内权利人拥有的发明专利的维持时间明显长。Duguet 和 Iung（1997)通过企业专利维持数据研究了 R&D 强度和企业规模大小对专利维持决定的影响。周凤华和朱雪忠(2007)研究发现：大学单独拥有的专利维持率高，维持时间最短；大学与企业共有的专利维持率高，维持时间长；企业单独拥有的专利，维持率偏低，维持时间较长。但关于不同类型创新主体在我国获得授权的发明专利的维持情况的研究成果，作者至今没有发现。因此，本章拟通过比较分析工矿企业、科

[①] 本章部分内容曾发表于《科学学研究》2011 年第 3 期，作者为乔永忠。

研院所、个人和机关团体拥有发明专利的维持时间情况，以期考察不同类型创新主体对发明专利运用和管理的能力问题。

25.2   数据收集及数据库建立

本章数据分析的依据是，登录中国知识产权网网站的专利检索窗口，进入中外专利数据库服务平台，查询公告日为 1994 年的发明专利授权专利目录（共有发明专利 3838 条），经过对这些发明专利相关数据逐条统计（截至 2009 年 5 月 31 日），形成《1994 年国家知识产权局授权发明专利相关信息数据库》。

本章以下部分以《1994 年我国国家知识产权局授权专利相关信息数据库》为依据，采用 SPSS 软件对 1994 年授权的 3838 件专利就不同类型创新主体拥有专利的法律状态、相关定距变量、维持时间、权利要求数、审查时间、专利申请人或权利人的国别和发明人数等分别进行分析。

25.3   不同类型创新主体拥有发明专利相关信息分析

（1）不同类型创新主体拥有专利的权利要求数分析。专利的权利要求的内容及其数量的多少确定了专利保护的范围，也在一定程度上反映专利的技术创新能力。本章研究的工矿企业、科研院所、个人和机关团体拥有发明专利的权利要求数变化情况如图 25-1 所示。

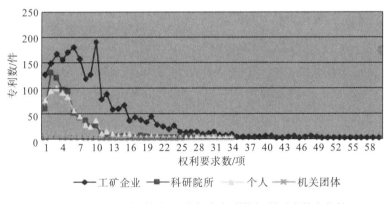

图 25-1   不同类型创新主体拥有专利的权利要求数变化情况

从图 25-1 和相关统计数据可知，四种创新主体拥有专利的权利要求数情况存在明显差异。首先，权利要求数最多的专利由工矿企业拥有，同时工矿企业拥有权利要求数较少的专利数量也明显高于其他类型创新主体，特别是工矿企业拥有权利要求数为 10 项的专利最多（192 件）。其次，个人拥有专利的最多权利要求数仅次于工矿企业，且个人拥有权利要求数为 3 项的专利最多（100 件）。再次，科研院所和机关团体拥有专利的最多权利要求数差异不大，且它们都拥有权力要求数为 2 项的专利在其拥有专利中最大，不过二者差异极大，科研院所为 131 件，机关团体仅 7 件。

（2）不同类型创新主体拥有专利审查时间分析。专利审查时间一方面反映专利局审查专利的效率，同时也会在一定程度上反映专利申请人在专利审查中的积极性和所申请专利的复杂性等问题。图 25-2 为不同类型创新主体拥有专利审查时间的比较情况。

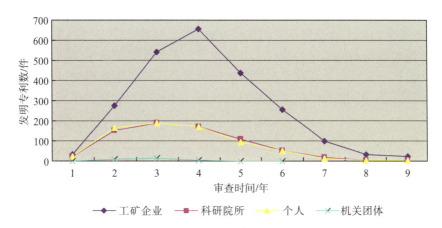

图 25-2 不同类型创新主体拥有专利审查时间的比较情况

从图 25-2 可以看出，四种创新主体拥有专利的审查时间存在明显区别：首先，工矿企业申请专利授权所需时间主要集中在 2～6 年，审查需要 4 年的专利最多；其次，科研院所和个人申请专利所需时间与其专利数量的变化情况极为相似，主要集中在 2～5 年，其中审查需要 3 年的时间最多；再次，机关团体申请专利授权所需时间主要集中在 2～5 年，其中审查需要 3 年的时间最多。

（3）不同类型创新主体拥有专利中国内专利和国外专利分析。不同类型创新主体拥有专利中国内专利和国外专利的分配比例在很大程度上反映了这一统计年度国内专利权人拥有专利的质量，进而反映这一时期我国创新主体的技术创新能力。表 25-1 是对不同类型创新主体拥有专利中国内专利和国外专利分布的统计。

表 25-1 不同类型创新主体拥有专利中国内专利和国外专利分布

创新主体类型	专利总数/件	比例/%	国内专利数/件	比例/%	国外专利数	比例/%
工矿企业	2363	61.6	388	16.4	1975	83.6
科研院所	728	19.0	649	89.1	79	10.9
个 人	716	18.6	576	80.4	140	19.6
机关团体	31	0.8	30	96.8	1	3.2

根据表 25-1，可以归纳出下列结论：首先，不同类型创新主体拥有专利数占授权专利总数的比例明显不同，工矿企业的比例最高（61.6%），机关团体的这一比例最低（0.8%），科研院所和个人的这一比例比较接近（分别为 19.0% 和 18.6%）；其次，不同类型创新主体的国内专利占有比例差异较大，工矿企业拥有专利中国内专利的比例只有 16.4%，但是个

人和科研院所拥有专利中国内专利的比例分别为 80.4% 和 89.1%，机关团体拥有专利中国外专利只有一件(其余全是国内专利)。可见，工矿企业拥有专利的维持时间长，而这一部分专利中绝大多数却被国外专利权人控制；科研院所、个人和机关团体拥有专利维持时间短，而这一部分专利中绝大多数却被国内专利权人占有。这在一定程度上反映了我国创新主体的技术创新能力相对较弱。

(4)不同类型创新主体拥有专利的发明人数分析。完成一项专利的发明人的多少，在一定程度上反映该专利的复杂性及技术创新程度。不同类型创新主体拥有专利的发明人数情况，可以在一定程度上反映它们拥有发明的复杂性或者创新程度以及不同类型创新主体的研发团队(个人)的合作程度。图 25-3 反映了不同类型创新主体拥有专利的发明人数情况。

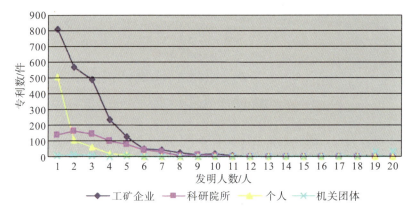

图 25-3   不同类型创新主体拥有专利的发明人数比较

从图 25-3 和统计数据可知，不同类型创新主体拥有专利的发明人数明显不同。对工矿企业而言，发明人数为 1 人的专利最多(801 件，占其专利总数的 33.9%)，其次是发明人为 2 人和 3 人的专利(分别为 561 件和 486 件)，再次是发明人数为 4 人和 5 人的专利(分别为 235 件和 134 件)，发明人数在 5 人以上的专利较少。科研院所拥有专利的发明人数变化情况与工矿企业截然不同，发明人数为 3 人的专利最多(138 件，占其专利总数的 19.0%)；发明人数为 1~4 人的专利变化幅度不大(从 137 件到 101 件)。个人拥有专利的发明人数变化情况则不同于工矿企业、也不同于科研院所。个人拥有发明人数为 1 专利最多(550 件，占其专利总数的 70.5%)，发明人在 7 人以上的极少。机关团体拥有专利的发明人数情况也很特别，31 件专利中发明人数为 1~3 人的专利有 20 件，占其专利总数 64.5%，其中发明人数为 2 人的专利最多(10 件)。上述情况很能反映不同类型创新主体完成专利的质量问题和在完成发明创造过程中研发人员合作的实际状况。

(5)不同类型创新主体拥有专利的相关定距变量比较。表 25-2 反映了工矿企业、科研院所、个人和机关团体拥有专利的因未缴专利维持年费而被终止专利数、被终止的专利维持时间均值、审查时间、权利要求数和发明人数的定距变量数据情况。

从表 25-2 可得出以下结论：第一，工矿企业因未缴专利维持年费而被终止的专利数最多，比科研院所、个人和机关团体因未缴专利维持年费而被终止的专利数的总和还要多；

第二，四种创新主体中因未缴专利维持年费而被终止专利的维持时间均值的差距明显，工矿企业最长(6.36 年)，其次是个人(5.05 年)，再次是科研院所(4.00 年)，维持时间最短的是机关团体(3.76 年)；第三，四种创新主体拥有的专利，从申请到授权所需要的时间或者审查时间也明显有所不同，工矿企业申请专利获得授权的平均时间最长(4.13 年)，其次是科研院所和个人申请专利获得授权的平均时间比较接近(3.65 年和 3.58 年)，机关团体申请专利获得授权的平均时间最短(2.74 年)；第四，四种创新主体拥有专利的权利要求数的均值区别较大，工矿企业拥有的每项专利的权利要求数均值最多(10.55 项)，其次是个人拥有的每项专利的权利要求数均值(6.02 项)，科研院所和机关团体拥有的每项专利的权利要求数均值较少，且比较接近(5.20 项和 5.13 项)；第五，四种创新主体拥有专利的发明人数量均值差异也比较明显，首先是科研院所和机关团体拥有的每项专利的发明人数均值最大，且比较接近(分别为 3.51 人和 3.74 人)，其次是工矿企业拥有的每项专利的发明人数均值(2.60 人)，个人拥有的每项专利的发明人数均值最少(1.58 人)。

表 25-2　不同类型创新主体拥有专利的定距变量数据比较

创新主体类型	被终止专利数/件	维持时间均值/年	审查时间均值/年	权利要求数/项		发明人数量/人	
				均值	最大值	均值	最大值
工矿企业	1735	6.36	4.13	10.55	79	2.60	20
科研院所	677	4.00	3.65	5.20	57	3.51	20
个　人	663	5.05	3.58	6.02	60	1.58	15
机关团体	29	3.76	2.74	5.13	24	3.74	15

25.4　不同类型创新主体发明专利的法律状态及被终止情况

(1)不同类型创新主体专利的法律状态分析。本章涉及的专利创新主体包括工矿企业、科研院所、个人和机关团体四类，涉及的法律状态分别为继续有效、届满、无效、撤销、(视为)撤销和终止。根据给定数据库及软件处理得出不同类型创新主体在 1994 年获得授权的专利的法律状态如表 25-3 所示。

从表 25-3 中可以看出，不同类型创新主体拥有专利的法律状态的整体趋势是相似的，即绝大多数专利因为未缴专利维持年费而被终止，少部分专利继续有效，极少部分专利维持到有效期届满，极个别专利被无效、撤销或者(视为)放弃。但是四种创新主体拥有专利的法律状态存在一定的差别。首先，工矿企业因未缴专利维持年费而被终止专利数占其专利总数的比例最低(73.4%)，科研院所、个人和机关团体因未缴专利维持年费而被终止专利数占其专利总数的比例比较接近，而且比例较高(93.0%左右)。其次，工矿企业维持专利继续有效的比例(21.8%)明显高于科研院所、个人和机关团体维持专利继续有效的比例；巧合的是，科研院所和个人维持专利继续有效的比例相同(5.9%)，但是这个比例略低于机关团体维持专利继续有效的比例(6.5%)。再次，工矿企业拥有的专利维持到有效期届满的比例达到 4.5%，而科研院所和个人拥有专利维持到有效期届满的比例仅有 1.0%左右，但机关团体拥有的专利竟然没有一件维持到有效期届满。上述分析与四种创新主体类型的性质及其在技术创新中的作用基本符合。

表 25-3　不同类型创新主体在 1994 年获得授权的专利的法律状态

创新主体类型	终止		继续有效		届满		无效		撤销		(视为)放弃	
	数量	比例/%	数量	比例/%	数量	比例/%	数量	比例/%	数量	比例/%	数量	比例/%
工矿企业	1734	73.4	515	21.8	108	4.5	2	0.08	2	0.08	2	0.08
科研院所	677	93.0	43	5.9	7	1.0	0	0.0	0	0.0	1	0.0
个　人	663	92.6	42	5.9	8	1.1	2	0.3	1	0.1	0	0.0
机关团体	29	93.5	2	6.5	0	0.0	0	0.0	0	0.0	0	0.0

(2)不同类型创新主体拥有专利被终止情况分析。授权后因未缴年费而被终止专利的不同类型创新主体拥有专利在不同阶段被终止情况比较(表 25-4)表明,五个时间段[①]中工矿企业、科研院所、个人和机关团体拥有专利被终止的数量都呈减少趋势,但是这种降低趋势的幅度却大不相同。

表 25-4　不同类型创新主体拥有专利在不同阶段被终止情况比较

维持时间/年	工矿企业		科研院所		个人		机关团体	
	数量	比例/%	数量	比例/%	数量	比例/%	数量	比例/%
1～3	522	28.6%	405	59.8%	272	41.0%	18	62.1%
4～6	454	24.9%	150	22.2%	200	30.2%	6	20.6%
7～9	357	19.6%	75	11.1%	113	17.1%	2	6.9%
10～12	335	18.4%	32	4.7%	53	8.0%	3	10.4%
13～15	155	8.5%	15	2.2%	25	3.7%	0	0
合计	1823	100%	677	100%	663	100%	29	100%

由表 25-4 可知,五个时间段中,专利被终止率下降总幅度分别为:工矿企业降低了20.1 个百分点,个人降低了 37.3 个百分点,科研院所降低了 57.6 个百分点。即,科研院所放弃专利的速度最快,其次是个人,再次是工矿企业。可见,工矿企业是专利平均维持时间最长的主体,即拥有较高专利质量的主体。科研院所和个人被终止的专利数的总数相对于工矿企业较低,二者总和比工矿企业还少 483 件。但是随着维持时间的延长,科研院所和个人拥有的专利被终止率的下降趋势都比工矿企业明显。出现这种统计结果,并不意外。作为创新的主体,工矿企业拥有更多的、维持时间较长的高质量的专利是在情理之中。因为相对科研院所和个人而言,工矿企业拥有充足研发经费、较好的实施技术或者转化技术的条件,或者说企业拥有将专利转化为经济效益的有利条件。科研院所自身的性质决定了其不能像工矿企业一样拥有并维持大量的专利。因为其主要任务是教学和科学研究,即

---

① 授权后第 15 年的数据仅截止 2009 年 5 月 31 日,所以第 5 个阶段实际上只有接近 2 年半的数据,而不是 3 年的数据,因此本章中的第 5 个阶段的数据误差较大。

使发明获得了授权，由于实施发明条件、转让或者许可技术方面的困难、维持经费的不足，使得很多有价值的专利无法继续维持。另一方面，由于对科研院所和发明人评价机制等问题，如发明人或者其所在单位只要获得授权，便可以在升职和职称评定中优先考虑，至于专利能够维持多长时间则无人过问。这种制度之下，要对专利权维持较长时间是很难做到的。这种现象似乎并不能直接说明科研院所所拥有的专利质量低，但是却能够解释科研院所以最快的速度放弃专利的原因。个人有类似于工矿企业维持的积极性，但是个人由于资金等因素的制约，不可能像工矿企业一样维持专利权，所以个人拥有专利的维持时间下降趋势较工矿企业强，但较科研院所弱。

25.5　本章研究结论和启示

不同类型创新主体的性质不同，使得其申请专利的目的或动机存在较大差异，所以它们的维持专利状况可能会有所区别。根据对工矿企业、科研院所、个人和机关团体拥有的我国国家知识产权局 1994 年授权专利在维持时间、审查时间、权利要求数和发明人数的分析，得出如下结论：第一，从专利平均维持时间均值来看，工矿企业拥有专利的平均维持时间最长（6.36 年），其次是个人（5.05 年），再次是科研院所（4.00 年），机关团体拥有专利的平均维持时间最短（3.76 年）；第二，从专利审查时间均值来看，工矿企业拥有专利的平均审查时间最长（4.13 年），科研院所和个人拥有专利的平均审查时间比较接近（3.65 年和 3.58 年）次之，机关团体拥有专利的平均审查时间最短（2.74 年）；第三，从专利权利要求数均值来看，工矿企业拥有专利的权利要求数均值最多（10.55 项），其次是个人拥有的每项专利的权利要求数均值（6.02 项），科研院所和机关团体拥有的每项专利的权利要求数均值较少，且比较接近（5.20 项和 5.13 项）；第四，从单件专利的发明人数来看，科研院所和机关团体拥有的单件专利的发明人数均值最大，且比较接近（3.51 人和 3.74 人），工矿企业拥有的单件专利的发明人数均值（2.60 人）次之，个人拥有的每项专利的发明人数均值最少（1.58 人）。

从上述结论中，至少可以得出如下启示：专利对不同类型创新主体的价值和意义决定了它们对专利管理和运用的水平以及对专利维持的态度。这一事实使得我们清楚地认识到，对不同类型创新主体而言，提高它们专利管理和运用能力的方法各不相同。或者说，它们在实施国家知识产权战略，乃至建设创新型国家中的地位和作用要区别对待。

第二十六章　国内外发明专利

维持状况比较研究[①]

本章对国家知识产权局 1994 年授权的 3838 件国内外发明专利的相关数据(截至 2007 年)比较分析发现,国外发明专利的维持率、维持时间、平均权利要求数、平均发明人数都明显高于或者多于国内发明专利,且国外发明专利主要集中在高新技术领域,国内发明专利主要集中在传统技术领域。

26.1　引言

我国专利申请量连续八年增长率超过 20%。实用新型专利、外观设计专利申请量连续几年居世界第一位,发明专利的申请量也大幅增加,专利授权量也随之大幅攀升。这是否说明我国国民的技术创新能力很强呢?在中国发明专利申请量和授权量大幅增长的过程中,认清我国国民拥有发明专利的质量现状,明确影响发明专利质量的因素,继而探索实现发明专利数量和质量同步增长的途径,具有十分重要的意义。

世界知识产权组织公布的《2007 年 WIPO 专利报告》显示,2005 年我国专利申请量位于全球第三,其中国内申请数位于第四,国外申请数位于第二[②]。截至 2007 年 6 月底,国家知识产权局共授权发明专利为 328534 件(国家知识产权局规划发展司,2007a),继续有效发明专利 242435 件,其中国内有效发明专利[③]83018 件,国外有效发明专利 159417 件,分别占到总量的 34.2%和 65.8%;有效发明专利中,有效期超过十年(申请日在 1997 年 7 月 1 日以前)的国内仅有 4348 件,而国外有 36691 件,是国内的 8.4 倍。2007 年上半年失效的发明专利中,国内专利的平均寿命只有 6.3 年,而国外专利的平均寿命是 10.0 年。期限届满终止的发明专利中,国内发明专利只占 7.0%,国外发明专利占 93.0%(国家知识产权局规划发展司,2007b)。上述数据提醒我们,在我国专利申请量和授权量都大幅增加的过程中,在获得授权并有效维持的发明专利中,国内发明专利的维持数远小于国外发明专利的维持数。所以应该清醒地认识到,尽管目前我国专利申请量、授权量和有效专利量不断增加,但是真正属于我国权利人的有效发明专利所占比例还很低。

为了较为深入地研究真正属于我国权利人的发明专利情况,增强我国自主创新能力,

[①] 本章部分内容曾发表于《科学学与科学技术管理》2009 年第 6 期,作者乔永忠和文家春。

[②] WIPO Patent Report: Statistics on Worldwide Patent Activity (2007 Edition). http://www.wipo.int/ipstats/en/statistics/patents/patent_report_2007.html#P757_42609. [2007-8-11].

[③]按照国别不同将权利人分为国内申请人和国外申请人,国内申请人获得授权的发明专利称为国内发明专利,继续维持的发明专利称之为国内有效发明专利;国外权利人获得授权的发明专利称之为国外发明专利,继续维持的发明专利称之为国外有效发明专利。

本章拟对国内发明专利和国外发明专利的维持率、维持时间、平均权利要求数、从申请到授权所需时间、平均发明人数和主要技术领域进行比较研究。

26.2　数据收集和变量设计

本章数据分析的依据是，登录中国知识产权网网站的专利检索窗口，进入中外专利数据库服务平台，查询公告日为 1994 年的发明专利授权专利目录（共有发明专利 3838 条），经过对这些发明专利相关数据统计，形成了《1994 年国家知识产权局授权发明专利相关信息数据库》。

为了在现有数据库条件下，最大限度地反映影响因变量发明专利的维持时间的因素，本章选择下列自变量：①权利要求数；②发明人数；③发明专利的权利人类型（为研究方便，本章将权利人的类型划分为：工矿企业、科研院所（包括大专院校和科研机构）、个人和工矿机关四类；④发明专利权利人的国别；⑤从申请到授权所需的时间；⑥专利国际分类。

26.3　数据分析

（1）国内外发明专利的法律状态分析。国内外发明专利的法律状态如表 26-1 所示。从表 26-1 可知，1994 年国家知识产权局授权的 3838 件发明专利中，国内发明专利 1643 件，占授权发明专利总数的 42.8%；国外发明专利 2195 件，占授权发明专利总数的 57.2%。截至 2007 年 4 月 30 日，国内发明专利因未缴专利维持年费而被终止 1482 件，占国内授权发明专利总数的 90.2%；继续有效的发明专利 156 件，占国内授权发明专利总数的 9.5%。国外发明专利因未缴专利维持年费而被终止 1439 件，占国外授权发明专利总数的 65.6%；继续有效的发明专利 719 件，占国外授权发明专利总数的 32.8%。国内发明专利维持到届满的只有 1 件，占届满总数的 2.9%；而国外发明专利维持到届满的有 34 件，占届满总数的 97.1%。可见，国内外授权发明专利总数差距不大，但国内发明专利的维持率和维持到届满的数量远远低于国外发明专利。

表 26-1　国内外发明专利的法律状态比较

		届满	有效	无效	视为放弃	撤销	因未缴专利维持年费而被终止	其他终止	合计
国内权利人持有发明专利	发明专利数/件	1	156	2	1	0	1482	1	1643
	百分比/%	0.1	9.5	0.1	0.1	0	90.2	0.1	100
国外权利人持有发明专利	发明专利数/件	34	719	0	2	1	1439	0	2195
	百分比/%	1.5	32.8	0	0.1	0	65.6	0	100

（2）国内外发明专利的有关定距变量的比较。截至 2007 年 4 月 30 日，1994 年国家知识产权局授权的 3838 件发明专利中因未缴专利维持年费而被终止的 2921 件国内外发明专

利的有关定距变量如表 26-2 所示。从表 26-2 可知，被终止的发明专利中，国内发明专利的平均维持时间为 4.09 年，国外发明专利的平均维持时间为 6.05 年，相差近 2 年；国内发明专利的平均权利要求数为 4.65 项，国外发明专利的平均权利要求数为 11.63 项，国外发明专利的平均权利要求数是国内发明专利平均权利要求数的 2 倍多；国内发明专利的平均发明人数为 2.80 人，国外发明专利的平均发明人数为 2.44 人；国内发明专利从申请到授权所需的平均时间为 3.39 年，国外发明专利从申请到授权所需的平均时间为 4.33 年。可见，国内发明专利的维持时间、平均权利要求数和从申请到授权所需时间都明显少于国外发明专利，而平均发明人数多于国外发明专利。

表 26-2   国内外发明专利的有关定距变量比较

	国内发明专利		国外发明专利	
	平均值	标准方差	平均值	标准方差
维持费年数/年	4.09	2.813	6.05	3.201
权利要求数/项	4.65	3.470	11.63	9.771
发明人数量/人	2.80	2.318	2.44	1.775
从申请到授权所需时间/年	3.39	1.396	4.33	1.486

(3)国内外发明专利的维持时间比较。因未缴专利费而被终止的 2921 件国内外发明专利的具体维持时间如图 26-1 所示。由图 26-1 可知，尽管国内外发明专利的维持状况都呈先快速上升后逐渐下降趋势，但是不论上升的高度，还是下降的速度都存在明显的差别。

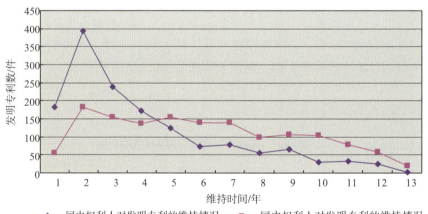

图 26-1   因未缴专利费而被终止的 2921 件国内外发明专利的具体维持时间

国内外发明专利被终止的高峰期都在授权后的第 2 年，但是国外权利人在授权后第 2 年被终止的发明专利数只有近 200 件，而国内权利人在授权后第 2 年被终止的发明专利数近 400 件，接近国外权利人被终止发明专利数的 2 倍。国内发明专利在授权后第 2～3 年被终止数的下降幅度最大，从授权后的第 3～6 年下降幅度次之，其后下降趋势趋于平缓；国外专利在授权后第 2～10 年一直比较平缓，从授权后第 10～13 年下降趋势较为明显。可见，国内发明专利被终止的速度明显要高于国外发明专利。或者说，与国外发明专利相比，国内发明专利的维持时间有很大差距。

（4）国内外发明专利的权利要求数分布比较。专利的权利要求数能够较好地反映国家技术创新能力，所以比较国内外专利申请的权利要求数对衡量国内外技术创新能力非常重要（Tong、Frame，1995；Reitzig，2003）。国内外发明专利的权利要求数分布比较如图 26-2 所示。由图 26-2 可知，国内发明专利中权利要求数只有 2 项的发明专利最多，绝大多数发明专利的权利要求数为 1～11 项，权利要求数最多的是 25 项；而国外专利的权利要求数是 10 的发明专利最多，绝大多数发明专利的权利要求数都 1～30 项，权利要求数最多的是 61 项。虽然权利要求数不能直接说明发明专利的维持时间和发明专利的质量状况，但是如此之大的差距显示了国内专利在质量、申请文件的撰写等方面与国外专利具有较大的差距。

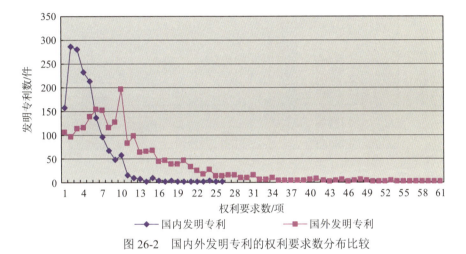

图 26-2　国内外发明专利的权利要求数分布比较

（5）国内外发明专利的发明人数比较。国内外发明专利的发明人数比较如图 26-3 所示。从图 26-3 可知，不论是国内专利，还是国外专利，发明人数为 1 的发明专利数最多。不过发明人数为 1 人的国外专利数要低于国内专利数。发明人数为 1～4.6 人时，随着发明人数的增加，国内外专利数都在减少，不过相同的发明人数对应的国外专利数低于国内专利数。发明人数超过 4.6 个时，国内外专利的发明人数变化趋势趋于相同。

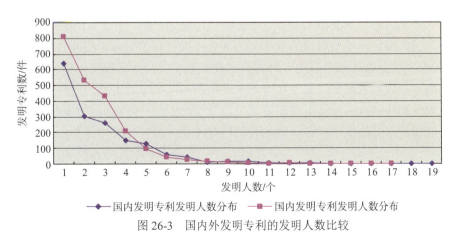

图 26-3　国内外发明专利的发明人数比较

（6）国内外不同技术主题被终止发明专利数占各自总发明专利数的比例比较。为了使得国内外专利在不同技术主题方面具有可比性，本部分将国内和国外不同技术主题的发明专利数与其当年获得授权的发明专利总数的比例进行比较。国内外不同技术主题的发明专利数占各自总发明专利数的比例比较如图 26-4 所示。国内发明专利在生活需要、化学和冶金、固定建筑物技术主题方面占其授权总数的比例高于国外发明专利；国外发明专利在纺织和造纸、物理、电学技术方面占其授权总数得比例高于国内发明专利；作业和运输、机械工程、照明、加热、武器、爆破技术主题方面国内外专利数占各自获得授权的发明专利数的比例差距不大。

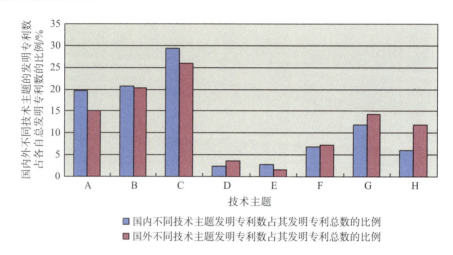

图 26-4   国内外不同技术主题的发明专利数占各自总发明专利数的比例比较

26.4   本章研究结论

认清我国现有自主创新能力是实施国家知识产权战略的基础。本章从考察我国自主创新能力的目的出发，比较了国家知识产权局授权的国内外权利人发明专利的维持状况及其相关变量，得出如下结论。

（1）国外发明专利比国内发明专利维持时间长，在一定程度上说明了国外专利申请人比国内专利申请人对申请获得的专利有更强的运用能力，能产生更大的经济效益。这说明国内专利申请人应注重专利申请的前期调查和获得授权后的专利运用能力的提升。

（2）国外发明专利比国内发明专利的权利要求数多，在一定程度上说明了国外专利申请人比国内专利申请人更加注重专利申请文件的撰写，在专利申请的质量上要求更严格。这说明国内专利申请人应注重专利申请文件的撰写，通过技术性的运用专利文件撰写的技巧来更好地保护自己的技术，在法律允许的框架内获得最大程度的保护。

（3）国外发明专利的平均发明人数比国内发明专利的平均发明人数多，在一定程度上说明了国外发明人比国内发明人更加注重团队合作研发。这说明在技术创新越来越复杂的今天，团队的创新作用越来越重要，国内发明人应注重团队之间的合作研发。

（4）国外发明专利主要集中在高新技术领域，而国内发明专利主要集中在传统技术领域,在一定程度上说明国外发明的焦点已经从传统行业向影响未来全球技术格局的技术制高点转移,而国内发明专利还处在传统行业的应用层次。这说明国内发明人应注重对未来全球技术竞争的制高点的把握,将研发重点向高新技术领域转移,从而在全球越来越激烈的技术竞争中谋得一席之地。

第二十七章　不同技术领域专利
维持信息实证研究①

本章通过对我国授权的不同技术领域专利的维持时间及法律状态和不同时间段专利被终止率的实证研究发现：电学类专利维持时间最长，纺织和造纸类专利的维持时间最短；电学类专利被终止率最低，固定建筑物类专利被终止率最高；不同阶段电学类专利被终止率下降趋势较为平缓，纺织造纸类专利被终止率下降趋势较快。

27.1　引言

专利维持状况是衡量专利质量、技术创新能力的重要指标之一(朱雪忠等，2009)，研究专利维持信息对了解专利质量以及创新主体管理和运用专利能力具有重要意义。本章所称专利维持是指在法定保护期内，专利权人依法向专利行政管理部门缴纳规定数量的维持年费使得专利继续有效的过程。专利维持信息是指与专利维持活动相关的信息，本章仅研究专利的有效、届满、终止、无效、撤销和放弃和维持时间及被终止率变化趋势等。专利技术领域是指根据《国际专利分类斯特拉斯堡协定》(简称 IPC 协定)划分的八大技术领域。该分类是分析不同技术领域专利现有技术水平和发展状况的重要工具。

本章拟通过研究我国授权的不同技术领域专利的维持时间和法律状态及不同阶段被终止率变化趋势情况，从不同维度明确不同技术领域专利维持状况的差异程度，揭示不同技术领域专利维持的规律，分析专利维持信息与专利质量和创新主体专利运用和管理能力的关系，为提高我国授权专利质量及创新主体专利运用和管理能力提供参考依据。

27.2　文献综述

国外学者对专利维持与技术领域方面的研究主要集中在以下三个方面。①技术领域与专利维持时间的关系：技术领域通过反映专利质量影响专利的维持时间(Hall et al.，2005)；不同国别、不同技术领域的专利权人对专利的维持时间不同(Pakes et al.，1989b)；化学和电学领域的专利维持率较高(Brown，1995)。②技术领域、引证指数和专利维持时间的关系：跨技术领域引证的专利维持时间相对较长，同一技术领域相互引证专利的维持时间相对较短；前者容易使发明取得重要的突破，后者体现了多项发明竞争创新的局面(Maurseth，2005)。③技术领域与专利价值的关系：化学、医药和电子机械领域的专利价值均值是其他技术领域价值均值的十倍以上(Deng，2007)；专利保护能为其带来较大收益的技术领域(如医药领域)的专利价值更高，专利的维持时间更长(Gronqvist，2009)。根

---

① 本章部分内容曾发表于《图书情报工作》2011 年第 6 期，作者乔永忠。

据本书作者掌握的资料，很少发现关于不同技术领域专利维持信息的实证性研究成果。

27.3　数据收集方法及特征

本章数据分析的依据是，登录中国知识产权网网站的专利检索窗口，查询公告日为1994 年的发明专利授权专利共有 3838 件（截至 2009 年 5 月 31 日因未缴维持费而被终止专利 3104 件），经过对这些专利相关数据逐条统计，形成《1994 年国家知识产权局授权发明专利相关信息数据库》。

本章数据收集方法与权威机构采用的方法有所不同。世界知识产权组织发布的《专利年度报告》和我国国家知识产权局发布的《专利统计简报》对有效专利的统计方法都是基于当前某一时间点，统计在这一时间点上维持的专利数量。该方法对研究专利维持状况的优点是数据容易获取，不足是计算结果很难反映专利维持的实际水平。

本章以 1994 年为基点，统计该年度授权专利到 2009 年 5 月 31 日的维持状况。该方法研究专利的维持状况优点是比较客观，因为所统计的专利是在同一时间段获得授权，维持状况具有较好的可比性；其缺点是数据需要逐项统计，工作量很大。

27.4　不同技术领域专利维持时间和法律状态分析

（1）专利维持时间分析。专利维持时间达到其最优维持时间的数量占所有授权专利的比例是衡量专利制度绩效高低重要指标之一。不同技术领域专利维持时间从维持层面反映了专利的运用或者管理情况，或者说反映了授权专利为专利权人带来收益的时间长短，也体现了不同技术领域专利的价值或者质量的区别所在。图 27-1 反映了不同技术领域的专利维持时间均值情况。

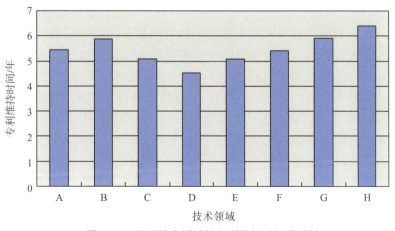

图 27-1　不同技术领域的专利维持时间均值情况

从图 27-1 和相关统计数据可知，不同技术领域专利维持时间存在一定差异。具体情况为，电学类专利维持时间最长，被终止专利的维持时间均值为 6.41 年；其次是物理类与作业和作业运输类专利，其维持时间均值分别为 5.92 年和 5.87 年；再次是生活需要类和机械工程、照明、加热、武器、爆破类专利，其维持时间均值分别为 5.44 年和 5.42 年；巧合的是，化学冶金类专利和固定建筑物类专利的维持时间均值相同，都是 5.09 年；而纺织造纸类专利的维持时间均值最小，只有 4.53 年，比维持时间最长的电学类专利相差 0.88 年。

(2) 专利法律状态分析。本章所述专利法律状态主要是指授权专利在检索当日或日前所处的状态[①]，主要包括专利权终止、继续有效、届满、无效、撤销和放弃。不同技术领域专利的法律状态以检索当日或者日前为时间点，从被终止、继续有效、届满、无效、撤销和放弃等角度横向反映了不同技术领域专利的法律状态比较。表 27-1 反映了 1994 年我国授权专利(截至 2009 年 5 月 31 日)在不同技术领域的法律状态。从表 27-1 可知，不同技术领域专利绝大多数被终止，少量专利继续有效，维持到有效期届满的专利很少，无效、撤销或者放弃的专利极少。但是具体技术领域的情况又有所不同。

表 27-1　不同技术领域专利的法律状态比较

技术领域	终止		继续有效		届满		无效		撤销		放弃	
	数量/件	被终止率/%	数量/件	被终止率/%	数量/件	被终止率/%	数量/件	被终止率/%	数量/件	被终止率/%	数量/件	被终止率/%
A	561	85.8	67	10.3	24	3.7	0	0.0	0	0.0	1	0.2
B	638	81.0	132	16.8	15	1.9	2	0.3	1	0.1	0	0.0
C	859	81.7	127	12.1	61	5.8	0	0.0	2	0.2	2	0.2
D	95	78.5	24	19.9	1	0.8	1	0.8	0	0.0	0	0.0
E	74	88.1	10	11.9	0	0.0	0	0.0	0	0.0	0	0.0
F	230	84.2	40	14.7	3	1.1	0	0.0	0	0.0	0	0.0
G	382	75.0	112	22.0	14	2.8	1	0.2	0	0.0	0	0.0
H	264	73.5	90	25.1	5	1.4	0	0.0	0	0.0	0	0.0

根据因未缴专利费而被终止或者提前失效专利数量比率高低将表 27-1 中八大技术领域简单地划分为五类：①被终止率最高的固定建筑物类专利(88.1%)；②生活需要类专利和机械工程、照明、加热、武器、爆破类专利(被终止率分别为 85.8%和 84.2%)；③化学冶金类专利和作业、作业运输类专利(被终止率分别为 81.7%和 81.0%)；④纺织造纸类专利(被终止率为 78.5%)；⑤物理类专利和电学类专利，它们因未缴年费而被终止的专利数占其专利总数的比例较低(分别为 75.0%和 73.5%)。可见，固定建筑物类专利被终止率最高，电学类和物理类专利被终止率最低。

依据专利有效率的高低将表 27-1 中不同技术领域的专利简单划分为四类：①专利有效率最高的电学类专利(有效率为 25.1%)；②物理类和纺织造纸类专利(专利有效率分别为 22.0%和 19.9%)；③作业运输类和机械工程、照明、加热、武器、爆破类专利(有效率分别为 16.8%和 14.7%)；④专利有效最低的一类是化学冶金类、固定建筑物类和生活需要类专利(有效率分别为 12.1%、11.9%和 10.3%)。可见，电学类专利有效率最

[①] 此处所述法律状态不包括专利申请的法律状态，如专利申请的驳回和撤回等。

高，化学冶金类、固定建筑物类和生活需要类专利有效率最低。

　　不同技术领域专利的届满率在很大程度上说明该类专利的价值高低。从表 27-1 可知，专利维持届满率最高的是化学冶金类专利(届满率为 5.8%)；其次是生活需要类专利(届满率为 3.7%)；再次是物理类专利(届满率为 2.8%)；最后是作业运输类，电学类，机械工程、照明、加热、武器、爆破类和纺织造纸类专利(届满率为分别为 1.9%、1.4%、1.1%和 0.8%)。值得注意的是，固定建筑物类专利没有一件维持到届满。

　　从表 27-1 可知，从 1994 年授权～2009 年 5 月 31 日只有 2 件作业运输类专利、1 件纺织造纸类专利和 1 件物理类专利被无效；2 件化学冶金类专利和 1 件作业运输类专利被撤销；2 件化学冶金类专利和 1 件生活需要类专利被放弃。

　　综上所述，电学类和物理类专利因未缴年费而被终止的数量比例较低，即维持率较高；固定建筑物类，机械工程、照明、加热、武器、爆破类和生活需要类专利因未缴年费而被终止的专利比例较高，即维持率较低；化学冶金类和生活需要类专利维持到有效期届满的比例较高，固定建筑物类专利维持有效期届满的比例较低；机械工程、照明、加热、武器、爆破类专利继续有效的比例比较特别。

27.5　不同技术领域在不同时间段专利维持趋势分析

　　考察不同时间段[①]专利维持的数量情况，可以从纵向角度研究专利的维持信息，进而发现不同技术领域专利维持趋势。从不同技术领域在不同时间段专利被终止率比较情况(表 27-2)可知，不同技术领域中，整体维持趋势是授权后因未缴年费而被终止的专利的被终止率都随维持时间的增加而逐渐降低。但是不同技术领域在不同时间段降低的幅度存在一定程度的差异。

表 27-2　不同技术领域在不同时间段专利被终止率比较

时间段/年	A	百分比/%	B	百分比/%	C	百分比/%	D	百分比/%	E	百分比/%	F	百分比/%	G	百分比/%	H	百分比/%
1～3	223	40	228	36	371	43	49	52	30	41	88	38	141	37	87	33
4～6	157	28	166	26	208	24	23	24	23	31	69	30	100	26	64	24
7～9	93	16	119	18	163	19	14	15	11	15	36	16	67	18	44	17
10～12	57	10	79	12	87	10	5	5	7	9	24	10	36	9	40	15
13～15	31	6	46	8	29	4	4	4	3	4	13	6	39	10	30	11
合计	561	100	638	100	858	100	95	100	74	100	230	100	383	100	265	100

　　专利授权后的第 1～3 年，是所有技术领域专利被终止率最高的时间段。其中，纺织造纸类专利被终止率最高(52%)；其次是化学冶金类、固定建筑物类和生活需要类专利(被终止率分别 43%、41%和 40%)；再次是机械工程、照明、加热、武器、爆破类，物理类

---

① 本章研究数据截止 2009 年 5 月 31 日，所以第 5 个阶段实际上只有近 2 年半，而不是 3 年，因此第 5 个阶段的数据误差较大。

和作业运输类专利(被终止率分别 38%、37%和 36%);被终止率排在最后的是电学类专利,被终止率为 33%。不难发现,虽然表 27-1 中反映的整体终止最快的是固定建筑物类专利,但是纺织造纸类专利在授权后的第 1～3 年中被终止速度最快。可见,授权后第 1～3 年,不同技术领域专利被终止率都很高,但其差异也较大,如纺织造纸类专利与电学类专利被终止率差值接近 20%。

专利授权后的第 4～6 年,是所有技术领域专利被终止速度相对降低的时间段,该阶段专利被终止率比较接近。其中,被终止率相对较高的是固定建筑物类和机械工程、照明、加热、武器、爆破类专利(被终止率分别为 31%和 30%),其次是生活需要类专利(被终止率为 28%),再次是物理类和作业运输类专利(被终止率均为 26%),最后是化学冶金类、纺织造纸类和电学类专利(被终止率均为 24%)。可见,在授权后第 4～6 年,专利被终止速度相对于授权后第 1～3 年明显减缓,不同技术领域专利被终止率最大差值只有 7%。

在专利授权后第 7～9 年,所有技术领域专利被终止率更为接近。其中,专利被终止率最高的是化学冶金类专利(被终止率为 19%),其次是物理类和作业运输类专利(被终止率均为 18%),再次是电学类专利(被终止率为 17%),生活需要类和机械工程、照明、加热、武器、爆破类专利(被终止率均为 16%),纺织造纸类和固定建筑物类专利(被终止率均为 15%)。可见,这一阶段专利被终止速度更为平缓,不同技术领域专利被终止率最大差值只有 4%。

在专利授权后第 10～12 年,不同技术领域专利被终止率的差距较授权后第 7～9 年有所增加。其中,专利终止率最高的是电学类专利(被终止率为 15%),其次是作业运输类专利(被终止率为 12%),再次是生活需要类、化学冶金类和机械工程、照明、加热、武器、爆破类专利(被终止率均为 10%),最后是固定建筑物类和物理类专利(被终止率均为 9%),被终止率最低的是纺织造纸类专利(被终止率为 5%)。可见,这一时间段专利被终止率更低,但不同技术领域专利被终止率最大差值有所回升,达到 6%。

专利授权后第 13～15 年,随着专利被终止数量减少,专利被终止率的差异也较授权后第 10～12 年有所拉大。其中,电学类专利被终止率(11%)最高,其次是物理类专利(被终止率为 10%),再次是作业运输类专利(被终止率为 8%),最后是生活需要类和机械工程、照明、加热、武器、爆破类专利(被终止率均为 6%),被终止率最低的是化学冶金类、纺织造纸类和固定建筑物类专利(被终止率均为 4%)。

综上所述,从不同技术领域专利被终止的变化趋势来看,纺织造纸类和化学冶金类、固定建筑物类专利的被终止率下降趋势较快,电学类、物理类和作业运输类专利被终止率下降趋势较为平缓。

27.6 本章研究结论与启示

专利权维持时间越长,表明其创造经济效益的时间越长,市场价值越高。本章通过对我国授权的不同技术领域专利的维持时间、法律状态及不同时间段被终止率变化趋势分析,得出如下三点结论:①电学类专利维持时间最长,纺织造纸类专利的维持时间均值最短;②物理类和电学类专利被终止率较低,固定建筑物类和生活需要类专利被终止率较高;

③电学类、物理类和作业运输类专利被终止率下降趋势较为平缓，纺织造纸类、化学冶金类和固定建筑物类专利的被终止率下降趋势较快。专利的维持时间、被终止率及其下降趋势等专利维持信息从静态和动态两个层面在一定程度上反映了专利的质量、创新主体的专利运用和管理能力。一般而言，专利的质量越高，说明其对权利人带来收益的可能性越大；反之亦然。在专利质量相同或相近的情况下，创新主体的专利运用和管理能力的高低也会直接影响专利维持时间或者专利的终止率。因为即使相同质量的专利，如果创新主体实施、许可专利的能力较低，或者管理专利的水平较为低下，如不能及时缴纳专利维持年费，甚至对专利之前缺乏准确地评估等，都会导致专利提前被终止，维持时间减少。

因此，上述结论启示我们：电学类、物理类和作业运输类专利的质量相对较高，创新主体专利运用和管理能力相对较强；纺织造纸类、化学冶金类和固定建筑物类专利质量相对较低，创新主体专利运用和管理能力较弱。最后，有两点值得一提：①不同技术领域对专利制度的适用情况需要进一步深入研究；②上述结论只是统计结果，并不能否定某些个体领域出现的异常状况。

参 考 文 献

安俊英. 2013. 中国城市化与体育用品制造业互动发展模式分析[J]. 上海体育学院学报, 37(2): 56-61.

鲍芳芳, 乔凤杰. 2015. 国外体育用品企业在华专利研究[J]. 体育文化导刊, (1): 101-103.

蔡中华, 候翱宇, 马欢. 2015. 专利维持时间影响因素的实证研究[J]. 科技管理研究, 35(21): 160-163.

曹晓辉, 段异兵. 2012. 基因工程专利维持特征及影响因素分析[J]. 科研管理, 33(2): 26-32.

陈贵生. 2013. 专利体育用品制造企业的技术创新[J]. 中外企业家, (29): 230-230.

陈海秋, 韩立岩. 2013. 专利质量表征及其有效性: 中国机械工具类专利案例研究[J]. 科研管理, (5): 93-101.

陈君, 司虎克, 王磊. 2014. 中外体育用品企业运动鞋专利特征及差异[J]. 上海体育学院学报, 38(5): 40-44.

陈颀. 2011. 我国体育用品制造企业竞争力的结构方程模型[J]. 武汉体育学院学报, 45(8): 25-31.

董亮, 隋智勇, 任剑新. 2013. 质量梯与最优专利宽度设计[J]. 科学学研究, 36(3): 892-903.

董涛. 2007. 专利权利要求[M]. 北京: 法律出版社.

董雪兵, 王争. 2007. R&D风险、创新环境与软件最优专利期限研究[J]. 经济研究, (9): 112-120.

高山行, 郭华涛. 2002. 中国专利权质量估计及分析[J]. 管理工程学报, 16(3): 66-68.

国家知识产权局规划发展司. 2015. 国际专利分类与国民经济行业分类参照关系表(试用版)编制说明[R]. 专利统计简报, (23): 112-115.

国家知识产权局规划发展司. 2009. 有效专利首列国民经济和社会发展统计公报[R]. 专利统计简报, (5): 1-2.

国家知识产权局规划发展司. 2007a. 2007年上半年我国有效专利状况分析[R]. 专利统计简报, (13): 1-10.

国家知识产权局规划发展司. 2007b. 2007年上半年专利申请与授权状况综述[R]. 专利统计简报, (10): 1-10.

何冰, 周良君, 陈小英, 等. 2007. 中国体育用品业国际竞争力的理论与实证研究[J]. 体育科学, 27(7): 14-22.

黄艳梅. 2017. 体育用品制造业安全评价模型构建与实证分析[J]. 首都体育学院学报, 29(4): 323-327.

江旭, 高山行, 周为. 2003. 最优专利长度与宽度设计研究[J]. 科学学研究, 21(2): 191-194.

李建设, 童莹娟, 裘琴儿, 等. 2004. 浙江省体育用品制造业调查报告[J]. 体育科学, 24(9): 16-18.

李敏. 2009. 持续创新中最优专利长度与宽度设计[J]. 科技进步与对策, 26(22): 46-49.

李骁天, 王莉. 2007. 对我国体育用品产业市场结构特征的研究[J]. 体育科学, 27(5): 15-22.

李小丽. 2009. 中外在华有效专利存量的比较分析研究[J]. 情报杂志, 28(11): 5-9.

李晓安. 1994. 法律效益探析[J]. 中国法学, (6): 5.

李雪. 2016. 首度发布"中国专利年费制度实施调查报告"企业呼吁给予一个更佳的支点[J]. 中国知识产权, (10): 40-43.

李长鑫, 张玉超. 2012. 中国体育用品业国际竞争力的知识产权影响因素分析[J]. 天津体育学院学报, 27(6): 479-483.

梁枢. 2014. 体育用品产学研合作创新的知识产权风险规避[J]. 体育学刊, (3): 52-57.

林甫. 2014. 面向产业竞争力评价的专利指标体系构建及应用[J]. 图书情报工作, 58(14): 103-109.

刘华, 戚昌文. 2002. 论专利制度的经济理性与预期绩效[J]. 研究与发展管理, (6): 63-68.

刘刚仿. 2010. 英国旭化成案对专利优先权实质条件的认定及对我国的启示——兼论我国《专利法》第二十九条的修订[J]. 知识产权, (6): 54-58.

刘立春, 漆苏. 2015. 专利特征对药品专利法律质量评估的实证研究[J]. 科研管理, 36(6): 119-127.

刘丽军, 宋敏. 2012. 中国农业专利的质量: 基于不同申请时期、申请主体和技术领域的比较[J]. 中国农业科学, 45(17): 3617-3623.

刘娜, 刘红. 2013. 我国体育用品产业集群核心竞争力的提升[J]. 上海体育学院学报, 37(4): 37-43.

刘小鲁. 2011. 序贯创新、创新阻塞与最优专利宽度[J]. 科学学研究, 29(4): 619-626.

刘雪凤, 高兴. 2015. 中国风能技术发明专利维持时间影响因素研究[J]. 科研管理, 36(10): 139-140.

陆飞, 吴桂琴. 1994. 四所委属重点高校专利权提前终止因素探析[J]. 研究与发展管理, 6(5): 31-33.

吕晓蓉. 2014. 专利价值评估指标体系与专利技术质量评价实证研究[J]. 科技进步与对策, 31(20): 113-116.

毛昊, 尹志锋. 2016. 我国企业专利维持是市场驱动还是政策驱动[J]. 科研管理, 37(7): 134-144.

毛昊. 2016. 创新驱动发展中的最优专利制度研究[J]. 中国软科学, (1): 35-45.

明宇, 司虎克. 2012. 德国、法国、英国、意大利国际体育专利的竞争情报分析[J]. 体育科学, 32(9): 88-97.

潘士远. 2008. 最优专利制度、技术进步方向与工资不平等[J]. 经济研究, (1): 127-136.

潘士远. 2005. 最优专利制度研究[J]. 经济研究, (12): 113-119.

潘颖, 卢章平. 2012. 专利优先权网络: 一种新的专利组合分析方法[J]. 图书情报工作, 56(16): 97-101.

乔永忠, 谭婉琳. 2017. 专利权利要求数与维持时间关系实证研究[J]. 科学学与科学技术管理, 38(2): 79-88.

乔永忠, 肖冰. 2016. 基于权利要求数的专利维持时间影响因素[J]. 科学学研究, 34(5): 678-683.

乔永忠, 沈俊. 2015a. 不同国家授权的电学技术领域国内外专利维持时间研究[J]. 情报杂志, 34(8): 48-49.

乔永忠, 沈俊. 2015b. 不同国家授权的电学技术领域国内外专利维持时间研究[J]. 情报杂志, 34(8): 48-54.

乔永忠, 沈俊. 2015c. 不同国家授权的电学技术领域国内外专利维持时间研究[J]. 情报杂志, 34(8): 48-97.

乔永忠, 章燕. 2015a. 不同国家授权的化学冶金技术领域专利维持时间实证研究[J]. 情报杂志, 34(6): 33-34.

乔永忠, 章燕. 2015b. 不同国家授权的化学冶金技术领域专利维持时间实证研究[J]. 情报杂志, 34(6): 33-38.

乔永忠, 章燕. 2015c. 不同国家授权的化学冶金技术领域专利维持时间实证研究[J]. 情报杂志, 34(6): 33-47.

乔永忠, 文家春. 2009. 国内外发明专利维持状况比较研究[J]. 科学学与科学技术管理, 30(6): 29-32.

乔永忠. 2011a. 不同技术领域专利维持信息实证研究[J]. 图书情报工作, 55(6): 36-39.

乔永忠. 2011b. 美日欧与我国专利维持年费制度比较分析[J]. 电子知识产权, (Z1): 130-134.

乔永忠. 2011c. 专利维持年费机制研究[J]. 科学学研究, 29(10): 1490-1494.

乔永忠. 2011d. 专利维持时间影响因素研究[J]. 科研管理, 31(7): 143-149, 164.

乔永忠. 2011e. 专利维持时间影响因素研究[J]. 科研管理, 32(7): 143-144.

乔永忠. 2011f. 专利维持时间影响因素研究[J]. 科研管理, 32(7): 143-146.

乔永忠. 2011g. 专利维持时间影响因素研究[J]. 科研管理, 32(7): 143-149.

乔永忠. 2009. 基于专利情报视角的专利维持时间影响因素分析[J]. 图书情报工作, 53(4): 42-45.

宋河发, 穆荣平, 陈芳, 等. 2014. 基于中国发明专利数据的专利质量测度研究[J]. 科研管理, 35(11): 68-76.

宋河发, 穆荣平, 陈芳. 2010. 专利质量及其测度方法与测度指标体系研究[J]. 科学学与科学技术管理, 31(4): 21-27.

宋爽, 陈向东. 2016. 区域技术差异对专利价值的影响[J]. 科研管理, 37(9): 68-77.

宋爽, 陈向东. 2013a. 信息技术领域专利维持状况及影响因素研究[J]. 图书情报工作, 57(18): 98-103, 496.

宋爽, 陈向东. 2013b. 信息技术领域专利维持状况及影响因素研究[J]. 图书情报工作, 57(18): 98-103, 533.

宋爽, 陈向东. 2013c. 信息技术领域专利维持状况及影响因素研究[J]. 图书情报工作, 57(18): 98-103, 132.

宋爽. 2013a. 中国专利维持时间影响因素研究——基于专利质量的考量[J]. 图书情报工作, 57(7): 96-100.

宋爽. 2013b. 中国专利维持时间影响因素研究——基于专利质量的考量[J]. 图书情报工作, 57(7): 96-100, 105.

孙义良. 2010. 我国体育产业品牌发展战略研究——基于体育用品业自主知识产权创新的实证分析[J]. 武汉体育学院学报, 44(3): 34-39.

汤宗舜. 2003. 专利法教程[M]. 北京: 法律出版社.

陶长琪, 齐亚伟. 2011. 专利长度、宽度和高度的福利效应及最优设计[J]. 科学学研究, 29(12): 1829-1835.

王朝晖. 2008. 专利文献的特点及其利用[J]. 现代情报, 28(9): 151-152, 156.

王桂强. 2004. 对"专利最优保护期"生命周期模型的思考[J]. 科学学与科学技术管理, 25(5): 51-54.

王骏. 2013. 国际体育用品技术演进、分布格局的动态研究——以足球及其相关专利技术为例[J]. 成都体育学院学报, 39(8): 11-17.

温旭. 1997. 本国优先权在专利申请中的应用[J]. 中外法学, 9(5): 56-58.

吴红, 付秀颖, 董坤. 2013a. 专利维持时间影响因素实证分析——以燃料电池专利文献为例[J]. 图书情报工作, 57(24): 112-116.

吴红, 付秀颖, 董坤. 2013b. 专利质量评价指标——专利优势度的创建及实证研究[J]. 图书情报工作, 57(23): 79-84.

吴建堂. 2016. 中国制造2025战略背景下的体育用品制造业发展路径研究[J]. 体育与科学, 37(5): 55-61.

吴離離. 2011. 对专利优先权制度的正确认识与合理运用[J]. 中国专利与商标, (3): 45-48.

吴泉洲. 2007. 专利族及检索应用[J]. 中国发明与专利, (5): 55-58.

席玉宝, 金涛. 2006. 正确认识和界定体育用品与体育用品业[J]. 北京体育大学学报, 29(7): 880-882.

席玉宝. 2003. 对我国体育用品业发展对策的研究与分析[J]. 体育科学, 23(1): 117-121.

夏碧莹. 2011. 加快我国体育用品制造业转型升级的问题和对策[J]. 北京体育大学学报, 34(7): 37-40.

邢双诗. 2016. 国际羽毛球专利技术竞争情报的可视化分析[J]. 北京体育大学学报, 39(7): 45-51.

许玲. 2011. 我国体育用品产业结构问题研究[J]. 体育科学, 31(5): 33-41.

许敏雄, 陆亨伯, 王乔君. 2009. 基于SCP框架的我国体育用品制造业特征分析[J]. 北京体育大学学报, (10): 16-18.

杨武, 杨书敏, 王震勤. 2014. 基于创新能力强度与匹配的企业自主创新模式选择机理研究—以钢铁企业为例[J]. 科技进步与对策, 31(18): 97-103.

姚清晨. 2016. 不同类型创新主体拥有的不同性质发明专利维持过程实证研究[J]. 情报杂志, 35(3): 73-79.

詹建国, 黄俊亚, 孙立平. 2001. 我国体育用品生产的现状及发展趋势[J]. 北京体育大学报, 24(4): 447-449.

张古鹏, 陈向东, 杜华东. 2011. 中国区域创新质量不平等研究[J]. 科学学研究, 29(11): 1709-1719.

张古鹏, 陈向东. 2013. 新能源技术领域专利质量研究——以风能和太阳能技术为例[J]. 研究与发展管理, 25(1): 73-81.

张古鹏, 陈向东. 2012. 基于发明专利条件寿命期的中外企业专利战略比较研究[J]. 中国软科学, (3): 1-10.

张克群, 夏伟伟, 郝娟, 等. 2015. 专利价值的影响因素分析——专利布局战略观点[J]. 情报杂志, 34(1): 72-77.

张永韬. 2015. 我国体育产业发展的新常态: 特征、挑战与转型[J]. 体育与科学, 36(5): 22-27.

张元梁, 司虎克, 蔡犁, 等. 2014. 体育用品核心企业专利技术发展特征研究——以耐克公司为例[J]. 中国体育科技, 50(3): 124-131.

郑成思. 2003. 知识产权论[M]. 北京: 法律出版社.

郑贵忠, 刘金兰. 2010. 基于生存分析的专利有效模型研究[J]. 科学学研究, 28(11): 1677-1682.

郑中人. 2003. 智慧财产权法导读(增订三版)[M]. 台北: 五南图书出版股份有限公司.

中国国家知识产权局. 2010. 审查指南[M]. 北京: 知识产权出版社.

钟华梅, 王兆红, 刘念. 2016. 体育用品企业专利技术与公司绩效关系的实证研究[J]. 中国体育科技, 52(1): 30-35.

周凤华, 朱雪忠. 2007. 我国大学发明不同归属专利权维持特征分析[J]. 华中师范大学学报(人文社会科学版), (6): 29-36.

周英男, 王雪冬. 2006. 中国发明专利最优保护期的经济学分析[J]. 科学学研究, 24(3): 417-420.

周召勇, 吴永祺. 2017. 体育用品上市企业的专利竞争力研究[J]. 体育文化导刊, (5): 131-136.

朱建勇, 战炤, 薛雨平. 2014. 中国体育用品制造业全要素生产率变化及其影响因素研究[J]. 体育与科学, (6): 68-73.

朱雪忠, 乔永忠, 万小丽. 2009. 基于维持时间的发明专利质量实证研究——以中国国家知识产权局1994年授权的发明专利为例[J]. 管理世界, (1): 174-175.

ACEMOGLU D, JOHNSON S. 2005. Unbundling Institutions[J]. Journal of Political Economy, 113(5): 949-995.

ACS A J, AUDRETSCH D B. 1988. Innovation in large and small firms: An empirical analysis[J]. American Economic Review, 78(4): 678-690.

ADAMS K, KIM D, JOUTZ F, et al. 1997. Modeling and forecasting U. S. patent application filings[J]. Journal of Policy Modeling, 19(5): 491-535.

AHUJA G, KATILA R. 2001. Technological acquisitions and the innovation performance of acquiring firms: A longitudinal study[J]. Strategic Management Journal, 22: 197-220.

ALBERT M, AVERY D, MCALLISTER P, NARIN F. 1991. Direct Validation of Citation Counts as Indicators of Industrially Important Patents[J]. Research Policy, 20(3): 251-259.

ALLISON J R, et al. 2004. Valuable patents[J]. Georgetown Law Journal, 92(3): 435-480.

ALOGOSKOUFIS G, SMITH R. 1991. On error correction models: specification, interpretation, estimation[J]. Journal of Economic Survey, 5(1): 97-128.

ANDREW J, TANN J, MACLEOD C, et al. 2001. Steam power patents in the nineteenth century innovations and ineptitudes[J]. Transactions of the Newcomen Society, 72(1): 17-38.

ARCHONTOPOULOS E, GUELLEC D, STEVNSBORG N, et al. 2007. When small is beautiful: Measuring the evolution and consequences of the voluminosity of patent applications at the EPO[J]. Information Economics and Policy, 19(2): 103-132.

ARGYRES N, SILVERMAN B. 2004. R&D, organizational structure, and the development of corporate technological knowledge[J]. Strategic Management Journal, 25(8/9): 929-958.

ARUNDEL A, KABLA I. 1998. What percentage of innovations is patented? Empirical estimates for European firms[J]. Research Policy, 27(2): 127-141.

BALKIN D B, MARKMAN G D, GOMEZ-MEJIA L. 2000. Is CEO pay in high-technology firms related to innovation?[J]. Academy of Management Journal, 43(6): 1118-1129.

BARNEY J B. 2002. Gaining and sustaining competitive advantage(2nd ed)[M]. London: Prentice Hall.

BATZEL V M. 1980. Legal Monopoly in Liberal England: The Patent Controversy in the Mid-Nineteenth Century[J]. Business History, 22(2): 189-202.

BAUDRY M, DUMONT B. 2009. A Bayesian real option approach to patents and optimal renewal fees [R]. Working paper.

BAUDRY M, DUMONT B. 2006a. A Bayesian Real Option Approach to Patents and Optimal Renewal Fees [EB/OL]. [2009-09-08/2017-02-]. https://core. ac. uk/download/pdf/6840802. pdf.

BAUDRY M, DUMONT B. 2006b. Patent renewals as options: improving the mechanisms for weeding out lousy patents[J]. Review of Industrial Organization, 28(1): 41-62.

BENTLY L, SHERMAN B. 2002. Intellectual property law[M]. Oxford: Oxford University Press.

BERNSTEIN M, GRIFFIN J. 2006. Regional Differences in the Price-Elasticity of Demand for Energy [R]. National Renewable Energy Laboratory, Subcontract Report NREL/SR-620-39512.

BESSEN J E, MEURER M J. 2005. The patent litigation explosion [R]. Boston Univ. School of Law Working Paper, (05-18).

BESSEN J E. 2009. Estimates of patent rents from firm market value[J]. Research Policy, 38(10): 1604-1616.

BESSEN J E. 2008. The value of us patents by owner and patent characteristics[J]. Research Policy, 37(5): 932-945.

BLACKMAN M J R. 2009. EPO Patent Information[J]. World Patent Information, 31(2): 152-154.

BLACKMAN M J R . 2000. Rooms near Chancery Lane: The Patent Office under the Commissioners[J]. World Patent Information, 22(4): 385-385.

BLYLER M, COFF R W. 2003. Dynamic capabilities, social capital, and rent appropriation: Ties that split pies[J]. Strategic Management Journal, 24(7): 677-686.

BOARD OF TRADE. 1901. Report of Committee on Patent Acts [R]. 632.

BONGSUN KIM, et al. 2016. The impact of the timing of patents on innovation performance[J]. Research Policy, 45(4): 914-928.

BOTTAZZI L, DA RIN M, HELLMANN T. 2009. The changing face of the european venture capital industry: Facts and analysis[J]. Journal of Private Equity, 7(2): 26-53.

BRCITZMAN A, NARIN F. 1996. A Case for Patent Citation Analysis in Litigation[M]. The law Works.

BRONZINI R, P PISELLI. 2016. The impact of R&D subsidies on firm innovation[J]. Research Policy, 45(2): 442-457.

BROWN W H. 1995. Trend in patent renewals at the United State patent and trademark office[J]. World Patent Information, 17(4): 225-234.

CAMPBELL B A, COFF R, KRYSCYNSKI D. 2012. Rethinking sustained competitive advantage from human capital[J]. Academy of Management Review, 37(3): 376-395.

CARPENTER M, NARIN F, WOOLF P. 1981. Citation Rates to Technologically Important Patents[J]. World Patent Information, 4(3): 160-163.

CHARLOTTA GRONQVIST. 2009. The private value of patents by patent characteristics: evidence from Finland[J]. Technology Transfer, 34(2): 159-168.

CLARK A, BERVEN H. 2004. The face of the patent is not the "whole story": Determining effective life of a pharmaceutical patent in the United States[J]. World Patent Information, 26(4): 283-295.

COFF R. 1999. When competitive advantage doesn't lead to performance: Resource-based theory and stakeholder bargaining power[J]. Organization Science, 10: 119-133.

COHEN J. 1972. Functions, costs and fees of the U. S. patent office[J]. Journal of the Patent Office Society, 54(7): 462-485.

COHEN W, NELSON J, WALSH J. 2000. Protecting their intellectual assets: Appropriability conditions and why U. S. manufacturing firms patent(or not) [R]. NBER Working Paper No. 7552.

CORNELLI F, SCHANKERMAN M A. 1999. Patent renewals and R&D incentives[J]. RAND Journal of Economics, 30(2): 197-213.

CORNELLI F, SCHANKERMAN M A. 1996. Optimal patent renewals [R]. Lse Sticerd Research Paper No. EI13. January . [2010-02-18]. Available at SSRN: http: //ssrn. com/abstract=1158292.

CRAMPES C, LANGINIER C. 1998. Information Disclosure in the Renewal of Patents[J]. Annalisa d'Economie et de Statistique, 49/50: 262-288.

CRILICHES Z. 1990. Patent statistics as economic indicators a survey[J]. Journal of Economic Literature, 28: 1661-1707.

DALHUISEN J, FLORAX R, DE GROOT H, et al. 2003. Price and Income Elasticity of Residential Water Demand: A Meta-Analysis[J]. Land Economics, 79(2): 292-308.

DAN P. 2017. Utility model patent regime "strength" andtechnologicaldevelopment: Experiencesof China andother East Asian latecomers[J]. China Economic Review, 42(1): 50-73.

DANGUY J, POTTERIE B V P D L. 2011. Patent fees for a sustainable EU patent system[J]. World Patent Information, 33(3): 240-247.

DANGUY J, POTTERIE B V P D L. 2010. Cost-benefit analysis of the Community Patent [R]. Bruegel Working Paper.

DE LAAT E. 1997. Patent policy and the timing of imitation [R]. Mimeo, Tinbergen Institute, Erasmus Univers Rotterdam.

DE RASSENFOSSE G, POTTERIE B V P D L. 2009. A policy insight into the R&D-patent relationship[J]. Research Policy, 38(5): 779-792.

DE RASSENFOSSE G, POTTERIE B V P D L. 2008. On the price elasticity of demand for patents [R]. CEPR Discussion paper No. 7019.

DE RASSENFOSSE G, POTTERIE B V P D L. 2000. Per un pugno di dollari: A first look at the price elasticity of patents[J]. Oxford Review of Economic Policy, 23(4): 558-604.

DENG Y I. 2007. Private value of european patents[J]. European Economic Review, 51(7) : 1785-1812.

DRIVAS K, ECONOMIDOU C, KARAMANIS D, ZANK A. 2016. Academic patents and technology transfer[J]. Journal of Engineering and Technology Management, 40(5)45-63.

DUGUET E, IUNG N. 1997. R&D invesment, patent life and patent value [R]. Working paper No. G 9705// Institut National de la Statistique et des. tudes Economiques. Malakoff Cedex.

DUGUET E, KABLA I. 1998. Appropriation strategy and the motivations to use the patent system: An econometric analysis at the firm level in French manufacturing[J]. Annales d' Economie et de Statistique, (49/50): 289-327.

EATON J, KORTUM S, LERNER J. 2004. International patenting and the European Patent Office: A quantitative assessment [R]// Patents, Innovation and Economic Performance. OECD Conference Proceedings: 27-52.

EATON J, KORTUM S. 1996. Trade in ideas Patenting and productivity in the OECD[J]. Journal of International Economics, 40(3-4): 257-278.

EDWIND MANSFIELD. 1984. R&D and innovation: some empirical findings[J]. University of Chicago Press, 37(8): 127-154.

EIKE ULLMANN. 2009. The Priority Right in Patent Law- Use and Misuse? [DBOL]. Patents and Technological Progress in a Globalized World. [2015-01-28]. http: //link. springer. com/chapter/10. 1007/978-3-540-88743-0_7.

ENCAOUA D, GUELLEC D, MARTINEZ C. 2006. Paten system for encouraging innovation: Lessons from economic analysis[J]. Research Policy, 35(9)· 1423-1440.

ERNST H. 1998. Patent portfolios for strategic R&D planning[J]. Journal of Engineering and Technology Management, 15(4): 279-308.

ESPINA M I. 2003. To renew or not to renew: An empirical study of patent valuation and maintenance by the U. S. pharmaceutical industry [D]. PhD: Rensselaer Polytechnic Institute.

FEDERICO P. 1954. Renewal fees and other Patent fees in foreign countries[J]. Journal of the Patent Office Society, 36(11): 827-861.

FISHER C. 1954. Should patent office fees is increased[J]. Journal of the Patent office Society, 36(2): 82-92.

FLEMING L, SORENSEN O. 2004. Science as a map in technological search[J]. Strategic Management Journal, 25(8/9): 909-928.

GAÉTAN, DE R, HÉLÈNE, D, DOMINIQUE, G, LUCIO P, BRUNO VAN P. 2013. The world wide count of priority patents: A new indicator of inventive activity[J]. Research Policy, 42(3) 720-737.

GALLINI N. 1992. Patent policy and costly imitation[J]. The RAND Journal of Economics, 23 (1): 52-63.

GANS J, KING S P, LAMPE R. 2004a. Patent renewal fees and self-funding patent offices [R]. Working Paper No 64, Faculty of Law, The University of Melbourne.

GANS J, KING S P, LAMPE R. 2004b. Patent renewal fees and self-funding patent office' s[J]. Topics in Theoretical Economics, 4 (1): 1147.

GILBERT R, SHAPIRO C. 1990. Optimal patent length and breadth[J]. The Rand Journal of Economics, 21 (1): 106-112.

GOMPERS P, LERNER J. 2001. The venture capital revolution[J]. Journal of Economic Perspective, 15 (2): 145-168.

GOTO A, HONJYO N, SUZUKI K, TAKINOZAWA M. 1986. Economic analysis of research and development and technological progress [R]. Economic Analysis 103 (in Japanese).

GRAHAM S, MOWERY D. 2005. The use of USPTO continuation applications in the patenting of software: implications for free and open source[J]. Law & Policy, 27 (1): 128-151.

GRAHM S, MERGES R, SAMUELSON P, et al. 2009. High technology entrepreneurs and the patent system: Results of the 2008 Berkeley patent survey[J]. Berkeley Technology Law Journal, 24 (4): 255-327.

GREEN J R, SCOTCHMER S. 1995. On the division of profit in sequential innovation[J]. RAND Journal of Economics, 26 (1): 20-33.

GRILICHES Z, HALL B H, PAKES A. 1987. The value of patents as indicators of inventive activity [C]//Dasqupta P, P Stoneman . Economic Policy and Technological Performance. Cambridge: Cambridge University Press: 97-124.

GRILICHES Z. 1979. Issues in assessing the contribution of research and development to productivity growth[J]. Bell Journal of Economics, 10 (1): 92-116.

GRILICHES Z. 1989. Patents: Recent trends and puzzles[J]. Brookings Papers: Microeconomics, (2): 291-319.

GRILICHES Z. 1990. Patent statistics as economic indicators: A Survey[J]. Journal of Economic Literature, 28 (4): 1661-1707.

GRIMALDI M, CRICELLI L, GIOVANNI M, ROGO F. 2015. The patent portfolio value analysis: A new framework to leverage patent information for strategic technology planning[J]. Technological Forecasting and Social Change, 94 (5): 286-302.

GRONQVIST C. 2009. The private value of patents by patent characteristics: evidence from Finland[J]. Journal of Technology Transfer, 34 (2): 159-168.

GUELLEC D, POTTERIE B V P D L, ZEEBROECK N V. 2007. Patent as a market instrument [C]// D Guellec, B V P D L   Potterie. The economics of the European patent system. Oxford: Oxford University Press.

GUELLEC D, POTTERIE B V P D L. 2003. The impact of public R&D expenditure on business R&D[J]. Economics of Innovation and New Technology, 12 (3): 225-243.

GUELLEC D, POTTERIE B V P D L. 2004. From R&D to productivity growth: do the institutional settings and the source of funds of R&D matter[J]. Oxford Bulletin of Economics and Statistics, 66 (3): 353-378.

GUELLEC D, POTTERIE B V P D L. 2007. The economics of the European patent system[M]. Oxford: Oxford University Press.

GUPENG ZHANG, XIAOFENG LV, JIANGHUA ZHOU. 2014. Private value of patent right and patent infringement: Anempirical study based on patent renewal data of China[J]. China Economic Review, 28 (1): 37-54.

H I DUTTON. 1984. The Patent System and Inventive Activity During the Industrial Revolution, 1750-1852[M]. Dover, N. H.: Manchester Universit.

HALL B H, JAFFE A, TRAJTENBERG M. 2005. Market value and patent citations[J]. The Rand Journal of Economics, 36 (1): 16-38.

HALL B H, MACGARVIE M. 2006. The private value of software patents [R]. NBER working paper 12195. [2010-09-21].

HALL B H, TRAJTENBERG M, JAFFE A B. 2001. The nber patent citations data file: Lessons, insights and methodological tools [R]. NBER Working Paper 8498. [2010-06-18].

HALL B, ZIEDONIS R. 2001. The patent paradox evisited: an empirical study of patenting in the US semiconductor industry, 1979-95[J]. RAND Journal of Economics, 32(1): 101-128.

HALL ROBERT E, CHARLES I JONES. 1999. Why do some countries produce so much more output per worker than others[J]. Quarterly Journal of Economics, 114(1): 83-116.

HARHOFF D, HOISL K, POTTERIE B V P D L. 2009a. Languages, fees and the international scope of patenting [R]. Universte libre de Bruxelles, ECARES Working paper 016.

HARHOFF D, HOISL K, REICHL B, et al. 2007. Patent validation at the country level-The role of fees and translation costs [R]. CEPR Discussion Paper No. 6565.

HARHOFF D, HOISL K, REICHL B, et al. 2009b. Patent validation at the country level-The role of fees and translation costs[J]. Research Policy, 38(9): 1423-1437.

HARHOFF D, NARIN F, SCHERER F, VOPEL K. 1999. Citation frequency and thevalue of patented inventions[J]. The Review of Economics and Statistics, 81(3): 511-515.

HARHOFF D, REITZIG M. 2004. Determinants of opposition against EPO patent grants: case of biotechnology and pharmaceuticals[J]. International Journal of Industrial Organization, 22(4): 443-480.

HARHOFF D, SCHERER F M, VOPEL K. 2003a. Citations, family size, opposition and the value of patent rights[J]. Research Policy, 32(8): 1343-1363.

HARHOFF D, SCHERER F M, VOPEL K. 2003b. Exploring the tail of patented invention value distribution [C]// O Granstrand . Economics, law and intellectual property: Seeking strategies for research and teaching in a developing field. Kluwer Academic Publishers.

HARHOFF D, WAGNER S. 2006. Modeling the duration of patent examination at the European patent office[R]. CEPR Discussion Paper January(1): 5283.

HEGDE D, SAMPAT B N. 2009. Examiner citations, applicant citations, and the private value of patents[J]. Economics Letters, 105(3): 287-289.

HELFGOTT S. 1993. Patent filing costs around the world[J]. Journal of the Patent and Trademark Office Society, 75(7): 567-580.

HELLMANN T, PURI M. 2002. Venture capital and the professionalization of start-up firms: Empirical evidence[J]. Journal of Finance, 57(1): 169-197.

HENDERSON R, JAFFE A B, TRAJTENBERG M. 2006. Universities as a Source of Commercial Technology: A Detailed Analysis Of University Patenting, 1965-1988[J]. Review of Economics and statistics, 80(1): 119-127.

HESS A M, ROTHAERMEL F T. 2011. When are assets complementary? Star scientists, strategic alliances, and innovation in the pharmaceutical industry[J]. Strategic Management Journal, 32(8): 895-909.

HIKKEROVA L, KAMMOUN N, LANTZ J S. 2014. Patent life cycle: new evidence[J]. Technological Forecasting and Social Change, 88: 313-324.

HITT M A, BIERMAN L, SHIMIZU K, et al. 2001. Direct and moderating effects of human capital on strategy and performance in professional service firms: A resource-based perspective[J]. Academy of Management Journal, 44(1): 13-28.

HOLTHAUSEN R W, LARKER D R, SLOAN R G. 1995. Business unit innovation and the structure of executive compensation[J].

Journal of Accounting and Economics, 19(2): 279-313.

HORSTMANN I, MACDONALD G M, SLIVINSKI A. 1985. Patents as information transfer mechanisms: To patent or (maybe) not to patent[J]. Journal of Political Economy, 93(5): 837-858.

HUNT R. 2006. When do more patents reduce R&D[J]. The American Economic Review, 96(2): 87-91.

IM K, PESARAN M, SHIN Y. 2003. Testing for unit roots in heterogeneous panels[J]. Journal of Econometrics, 115(1): 53-74.

JAFFE A, LERNER J. 2004. Innovation and its discontents: How our broken patent system is endangering innovation and progress, and what to do about it[M]. New Jersey: Princeton University Press.

JAFFE A, TRAJTENBERG M, HENDERSONR. 1993. Geographical localization of knowledge spillovers as evidenced by patent citations[J]. Quarterly Journal of Economics, 108(3): 577-598.

JAFFE A. 2009. The US patent system in transition: Policy innovation and the innovation process[J]. Research Policy, 29(4-5): 531-557.

JAMES B. 2008. The value of U. S. patents by owner and patent characteristics[J]. Research Policy, 37(5): 932-945.

JHENG-LONG WU, PEI-CHANN CHANG, CHENG-CHIN TSAO, et al. 2016. A patent quality analysis and classification system using self-organizing maps with support vector machine[J]. Applied Soft Computing, 41(c): 305-316.

JIANWEI DANG, KAZUYUKI M. 2015. Patent statistics: A good indicator for innovation in China? Patent subsidy program impacts on patent quality[J]. China Economic Review , 35(9): 137-155.

JIHONG HE, TAKAYUKI YAMANAKA, SHINGO KANO. 2016. Mapping university receptor patents based on claim-embodiment quantitative analysis: A study of 31 cases from the University of Tokyo Original Research Article[J]. World Patent Information, 46(9): 49-55.

JIN HAN E, SOHN Y. 2015. Patent valuation based on text mining and survival Analysis[J]. Journal of Technology Transfer, 40(5): 821-839.

JOHN BOCHNOVIC. 1982. Inventive Step: Its Evolution in Canada, the United Kingdom and the United States[M]. Vch Pub.

JONATHAN, H, CHRISTINE M. 2013. Patents, publicity and priority: The Aeronautical Society of Great Britain, 1897-1919[J]. Studies in History and Philosophy of Science, 44(2): 212-221.

JUDD K L. 1989. Patent renewal data: Comments[J]. Brookings Paper on Economic Activity: Microeconomics, (2): 402-404.

KAPLAN S N, P STROMBERG. 2001. Ventre capitals as principals: Contracting, screening, and monitoring[J]. American Economic Review, 91(91): 426-430.

KAZ M, YUKA O. 2015. International harmonization of the patent-issuing rules[J]. Journal of Industrial Organization, 39: 81-89.

KIM B, KIM E, MILLER, T MAHONEY. 2016. The impact of the timing of patents on innovation performance[J]. Research Policy, 45(4): 914-928.

KIRZNER I. 1985. Entrepreneurship and American competition [C]// Butler S M, Dennis W. Entrepreneurship: The Key to Economic Growth, Heritage Foundation and National Federation of Independent Business. Washington D C: 17-22.

KLEMPERER P. 1990. How broad should the patent protection be[J]. The Rand Journal of Economics, 21(1): 113-130.

KNACK S, KEEFER P. 2010. Institutions and Economic Performance: Cross-Country Tests Using Alternative Institutional Measures[J]. Economics and Politics, 7(3): 207-227.

KORTUM S, LERNER J. 1999. What is behind the reent surge in patenting[J]. Research Policy, 28(1): 1-22.

KORTUM S, LERNER J. 2000. Assessing the contribution of venture capital to innovation[J]. RAND Journal of Economics, 31(4): 674-692.

KOTABE M. 1992. A comparative study of U. S. and Japanese patent systems[J]. Journal of International Business Studies, 23 (1):
147-168.

KUN LIU. 2014. Human capital, social collaboration, and patent renewal within U. S. pharmaceutical firms[J]. Journal of
Management, 40 (2): 616-636.

LAGROST C, et al. 2010. Intellectual property valuation: how to approach the selection of an appropriate valuation method[J].
Journal of Intellectual Capital, 11 (4): 481-503.

LAMPARSKI R, et al. 1941. Reform of the Patent Laws[J]. Journal of the Society of Dyers & Colourists, 57 (5): 93-99.

LANDES W, POSNER R. 2004. An empirical analysis of the patent court[J]. The University Chicago Law Review, 71 (1): 111-128.

LANJOUW J O, PAKES A, PUTNAM J. 1996. How to count patents and value intellectual property: uses of patent renewal and
application data [R]. NBER Working Paper No. 5741.

LANJOUW J O, PAKES A, PUTNAM J. 1998. How to count patents and value intellectual property: the uses of patent renewal and
application data[J]. The Journal of Industrial Economics, 46 (4): 405-432.

LANJOUW J O, SCHANKERMAN M A. 2004. Patent quality and research productivity: measuring innovation with multiple
indicators[J]. The Economic Journal, 114 (495): 441-465.

LANJOUW J O, SCHANKERMAN M A. 1999. The Quality of ideas: Measuring innovation with multiple indicators[R]. NBER,
Working Paper, W7345.

LANJOUW J O. 1993. Patent Protection in the Shadow of Infringement: Simulation Estimations of Patent Value, Mimeograph,
Department of Economics[D]. New Haven: Yale University.

LANJOUW J O. 1998. Patent protection in the shadow of infringement: Simulation estimations of patent value[J]. Review of
Economic Studies, 65 (4): 671-710.

LAZARIDIS G, POTTERIE B V P D L. 2007. The rigour of the EPO patentability criteria: An insight into the "induced
withdrawals[J]. World Patent Infornation, 29 (4): 317-326.

LEMLEY M A. 2001. Rational Ignorance at the Patent Office[J]. Northwestern University Law Review, 95 (4): 1495-1532.

LEMLEY, M A. 2000.Rational ignorance at the patent office [J]. Northwestern University Law Review, 95 (1):1495-1528.

LERNER J. 1994. The importance of patent scope: an empirical analysis[J]. The Rand Journal of Economics, 25 (2): 319-333.

LEVIN R, KLEVORICK A, NELSON R, WINTER S. 1987. Appropriating the returns from industrial research and development [C].
Brookings Papers: Microeconomids: 783-820.

LICHTENBERG F R. 1993. R&D investment nd international productivity differences [C]//Siebert H. Economic Growth in the World
Economy. Mohr, Tubingen: 89-110.

LIUA K, ARTHURS J, CULLEN J, et al. 2008. Internal sequential innovations: How does interrelatedness affect patent renewal[J].
Research Policy, 37 (5): 946-953.

LIU K, J ARTHURS, CULLEN J, R ALEXANDER. 2008. Internal sequential innovations: How does interrelatedness affect patent
renewal[J]. Research Policy, 37: 946-953.

LOUVAIN, BELGIUM. 1998. Patent breadth, patent life, and the pace of technological progress[J]. Journal of Economics &
Management Strategy, 7 (1): 1-32.

LUBICA H, NIAZ K, JEAN-SÉBASTIEN L. 2014. Patent life cycle: New evidence[J]. Technological Forecasting & Social Change,
88 (10): 313-324.

M HARTWICK J. 1991. Patent race optimal with respect to entry[J]. International Journal of Industrial Organization, (9): 197-207.

MACLEOD C, et al. 2010. Evaluating inventive activity: the cost of nineteenth‐century UK patents and the fallibility of renewal data[J]. Economic History Review, 56(3): 537-562.

MACLEOD C, TANN J, ANDREW J, et al. 2003 Evaluating inventive activity: the cost of nineteenth-century UK patents and the fallibility of renewal data[J]. Economic History Review, 56(3): 537-562.

MACLEOD C. 1988. Inventing the Industrial Revolution[M]. Cambridge: Cambridge University Press.

MACLEOD C. 1999. Negotiating the Rewards of Invention: The Shop-Floor Inventor in Victorian Britain[J]. Business History, 41(2): 17-36.

MADDALA G, WU S. 1999. A comparative study of unit root tests with panel data and a new simple test[J]. Oxford Bulletin of Economics and Statistics, 61(S1): 631-652.

MAGGIONI V, SORRENTINO M, WILLIAMS M. 1999. Mixed consequences of government aid for new venture creation: evidence from Italy[J]. Journal of Management and Governance, 3(3): 287-305.

MANDICH G. 1948. Venetian patents[J]. Journal of the Patent and Trademark Office Society, 185(6): 275.

MANSFIELD E. 1984. R&D and innovation: some empirical findings, in Zvi Griliches, ed, R&D, Patents and Productivity[M]. Chicago: University of Chicago Press for the National Bureau of Economic Research.

MANSFIELD E. 1986. Patents and innovation: An empirical study[J]. Management Science, 32(2): 173-181.

MARCO A C. 2012. Citations and renewal: A window into public and private patent value [R]. [EB/OL] http://fungin-stitute.berkeley.edu/wp-content/uploads/2013/12/renewcite 3.pdf.[2018-06-28].

MARESCH D, MATTHIAS F, RAINER H. 2016. When patents matter: The impact of competition and patent age on the performance contribution of intellectual property rights protection[J]. Technovation, 57-58(4): 14-20.

MAURSETH P. 2005. Lovely but dangerous: the impact of patent citations on patent renewal[J]. Economics of Innovation and New Technology, 14(5): 351-374.

MCGINLEY C. 2008. Taking the heat out of the global patent system[J]. Intellectual Asset Management, 31: 24-29.

MCGRATH R, NERKAR A. 2004. Real options reasoning and a new look at the R&D investment strategies of pharmaceutical firms[J]. Strategic Management Journal, 25(1): 1-21.

MERGES R. 1999. As many as six Impossible patents before breakfast: Property right for business concepts and patent system reforms[J]. Berkeley Technology Law Journal, 14(2): 577-615.

MOORE K A. 2003a. Xenophobia in American courts[J]. Social Science Electronic Publishing, 97(4): 1497-1550.

MOORE K A. 2003b. Xenophobia in American Courts[J]. Northwestern Cenirersity Law Reriew, (794): 1497-1550.

MOORE K A. 2003c. Worthless Patents[R]. George Mason University School of Law, Working paper Series.

MOORE K A. 2005a. Worthless patents[J]. Berkeley Technology Law Journal, 20(4): 1521-1552.

MOORE K A. 2005b. Worthless Patent [R]. George Mason Law & Economics Research Paper: 4-29.

NAGAOKA S. 2007. Assessing the R&D management of a firm in terms of speed and science linkage: Evidence from the US patents[J]. Journal of Economics & Management Strategy, 16(1): 129-156.

NAKAJIMA T, SHINPO K. 1998. Does R&D investment reduce labor demand[J]. Mita Business Review, 41(4): 145-172(in Japanese).

NAKANISHI Y, YAMADA S. 2008. Measuring the Rate of Obsolescence of Patents in Japanese [R]. MPRA Paper No. 10837.

NEIL DAVENPORT. 1979. The United Kingdom Patent System: A Brief History[M]. Havant, Hampshire: Kenneth Mason.

NERLOVE, MARC. 1958. Adaptive Expectations and Cobweb Phenomena[J]. Quarterly Journal of Economics, 72(2): 227-240.

NICHOLAS T. 2010. Cheaper patents[J]. Research Policy, 40(2): 325-339.

NORDHAUS D. 1969. Invention, growth, and welfare: a theoretical treatment of technological change[M]. Cambridge Mass: The MIT Press

NORDHAUS D. 1972. The optimum life of a patent: reply[J]. The American Economic Review, 62(3): 428-431.

O' DONOGHUE T, SCOTCHMER S, THISSE J F. 1998. Patent breadth, patent life, and the pace of technoloical progress[J]. Journal of Economics and Management Strategy, 7(1): 1-32.

OUYANG K, WENG C S. 2011. A new comprehensive patent analysis approach for new product design in mechanical engineering[J]. Technological Forecasting & Social Change, 78(7): 1183-1199.

PAKES A S, SCHANKERMAN M A. 1984. The rate of obsolescence of patents, research gestation lags, and the private rate of return to research resources [C]// Griliches. R&D, Patents and Productivity. Chicago: University of Chicago Press.

PAKES A, MARGARET S, KENNETH J, EDWIN M. 1989a. Patent Renewal Data[J]. Brookings Papers on Economic Activity, Microeconomics, 62(3): 331-410,

PAKES A, MARGARET S, KENNETH J, EDWIN M. 1989b. Patent renewal data, comments and discussion [R]. Brookings Papers on Economic Activity, ABI/INFORM Global: 331.

PAKES A, SCHANKERMAN M A. 1979. The rate of obsolescence of knowledge, research gestation lags, and the private rate of return to research resources [R]. NBER working paper series 346. [EB/OL] . [2016-03-]. http: //www. nber. org/papers/w0346. pdf.

PAKES A, SCHANKERMAN M A. 1979. The rate of obsolescence of knowledge, research gestation lags, and the private rate of return to research resources [R]. NBER working paper series 346.

PAKES A, SCHANKERMAN M A. 1984. The rate of obsolescence of patents, research gestation lags, and the private rate of return to research resources[C]. In: Griliches, Z.(Ed.), R&D, Patents and Productivity, NBER Conference Series. Chicago: The University of Chicago Press .

PAKES A, SIMPSON M, JUDD K, et al. 1989. Patent renewal data: comments and discussion[R]. Brookings Papers on Economic Activity: 331-411.

PAKES A, SIMPSON M. 1989. Patent renewal data[J]. Brookings Papers on Economic Activity Microeconomics, (2): 331-410.

PAKES A. 1984. Patents as Options: Some estimates of the value of holding European patent stocks[R]. NEBR Working Paper No: 1340.

PAKES A. 1986a. Patents as options: some estimates of the value of holding European patent stocks[J]. Econometrica, 54(4): 755-785.

PAKES A. 1986b. Patents as options: some estimates of the value of holding European patent stocks[J]. Econometrica, 54(4): 755-784.

PAKES A. 1986c. Patents as Options: Some Estimates of the Value of Holding European Patent Stocks[J]. Econometrics, 54(4): 754-785.

PALOMERAS N, MELERO E. 2010. Markets for inventors: Learning-by-hiring as a driver of mobility[J]. Management Science, 56(5): 881-895.

PAVITT K. 1985. Patent statistics as indicators of innovative activities: Possibilities and problems[J]. Scientometrics, 7(1-2): 77-99.

PEETERS C, POTTERIE B V P D L. 2006. Innovation strategy and the patenting behavior of firms[J]. Journal of Evolutionary Economics, 16(1-2): 109-135.

PETHERBRIDGE L, WAGNER R P. 2007. The Federal Circuit and Patentability: An Empirical Assessment of the Law of Obviousness[J]. Texas Law Review, (6): 85-87[EB/OL]. [2010-03-]. http: //papers. ssrn. com/sol3/papers. cfm?abstract_id= 923309.

PHILIPP B, ELISABETH M. 2016. Measuring patent quality in cross-country comparison[J]. Economics Letters, 149: 145-147.

POLK WAGNER R, KATHERINE J, STRANDBURg. 2007. The Obviousness Requirement in the Patent Law [R]. University Of Pennsylvania Law Review, 155: 96. [EB/OL] [2010-03-]. http: //www. pennumbra. com/debates/debate. php?did=2.

POTTERIE B V P D L, FRANCOIS D. 2009. The cost factor in patent systems[J]. Journal of Industry Competition & Trade, 9(4): 329-355.

POTTERIE B V P D L, MEJER M. 2010. The London Agreement and the cost of patenting in Europe[J]. European Journal of Law and Economics, 29(2): 211-237.

POTTERIE B V P D L, RASSENFOSSE G D. 2010. The role of fees in patent systems: theory and evidence [R]. GRASP Working Paper 4 June, Previously published in the CEPR Discussion Paper Series No. 7879.

POTTERIE B V P D L, RASSENFOSSE G D. 2013. The Role of Fees in Patent Systems: Theory and Evidence[J]. Journal of Economic Surveys, 27(4): 696-716.

POTTERIE B V P D L. 2011. The quality factor in patent systems[J]. Industrial and Corporate Change, 20(6): 1755-1793.

PUTNAM J. 1996. The value of international patent protection [D]. Ph. D. Thesis: Yale University.

RAISER K, NAIMS H, BRUHN T. 2017. Corporatization of the climate? Innovation, intellectual property rights, and patents for climate change mitigation[J]. Energy Research & Social Science, 27(5): 1-8.

RASSENFOSSE G D, DE LA POTTERIE B V P. 2010. On the price elasticity of demand for patents[J]. Oxford Bulletin of Economics and Statistics, 74(1): 58-77.

RASSENFOSSE G D, PALANGKARAYA A, WEBSTER E. 2016. Why do patents facilitate trade in technology? Testing the disclosure and appropriation effects[J]. Research Policy, 45(7) 1326-1336.

RASSENFOSSE G D, POTTERIE B V P D L. 2007. Per un pugno di dollari: a first look at the price elasticity of patents[J]. Oxford Review of Economic Policy, 23(4): 588-604.

RASSENFOSSE G D, POTTERIE B V P D L. 2012. On the price elasticity of demand for patents[J]. Oxford Bulletin of Economics and Statistics, Department of Economics, University of Oxford, 74(1): 58-77.

RASSENFOSSEG D, POTTERIEBVPDL. 2000. Per un pugno di dollari: a first look at the price elasticity of patents[J]. Oxford Review of Economic Policy,23(4):558-604.

RASSENFOSSEG D, POTTERIEBVPDL. 2009. A policy insight into the R&D-patent relationship [J]. Research Policy,38(5):779-792.

REITZIG M. 2003. What determines patent value? Insights from the semiconductor industry[J]. Research Policy, 32(1): 13-26.

REITZIG M. 2004. Improving patent valuations for management purposes: validating new indicators by analyzing application rationales[J]. Research Policy, 33(6/7): 939-957.

RIVETTE K, KLINE D. 2000. Rembrandts in the atic: unlocking the hidden value of patents[M]. Boston: Harvard Business School Press.

RODRIK D. 2000. Institutions for high-quality growth: What they are and how to acquire them[J]. Studies in Comparative International Development, 35(3): 3-31.

ROSENKOPF L, NERKAR A. 2001. Beyond local search: boundary-spanning, exploration, and impact in the optical disk industry[J]. Strategic Management Journal, 22(4): 287-306.

ROSSMAN J, SANDERS B S. 1957. The patent utilization study[J]. Patent, Trademark and Copyright Journal of Research and Education, (1): 74-111.

SAINT-GEORGES M D, POTTERIE B V P D L. 2013. A quality index for patent systems[J]. Research Policy, 42(3): 701-719.

SANDERS B S, ROSSMAN J, HARRIS L J. 1958. The Economic Impact of Patents[J]. Patent, Trademark and copyright Journal of Research and Educaion, (2): 340-362.

SANYAL P, JAFFE A. 2006. Peanut butter versus the new economy: does the increased rate of patenting signal more inventions or just lower standards [C]. Annales d"Economie et de Statistique, Special Issue in the memory of Zvi Griliches.

SANYAL P. 2003. Understanding patents: The role of R&D funding sources and the patent office[J]. Economics of Innovation and New Technology, 12(6): 507-529.

SCELLATO G, CALDERINI M, CAVIGGIOLI F, et al. 2011. Study on the quality of the European patent system[R]. [2016-9]. http://www. lesi. org/docs/lesi-updates-and-news-documents/patqual02032011_en. pdf.

SCHANKERMAN M A, PAKES A. 1986. Estimates of the value of patent rights in European countries during the post-1950 period[J]. The Economic Journal, 96(384): 1052-1076.

SCHANKERMAN M A, PAKES A. 1985. The rate of obsolescence and the distribution of patent values: Some evidence from European patent renewals[J]. Revue Économique, 36(5): 917-941.

SCHANKERMAN M A. 2008. Strategies to Improve Patenting and Enforcement[R]. IPKat, 29 May.

SCHANKERMAN M A. 1998. How valuable is patent protection? Estimates by technology field[J]. RAND Journal of Economics, 29(1): 77-107.

SCHANKERMAN M A. 1984. The rate of obsolescence of patents, research gestation lags, and the private rate of return to research resources[C]// Zvi Griliches. R&D, Patents, and Productivity. Chicago: University of Chicago Press: 73-88.

SCHERER F M, HARHOFF D. 2000. Technology policy for a world of skew-distributed outcomes[J]. Research Policy, 29(4): 559-566.

SCHMOOKLER J. 1966. Invention and economic growth[M]. Cambridge: Harvard University Press.

SCOTCHMER S. 1999. On the optimality of the patent renewal system[J]. RAND Journal of Economics, 30(2): 181-196.

SCOTCHMER S. 1996. Protecting early innovators: should second-generation products be patentable[J]. RAND Journal of Economics, 27(2): 322-331.

SCOTCHMER S. 1991. Standing on the shoulders of giants: cumulative research and the patent law[J]. Journal of Economic Perspectives, 5(1): 29-41.

SERRANO C J. 2006. The market for intellectual property: Evidence from the transfer of patents [R]. Working Paper, University of Toronto.

SERRANO C J. 2010. The dynamics of the transfer and renewal of patents[J]. RAND Journal of Economics, 41(4): 686-708.

SHANE S. 2001. Technological opportunities and new firm creation[J]. Management Science, 47(2): 205-220.

SIRMON D G, HITT M, IRELAND R D. 2007. Managing firm resources in dynamic environments to create value: Looking inside the black box[J]. Academy of Management Review, 32(1): 273-292.

STEVNSBORG S T, POTTERIE B V P D L. 2007. Patenting procedures and filing strategies at the EPO. //Guellec, B V P D L Potterie. The economics of the European patent system[M]. Oxford: Oxford University Press.

SULLIVAN R J. 1994. Estimates of the value of patent rights in Great Britain and Ireland: 1852-1876[J]. Economics, 61(241): 37-58.

SUZUKI J. 2011. Structural Modeling of the Value of Patent[J]. Research Policy, 40(7): 986-1000.

SVENSSON R. 2013. Publicly-funded R&D programs and survival of patents[J]. Applied Economics, 45(10): 1343-1358.

SVENSSON R. 2011. Commercialization, renewal and quality of patents [EB]. IFN Working Paper No. 861, Economics of Innovation and New Technology, Forthcoming. Available at SSRN. [2011-1-31]. http://ssrn.com/abstract=1762023.

SVENSSON R. 2008. Renewal of patents and government financing [R]. IFN Working Paper No. 759.

SVENSSON R. 2007a. Commercialization of patents and external financing during the R&D-phase[J]. Research Policy, 36(7): 1052-1069.

SVENSSON R. 2007b. Licensing or acquiring patents? Evidence from patent renewal data [R]. Research Institute of Industrial Economics, August. [2010-03-].

TEECE D J. 1986. Profiting from technological innovations: Implications for integration, collaboration, licensing and public policy[J]. Research Policy, 15(6): 285-305.

THOMAS P. 1999. The effect of technological impact upon patent renewal decisions. Technology Analysis & Strategic Management, 11(2): 181-197.

THUMM N. 2004. Motives for patenting biotechnological inventions: An empirical investigation in Switzerland[J]. International Journal of Technology Policy and Management, 4(3): 275-285.

TONG X, FRAME J D. 1995. Measuring national technological performance with patent claims data[J]. Research Policy, 23(2): 133-141.

TORRISI S, et al. 2016. Used, blocking and sleeping patents: Empirical evidence from a large-scale inventor survey[J]. Research Policy, 45(7): 1374-1385.

TRAJTENBERG M, JAFFE A, HENDERSON R. 1997. University Versus Corporate Patents: A Window on the Baseness of Invention[J]. Economics of Innovation and New Technology, 5(1): 19-50.

TRAJTENBERG M. 1990. A penny for your quotes: Patent citations and the value of innovations[J]. RAND Journal of Economics, 21: 172-187.

VAN DIJK T. 1996. Patent height and competition in product improvements[J]. Journal of Industrial Economics, 44: 151-167.

WAGNER P R, STRANDBURG K J. 2007. The obviousness requirement in the patent law[J]. University of Pennsylvania Law Review, 155(2): 96.

WATSON R. 1953. Patent office fees and expenses[J]. Journal of the Patent Office Society, 35(10): 710-724.

WHITAKER J K, NORDHAUS W D. 1971. Invention, growth, and welfare: A theoretical treatment of technological change[J]. Economica, 37(148): 443.

WILLIAM H B. 1995. Trends in patent renewals at the united states patent and trade mark office[J]. World Patent Information, 17(4): 225-234.

WILSON T. 2008. Patent demand: A simple path to patent reform[J]. International In-house Counsel Journal, 2(5): 806-815.

WRIGHT B D. 1983. The economics of invention incentives: patents, prizes, and research contracts[J]. American Economic Review, 73(4): 691-707.

ZEEBROECK N V. 2009. Claiming more: the increased voluminosity of patent applications and its determinants[J]. Research Policy, 38(6): 1006-1020.

ZEEBROECK N V. 2007. Patent only live twice: A patent survival analysis of the determinants of examination lags, grant decision, and renewals [R]. Working Papers CEB: 10-15.

ZUCKER L G, DARBY M R, BREWER M B. 1998. Intellectual human capital and the birth of U. S. biotechnology Enterprises[J]. Nonprofit Policy Forum, 88(1): 290-306.

后 记

专利制度是激励创新的基本保障。它作为政策工具为研发提供激励动力，是一种利用垄断权力补偿创新风险，推动研发投资接近社会最优水平的驱动创新的重要工具。专利权是法律赋予权利人一定时期内，阻止他人未经允许，不得为生产经营目的制造、使用、销售、许诺销售、进口其专利产品，或者使用其专利方法以及使用、许诺销售、销售、进口依照该专利方法直接获得产品的独占权力。这种独占权力额外获得货币收益的时间或者专利维持时间的长短可以成为评估专利价值和质量以及专利收益的重要方法之一。

随着知识经济的不断发展和全球化程度的逐渐加深，高质量的有效专利已经成为国家发展的重要战略资源和创新主体核心竞争力的关键要素。专利维持状况是衡量专利价值、专利质量、专利收益大小以及创新主体专利运用和管理能力和技术创新能力的重要指标。研究国外关于专利维持理论的研究成果有助于提高我国创新主体专利运用和管理能力，提升专利制度运行绩效。专利维持制度是专利制度促进创新的重要机制之一，对现代专利制度的正常运行发挥着不可替代的作用。它与专利授权标准、侵权认定及其赔偿方式等制度共同协调专利制度作用的正常发挥。但是因为专利制度的法律属性，关于发明创造保护的研究，主要集中在专利授权标准、侵权认定和赔偿制度等领域。其实专利维持制度也是构成保护发明创造的重要制度，但该研究领域却没有引起学者的重视。

本书内容是作者就专利维持基本理论、专利维持年费制度和专利维持时间等问题 11 年（2009～2019 年）来研究成果的汇集，也是对作者就"专利维持"问题研究成果的阶段性总结。基于中国知网（CNKI）收录的 CSSCI 期刊论文数量来看，作者及其合作者在"专利维持"研究领域的研究成果接近 1/2。在中国知网期刊数据库中设置检索条件：篇名选填"专利维持"，时间不限，论文期刊来源类别选择"CSSCI"，检索结果显示，截至 2019 年 4 月 6 日，该数据库共收录关于"专利维持"的学术论文 31 篇，其中乔永忠及其合作者发表 15 篇，占比约为 48%。从来源期刊质量来看，本书作者发表论文质量也相对较高。

本书部分内容属于作者主持的国家自然科学基金面上项目"基于主客体及环境因素的专利收益影响机制实证研究"（项目编号：71874148，2019.1-2022.12）、国家自然科学基金面上项目"专利维持机理及维持规律实证研究"（项目编号：71373221，2014.1-2017.12）以及国家知识产权局软科学研究项目"专利收费标准及政策调节机制研究"（项目编号：SS18-B-22，2018.8-2019.7）的研究成果。在此感谢国家自然科学基金委员会和国家知识产权局相关机构的资助。同时本书作为"知识产权管理研究丛书"之一，特别感谢中细软知识产权管理研究出版基金的资助。

俗话说，"十年磨一剑"，本书内容研究时间已经超过十年，虽然"磨出来"的不是"剑"，但也是对自己的一个交代。当然，只要专利制度存在，"专利维持"问题的研究就一直会在路上，希望对这一问题的研究会有更多的学者参与，会有更多的成果出现。另外，因为作者研究水平所限，观点、视角和结论肯定都会存在不足，希望读者不吝赐教。